国家出版基金项目
NATIONAL PUBLICATION FOUNDATION

"十三五"国家重点出版物

出版规划项目

卫星导航工程技术丛书

主　编　杨元喜
副主编　蔚保国

GNSS 精密单点定位
理论方法及其应用

GNSS Precise Point Positioning Theory, Methods and Applications

张小红　李星星　郭斐　李盼　著

国防工业出版社

·北京·

内 容 简 介

本书从非差观测方程出发,推导并建立了北斗/GNSS 单频、双频、三频精密单点定位(PPP)的函数模型和随机模型,介绍了 PPP 参数估计方法;详细讨论了非差观测数据预处理及各类观测误差的处理方法和策略;针对 PPP 收敛时间较长的难题,提出并论述了缩短 PPP 收敛时间的系列方法和技术及其效果,分析了 PPP 实数解的性能,给出了 PPP 质量评价方法;论述了 PPP 整周模糊度解算的理论和方法;提出了利用连续运行参考站(CORS)网增强 PPP 的概念和方法,并建立了区域增强 PPP 的原型系统;结合当前多频多系统的最新发展动态,论述了多频多系统精密单点定位的关键技术问题和方法;详细论述了 PPP 在大地定位、地震监测、电离层建模等方面的应用实践等。

本书的读者对象为卫星导航领域研究机构、导航企业从事卫星导航定位研究、开发、设计和管理的工程技术人员以及高校师生等。

图书在版编目(CIP)数据

GNSS 精密单点定位理论方法及其应用 / 张小红等著.
— 北京:国防工业出版社,2021.3(2024.9 重印)
(卫星导航工程技术丛书)
ISBN 978 – 7 – 118 – 12151 – 3

Ⅰ. ①G… Ⅱ. ①张… Ⅲ. ①卫星导航 – 精密定位 –
研究 Ⅳ. ①TN967.1

中国版本图书馆 CIP 数据核字(2020)第 139556 号

审图号 GS(2020)3947 号

※

国防工业出版社出版发行
(北京市海淀区紫竹院南路 23 号 邮政编码 100048)
北京虎彩文化传播有限公司印刷
新华书店经售

*

开本 710×1000 1/16 插页 30 印张 23¼ 字数 443 千字
2024 年 9 月第 1 版第 2 次印刷 印数 2001—2800 册 定价 158.00 元

(本书如有印装错误,我社负责调换)

国防书店:(010)88540777   书店传真:(010)88540776
发行业务:(010)88540717   发行传真:(010)88540762

孙家栋院士为本套丛书致辞

探索中国北斗自主创新之路
凝练卫星导航工程技术之果

当今世界,卫星导航系统覆盖全球,应用服务广泛渗透,科技影响如日中天。

我国卫星导航事业从北斗一号工程开始到北斗三号工程,已经走过了二十六个春秋。在长达四分之一世纪的艰辛发展历程中,北斗卫星导航系统从无到有,从小到大,从弱到强,从区域到全球,从单一星座到高中轨混合星座,从 RDSS 到 RNSS,从定位授时到位置报告,从差分增强到精密单点定位,从星地站间组网到星间链路组网,不断演进和升级,形成了包括卫星导航及其增强系统的研究规划、研制生产、测试运行及产业化应用的综合体系,培养造就了一支高水平、高素质的专业人才队伍,为我国卫星导航事业的蓬勃发展奠定了坚实基础。

如今北斗已开启全球时代,打造"天上好用,地上用好"的自主卫星导航系统任务已初步实现,我国卫星导航事业也已跻身于国际先进水平,领域专家们认为有必要对以往的工作进行回顾和总结,将积累的工程技术、管理成果进行系统的梳理、凝练和提高,以利再战,同时也有必要充分利用前期积累的成果指导工程研制、系统应用和人才培养,因此决定撰写一套卫星导航工程技术丛书,为国家导航事业,也为参与者留下宝贵的知识财富和经验积淀。

在各位北斗专家及国防工业出版社的共同努力下,历经八年时间,这套导航丛书终于得以顺利出版。这是一件十分可喜可贺的大事!丛书展示了从北斗二号到北斗三号的历史性跨越,体系完整,理论与工程实践相结合，突出北斗卫星导航自主创新精神，注意与国际先进技术融合与接轨，展现了"中国的北斗，世界的北斗，一流的北斗"之大气！每一本书都是作者亲身工作成果的凝练和升华，相信能够为相关领域的发展和人才培养做出贡献。

"只要你管这件事，就要认认真真负责到底。"这是中国航天界的习惯，也是本套丛书作者的特点。我与丛书作者多有相识与共事，深知他们在北斗卫星导航科研和工程实践中取得了巨大成就，并积累了丰富经验。现在他们又在百忙之中牺牲休息时间来著书立说，继续弘扬"自主创新、开放融合、万众一心、追求卓越"的北斗精神，力争在学术出版界再现北斗的光辉形象，为北斗事业的后续发展鼎力相助，为导航技术的代代相传添砖加瓦。为他们喝彩！更由衷地感谢他们的巨大付出！由这些科研骨干潜心写成的著作，内蓄十足的含金量！我相信这套丛书一定具有鲜明的中国北斗特色，一定经得起时间的考验。

我一辈子都在航天战线工作，虽然已年逾九旬，但仍愿为北斗卫星导航事业的发展而思考和实践。人才培养是我国科技发展第一要事，令人欣慰的是，这套丛书非常及时地全面总结了中国北斗卫星导航的工程经验、理论方法、技术成果，可谓承前启后，必将有助于我国卫星导航系统的推广应用以及人才培养。我推荐从事这方面工作的科研人员以及在校师生都能读好这套丛书，它一定能给你启发和帮助，有助于你的进步与成长，从而为我国全球北斗卫星导航事业又好又快发展做出更多更大的贡献。

2020 年 8 月

祝贺卫星导航工程技术丛书

周济出版

杨元喜

于 2019 年第十届中国卫星导航年会期间题词。

期待 卫星导航工程技术丛书

助力中国北斗系统发展

冉承其

于 2019 年第十届中国卫星导航年会期间题词。

卫星导航工程技术丛书
编写委员会

丛书序

宇宙浩瀚、海洋无际、大漠无垠、丛林层密、山峦叠嶂，这就是我们生活的空间，这就是我们探索的远方。我在何处？我之去向？这是我们每天都必须面对的问题。从原始人巡游狩猎、航行海洋，到近代人周游世界、遨游太空，无一不需要定位和导航。

正如《北斗赋》所描述，乘舟而惑，不知东西，见斗则寤矣。又戒之，瀚海识途，昼则观日，夜则观星矣。我们的祖先不仅为后人指明了"昼观日，夜观星"的天文导航法，而且还发明了"司南"或"指南针"定向法。我们为祖先的聪颖智慧而自豪，但是又不得不面临新的定位、导航与授时（PNT）需求。信息化社会、智能化建设、智慧城市、数字地球、物联网、大数据等，无一不需要统一时间、空间信息的支持。为顺应新的需求，"卫星导航"应运而生。

卫星导航始于美国子午仪系统，成形于美国的全球定位系统（GPS）和俄罗斯的全球卫星导航系统（GLONASS），发展于中国的北斗卫星导航系统（BDS）（简称"北斗系统"）和欧盟的伽利略卫星导航系统（简称"Galileo 系统"），补充于印度及日本的区域卫星导航系统。卫星导航系统是时间、空间信息服务的基础设施，是国防建设和国家经济建设的基础设施，也是政治大国、经济强国、科技强国的基本象征。

中国的北斗系统不仅是我国 PNT 体系的重要基础设施，也是国家经济、科技与社会发展的重要标志，是改革开放的重要成果之一。北斗系统不仅"标新""立异"，而且"特色"鲜明。标新于设计（混合星座、信号调制、云平台运控、星间链路、全球报文通信等），立异于功能（一体化星基增强、嵌入式精密单点定位、嵌入式全球搜救等服务），特色于应用（报文通信、精密位置服务等）。标新立异和特色服务是北斗系统的立身之本，也是北斗系统推广应用的基础。

2020 年 6 月 23 日，北斗系统最后一颗卫星发射升空，标志着中国北斗全球卫星导航系统卫星组网完成；2020 年 7 月 31 日，北斗系统正式向全球用户开通服务，标志着中国北斗全球卫星导航系统进入运行维护阶段。为了全面反映中国北斗系统建设成果，同时也为了推进北斗系统的广泛应用，我们紧跟北斗工程的成功进展，组织北斗系统建设的部分技术骨干，撰写了卫星导航工程技术丛书，系统地描述北斗系统的最新发展、创新设计和特色应用成果。丛书共 26 个分册，分别介绍如下：

卫星导航定位遵循几何交会原理，但又涉及无线电信号传输的大气物理特性以及卫星动力学效应。《卫星导航定位原理》全面阐述卫星导航定位的基本概念和基本原理，侧重卫星导航概念描述和理论论述，包括北斗系统的卫星无线电测定业务（RDSS）原理、卫星无线电导航业务（RNSS）原理、北斗三频信号最优组合、精密定轨与时间同步、精密定位模型和自主导航理论与算法等。其中北斗三频信号最优组合、自适应卫星轨道测定、自主定轨理论与方法、自适应导航定位等均是作者团队近年来的研究成果。此外，该书第一次较详细地描述了"综合 PNT"、"微 PNT"和"弹性 PNT"基本框架，这些都可望成为未来 PNT 的主要发展方向。

北斗系统由空间段、地面运行控制系统和用户段三部分构成，其中空间段的组网卫星是系统建设最关键的核心组成部分。《北斗导航卫星》描述我国北斗导航卫星研制历程及其取得的成果，论述导航卫星环境和任务要求、导航卫星总体设计、导航卫星平台、卫星有效载荷和星间链路等内容，并对未来卫星导航系统和关键技术的发展进行展望，特色的载荷、特色的功能设计、特色的组网，成就了特色的北斗导航卫星星座。

卫星导航信号的连续可用是卫星导航系统的根本要求。《北斗导航卫星可靠性工程》描述北斗导航卫星在工程研制中的系列可靠性研究成果和经验。围绕高可靠性、高可用性，论述导航卫星及星座的可靠性定性定量要求、可靠性设计、可靠性建模与分析等，侧重描述可靠性指标论证和分解、星座及卫星可用性设计、中断及可用性分析、可靠性试验、可靠性专项实施等内容。围绕导航卫星批量研制，分析可靠性工作的特殊性，介绍工艺可靠性、过程故障模式及其影响、贮存可靠性、备份星论证等批产可靠性保证技术内容。

卫星导航系统的运行与服务需要精密的时间同步和高精度的卫星轨道支持。《卫星导航时间同步与精密定轨》侧重描述北斗导航卫星高精度时间同步与精密定轨相关理论与方法，包括：相对论框架下时间比对基本原理、星地/站间各种时间比对技术及误差分析、高精度钟差预报方法、常规状态下导航卫星轨道精密测定与预报等；围绕北斗系统独有的技术体制和运行服务特点，详细论述星地无线电双向时间比对、地球静止轨道/倾斜地球同步轨道/中圆地球轨道（GEO/IGSO/MEO）混合星座精密定轨及轨道快速恢复、基于星间链路的时间同步与精密定轨、多源数据系统性偏差综合解算等前沿技术与方法;同时,从系统信息生成者角度,给出用户使用北斗卫星导航电文的具体建议。

北斗卫星发射与早期轨道段测控、长期运行段卫星及星座高效测控是北斗卫星发射组网、补网,系统连续、稳定、可靠运行与服务的核心要素之一。《导航星座测控管理系统》详细描述北斗系统的卫星/星座测控管理总体设计、系列关键技术及其解决途径,如测控系统总体设计、地面测控网总体设计、基于轨道参数偏置的 MEO 和 IGSO 卫星摄动补偿方法、MEO 卫星轨道构型重构控制评价指标体系及优化方案、分布式数据中心设计方法、数据一体化存储与多级共享自动迁移设计等。

波束测量是卫星测控的重要创新技术。《卫星导航数字多波束测量系统》阐述数字波束形成与扩频测量传输深度融合机理,梳理数字多波束多星测量技术体制的最新成果,包括全分散式数字多波束测量装备体系架构、单站系统对多星的高效测量管理技术、数字波束时延概念、数字多波束时延综合处理方法、收发链路波束时延误差控制、数字波束时延在线精确标校管理等,描述复杂星座时空测量的地面基准确定、恒相位中心多波束动态优化算法、多波束相位中心恒定解决方案、数字波束合成条件下高精度星地链路测量、数字多波束测量系统性能测试方法等。

工程测试是北斗系统建设与应用的重要环节。《卫星导航系统工程测试技术》结合我国北斗三号工程建设中的重大测试、联试及试验,成体系地介绍卫星导航系统工程的测试评估技术,既包括卫星导航工程的卫星、地面运行控制、应用三大组成部分的测试技术及系统间大型测试与试验,也包括工程测试中的组织管理、基础理论和时延测量等关键技术。其中星地对接试验、卫星在轨测试技术、地面运行控制系统测试等内容都是我国北斗三号工程建设的实践成果。

卫星之间的星间链路体系是北斗三号卫星导航系统的重要标志之一,为北斗系统的全球服务奠定了坚实基础,也为构建未来天基信息网络提供了技术支撑。《卫星导航系统星间链路测量与通信原理》介绍卫星导航系统星间链路测量通信概念、理论与方法,论述星间链路在星历预报、卫星之间数据传输、动态无线组网、卫星导航系统性能提升等方面的重要作用,反映了我国全球卫星导航系统星间链路测量通信技术的最新成果。

自主导航技术是保证北斗地面系统应对突发灾难事件、可靠维持系统常规服务性能的重要手段。《北斗导航卫星自主导航原理与方法》详细介绍了自主导航的基本理论、星座自主定轨与时间同步技术、卫星自主完好性监测技术等自主导航关键技术及解决方法。内容既有理论分析,也有仿真和实测数据验证。其中在自主时空基准维持、自主定轨与时间同步算法设计等方面的研究成果,反映了北斗自主导航理论和工程应用方面的新进展。

卫星导航"完好性"是安全导航定位的核心指标之一。《卫星导航系统完好性原理与方法》全面阐述系统基本完好性监测、接收机自主完好性监测、星基增强系统完好性监测、地基增强系统完好性监测、卫星自主完好性监测等原理和方法,重点介绍相应的系统方案设计、监测处理方法、算法原理、完好性性能保证等内容,详细描述我国北斗系统完好性设计与实现技术,如基于地面运行控制系统的基本完好性的监测体系、顾及卫星自主完好性的监测体系、系统基本完好性和用户端有机结合的监测体系、完好性性能测试评估方法等。

时间是卫星导航的基础,也是卫星导航服务的重要内容。《时间基准与授时服务》从时间的概念形成开始:阐述从古代到现代人类关于时间的基本认识,时间频率的理论形成、技术发展、工程应用及未来前景等;介绍早期的牛顿绝对时空观、现代的爱因斯坦相对时空观及以霍金为代表的宇宙学时空观等;总结梳理各类时空观的内涵、特点、关系,重点分析相对论框架下的常用理论时标,并给出相互转换关系;重点阐述针对我国北斗系统的时间频率体系研究、体制设计、工程应用等关键问题,特别对时间频率与卫星导航系统地面、卫星、用户等各部分之间的密切关系进行了较深入的理论分析。

卫星导航系统本质上是一种高精度的时间频率测量系统,通过对时间信号的测量实现精密测距,进而实现高精度的定位、导航和授时服务。《卫星导航精密时间传递系统及应用》以卫星导航系统中的时间为切入点,全面系统地阐述卫星导航系统中的高精度时间传递技术,包括卫星导航授时技术、星地时间传递技术、卫星双向时间传递技术、光纤时间频率传递技术、卫星共视时间传递技术,以及时间传递技术在多个领域中的应用案例。

空间导航信号是连接导航卫星、地面运行控制系统和用户之间的纽带,其质量的好坏直接关系到全球卫星导航系统(GNSS)的定位、测速和授时性能。《GNSS空间信号质量监测评估》从卫星导航系统地面运行控制和测试角度出发,介绍导航信号生成、空间传播、接收处理等环节的数学模型,并从时域、频域、测量域、调制域和相关域监测评估等方面,系统描述工程实现算法,分析实测数据,重点阐述低失真接收、交替采样、信号重构与监测评估等关键技术,最后对空间信号质量监测评估系统体系结构、工作原理、工作模式等进行论述,同时对空间信号质量监测评估应用实践进行总结。

北斗系统地面运行控制系统建设与维护是一项极其复杂的工程。地面运行控制系统的仿真测试与模拟训练是北斗系统建设的重要支撑。《卫星导航地面运行控制系统仿真测试与模拟训练技术》详细阐述地面运行控制系统主要业务的仿真测试理论与方法，系统分析全球主要卫星导航系统地面控制段的功能组成及特点，描述地面控制段一整套仿真测试理论和方法，包括卫星导航数学建模与仿真方法、仿真模型的有效性验证方法、虚-实结合的仿真测试方法、面向协议测试的通用接口仿真方法、复杂仿真系统的开放式体系架构设计方法等。最后分析了地面运行控制系统操作人员岗前培训对训练环境和训练设备的需求，提出利用仿真系统支持地面操作人员岗前培训的技术和具体实施方法。

卫星导航信号严重受制于地球空间电离层延迟的影响，利用该影响可实现电离层变化的精细监测，进而提升卫星导航电离层延迟修正效果。《卫星导航电离层建模与应用》结合北斗系统建设和应用需求，重点论述了北斗系统广播电离层延迟及区域增强电离层延迟改正模型、码偏差处理方法及电离层模型精化与电离层变化监测等内容，主要包括北斗全球广播电离层时延改正模型、北斗全球卫星导航差分码偏差处理方法、面向我国低纬地区的北斗区域增强电离层延迟修正模型、卫星导航全球广播电离层模型改进、卫星导航全球与区域电离层延迟精确建模、卫星导航电离层层析反演及扰动探测方法、卫星导航定位电离层时延修正的典型方法等，体系化地阐述和总结了北斗系统电离层建模的理论、方法与应用成果及特色。

卫星导航终端是卫星导航系统服务的端点，也是体现系统服务性能的重要载体，所以卫星导航终端本身必须具备良好的性能。《卫星导航终端测试系统原理与应用》详细介绍并分析卫星导航终端测试系统的分类和实现原理，包括卫星导航终端的室内测试、室外测试、抗干扰测试等系统的构成和实现方法以及我国第一个大型室外导航终端测试环境的设计技术，并详述各种测试系统的工程实践技术，形成卫星导航终端测试系统理论研究和工程应用的较完整体系。

卫星导航系统 PNT 服务的精度、完好性、连续性、可用性是系统的关键指标，而卫星导航系统必然存在卫星轨道误差、钟差以及信号大气传播误差，需要增强系统来提高服务精度和完好性等关键指标。卫星导航增强系统是有效削弱大多数系统误差的重要手段。《卫星导航增强系统原理与应用》根据国际民航组织有关全球卫星导航系统服务的标准和操作规范，详细阐述了卫星导航系统的星基增强系统、地基增强系统、空基增强系统以及差分系统和低轨移动卫星导航增强系统的原理与应用。

与卫星导航增强系统原理相似,实时动态(RTK)定位也采用差分定位原理削弱各类系统误差的影响。《GNSS 网络 RTK 技术原理与工程应用》侧重介绍网络 RTK 技术原理和工作模式。结合北斗系统发展应用,详细分析网络 RTK 定位模型和各类误差特性以及处理方法、基于基准站的大气延迟和整周模糊度估计与北斗三频模糊度快速固定算法等,论述空间相关误差区域建模原理、基准站双差模糊度转换为非差模糊度相关技术途径以及基准站双差和非差一体化定位方法,综合介绍网络 RTK 技术在测绘、精准农业、变形监测等方面的应用。

GNSS 精密单点定位(PPP)技术是在卫星导航增强原理和 RTK 原理的基础上发展起来的精密定位技术,PPP 方法一经提出即得到同行的极大关注。《GNSS 精密单点定位理论方法及其应用》是国内第一本全面系统论述 GNSS 精密单点定位理论、模型、技术方法和应用的学术专著。该书从非差观测方程出发,推导并建立 BDS/GNSS 单频、双频、三频及多频 PPP 的函数模型和随机模型,详细讨论非差观测数据预处理及各类误差处理策略、缩短 PPP 收敛时间的系列创新模型和技术,介绍 PPP 质量控制与质量评估方法、PPP 整周模糊度解算理论和方法,包括基于原始观测模型的北斗三频载波相位小数偏差的分离、估计和外推问题,以及利用连续运行参考站网增强 PPP 的概念和方法,阐述实时精密单点定位的关键技术和典型应用。

GNSS 信号到达地表产生多路径延迟,是 GNSS 导航定位的主要误差源之一,反过来可以估计地表介质特征,即 GNSS 反射测量。《GNSS 反射测量原理与应用》详细、全面地介绍全球卫星导航系统反射测量原理、方法及应用,包括 GNSS 反射信号特征、多路径反射测量、干涉模式技术、多普勒时延图、空基 GNSS 反射测量理论、海洋遥感、水文遥感、植被遥感和冰川遥感等,其中利用 BDS/GNSS 反射测量估计海平面变化、海面风场、有效波高、积雪变化、土壤湿度、冻土变化和植被生长量等内容都是作者的最新研究成果。

伪卫星定位系统是卫星导航系统的重要补充和增强手段。《GNSS 伪卫星定位系统原理与应用》首先系统总结国际上伪卫星定位系统发展的历程,进而系统描述北斗伪卫星导航系统的应用需求和相关理论方法,涵盖信号传输与多路径效应、测量误差模型等多个方面,系统描述 GNSS 伪卫星定位系统(中国伽利略测试场测试型伪卫星)、自组网伪卫星系统(Locata 伪卫星和转发式伪卫星)、GNSS 伪卫星增强系统(闭环同步伪卫星和非同步伪卫星)等体系结构、组网与高精度时间同步技术、测量与定位方法等,系统总结 GNSS 伪卫星在各个领域的成功应用案例,包括测绘、工业控制、军事导航和 GNSS 测试试验等,充分体现出 GNSS 伪卫星的"高精度、高完好性、高连续性和高可用性"的应用特性和应用趋势。

GNSS 存在易受干扰和欺骗的缺点,但若与惯性导航系统(INS)组合,则能发挥两者的优势,提高导航系统的综合性能。《高精度 GNSS/INS 组合定位及测姿技术》系统描述北斗卫星导航/惯性导航相结合的组合定位基础理论、关键技术以及工程实践,重点阐述不同方式组合定位的基本原理、误差建模、关键技术以及工程实践等,并将组合定位与高精度定位相互融合,依托移动测绘车组合定位系统进行典型设计,然后详细介绍组合定位系统的多种应用。

未来 PNT 应用需求逐渐呈现出多样化的特征,单一导航源在可用性、连续性和稳健性方面通常不能全面满足需求,多源信息融合能够实现不同导航源的优势互补,提升 PNT 服务的连续性和可靠性。《多源融合导航技术及其演进》系统分析现有主要导航手段的特点、多源融合导航终端的总体构架、多源导航信息时空基准统一方法、导航源质量评估与故障检测方法、多源融合导航场景感知技术、多源融合数据处理方法等,依托车辆的室内外无缝定位应用进行典型设计,探讨多源融合导航技术未来发展趋势,以及多源融合导航在 PNT 体系中的作用和地位等。

卫星导航系统是典型的军民两用系统,一定程度上改变了人类的生产、生活和斗争方式。《卫星导航系统典型应用》从定位服务、位置报告、导航服务、授时服务和军事应用 5 个维度系统阐述卫星导航系统的应用范例。"天上好用,地上用好",北斗卫星导航系统只有服务于国计民生,才能产生价值。

海洋定位、导航、授时、报文通信以及搜救是北斗系统对海事应用的重要特色贡献。《北斗卫星导航系统海事应用》梳理分析国际海事组织、国际电信联盟、国际海事无线电技术委员会等相关国际组织发布的 GNSS 在海事领域应用的相关技术标准,详细阐述全球海上遇险与安全系统、船舶自动识别系统、船舶动态监控系统、船舶远程识别与跟踪系统以及海事增强系统等的工作原理及在海事导航领域的具体应用。

将卫星导航技术应用于民用航空,并满足飞行安全性对导航完好性的严格要求,其核心是卫星导航增强技术。未来的全球卫星导航系统将呈现多个星座共同运行的局面,每个星座均向民航用户提供至少 2 个频率的导航信号。双频多星座卫星导航增强技术已经成为国际民航下一代航空运输系统的核心技术。《民用航空卫星导航增强新技术与应用》系统阐述多星座卫星导航系统的运行概念、先进接收机自主完好性监测技术、双频多星座星基增强技术、双频多星座地基增强技术和实时精密定位技术等的原理和方法,介绍双频多星座卫星导航系统在民航领域应用的关键技术、算法实现和应用实施等。

本丛书全面反映了我国北斗系统建设工程的主要成就,包括导航定位原理,工程实现技术,卫星平台和各类载荷技术,信号传输与处理理论及技术,用户定位、导航、授时处理技术等。各分册:虽有侧重,但又相互衔接;虽自成体系,又避免大量重复。整套丛书力求理论严密、方法实用,工程建设内容力求系统,应用领域力求全面,适合从事卫星导航工程建设、科研与教学人员学习参考,同时也为从事北斗系统应用研究和开发的广大科技人员提供技术借鉴,从而为建成更加完善的北斗综合 PNT 体系做出贡献。

最后,让我们从中国科技发展史的角度,来评价编撰和出版本丛书的深远意义,那就是:将中国卫星导航事业发展的重要的里程碑式的阶段永远地铭刻在历史的丰碑上!

杨元喜

2020 年 8 月

前　言

　　为了满足大地测量厘米级甚至毫米级的高精度定位要求,过去主要采用静态相对定位或动态差分定位的方法,通过对观测值进行双差分消除接收机钟差、卫星钟差等公共误差以及削弱卫星轨道、对流层延迟、电离层延迟等空间强相关误差的影响。这种差分定位方法无须考虑复杂的误差改正模型,具有解算模型简单、未知参数少、定位精度高等优势,同时顾及了双差模糊度的整数特性,不仅定位精度高,而且定位结果相对可靠,因而得到了广泛使用。但是,差分技术需要至少两台接收机进行同步观测,通过双差相对定位模型才能实现厘米级的定位服务,不仅增加了作业的成本和复杂度,而且在很多应用场合,受地形等因素的影响,无法保证足够密度的基准站,导致定位精度和可靠性显著下降,甚至不能满足测绘生产部门的需求。而 PPP 技术无需用户自己架设地面基准站,单机作业,不受作用距离的限制,机动灵活,使用成本低,数据处理效率高,可直接获得与国际地球参考框架(ITRF)一致的高精度测站坐标。PPP 技术集成了标准单点定位和相对定位的技术优点,克服了各自的缺点,已成为一种 GNSS 定位新方法。PPP 技术的出现改变了以往只能使用差分定位模式才能进行高精度定位的状况,为广大 GNSS 用户进行困难和偏远地区的高精度静态和动态定位提供了新思路,成为 GNSS 定位技术中继实时动态(RTK)定位/网络 RTK 技术后的又一次技术革命,已被广泛应用于海、陆、空不同载体的高精度定位,精密授时,低轨卫星的精密定轨,全球定位系统(GPS)气象,地球动力学等诸多地学研究及工程应用领域,具有重要的应用价值。

　　PPP 技术提出 20 年来,先后历经了从静态到动态、从后处理到实时、从双频到单频再到多频、从浮点解到固定解、从 GPS 单系统到 GNSS 多系统集成的发展过程,其中最具标志性的成果是 PPP 固定解技术的突破。非差 PPP 固定解技术为建立全球统一无缝的 GNSS 高精度定位服务模式提供可能,已经激发了国内外高校、研究机构和工业界众多研究人员的研究热情,在今后很长一段时间里仍然是高精度卫星导航定位领域的前沿热点方向。为了进一步推动 PPP 技术的发展以及 PPP 技术的应用,本书作者力图系统总结团队历时 10 余年在 PPP 技术方面的研究成果,为后续从事 GNSS 精密导航定位研究、开发和应用的科技工作者提供有益参考。

本书将全面系统论述 GNSS PPP 理论、模型、技术方法和应用，基本涵盖了从双频到单频再到多频，从 GPS 单系统到 GNSS 多系统，从后处理到实时，从浮点解到固定解的一整套 PPP 理论方法和技术体系。主要内容包括：PPP 的基本原理、发展历程及国内外现状；从非差观测方程出发，推导并建立 GNSS PPP 的函数模型和随机模型，介绍 PPP 参数估计方法；详细讨论非差观测数据预处理和非差观测值中各种观测误差的处理方法和策略；针对 PPP 收敛时间较长的难题，提出并论述缩短 PPP 收敛时间的系列方法和技术及其效果，分析 PPP 浮点解的性能，给出 PPP 质量评价方法；论述 PPP 整周模糊度解算的理论和方法；提出利用 CORS 网增强 PPP 的概念和方法，并建立其原型系统；结合当前多频多系统的最新发展动态，论述多频多系统 PPP 的关键技术问题和方法。在此基础上，详细论述 PPP 在大地定位、地震监测、电离层建模等方面的具体应用。本书力求理论联系实际，既有理论模型的推导、数学模型的建立，也有关键技术具体论述，还有技术方法的具体实现过程及实验效果的分析讨论。

本书的研究成果获得了国家自然科学基金杰出青年科学基金（41825009）和创新研究群体（41721003）、教育部长江学者奖励计划、湖北省杰出青年基金和教育部博导基金项目等科研项目的资助。本书正是作者团队 10 余年研究积累的系统总结。博士生潘林、马福建、李昕等参与了书稿的编辑排版与校对工作。

作者虽然在 PPP 数据处理理论、方法及应用领域取得了一定成果，但由于研究深度和水平所限，书中难免存在疏漏和不足之处，敬请读者批评指正。

作者

2020 年 9 月于武汉

目 录

第1章 绪 论

◢ 1.1 引 言

全球卫星定位导航系统的出现,不仅是定位、导航技术的巨大革命,也给测绘行业带来了前所未有的技术革新,它的出现推动了当今信息获取技术,特别是地球空间信息技术的革命。全球定位系统(GPS)技术的发展已有近30年,其应用领域非常广泛,包括海、陆、空、天、地诸多方面。GPS静态定位的应用已经很成熟,先后出现了GAMIT、Bernese、GIPSY、EPOS、PANDA等精密定位定轨数据处理软件。GPS静态相对定位的精度也已接近或达到10^{-9}。比较而言,GPS动态定位的应用范围更为广泛:有实时的动态定位,也有事后的动态定位;有绝对的动态定位,也有相对的动态定位;有基于纯伪距或相位平滑伪距的动态定位,也有基于相位观测值的动态定位。动态相对定位的作用距离可以从数米至上千千米,其定位的精度也从数十米精度的导航解到厘米级精度的常规实时动态(RTK)测量技术以及近些年迅速发展的网络RTK(虚拟参考站(VRS))技术等。

随着人们对地理空间数据需求的不断增长,航空动态测量技术(包括航空重力测量、航空摄影测量及航空激光雷达和机载合成孔径雷达干涉(INSAR)等)逐步得到越来越多人的关注,其高效的作业方式是地面常规测量手段无法相比的。在航空动态测量中,GPS动态定位扮演着关键角色。目前航空动态测量中的GPS定位一般都采用传统的双差模型,基于在航(OTF)解算等方法解算双差模糊度,进行动态基线处理。大部分的商用动态处理软件也都采用类似的方法。为了保证动态基线解算的可靠性和精度,进行航空测量时往往要求地面布设较密(30~50km间隔)的GPS基准站,这将大大增加人力、物力和财力的投入。但是对于一些难以到达的地区,根本无法保证足够密度的基准站,甚至找不到近距离的基准站。此时的动态基线长度可能达几百千米,甚至上千千米,OTF方法不再适用,必须寻求新的解决方法。

精密单点定位(PPP)技术集成了GPS标准单点定位(SPP)和GPS相对定位的技术优点,克服了各自的缺点,已发展成为一种新的GPS定位方法。PPP无需用户自己架设地面基准站,单机作业,不受作用距离的限制,机动灵活,使用成本低,可直接获得与国际地球参考框架(ITRF)一致的高精度测站坐标,是GPS定位技术中继RTK/网络RTK技术后出现的又一次技术革命。PPP技术的出现改变了以往只能使用差分定位模式才能进行高精度定位的状况,为广大GPS用户进行困难和偏远地区的高精度静态和动态定位提供了新的技术支持与解决方案。PPP 技术可广泛应用于海、陆、空不同载体的高精度动态和静态定位、精密授时、低轨卫星精密定轨、GPS 气象、地球动力学等诸多地学研究及工程应用领域,具有重要的应用价值。

近年来,PPP 技术逐渐发展成为卫星导航定位技术领域的热点研究方向之一,正蓬勃发展,显现出了广阔的应用前景。国内外先后有多所高校和多个研究机构的众多学者对 PPP 技术开展了广泛、深入、细致的研究,并先后在 PPP 技术的理论方法、定位模型、算法软件、实验结果分析及工程应用等方面取得了丰富的研究成果[1-7]。

▲ 1.2 PPP 技术的基本原理

1.2.1 PPP 的基本概念

PPP 是指用户利用一台 GNSS 接收机的载波相位和测码伪距观测值实现高精度定位的一种方法。为了实现单机高精度定位,PPP 通常需要使用高精度的卫星轨道和钟差产品,并通过模型改正或估计的方法精细考虑与卫星端、信号传播路径及接收机端有关的误差对定位的影响。PPP 技术是在标准单点定位(SPP)的基础上发展起来的。SPP 通常只采用测码伪距观测值(或相位平滑伪距观测值),利用广播星历计算卫星位置和卫星钟差改正,电离层延迟误差采用广播模型改正,因此 SPP 只能获得 5~10m 的定位精度。PPP 需要同时采用载波相位和测码伪距观测值,利用精密轨道产品计算卫星位置,利用精密钟差产品改正卫星钟误差,同时精确考虑包括电离层延迟、对流层延迟等在内的各项误差的影响,可实现厘米级甚至毫米级精度的绝对定位。PPP 采用的精密卫星轨道和钟差产品是由专门的服务机构(如国际 GNSS 服务(IGS)或商业机构)利用全球一定数量的地面跟踪站的 GNSS 观测数据通过后处理或实时处理方式计算并播发给用户使用。

传统的 SPP 尽管只需使用一台 GPS 接收机就可以进行实时的导航定位,且在导航领域具有广泛的应用,但精度低(数米到数十米),满足不了许多高精度定位用户的精度要求。差分 GPS(DGPS)定位技术虽然精度高,但需要布设至少一个基站,作业时不仅受作用距离的限制,仪器成本和劳动成本都相应增加不少。PPP 技术恰好集成了 SPP 和差分定位的优点,克服了各自的缺点。它的出现改变了以往只能使用双差相位定位模式才能到达较高定位精度的现状,是 GPS 定位技术中继 RTK/网络 RTK 技术后的又一次技术革命。PPP 技术的出现,为我们进行长距离高精度的事后动态定位提供了新的解决方案。

1.2.2 PPP 原理

GPS PPP 一般采用单台双频 GPS 接收机,利用国际 GNSS 服务(IGS)提供的精密星历和卫星钟差,基于载波相位观测值进行高精度定位。观测值中的电离层延迟误

差通过双频信号组合消除,对流层延迟误差通过引入未知参数进行估计。其观测方程如下:

$$P = \rho + c(t_r - t^s) + M \cdot \text{zpd} + e \qquad (1.1)$$

$$L = \rho + c(t_r - t^s) + M \cdot \text{zpd} + N + \varepsilon \qquad (1.2)$$

式中:P 为无电离层伪距组合观测值;L 为无电离层载波相位组合观测值(等效距离);ρ 为测站 (X_r, Y_r, Z_r) 与 GPS 卫星 (X^i, Y^i, Z^i) 间的几何距离;c 为光速;t_r 为 GPS 接收机钟差;t^s 为 GPS 卫星 i 的钟差;N 为无电离层组合模糊度(等效距离,不具有整数特性);M 为投影函数;zpd 为天顶方向对流层延迟;e 和 ε 分别为两种组合观测值的多路径误差和观测噪声。

将 P、L 视为观测值,测站坐标、接收机钟差、无电离层组合模糊度及对流层天顶延迟视为未知数 X,在未知数近似值处对式(1.1)和式(1.2)进行级数展开,保留至一次项,其具体的展开系数的表达式,读者可参阅李征航等编写的《GPS 测量原理与数据处理》[8],误差方程矩阵形式为

$$V = Ax - l \qquad P \qquad (1.3)$$

式中:V 为观测值残差矢量;A 为设计矩阵;x 为未知数增量矢量;l 为常数矢量;P 为观测值权矩阵。式(1.3)中 A 和 l 的计算用到的 GPS 卫星钟差和轨道参数需采用 IGS 事后精密钟差和轨道产品内插求得。

PPP 计算过程主要包括:观测数据的预处理;精密星历和精密卫星钟差拟合与内插(要求卫星轨道精度达到厘米级水平,卫星钟差改正精度达到亚纳秒级水平),各项误差的模型改正及参数估计等。下面简要介绍 PPP 数据预处理方法和参数估计方法,各项误差的模型改正将在后续章节详细介绍。

1.2.2.1　数据预处理

数据预处理的好坏直接决定定位精度及可靠性,而数据预处理的关键就是要准确可靠地探测相位观测值中出现的周跳。非差相位观测值的周跳探测较双差相位观测值的周跳探测难,有些双差模式中使用的周跳探测方法在 PPP 模式中不再适用。我们曾测试了不少非差相位数据周跳的探测方法,结果表明 TurboEdit 方法[9]比较有效。所以在吸收 TurboEdit 方法的基础上,对算法进行了部分改进,对于 GPS 相位观测数据中出现的小周跳或 L1 和 L2 上出现相同周数周跳的情形,改进的方法也能有效探测出来。鉴于非差相位数据中周跳的修复比探测更为困难,甚至不可能准确修复。因此数据预处理只探测周跳,而不修复出现的周跳,对于每个出现周跳的地方增加一个新的模糊度参数。若某卫星相邻两个周跳间的有效弧段小于预先设定的阈值(阈值的大小取决于数据的采样率),则剔除该短弧段的观测数据。

1.2.2.2　参数估计方法

在静态 PPP 中,接收机天线的位置固定不变,接收机的钟差每个历元都在变化。因此,除了相位模糊度参数和天顶对流层延迟(ZPD)参数外,静态定位中每个历元还

有一个钟差参数必须估计。举例来说,如果某个静态观测时段接收机以 1s 的采样率采集了 1h(共 3600 历元)的 GPS 数据,那么要解求的总未知数个数如下:

(1) 3 个坐标参数;

(2) 3600×1(接收机钟差) = 3600 个钟差参数;

(3) $N(N \geqslant 4)$ 个模糊度参数;

(4) 至少一个天顶对流层延迟参数。

在动态定位中,接收机天线的位置每个历元都在变化,接收机的钟差每个历元也不一样。因此,除了相位模糊度参数和天顶对流层延迟参数外,动态定位中每个历元还有 4 个必须估计的参数(3 个位置参数和 1 个钟差参数)。举例来说,如果某个动态接收机以 1s 的采样率采集了 1h(共 3600 历元)的动态 GPS 数据,那么要解求的总未知数个数如下:

(1) 3600×4(3 个站坐标 + 1 个接收机钟差) = 14400 个(站坐标和钟差参数);

(2) $N(N \geqslant 4)$ 个模糊度参数;

(3) 至少一个天顶对流层延迟参数。

目前,PPP 参数估计方法主要有两种:一种是卡尔曼滤波,卡尔曼滤波方法在动态定位中应用较为广泛,计算效率高,但是采用卡尔曼滤波方法,如果先验信息给得不合适,滤波往往容易造成发散,定位结果会严重偏离真值;另一种是最小二乘法,在最小二乘法中又有两种估计方法,下面主要介绍最小二乘估计方法。

1) 序贯最小二乘估计方法

设待估参数作为带权观测值并设其先验权矩阵为 $\boldsymbol{P}^0$,则由式(1.3)按最小二乘方法可求解未知数为

$$\boldsymbol{x} = (\boldsymbol{P}^0 + \boldsymbol{A}^\mathrm{T}\boldsymbol{P}\boldsymbol{A})^{-1}\boldsymbol{A}^\mathrm{T}\boldsymbol{P}\boldsymbol{l} \tag{1.4}$$

由此可得到被估计参数为

$$\boldsymbol{X} = \boldsymbol{X}^0 + \boldsymbol{x} \tag{1.5}$$

未知数的协因数阵为

$$\boldsymbol{Q}_{xx} = (\boldsymbol{P}^0 + \boldsymbol{A}^\mathrm{T}\boldsymbol{P}\boldsymbol{A})^{-1} \tag{1.6}$$

式(1.4)的求解采用的是一种高效序贯滤波算法,迭代过程中需要考虑相邻观测历元间的参数在状态空间的变化情况,并用合适的随机过程来自适应地更新参数的权矩阵。若用下标 i 表示历元号,在序贯滤波中将上一历元参数的估计值作为当前历元的初始值,即 $\boldsymbol{X}_i^0 = \boldsymbol{X}_{i-1}$。

设第 i 历元和第 $i-1$ 历元间隔 Δt,那么第 i 历元参数的先验权矩阵为

$$\boldsymbol{P}_i^0 = (\boldsymbol{Q}_{xx} + \boldsymbol{Q}_{\Delta t})^{-1} \tag{1.7}$$

式中

$$
\boldsymbol{Q}_{\Delta t} = \begin{bmatrix} q(x)_{\Delta t} & 0 & 0 & 0 & 0 & 0 \\ 0 & q(y)_{\Delta t} & 0 & 0 & 0 & 0 \\ 0 & 0 & q(z)_{\Delta t} & 0 & 0 & 0 \\ 0 & 0 & 0 & q(t_r)_{\Delta t} & 0 & 0 \\ 0 & 0 & 0 & 0 & q(z)_{\Delta t} & 0 \\ 0 & 0 & 0 & 0 & 0 & q(N^j,(j=1,n))_{\Delta t} \end{bmatrix}
$$

在没有发生周跳的情况下,模糊度参数是常数,故 $q(N^j,(j=1,n))_{\Delta t}=0$;对于 $q(x)_{\Delta t}$、$q(y)_{\Delta t}$、$q(z)_{\Delta t}$,应根据测站的运动情况来确定;接收机钟差的过程噪声通常视为白噪声,对流层天顶延迟误差可用随机游走方法进行估计。

2)最小二乘参数消元法

对上述 1h 的动态 GPS 数据进行 PPP 解算,待估参数将超过 14400 个。可以想象,使用常规的最小二乘方法,用普通计算机要完成如此大型的法方程组成并求解几乎无能为力。即使我们采用相当优化的矩阵存取和矩阵运算算法,耗时也会相当长,可能是以天来计算。若采用大型工作站计算就另当别论了。但大部分 GPS 用户还是习惯或喜欢使用普通计算机来处理 GPS 数据。而经典最小二乘中的参数消元法可以极大地提高法方程的解算效率。其核心思想是分类处理不同的参数,在 GPS PPP 的数学模型中有 4 类参数:测站的位置、接收机钟差、对流层天顶延迟以及组合后的相位模糊度参数。动态定位中站坐标参数随着时间而发生变化,这主要取决于观测时接收机天线的运动状态,比如有些情况下站坐标变化数米每秒,有些情况接收机天线位置变化达几千米每秒(如低轨卫星上 GPS 接收机)。接收机钟的漂移主要取决于钟的质量,比如石英钟的频率稳定性约为 10^{-10}。相对来说,天顶对流层延迟参数在短时间内变化量相对较小,一般为几厘米每小时。而对于组合模糊度参数,若不发生周跳,组合模糊度参数为常数。因此,对于随历元时间变化的参数可以通过消元的办法将这些参数先从法方程中消去,只计算不随历元时间变化的参数,然后将计算结果代回原观测方程,再逐历元计算随历元时间变化的参数,这样就大大降低了法矩阵的维数。

1.2.3　PPP 的技术特点和优势

GPS PPP 技术单机作业,灵活机动,作业不受作用距离的限制。它集成了 SPP 和差分定位的优点,克服各自的缺点,它的出现改变了以往只能使用双差定位模式才能达到较高定位精度的现状,较传统的差分定位技术具有几个显著的技术优势。

首先,随着国家真三维基础地理空间基准的建立,不管是动态用户还是传统的静态用户,都希望实现在国际地球参考框架(ITRF)下的高精度定位。过去广大 GPS 用户要通过使用 GAMIT、Bernese 等高精度静态处理软件,并同 IGS 永久跟踪站进行较长时间的联测方能获取高精度的 ITRF 起算坐标。但对很多生产单位的技术人员来讲,要熟练掌握上述高精度软件的处理并非易事。而现在的商用相对定位软件只能处理几十千米以内的基线。采用 PPP 技术就可以解决这些问题。IGS 有多个不同的数据处理中心,每天处理全球几十个甚至几百个永久 GPS 跟踪站的数据,计算并发布高精度卫星轨道和卫星钟差产品。也就是说,大量复杂的 GPS 数据处理已经交给 IGS 数据处理中心的专业人员处理,而广大的 GPS 普通用户可直接利用 IGS 的产品,基于 PPP 技术就可以实现在 ITRF 下的高精度定位。

其次,采用 PPP 技术可以节约用户购买接收机的成本,用户使用单台接收机就可以实现高精度的动态和静态定位,也可以提高 GPS 作业效率。在不久的将来,Galileo 系统的建成以及我国北斗卫星导航系统(BDS)的实现,将为 PPP 技术提供更多的可用卫星。这将显著提高 PPP 的可靠性和精度。其原因是 PPP 同 SPP 一样,定位误差是同卫星几何图形强度,即位置精度衰减因子(PDOP)有关。上述系统建成后,空中的可用卫星几乎成倍增加,几何图形强度将大大提高。此外,由于 PPP 是基于非差模型,没有在卫星间求差,所以在多系统(GPS、Galileo 系统、GLONASS 等)组合定位中,处理要比双差模型简单。没有在观测值间求差,模型中保留了所有的信息,这对于大气、潮汐等相关领域的研究也具有优势。

◤ 1.3　PPP 技术的发展历程

回顾 PPP 技术的发展历程,先后历经了从后处理到实时,从 GPS 单系统到 GNSS 多系统,从双频到单频再到多频,从浮点解到固定解的发展过程,其中 PPP 固定解方法的提出最具标志性。

1.3.1　PPP 技术的提出

PPP 是在 20 世纪 70 年代美国子午卫星时代针对多普勒 PPP 提出的概念。GPS 开发后,由于 C/A 码或 P 码单点定位精度不高,80 年代中期就有人探索采用原始相位观测数据进行 PPP,即所谓的非差相位单点定位。但是,由于在定位估计模型中需要同时估计每一历元的卫星钟差、接收机钟差、对流层延迟、所见卫星的相位模糊度参数和测站 3 维坐标,待估参数太多,且求解是亏秩的,基本无法提出解决方案,问题的复杂性使得这一方法在 80 年代后期暂时搁置了起来。90 年代中期,国际 GPS 地球动力学服务局开始向全球提供精密星历和精密卫星钟差产品,尔后,还提供不同精度等级的事后、快速和预报 3 类精密星历和相应的 15min、5min 间隔的精密卫星钟差产品,这为非差相位 PPP 的实现创造了条件。

1997 年,美国喷气推进实验室(JPL)的研究人员 Zumberge 等提出了利用 GIPSY 软件和 IGS 精密星历,同时利用一个 GPS 跟踪网的数据确定 5s 间隔的卫星钟差,在单站定位方程式中,只估计测站对流层参数、接收机钟差和测站 3 维坐标的 PPP 研究思路,进行了试验,取得了 24h 连续静态定位精度达 1~2cm、事后单历元动态定位精度达 2.3~3.5dm 的试验结果,用实测数据证明了利用非差相位观测值进行 PPP 是完全可行的[1]。加拿大自然资源部(NRCan)的 Kouba 等人也研究了非差 PPP 方法,他们处理长时间静态观测数据的结果精度也达到厘米级[2]。德国地学中心(GFZ)和加拿大大地测量局(GSD)也开发了相应的 PPP 软件系统,取得了同样精度的静态和动态定位结果。美国俄亥俄州立大学(OSU)的 Han 等人也进行过类似研究,在固定卫星精密轨道的基础上,利用 IGS 站的观测资料先估计出 GPS 卫星的钟差,然后再利用估计出的精密钟差及已有的精密卫星轨道求解测站的绝对位置坐标[10]。

1.3.2 实数解 PPP 技术的发展

在 PPP 技术提出后的很长一段时间里,国内外学者对 PPP 的研究重点主要集中于实数解 PPP 的模型、算法、误差改正模型精化、数据处理软件开发、静态和动态定位处理结果分析、工程实际应用等方面。大量 PPP 数据处理结果和实际应用已经表明:实数解 PPP 事后静态和动态定位在视野比较开阔的地方可以获得与传统相对定位精度相当的定位结果,其理论、模型和算法已经基本成熟,大部分的关键技术已经解决。近 20 年来,PPP 以其独特的优势和应用潜力受到了卫星导航学术界的持续关注,先后有一大批学者在双频/单频 PPP 模型、理论方法、算法软件、误差模型精化及工程应用等诸多方面开展研究与实践,取得了丰富的成果,PPP 浮点解技术逐步走向成熟[1-3,5-6,11-17]。

(1)在 PPP 模型方面:针对电离层和接收机钟差处理方法的不同,先后提出了不同的 PPP 模型。最早采用的是非差消电离层组合模型,利用双频伪距和双频相位观测值,组成消电离层的伪距观测方程和载波相位观测方程;后来,卡尔加里大学(UofC)的高扬教授团队针对伪距消电离层组合噪声较大的问题,提出了 UofC 模型,该模型采用双频消电离层组合的相位观测方程和两个频率上的伪距载波半和观测方程,该模型与双频消电离层模型相比,观测值的噪声可减半。为了消除接收机钟差参数,又有学者采用星间单差模型,即在消电离层组合模型的基础上进行星间求差,该模型无需估计钟差参数,计算效率更高,但也放大了观测噪声。

(2)在非差数据预处理方面:PPP 采用高精度的载波相位观测值,其数据预处理的好坏直接影响 PPP 解的质量。非差数据预处理比双差数据预处理更具有挑战性。过去的十几年,都是针对 Blewitt 提出的 TurbEdit 方法在电离层较活跃或采样率不同等条件下的适应性问题提出了不同的改进方法。但非差数据预处理的基本方法还是采用 Hatch 滤波(HMW)组合和电离层残差组合两个组合模型进行周跳探测。

(3)在 PPP 数据处理软件方面:国内外先后研发出多套实用、成熟的后处理 PPP 软件[3,18-20],基本可以在观测条件较好的地方进行工程化应用。卡尔加里大学的高扬教授先后带领数名博士和硕士对 PPP 的理论和算法进行深入研究,并开发了相应的 PPP 解算软件。著名的 GPS 数据处理软件 BERNESE 4.2 版本中也增加了用非差相位观测值进行 PPP 处理的功能[18]。2007 年前后,国外已有数家公司推出了 PPP 数据处理软件,主要包括:GrafNav7.8 版本在原来差分定位的基础上增加了 PPP 解算模块;加拿大 APPLANiX 公司推出了 POSPac AIR 软件,也具有 PPP 的能力;挪威 TerraTec 公司推出的 TerraPOS 软件,也是基于 PPP 模式开发出的动态定位软件;瑞士 Leica 公司也推出了自己的动态 PPP 解算软件 IPAS PPP。武汉大学的张小红教授等经过数年对 GPS PPP 理论与方法的深入研究,在国内率先开发出高精度的 PPP 数据处理商业化软件 TriP,软件在算法设计和定位精度方面取得突破,TriP 软件在定位解算精度和可靠性等方面已经与国际同类软件水平相当,是目前国际上为数不多的几个 PPP 软件之一,已在国内相关部门推广使用,应用于航空动态测量和地面像控静态测量等领域。

国内 GPS 非差相位 PPP 的研究起步虽然稍晚,但目前的研究应用却与国际当前水平相当。2000 年,上海天文台在《测绘学报》上发表文章,阐述了他们应用 JPL 的 GIPSY 软件进行了类似 PPP 原理的小区域网站的静态定位试验,数据处理结果表明也可达到厘米级定位精度。武汉大学的叶世榕博士对非差相位 PPP 技术进行了较为深入的研究,并以此为主要内容完成其博士论文[4]。

(4) 在单频 PPP 研究方面:在双频 PPP 研究成果的基础上,也有不少学者开展了单频 PPP 模型和算法的研究:加拿大卡尔加里大学的高扬博士对单频 PPP 进行了一定的研究,取得了一些试验结果;荷兰的 A. Q. Le 和 C. Tiberius 利用单频接收机取得了水平 0.5m、高程 1m 精度的单频 PPP 试验结果[21];武汉大学的邸贺硕士对单频 PPP 进行了较为深入的研究,取得了米级精度的事后单频 PPP 的试验结果[22]。总体来讲,目前单频 PPP 还有若干关键问题没有很好地解决,其研究与应用还不太成熟。

(5) 在双系统或多系统组合 PPP 研究方面:随着 GLONASS 的恢复及 GLONASS 跟踪站数量的增加,GLONASS 精密轨道和精密钟差产品的发布,也有学者相继开展了 GPS/GLONASS 组合 PPP 的研究[23-24],结果表明 GPS/GLONASS 组合后,能在一定程度上改善 PPP 的收敛速度。但由于 GLONASS 采用频分多址(FDMA)技术,目前固定 GLONASS 非差相位的整数模糊度还比较困难。当前,我国正在实施自主发展、独立运行的北斗卫星导航系统(BDS)。从 2012 年 12 月 28 日开始,BDS 已有 5 颗地球静止轨道(GEO)、5 颗倾斜地球同步轨道(IGSO)和 4 颗中圆地球轨道(MEO)卫星在轨运行,已具备了向亚太地区提供导航定位服务的能力。随着北斗系统的建设、完善和发展,又有学者开始尝试利用 BDS 事后精密星历和钟差开展基于北斗双频或 GPS/BDS 组合双频 PPP 浮点解的研究。施闯等采用"北斗卫星观测实验网"实测数据和我国自主研制的精密数据处理软件 PANDA,实现了 BDS 静态 PPP 实数解[25]。马瑞和施闯利用北京站和武汉站一周的观测数据进行了 BDS 静态和动态 PPP 试验,结果表明 BDS 静态单天解可达 1~2cm、动态单天解可达 4~6cm[26]。Li 等也利用 2 个测站 3 天的观测数据,初步评估了 GPS、BDS、GPS/BDS 双频非组合 PPP 浮点解的定位性能,其试验结果表明:GPS/BDS 组合也能在一定程度上改善 PPP 浮点解的收敛时间[27]。Montenbruck 也取得了水平和垂直方向达 12cm 的北斗静态 PPP 实数解结果。但目前北斗跟踪网的测站数少,北斗轨道和钟差产品精度还不如 GPS 的精密轨道和钟差的精度高,北斗双频 PPP 浮点解定位精度偏低,收敛速度也较 GPS 双频 PPP 的收敛速度略慢[28]。由于 BDS 区域系统刚建立不久,BDS 卫星端的系统误差模型还在发展过程中,比如相位中心偏差(PCO)和相位中心变化(PCV)模型还不完善。

1.3.3 PPP 固定解技术的发展

随着浮点解 PPP 技术的发展和成熟,国际上对 PPP 的研究重点也从非差模糊度的实数解转向非差模糊度的整数固定解。非差模糊度整数固定解是 PPP 技术亟须突破的关键性难题,也是国际卫星导航定位领域的前沿课题,已引起了国内外学者的广泛关注。实现 PPP 模糊度固定解的关键之一就是有效分离接收机端和 GPS 卫星端的初始相位和硬件延迟偏差,进而恢复非差模糊度的整数特性。国际上一些学者在这方面做了不少工作,提出了几种不同的方法。

Gabor 早在 1999 年就尝试使用星间单差模型固定星间单差模糊度的整数值。他详细分析了 GPS 卫星端的宽巷相位小数偏差(FPB)的特性,其结果表明卫星端宽巷 FPB 可以精确估计。由于当时 IGS 轨道和钟差产品精度的限制,他并没有给出实测数据的定位结果[29]。直到 2008 年,Ge 等也采用类似的做法,使用全球大约 180 个 GPS 跟踪站的观测数据估计卫星端星间单差的未校准的相位硬件延迟(UPD),PPP 用户使用这套估计出的 UPD 产品即可通过后处理实现星间单差模糊度的整数固定解。其试验结果表明,80% 以上的独立模糊度可以可靠固定,模糊度固定后的 PPP 单天静态解在东方向的定位精度较实数解 PPP 提高了约 30%[30]。Geng 等在 Ge 的方法的基础上使用最小二乘模糊度降相关平差(LAMBDA)方法搜索非差窄巷模糊度,利用 1h 的观测数据进行静态 PPP 整数固定解试验,3 维坐标精度可以改善 68.3%[31]。Li 和 Zhang 从 GNSS 观测的基本数学模型出发,分析了传统 PPP 模型中模糊度无法固定为整数的原因,提出了非差模糊度整数解的新模型与方法。实现了 PPP 非差模糊度的整数解,显著改善了 GPS 定位与定轨精度[32]。

与星间单差模糊度固定方法不同,Laurichesse 提出了利用若干 GPS 站网的观测资料,通过引入基准钟,重新估计"整数卫星钟",发布给用户,恢复非差相位模糊度整数特性,进而实现了固定非差整数模糊度的 PPP,使用其改进后的卫星钟差在静态和动态模式下分别经过大约 30min 和 90min 的初始化后可得到固定非差整数模糊度的 PPP 解[33-34]。Collins 提出了钟差去耦模型(DCM)。在钟差去耦模型中,伪距对应的 GPS 卫星钟差由伪距确定,而载波相位对应的 GPS 卫星钟差由载波相位确定,载波相位模糊度不再受伪距硬件延迟的影响,通过伪距和载波相位使用不同的卫星钟改正数恢复非差模糊度的整数特性,也成功固定了非差整数模糊度。其试验结果表明经过 30min 左右的初始化后,可以成功解算非差整数模糊度[35-36]。

PPP 固定解的定位精度和可靠性比 PPP 浮点解更高。因此,最近几年,国内外诸多学者对 PPP 的研究更聚焦于 PPP 固定解方法以及如何缩短 PPP 固定解的初始化时间两个方面[30-31,34,36-43]。

上述 PPP 模糊度整数固定解方法的提出和阶段性研究成果基本解决了星间单差模糊度或非差模糊度整数特性的问题,使 PPP 固定解成为现实,也在一定程度上缩短了 PPP 的收敛时间。但是,由于受大气延迟等各种残余误差的影响,PPP 需要较长的初始化时间,要实现厘米甚至毫米级的定位精度通常需要 30min 甚至更长的首次初始化时间,且信号失锁后的重新初始化时间与首次初始化时间几乎一样长,这与当前网络 RTK 的模糊度初始化时间还有相当距离[39]。这也是目前制约 PPP 技术发展与应用的瓶颈。因此,在 PPP 固定解方法研究的基础上,又有一些学者致力于如何缩短 PPP 初始化时间的研究。

目前,BDS 所有工作卫星都能发射三频信号[28]。此外,还有 GPS Block Ⅱ-F 卫星和 Galileo 卫星可以播发三频信号。这些三频信号为开展三频 PPP 固定解方法的研究创造了实际条件[44]。在双差相对定位模糊度解算中已经证明三频信号能显著改善模糊度的搜索空间,提高模糊度解算的效率和可靠性,加快模糊度的解算速度[45-48]。三频/多频模糊度固定方法(TCAR/MCAR)等多频模糊度解算方法已经在短基线相对定位中得到了成功应用,这为实现 PPP 非差模糊度的快速确定进而解决 PPP 初始化时间长的问题提供了借鉴思路。但是,现有 BDS 地面跟踪站数量及分布有限,北斗卫星端误差模型不够完善,卫星轨道和钟差精度不如 GPS 卫星轨道和钟差的精度,GPS 三频信号中新增信号的码偏差参数未有官方(如 IGS)产品,利用三频信号组成新的无电离层组合观测会引入新的频间偏差参数,上述这些因素都将影响三频 PPP 模糊度的快速确定。

1.3.4 实时 PPP 技术的发展

JPL 的 Muellerschoen 等人提出了全球实时 PPP 的概念,他们利用实时计算的高精度轨道和钟差改正信息,进行实时 PPP 服务。试验结果表明,在全球范围内可望实现水平方向定位精度为 10~20cm 的实时动态定位[49]。NavCom 的 Hatch 也提出了利用 JPL 实时定轨软件 RTG 实现全球 RTK 计划,通过因特网和地球静止通信卫星向全球用户发送精密星历和精密卫星钟差修正数据,利用这些修正数据,实现 2~4dm 的实时动态定位,事后静态定位精度可达 2~4cm,收敛速度需要 30min[50]。Veripos 公司推出的下一代精确定位系统 Veripos Ultra,能在全球范围内实时提供分米级的定位精度,该服务也是建立在实时 PPP 技术基础之上的。

从当前全球已实现的商业化的实时 PPP 系统来看,限制实时 PPP 应用的技术瓶颈依然存在,主要表现在两个方面:①当前实时 PPP 的定位精度为分米级,比主流区域性网络 RTK 技术的定位精度几乎低一个数量级;②已有的实时 PPP 商用产品的定位初始化时间太长,首次初始化时间一般需要30min甚至更长,卫星失锁后的重新初始化时间与首次初始化时间几乎一样长。上述两个瓶颈严重制约着实时PPP技术的发展和应用。其原因是上述商用实时PPP还不能快速确定非差模糊度的整数解,仍然采用模糊度实数解,受伪距噪声和大气延迟误差的影响较大,定位收敛时间偏长,定位精度不高。如果能够快速确定非差模糊度的整数固定解,则不仅能提高实时PPP的定位精度,还能显著缩短PPP的初始化时间,实现与城市网络RTK相当的定位精度和定位效率。非差相位模糊度不易正确快速固定的原因有二:一是原始站星间的非差相位观测值中的模糊度本身不具有整数特性,要实现非差模糊度整数固定解就必须恢复非差模糊度的整数特性;二是PPP没有作差分,轨道误差、卫星钟差、大气延迟误差等诸多误差的影响,使得模糊度难以短时间固定。

寻求快速确定非差模糊度整数解的方法是从根本上解决上述问题的唯一途径。针对上述存在的问题,有学者提出了利用外部电离层约束信息缩短PPP初始化时间的方法,初始化时间得到了明显改善,但通常仍然需要15min左右。为缩短PPP的初始化时间,实现厘米级的PPP实时定位,Li等借鉴网络RTK误差处理的思想,提出了利用较密集的连续运行参考站(CORS)网增强PPP的概念和方法,解决了非差模糊度的快速固定难题,实现了PPP模式的网络RTK定位原型系统[51]。针对信号中断所引起的PPP重新初始化的问题,有学者提出了信号短时中断后PPP快速重新初始化的方法。Banville和Langley利用波长为5.4cm的无几何距离组合观测值来实时修复非差周跳,进而达到连接失锁前后模糊度参数的目的[52]。Geng等[53]和Li等[38]提出了利用模糊度已固定历元的大气延迟信息连接中断观测值的算法。这些算法在信号短时中断时比较有效,但在数据中断超过几分钟或者发生电离层闪烁时会失效。

但是,为了保持PPP不依赖于密集参考网的支持这一独特优势而不采用CORS网来增强,在双频条件下,要实现PPP非差模糊度的快速(3~5min)初始化还具有相当的难度,这也是目前公认的制约厘米级实时PPP应用的技术瓶颈,亟须寻求新的方法突破这一难题。

1.3.5 PPP技术的应用领域

精密单点定位采用非差模型,只利用一台接收机的观测数据就可以同时解算得到ITRF下的位置坐标、接收机钟差、电离层延迟、对流层延迟等参数,因此与差分定位技术相比,精密单点定位在精密时间传递、地震监测、电离层建模、水汽监测等方面具有独特的应用优势。PPP技术已被逐步应用于海陆空不同载体的高精度动态和静态定位、精密授时、低轨卫星的精密定轨、GPS气象、地球动力学等诸多地学研究及工程应用领域,具有重要的应用前景。

在精密静态/动态定位和授时方面,Chen[54]利用精密单点定位技术对GPS浮标进行动态定位,实现了分米级的局部海平面变化监测精度。Zhang 和 Andersen[55]将精密单点定位技术成功应用于南极 Amery 冰架动态监测,获得了冰架前端的流速和流向,并恢复出了南极海域的潮汐信息包括海潮半周日和周日变化参数。袁修孝等[56]将精密单点定位应用于 GPS 辅助空中三角测量,取得和差分相当的结果。在低轨卫星定轨方面,Bisnath 和 Langley[57]利用精密单点定位技术对重力场恢复与气候试验(GRACE)卫星进行定轨,取得了事后分米级的定轨精度。李建成等[58]采用纯几何法对 GRACE 卫星定轨,取得了单天 3~5cm 的轨道精度。李星星等[59]利用少量 IGS 跟踪站的观测数据,通过计算未检校的相位小数偏差改正信息,并播发送给用户使用,实现了基于 PPP 固定解的快速精密定轨系统。目前,PPP 已成为低轨卫星定轨的主要技术手段之一。在 GNSS 水汽遥感方面,Gendt 等[60]采用精密单点定位技术对德国境内 170 个站网进行为期 2 年的观测数据分析,获得了 1~2mm 的近实时综合水汽含量。Rocken 等[61]将精密单点定位技术应用于海洋水汽监测,利用其得到的天顶对流层湿延迟反演大气可降水量(PWV),其数值与无线电探空仪和船载水汽辐射计的测量结果吻合较好,差异仅为 2~3mm。我们采用快速精密星历和快速精密钟差,近实时地反演了美国 SumitNet 网中 8 个测站的可降水量,获得了优于 1mm 的 PWV 值[62]。Li 等[63]通过与欧洲中程天气预报中心(ECMWF)数值天气模型进行对比,结果表明多 GNSS 组合 PPP 可反演出精度更高、可靠性更强、几何分布更均匀的实时对流层产品。LU 等[64]利用 GNSS/VLBI(甚长基线干涉测量),并址站数据的研究结果表明,GPS 和 GLONASS 单系统实时 PPP 估计 PWV 的精度相当,双系统解精度相对单系统更高。在地震监测方面,PPP 技术具有独特优势,近 10 年来,先后有一大批学者开展了相关方面的工作。大地震引起的地面运动可以波及几千千米之外,此时采用相对定位的方法,通常无法直接获得震区内 GPS 测站的同震位移系列,而 PPP 技术不依赖参考站,可以单站获得同震位移系列。Larson 等[65]基于高频 GPS 数据(1Hz)成功恢复出 Denali 地震瞬时地表形变位移,其结果与地震仪观测的结果能很好地吻合,为高采样 GPS 观测数据获取地震波信号的研究提供了可行。Wright 等[66]利用 PPP 技术获得 Tohoku 地震期间近场区 GPS 测站的瞬时位移,并根据地震发生后 90~100s 内的位移量反演出近似断层滑动模型,进而推估地震震级为 Mw 8.8,而根据地震仪在地震发生后 120s 确定的震级只有 Mw 8.1。在电离层建模方面,Ren 等[67]采用非组合精密单点定位方法求解电离层电子总含量(TEC)的方法。由于相位观测值的观测噪声和受多路径影响较小,基于非差非组合 PPP 模型,利用相位观测值提取电离层 TEC,将大大提高电离层 TEC 的提取精度,进而大幅提高电离层建模精度。随着 PPP 模糊度固定技术的发展和成熟,Banville 和 Langley[68]基于 PPP 固定解技术提取电离层 TEC,其结果表明精度更高。Ren 等[67]采用 PPP 固定模糊度的网解方式提取电离层 TEC,电离层 TEC 的提取精度达 0.1TECU(电子总含量单位),这为今后建立更高精度的电离层模型提供了可能。

参考文献

[1] ZUMBERGE J F, HEFLIN M B, JEFFERSON D C, et al. Precise point positioning for the efficient and robust analysis of GPS data from large networks [J]. Journal of Geophysical Research, 1997, 102(B3):5005-5017.

[2] KOUBA J, HEROUS P. Precise point positioning using IGS orbit and clock products [J]. GPS Solutions, 2001, 5(2):12-28.

[3] GAO Y, SHEN X. Improving ambiguity convergence in carrier phase-based precise point positioning [C]//Proceedings of ION GPS-2001, September 11-14, 2001, Salt Lake City, 2001.

[4] 叶世榕. GPS 非差相位精密单点定位理论与实现[D]. 武汉:武汉大学,2002.

[5] 韩保民, 欧吉坤. 基于 GPS 非差观测值进行精密单点定位研究[J]. 武汉大学学报(信息科学版), 2003, 28(4): 409-412.

[6] 张小红, 刘经南, FORSBERG R. 基于精密单点定位技术的航空测量应用实践[J]. 武汉大学学报(信息科学版), 2006, 31(1): 19-22.

[7] 李浩军, 王解先, 陈俊平, 等. 基于岭估计的快速静态精密单点定位研究[J]. 天文学报, 2009, 50(4): 438-444.

[8] 李征航, 黄劲松. GPS 测量与数据处理[M]. 武汉:武汉大学出版社,2010.

[9] BLEWITT G. An automatic editing algorithm for GPS data [J]. Geophys Res Lett. 1990, 17: 199-202.

[10] Han S. Carrier phase-based long-range GPS kinematic positioning [D]. Sydney: The University of New South Wales, 1997.

[11] WITCHAYANGKOON B. Elements of GPS precise Point positioning [D]. Orono: University of Maine, 2000.

[12] 刘焱雄, 周兴华, 张卫红, 等. GPS 精密单点定位精度分析[J]. 海洋测绘, 2005, 25 (1): 44-46.

[13] 郝明, 欧吉坤, 郭建锋, 等. 一种加速精密单点定位收敛的新方法[J]. 武汉大学学报(信息科学版), 2007, 32(10): 902-905.

[14] 李浩军, 王解先, 王虎, 等. 基于 GNSS 网络的卫星精密钟差估计及结果分析[J]. 武汉大学学报(信息科学版), 2010, 35(8): 1001-1003.

[15] 张宝成, 欧吉坤, 袁运斌, 等. 利用非组合精密单点定位技术确定斜向电离层总电子含量和站星差分码偏差[J]. 测绘学报, 2011, 40(4): 447-453.

[16] 易重海. 实时精密单点定位理论与应用研究[D]. 长沙:中南大学,2011.

[17] 许长辉. 高精度 GNSS 单点定位模型质量控制及预警[D]. 徐州:中国矿业大学,2011.

[18] HUGENTOBLER U, SCHAER S, FRIDEZ P. Bernese GPS software version 4.2 [R]. Astronomical Institute, University of Bern, 2001.

[19] HUGENTOBLER U. Bernese GPS software version 4.2 [J]. Universitas Berneseis, 2007, 515 (2):535.

[20] 张小红, 李星星, 郭斐, 等. 基于服务系统的实时精密单点定位技术及应用研究[J]. 地球

物理学报，2010，53（6）：1308-1314.

[21] LE A Q, TIBERIUS C. Single-frequency precise point positioning with optimal filtering [J]. GPS Solution, 11(1): 61-69.

[22] 邬贺. 单频 GPS 精密单点定位方法与实践[D]. 武汉：武汉大学，2007.

[23] CAI C, GAO Y. Modeling and assessment of combined GPS/GLONASS precise point positioning [J]. GPS Solutions, 17(2):223-236.

[24] LI P, ZHANG X. Integrating GPS and GLONASS to accelerate convergence and initialization times of precise point positioning [J]. GPS Solution, 2014, 18: 461-471.

[25] 施闯，赵齐乐，李敏，等. 北斗卫星导航系统的精密定轨与定位研究[J]. 中国科学：地球科学，2012，42(6)：854-861.

[26] 马瑞，施闯. 基于北斗卫星导航系统的精密单点定位研究[J]. 导航定位学报，2013，1(2)：7-10.

[27] LI P, ZHANG X. Modeling and Performance Analysis of GPS/GLONASS/BDS Precise Point Positioning[C]//China Satellite Navigation Conference (CSNC) 2014 Proceedings,Nanjing, 2014.

[28] MONTENBRUCK O, STEIGENBERGER P. The BeiDou Navigation Message [J]. Journal of Global Positioning System, 2013, 12(1):1-12.

[29] GABOR M J, NEREM R S. GPS carrier phase AR using satellite-satellite single difference [C]// Proceedings of 12th Int Tech Meet Satellite Div Inst Navigation GPS 99, USA, 1999.

[30] GE M, GENDT G, ROTHACHER M, et al. Resolution of GPS carrier-phase ambiguities in precise point positioning (PPP) with daily observations [J]. Journal of Geodesy, 2008, 82(7): 389-399.

[31] GENG J, TEFERLE F N, SHI C, et al. Ambiguity resolution in precise point positioning with hourly data [J]. GPS Solutions, 2009, 13(4): 263-270.

[32] LI X, ZHANG X. Improving the estimation of uncalibrated fractional phase offsets for PPP ambiguity resolution [J]. Journal of Navigation, 2012, 65(3): 513-529.

[33] LAURICHESSE D, MERCIER F. Integer ambiguity resolution on undifferenced GPS phase measurements and its application to PPP [C]//Proceedings of ION GNSS 2007, Fort Worth, TX, USA, 2007.

[34] LAURICHESSE D, MERCIER F, BERTHIAS J P, et al. Integer ambiguity resolution on undifferenced GPS phase measurements and its application to PPP and satellite precise orbit determination [J]. Navigation, 2009, 56(2):135-149.

[35] COLLINS P, LAHAVE F, HEROUS P, et al. Precise point positioning with ambiguity resolution using the decoupled clock model [C]//Proceedings of ION GNSS 2008, GA, USA, 2008.

[36] COLLINS P, BISNATH S, LAHAVE F, et al. Undifferenced GPS ambiguity resolution using the decoupled clock model and ambiguity datum fixing [J]. Journal of the Institute of Navigation, 2010, 57(2): 123-135.

[37] LI X, ZHANG X, GE M. PPP-RTK: Realtime precise point positioning with zero-difference ambiguity resolution [C]//CPGPS 2010, Shanghai, China, 2010.

[38] LI X, GE M, ZHANG H, et al. A method for improving uncalibrated phase delay estimation and

ambiguity-fixing in real-time precise point positioning［J］. Journal of Geodesy, 2013, 87(5)：405-416.

［39］GENG J, TEFERLE F N, MENG X, et al. Towards PPP-RTK：Ambiguity resolution in real-time precise point positioning［J］. Advances in Space Research, 2011, 47(10)：1664-1673.

［40］LOYER S, PEROSANZ F, MERCIER F, et al. Zero-difference GPS ambiguity resolution at CNES-CLS IGS Analysis Center［J］. Journal of Geodesy, 2012, 86(11)：991-1003.

［41］张宝成. GNSS 非差非组合精密单点定位的理论方法与应用研究［D］. 北京：中国科学院大学, 2012.

［42］胡洪. GNSS 精密单点定位算法研究与实现［D］. 徐州：中国矿业大学, 2013.

［43］赵兴旺. 基于相位偏差改正的 PPP 单差模糊度快速解算问题研究［D］. 南京：东南大学, 2011.

［44］HENKEL P, GUNTHER C. Reliable integer ambiguity resolution：multi-frequency code carrier Linear combinations and statistical a priori knowledge of attitude［J］. Navigation, 2012, 59(1)：61-75.

［45］COCARD M, BOURGON S E P, KAMALI O, et al. A systematic investigation of optimal carrier-phase combinations for modernized triple-frequency GPS［J］. Journal of Geodesy, 2008, 82(9)：555-564.

［46］FENG Y. GNSS three carrier ambiguity resolution using ionosphere-reduced virtual signals［J］. Journal of Geodesy, 2008, 82(12)：847-862.

［47］LI B, FENG Y, SHEN Y. Three carrier ambiguity resolution：distance-independent performance demonstrated using semi-generated triple frequency GPS signals［J］. GPS Solutions, 2010, 14(2)：177-184.

［48］WERNER W, WINKEL J. TCAR and MCAR Options with Galileo and GPS［C］//Proceedings of ION GPS/GNSS 2003, Portland, USA, 2003.

［49］MUELLERSCHOEN R J, BAR-SEVER Y E, BERTIGER W I, et al. NASA's global DGPS for high precision users［J］. GPS World, 2001, 12(1)：14-20.

［50］HATCH R. Satellite navigation accuracy：past, present and future［C］//Proceeding of the 8th GNSS Workshop, Korea, 2001.

［51］LI X, ZHANG X, GE M. Regional reference network augmented precise point positioning for instantaneous ambiguity resolution［J］. Journal of Geodesy, 2011, 85(3)：151-158.

［52］BANVILLE S, LANGLEY R. Improving real-time kinematic PPP with instantaneous cycle-slip correction［C］//Proceedings of ION GNSS 2009, GA, USA, 2009.

［53］GENG J, MENG X, DODSON A, et al. Rapid re-convergences to ambiguity-fixed solutions in precise point positioning［J］. Journal of Geodesy, 2010, 84(12)：705-714.

［54］CHEN K. Real-time precise point positioning and its potential applications［C］//Proceedings of the 17th International Technical Meeting of the Satellite Division of the Institute of Navigation (ION GNSS2004). Long Beach, CA：Long Beach Convention Center, 2004：1844-1854.

［55］ZHANG X, ANDERSEN O B. Surface ice flow velocity and tide retrieval of the amery ice shelf using precise point positioning［J］. Journal of Geodesy, 2006, 80(4)：171-176.

[56] 袁修孝，付建红，楼益栋. 基于精密单点定位技术的 GPS 辅助空中三角测量[J]. 测绘学报，2007, 36(3):251-255.

[57] BISNATH S B, LANGLEY R B. Precise orbit determination of low earth orbiters with GPS point positioning[C]//Proceedings of the Institute of Navigation National Technical Meeting, January 22-24, 2001. Long Beach: ION, 2001.

[58] 李建成，张守建，邹贤才，等. GRACE 卫星非差运动学厘米级定轨[J]. 科学通报，2009, 54(16):2355-2362.

[59] 李星星，张小红，李盼. 固定非差整数模糊度的 PPP 快速精密定位定轨[J]. 地球物理学报，2012, 55(3):833-840.

[60] GENDT G, DICK G, REIGBER C H, et al. Demonstration of NRT GPS water vapor monitoring for numerical weather prediction in Germany[J]. Journal of the Meteorological Society of Japan, 2003, 82(1B):360-370.

[61] ROCKEN C, JOHNSON J, HOVE T V, et al. Atmospheric water vapor and geoid measurements in the open ocean with GPS [J]. Geophysical Research Letters, 2005(32): L12813.

[62] 张小红，何锡扬，郭博峰，等. 基于 GPS 非差观测值估计大气可降水量[J]. 武汉大学学报(信息科学版)，2010, 35(7):806-810.

[63] LI X, ZUS F, LU C, et al. Retrieving of atmospheric parameters from multi-GNSS in real time: validation with water vapor radiometer and numerical weather model [J]. Journal of Geophysical Research, 2015,120(14), 7189-7204.

[64] LU C, LI X, GE M, et al. Estimation and evaluation of real-time precipitable water vapor from GLONASS and GPS [J]. GPS Solutions, 2016, 20(4):703-713.

[65] LARSON K M, BODIN P, GOMBERG J. Using 1 GHz GPS data to measure deformations caused by the denali fault earthquake [J]. Science, 2003, 300(5624):1421-1424.

[66] WRIGHT T J, HOULIÉ N, HILDYARD M, et al. Real-time, reliable magnitudes for large earthquakes from 1Hz GPS precise point positioning: the 2011 Tohoku-Oki (Japan) earthquake[J]. Geophysical Research Letters, 2012, 39(12): L12302.

[67] REN X, ZHANG X, XIE W, et al. Global ionospheric modelling using multi-GNSS: BeiDou, Galileo, GLONASS and GPS[J]. Scientific Reports, 2016, 6:33499.

[68] BANVILLE S, LANGLEY R B. Defining the basis of an integer-levelling procedure for estimating slant total electron content [C]// Proceedings of the 24th International Technical Meeting of The Satellite Division of the Institute of Navigation (ION GNSS 2011). Portland: Oregon Convention Center, 2011:2542-2551.

第 2 章　GNSS 与 IGS 产品概述

本章简要介绍 GPS、GLONASS、BDS 和 Galileo 系统的基本情况,重点分析当前 IGS 精密轨道和钟差产品的质量。

◢ 2.1　GNSS 简介

全球卫星导航系统(GNSS)可向全球用户提供高质量的定位、导航和授时等服务,在军事与民用的各个领域中发挥着重要的作用。然而,传统的 GNSS 技术及其应用主要依赖于美国的 GPS 和俄罗斯的 GLONASS。为了打破美国、俄罗斯的垄断地位,欧盟、中国、日本和印度也相继致力于发展自己的卫星导航系统。

欧盟在 2011—2012 年期间陆续发射了 4 颗伽利略(Galileo)在轨验证(IOV)卫星。首批(2 颗)完全运行能力(FOC)卫星于 2014 年成功发射,2015 年又发射了 2 颗 FOC 卫星。按计划,Galileo 系统 2018 年之前完成 30 颗 FOC 卫星的部署。

北斗卫星导航系统(早期曾简称为 COMPASS,目前通常简称为 BeiDou 或 BDS)是我国正在实施的自主发展、独立运行的全球卫星导航系统。从 2010 年开始,BDS 进入密集发射期。2012 年年底初步建成了由 4 颗中圆地球轨道(MEO)卫星、5 颗倾斜地球同步轨道(IGSO)卫星和 5 颗地球静止轨道(GEO)卫星组成的区域卫星导航系统,正式向亚太地区提供定位、导航和授时以及短报文通信服务。目前,BDS 已完成全球组网,建成了由 3 颗 GEO 卫星、3 颗 IGSO 卫星和 24 颗 MEO 卫星构成的全球卫星导航系统。

日本的准天顶卫星系统(QZSS)是一个区域性的卫星导航系统。最新的政策显示,日本将在未来几年将其打造成一个由 4 ~ 7 颗 IGSO 卫星和 GEO 卫星组成的覆盖亚太区域的卫星导航系统。此外,印度也于 2013 年成功发射了首颗印度区域卫星导航系统(IRNSS)卫星。IRNSS 最终将建设成由 4 颗 IGSO 卫星和 3 颗 GEO 卫星组成的区域性卫星导航系统。

卫星导航从单一的系统垄断进入了多 GNSS 竞争与合作的新时代。目前已有超过 100 颗在轨 GNSS 卫星向全球用户提供 10 余个不同频率的导航信号。随着 GPS/GLONASS 的现代化、Galileo 系统与 BDS 的全球组网及其信号体制升级,未来将有更多的 GNSS 卫星和更加丰富的频率资源。

本节针对国际上四大主流的 GNSS,即 GPS、GLONASS、Galileo 系统和 BDS,从星座状态、坐标系统、时间系统、信号特征等方面对这 4 个 GNSS 进行简要介绍。

2.1.1 星座状态

GPS 完整星座由 21 颗工作卫星和 3 颗在轨备用卫星组成,这些卫星分布在 6 个轨道面上,每个轨道面上分布 4 颗卫星。这种星座设计可以保证用户在地球上任意一点观测到至少 4 颗卫星。为了保证 95% 的时间有 24 颗 GPS 卫星可用,过去几年来一直在运行 31 颗 GPS 卫星。GPS 卫星轨道高度为 20200km,轨道倾角为 55°,卫星运行周期为 11h58min(恒星时 12h)。GPS 卫星可分为试验卫星(Block Ⅰ)和工作卫星两类。1995 年底,最后一颗试验卫星停止工作。工作卫星可分为 Block Ⅱ、Block ⅡA、Block ⅡR、Block ⅡF 等类型,表2.1 为截至 2020 年 8 月 GPS 的空间段状态[1]。

表 2.1 GPS 空间段状态(截至 2020 年 8 月)

卫星	伪随机序号	国际卫星识别号	北美防空司令部目录	轨道平面	轨道位置	发射日期	开始服务日期
ⅡR-2	G13	1997-035A	24876	F	6	1997-07-23	1998-01-31
ⅡR-3	G11	1999-055A	25933	D	5	1999-10-07	2000-01-03
ⅡR-4	G20	2000-025A	26360	B	6	2000-05-11	2000-06-01
ⅡR-5	G28	2000-040A	26407	B	3	2000-07-16	2000-08-17
ⅡR-8	G16	2003-005A	27663	B	1	2003-01-29	2003-02-18
ⅡR-9	G21	2003-010A	27704	D	3	2003-03-31	2003-04-12
ⅡR-10	G22	2003-058A	28129	E	6	2003-12-21	2004-01-12
ⅡR-11	G19	2004-009A	28190	C	5	2004-03-20	2004-04-05
ⅡR-13	G02	2004-045A	28474	D	1	2004-11-06	2004-11-22
ⅡR-M-1	G17	2005-038A	28874	C	4	2005-09-26	2005-12-16
ⅡR-M-2	G31	2006-042A	29486	A	2	2006-09-25	2006-10-12
ⅡR-M-3	G12	2006-052A	29601	B	4	2006-11-17	2006-12-13
ⅡR-M-4	G15	2007-047A	32260	F	2	2007-10-17	2007-10-31
ⅡR-M-5	G29	2007-062A	32384	C	1	2007-12-20	2008-01-02
ⅡR-M-6	G07	2008-012A	32711	A	4	2008-03-15	2008-03-24
ⅡR-M-8	G05	2009-043A	35752	E	3	2009-08-17	2009-08-27
ⅡF-1	G25	2010-022A	36585	B	2	2010-05-28	2010-08-27
ⅡF-2	G01	2011-036A	37753	D	2	2011-07-16	2011-10-14

（续）

卫星	伪随机序号	国际卫星识别号	北美防空司令部目录	轨道平面	轨道位置	发射日期	开始服务日期
ⅡF-3	G24	2012-053A	38833	A	1	2012-10-04	2012-11-14
ⅡF-4	G27	2013-023A	39166	C	2	2013-05-15	2013-06-21
ⅡF-5	G30	2014-008A	39533	A	3	2014-02-21	2014-05-30
ⅡF-6	G06	2014-026A	39741	D	4	2014-05-17	2014-06-10
ⅡF-7	G09	2014-045A	40105	F	3	2014-08-02	2014-09-17
ⅡF-8	G03	2014-068A	40294	E	1	2014-10-29	2014-12-12
ⅡF-9	G26	2015-013A	40534	B	5	2015-03-25	2015-04-20
ⅡF-10	G08	2015-033A	40730	C	3	2015-07-15	2015-08-12
ⅡF-11	G10	2015-062A	41019	E	2	2015-10-31	2015-12-09
ⅡF-12	G32	2016-007A	41328	F	5	2016-02-05	2016-03-09
Ⅲ-A	G04	2018-109A	43873	F	4	2018-12-23	2020-01-13
Ⅲ-A	G18	2019-056A	44506	D	6	2019-08-22	2020-04-01
Ⅲ-A	G23	2020-041A	45854	E	5	2020-06-30	2020-10-01

GLONASS 完整星座由 24 颗工作卫星组成，这些卫星分布在 3 个轨道倾角为 64.8°的轨道上，每个轨道上 8 颗卫星。相邻轨道面的升交点赤经之差为 120°。卫星的平均高度为 19390km，卫星运行周期为 11h15min44s。目前，GLONASS 卫星分为 GLONASS-M 与 GLONASS-K 两类。表 2.2 为截至 2020 年 8 月 GLONASS 空间段的状态[2]。

表 2.2　GLONASS 空间段状态（截至 2020 年 8 月）

卫星	伪随机序号	国际卫星识别号	北美防空司令部目录	轨道平面	轨道位置	发射日期	开始服务日期
719	R20	2007-052B	32276	3	20	2007-10-26	2007-11-27
720	R19	2007-052A	32275	3	19	2007-10-26	2007-11-25
721	R13	2007-065A	32393	2	13	2007-12-25	2008-02-08
723	R10	2007-065C	32395	2	10	2007-12-25	2008-01-22
730	R01	2009-070A	36111	1	1	2009-12-14	2010-01-30
731	R22	2010-007A	36400	3	22	2010-03-01	2010-03-28
732	R23	2010-007C	36402	3	23	2010-03-01	2010-03-28
733	R06	2009-070B	36112	1	6	2009-12-14	2010-01-24
736	R16	2010-041C	37139	2	16	2010-09-02	2010-10-04

（续）

卫星	伪随机序号	国际卫星识别号	北美防空司令部目录	轨道平面	轨道位置	发射日期	开始服务日期
743	R08	2011-064C	37869	1	8	2011-11-04	2012-09-20
744	R03	2011-064A	37867	1	3	2011-11-04	2011-12-08
745	R07	2011-064B	37868	1	7	2011-11-04	2011-12-18
747	R02	2013-019A	39155	1	2	2013-04-26	2013-07-04
754	R18	2014-012A	39620	3	18	2014-03-23	2014-04-14
755	R21	2014-032A	40001	3	21	2014-06-14	2014-08-03
702	R09	2014-075A	40315	2	9	2014-11-30	2016-02-15
751	R17	2016-008A	41330	3	17	2016-02-07	2016-02-28
753	R11	2016-032A	41554	2	11	2016-05-29	2016-06-27
752	R14	2017-055A	42939	2	14	2017-09-22	2017-10-16
756	R05	2018-053A	43508	1	5	2018-06-17	2018-08-29
757	R15	2018-086A	43687	2	15	2018-11-03	2018-11-27
758	R12	2019-030A	44299	2	12	2019-05-27	2019-06-22
759	R04	2019-088A	44850	1	4	2019-12-11	2020-01-03
760	R24	2020-018A	45358	3	24	2020-03-16	2020-04-14

 BDS 设计星座由 3 颗 GEO 卫星、3 颗 IGSO 卫星和 24 颗 MEO 卫星组成。GEO 卫星轨道高度 35786km，分别定点于东经 58.75°、80°、110.5°、140° 和 160°，卫星运行周期为 24h；IGSO 卫星轨道高度 35786km，轨道倾角 55°，卫星运行周期为 24h；MEO 卫星分布在 3 个轨道面上，其升交点相差 120°，轨道高度 21528km，轨道倾角 55°，回归周期为 7 天 13 圈，卫星运行周期约为 12h55min23s。目前，BDS 已完成全球组网。表 2.3 为截至 2020 年 8 月 BDS 空间段的状态[3]。

表 2.3　BDS 空间段状态（截至 2020 年 8 月）

系统	卫星	伪随机序号	国际卫星识别号	北美防空司令部目录	轨道平面	轨道位置	发射日期	开始服务日期
北斗二号卫星	G1	C01	2010-001A	36287	—	—	2010-01-16	—
	G4	C04	2010-057A	37210	—	—	2010-10-31	—
	G5	C05	2012-008A	38091	—	—	2012-02-24	—
	G6	C02	2012-059A	38953	—	—	2012-10-25	2012-11-01
	G7	C03	2016－037A	41586	—	—	2016-06-12	—
	I1	C06	2010-036A	36828	—	—	2010-07-31	—
	I2	C07	2010-068A	37256	—	—	2010-12-17	—

（续）

系统	卫星	伪随机序号	国际卫星识别号	北美防空司令部目录	轨道平面	轨道位置	发射日期	开始服务日期
北斗二号卫星	I3	C08	2011-013A	37384	—	—	2011-04-09	—
	I4	C09	2011-038A	37763	—	—	2011-07-26	—
	I5	C10	2011-073A	37948	—	—	2011-12-01	—
	I6	C13	2016-021A	41434	—	—	2016-03-29	2016-04-06
	I7	C16	2018－057A	43539	—	—	2018－07－09	—
	G8	C18	2019－027A	44231	—	—	2019－05－17	—
	M3	C11	2012-018A	38250	A	7	2012-04-29	2012-05-06
	M4	C12	2012-018B	38251	A	8	2012-04-29	2012-05-06
	M6	C14	2012-050B	38775	B	4	2012-09-18	2012-09-25
北斗三号试验卫星	I1-S	C31	2015-019A	40549	—	—	2015-03-30	2015-05-04
	I2-S	C56	2015-053A	40938	—	—	2015-09-29	2015-10-05
	M1-S	C58	2015-037A	40748	A	6	2015-07-25	2015-07-31
	M2-S	C57	2015-037B	40749	A	1	2015-07-25	2015-08-08
北斗三号卫星	M1	C19	2017-069A	43001	B	7	2017-11-05	—
	M2	C20	2017-069B	43002	B	8	2017-11-05	—
	M7	C27	2018-003A	43107	A	4	2018-01-11	—
	M8	C28	2018-003B	43108	A	5	2018-01-11	—
	M3	C21	2018-018A	43207	B	5	2018-02-12	—
	M4	C22	2018-018B	43208	B	6	2018-02-12	—
	M9	C29	2018-029A	43245	A	2	2018-03-29	—
	M10	C30	2018-029B	43246	A	3	2018-03-29	—
	M5	C23	2018－062A	43581	C	7	2018－07－29	—
	M6	C24	2018－062B	43582	C	1	2018－07－29	—
	M12	C26	2018－067A	43602	C	2	2018－08－24	—
	M11	C25	2018－067B	43603	C	8	2018－08－24	—
	M13	C32	2018－072A	43622	B	1	2018－09－19	—
	M14	C33	2018－072B	43623	B	3	2018－09－19	—
	M16	C35	2018－078A	43647	A	1	2018－10－15	—
	M15	C34	2018－078B	43648	A	7	2018－10－15	—
	G1	C59	2018－085A	43683	—	—	2018－11－01	—
	M17	C36	2018－093A	43706	C	4	2018－11－18	—
	M18	C37	2018－093B	43707	C	6	2018－11－18	—

(续)

系统	卫星	伪随机序号	国际卫星识别号	北美防空司令部目录	轨道平面	轨道位置	发射日期	开始服务日期
北斗三号卫星	I1	C38	2019－023A	44204	—	—	2019－04－20	—
	I2	C39	2019－035A	44337	—	—	2019－06－24	—
	M24	C46	2019－061A	44542	C	5	2019－09－22	—
	M23	C45	2019－061B	44543	C	3	2019－09－22	—
	I3	C40	2019－073A	44709	—	—	2019－11－04	—
	M22	C44	2019－078A	44793	A	8	2019－11－23	—
	M21	C43	2019－078B	44794	A	6	2019－11－23	—
	M19	C41	2019－090A	44864	B	2	2019－12－16	—
	M20	C42	2019－090B	44865	B	4	2019－12－16	—
	G2	C60	2020－017A	45344	—	—	2020－03－09	—
	G3	C61	2020－040A	45807	—	—	2020－06－23	—

Galileo 系统完整星座由 30 颗卫星组成,这些卫星均匀地分布在 3 个倾角为 56°的轨道面上,每个轨道面上均分布有 9 颗工作卫星和 1 颗备用卫星。卫星轨道高度为 23222km,卫星运行周期为 14h7min。地面跟踪的重复时间为 10 天,这 10 天中卫星运行 17 圈。当前 Galileo 系统卫星分为 IOV 与 FOC 两类。表 2.4 为截至 2020 年8 月 Galileo 系统空间段的状态[4]。

表 2.4　Galileo 系统空间段状态(截至 2020 年 8 月)

卫星	伪随机序号	国际卫星识别号	北美防空司令部目录	轨道平面	轨道位置	发射日期	开始服务日期
IOV-1	E11	2011-060A	37846	B	5	2011-10-21	2011-12-10
IOV-2	E12	2011-060B	37847	B	6	2011-10-21	2012-01-09
IOV-3	E19	2012-055A	38857	C	4	2012-10-12	2012-12-01
IOV-4	E20	2012-055B	38858	C	5	2012-10-12	2012-12-12
FOC-1	E18	2014-050A	40128	—	—	2014-08-22	2014-11-29
FOC-2	E14	2014-050B	40129	—	—	2014-08-22	2015-03-17
FOC-3	E26	2015-017A	40544	B	8	2015-03-27	2015-05-24
FOC-4	E22	2015-017B	40545	B	3	2015-03-27	2015-05-21
FOC-5	E24	2015-045A	40889	A	8	2015-09-11	2015-10-10
FOC-6	E30	2015-045B	40890	A	5	2015-09-11	2015-10-10
FOC-8	E08	2015-079B	41175	C	2	2015-12-17	2016-02-16
FOC-9	E09	2015-079A	41174	C	7	2015-12-17	2016-02-18
FOC-10	E01	2016-030B	41550	A	2	2016-05-24	2016-08-17

（续）

卫星	伪随机序号	国际卫星识别号	北美防空司令部目录	轨道平面	轨道位置	发射日期	开始服务日期
FOC-11	E02	2016-030A	41549	A	6	2016-05-24	2016-08-20
FOC-7	E07	2016-069A	41859	C	6	2016-11-17	2017-03-02
FOC-12	E03	2016-069B	41860	C	8	2016-11-17	2017-04-22
FOC-13	E04	2016-069C	41861	C	3	2016-11-17	2017-04-22
FOC-14	E05	2016-069D	41862	C	1	2016-11-17	2017-03-03
FOC-15	E21	2017-079A	43055	A	3	2017-12-12	—
FOC-16	E25	2017-079B	43056	A	7	2017-12-12	2018-04-13
FOC-17	E27	2017-079C	43057	A	4	2017-12-12	—
FOC-18	E31	2017-079D	43058	A	1	2017-12-12	—
FOC-19	E36	2018-060C	43566	B	4	2018-07-25	
FOC-20	E13	2018-060D	43567	B	1	2018-07-25	
FOC-21	E15	2018-060A	43564	B	2	2018-07-25	
FOC-22	E33	2018-060B	43565	B	7	2018-07-25	

2.1.2　坐标系统

目前，GPS、GLONASS、BDS、Galileo 系统采用的坐标系统分别为 WGS-84（1984 世界大地坐标系）、PZ-90、CGCS2000（2000 中国大地坐标系）、GTRF（Galileo 地球参考框架）。尽管 4 个卫星系统采用不同的坐标基准，但它们的差异仅在几厘米以内。对于米级定位精度的绝对定位，无需进行坐标转换。但需要说明的是，在 PPP 中，精密轨道产品中 4 卫星系统的卫星坐标一般均参考"IGSXX"（其中 XX 代表国际参考框架，如 08、14）。表 2.5 给出了 GPS、GLONASS、BDS 与 Galileo 系统坐标系统的基本大地参数。

表 2.5　GPS、GLONASS、BDS 与 Galileo 系统坐标系统基本大地参数

坐标系基本参数	WGS-84（GPS）	PZ-90.11（GLONASS）	CGCS2000（BDS）	GTRF（Galileo 系统）
坐标原点	地球质心	地球质心	地球质心	地球质心
长半轴/m	6378137.0	6378136.0	6378137.0	6378137.0
扁率	1/298.257223563	1/298.257839303	1/298.257222101	1/298.257222101
地球自转角速度/(rad/s)	7.292115×10^{-5}	7.292115×10^{-5}	7.292115×10^{-5}	7.292115×10^{-5}
地心引力常数/(m³/s²)	398600.50×10^{9}	$398600.4418 \times 10^{9}$	$398600.4418 \times 10^{9}$	$398600.4418 \times 10^{9}$

2.1.3　时间系统

GPS 采用 GPS 时，它是由 GPS 主控站利用 GPS 地面监控系统和 GPS 卫星中的

原了钟建立和维持的一种原子时。在 1980 年 1 月 6 日 00∶00∶00,GPS 时与协调世界时(美国海军天文台)(UTC(USNO))对齐,二者相差在 1μs 以内。除这个 1μs 的微小差异外,二者还相差 n 个整秒,这是因为 UTC(USNO)存在周期性的跳秒。GLONASS 采用 GLONASS 时,也是一种原子时。该系统采用的是 UTC(SU),与协调世界时(UTC)之间存在 3h 的偏差,小数差异部分保持在 1ms 以内。GLONASS 时也存在跳秒,且与 UTC 保持一致。因此,GPS 时与 GLONASS 时除相差 n 个跳秒外,还存在一个微小偏差部分。BDS 采用北斗时(BDT),也是一种原子时。在 2006 年 1 月 1 日 00∶00∶00,BDT 与 UTC 对齐,二者相差在 100ns 以内。BDT 与 GPS 时存在一个 14s 的偏差。Galileo 系统采用 Galileo 系统时(GST),也是一种原子时。除几十纳秒的偏差外,GST 与 GPS 时几乎相同。

2.1.4 信号特征

除 GLONASS 采用频分多址技术外,GPS、BDS、Galileo 系统等均采用码分多址(CDMA)技术来识别不同的卫星。因而,各 GLONASS 卫星均采用不同的频率,而 GPS、BDS 与 Galileo 系统各卫星信号频率相同。各系统采用的频率见表 2.6。利用广播星历计算卫星位置时,GPS、BDS 和 Galileo 系统均采用开普勒轨道根数及其变化率来求得观测时刻的卫星位置和速度,电文每 2h、1h 和 10min 播发一次。而 GLONASS 则根据 30min 间隔播发的卫星空间位置以及运动速度信息,采用切比雪夫多项式或拉格朗日多项式等方法来进行拟合和内插,从而获得观测瞬间的卫星位置和速度。

表 2.6 各导航系统采用的频率

频段	频率/MHz	GPS	GLONASS	Galileo 系统	BDS-2	BDS-3	QZSS	IRNSS
S	2492.028					Bs		Bs
	1600.995		G1					
	1575.420	L1		E1		B1C	L1	
	1561.098				B1I	B1I		
	1278.750			E6			L6	
L	1268.520				B3I	B3I		
	1248.060		G2					
	1227.600	L2					L2	
	1207.140			E5b	B2I	B2b		
	1191.795			E5a+b		B2a+b		
	1176.450	L5		E5a		B2a	L5	L5

注:(1) GLONASS 卫星频率:1602 + k × 9/16,1246 + k × 7/16,k 为频率因子;

(2) 北斗三号在 GEO 卫星上播发的 B2b 信号可为中国及周边地区用户提供精密单点定位服务,具备动态分米级、静态厘米级的精密定位服务能力;

(3) 日本 QZSS 播发的 L6 增强信号中包含多种误差校正信息,可为日本及周边地区提供实时精密单点定位服务

2.1.5　系统比较

在卫星轨道方面,GPS、GLONASS、Galileo 系统分别采用 6 个、3 个、3 个轨道面,而 BDS 比较特殊,MEO 与 IGSO 卫星均采用 3 个轨道面,GEO 卫星是定点的,并且 GEO 与 IGSO 卫星的轨道高度比 MEO 卫星高 10000 多千米;在信号特征方面,GPS、BDS 与 Galileo 系统均采用码分多址技术,广播星历形式是开普勒根数,而 GLONASS 采用频分多址技术,广播星历形式是位置、速度、加速度;GPS、GLONASS、BDS 与 Galileo 系统均采用各自不同的坐标系统与时间系统。4 个卫星系统的详细比较见表 2.7。

表 2.7　GPS、GLONASS、BDS 与 Galileo 系统比较

系统参数		GPS	GLONASS	BDS			Galileo 系统
		MEO	MEO	GEO	IGSO	MEO	MEO
卫星轨道	卫星数	24	24	5	3	27	30
	轨道平面数	6	3	定点	3	3	3
	轨道高度	20200km	19390km	35786km	35786km	21528km	23222km
	轨道周期	11h58min	11h15min44s	24h	24h	12h55min23s	14h7min
	星下点轨迹	圆形	圆形	定点	对称 8 字	圆形	圆形
	轨道倾角	55°	64.8°	定点	55°	55°	56°
信号特征	载波频率/MHz	1575.420 1227.600 1176.450	$1602 + k \times 9/16$ $1246 + k \times 7/16$	1561.098 1207.140 1268.520 1575.420 1191.795 1176.450			1575.420 1176.450 1207.140 1191.795
	区分卫星	CDMA	FDMA	CDMA			CDMA
	广播星历	开普勒根数	位置、速度、加速度	开普勒根数			开普勒根数
基准	坐标系统	WGS-84	PZ-90.11	CGCS2000			GTRF
	时间系统	GPS 时	GLONASS 时	BDT			GST

◢ 2.2　IGS 精密产品概述

2.2.1　IGS 组织机构

国际 GPS 服务是国际大地测量协会(IAG)为支持大地测量和地球动力学研究于 1993 年组建、1994 年开始运转的一个国际协助组织。近年来,随着国际 GPS 服务范

围的不断拓宽,尤其是俄罗斯 GLONASS 的纳入以及中国的 BDS 和欧盟 Galileo 系统的发展,2005 年 3 月 14 日,正式更名为 IGS。目前在全世界范围内已有超过 200 个组织和机构加入其中,共同提供和分享 GNSS 数据、产品和服务,以支持高精度的 GNSS 应用领域。

IGS 的组织机构包括中央局(包括设在中央局信息系统(CBIS))、管理委员会、卫星跟踪网、数据中心(具体为工作数据中心、区域数据中心和全球数据中心)、分析中心和综合分析中心 6 个部分。

IGS 目前共有 12 个分析中心,它们是:

(1)瑞士欧洲定轨中心(CODE);

(2)欧洲空间局(ESA)/欧洲航天局地面控制中心(ESOC);

(3)美国国家大地测量局(NGS);

(4)美国海军天文台(USNO);

(5)加拿大的能源矿山与资源部(EMR);

(6)德国地学中心(GFZ);

(7)美国加州的喷气推进实验室(JPL);

(8)美国加州的斯克里普斯海洋研究所(SIO);

(9)麻省理工学院(MIT)。

(10)捷克大地天文台(GOP-RIGTC)。

(11)法国国家太空研究中心(CNES)空间大地测量团队(GRG)。

(12)武汉大学(WU)。

目前,IGS 提供的产品主要包括:

(1)高精度的卫星星历及其相关产品;

(2)地球自转参数,如极移、日长变化;

(3)IGS 跟踪站的坐标及其速率;

(4)卫星及跟踪站的钟差信息、时间尺度产品;

(5)全球电离层、天顶对流层延迟信息。

2.2.2 GPS 精密星历与精密钟差

由于 GPS 定轨理论和技术的提高、轨道计算模型的日益完善,加上全球跟踪站数目的增多和跟踪站分布的改善,IGS 确定 GPS 卫星轨道的精度有了明显提高。IGS 事后精密星历精度由初期的 30～40cm 提高到现在的优于 2.5cm(1 维)。IGS 各分析中心解算的精密星历与精密钟差同 IGS 最终加权的精密星历、精密钟差的内符合精度随时间的变化如图 2.1 和图 2.2 所示。

目前 IGS 提供超快速(包括预报 P 与实测 O 两部分)、快速以及最终 3 种 GPS 精密星历。其精度指标、滞后性、更新率及采样间隔如表 2.8 所列。

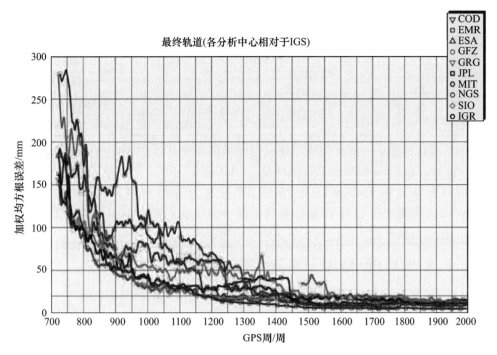

图 2.1　IGS 分析中心的精密轨道精度变化(IGS,2018 年 5 月)(见彩图)

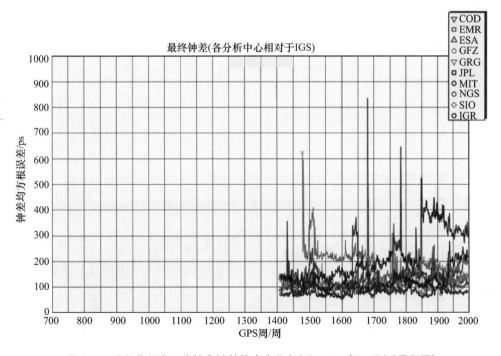

图 2.2　IGS 分析中心的精密钟差精度变化(IGS,2018 年 5 月)(见彩图)

表 2.8   GPS 卫星精密星历相关指标（IGS，2017 年）

星历类型	精度	延迟时间	更新率	采样间隔
超快（P）	约 5cm/3ns	实时	一天 4 次	15min
超快（O）	约 3cm/0.15ns	3 ~ 9h	一天 4 次	15min
快速	约 2.5cm/0.075ns	17 ~ 41h	每天 1 次	15min/5min
最终	约 2.5cm/0.075ns	12 ~ 18 天	每周发布	15min/5min/30s/5s

为了满足精密单点定位等高精度应用领域的需要，IGS 从 GPS 1085 周（2000 年 10 月）开始发布 5min 间隔的精密卫星钟差，从 GPS 1406 周（2006 年 12 月）开始同时发布间隔为 5min 和 30s 采样间隔的精密卫星钟差，从 GPS 1478 周（2008 年 5 月）开始，CODE 又率先发布了 5s 间隔的精密卫星钟差产品。精密卫星钟差精度均优于 0.1ns。这些数据产品均可在 IGS 数据中心免费获取。

2.2.3   GLONASS 精密星历与精密钟差

在 1998 年 GLONASS 国际联测实验（IGEX-98）计划的开始阶段，由于分析中心巨大的工作量使得 GLONASS 精密星历的发布相对滞后 10 周甚至数十周。2000 年以后，随着分析中心计算效率的提高，这种局面有所改善。但是之后 2 ~ 3 年，由于俄罗斯 GLONASS 卫星数目的减少又使得精密轨道计算严重滞后，直到 2004 年以后，随着 GLONASS 星座的逐步恢复，精密星历的时延状况才有所改观。图 2.3 为 1999 年 1 月至 2018 年 5 月，8 个不同数据分析中心发布的 GLONASS 精密星历精度状况。

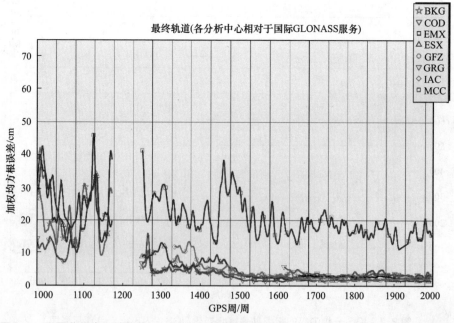

图 2.3   不同分析中心计算的 GLONASS 精密星历精度变化（IGS，2018 年 5 月）（见彩图）

目前有德国联邦大地测量局(BKG)、CODE、NRCan、ESA、GFZ、法国国家太空研究中心(CNES)及俄罗斯导航信息分析中心(IAC)这 7 个机构利用 GNSS 观测数据计算所有 GLONASS 卫星的精密轨道,精度目前优于 5cm。俄罗斯飞行任务控制中心(MCC)利用激光测卫数据计算了少数 GLONASS 卫星的精密轨道,精度为 10 ~ 50cm。

GLONASS 精密星历也采用第三代标准产品(SP3)格式,可从美国地壳动力数据信息中心(CDDIS)、法国国家地理研究所(IGN)等数据中心获取。IGS 分析中心提供的 GLONASS 精密星历滞后 2 周,IAC 提供的最终精密星历滞后 5 ~ 7 天。此外,CODE、IAC 还提供 GLONASS 卫星的快速星历(滞后 1 天)。各分析中心提供的精密星历产品的文件名格式及下载路径如表 2.9 所列。文件名前 3 个字母代表分析中心,week 为 GPS 周数,d 为周积日。

表 2.9　GLONASS 精密卫星星历获取途径

分析中心	文件名及下载路径
BKG	"bkgweekd. pre. Z"（与 GPS 混合编制） ftp://cddisa. gsfc. nasa. gov/glonass/products/
CODE	最终:"codweekd. eph. Z"（与 GPS 混合编制） 快速:"codweekd. EPH_P"（与 GPS 混合编制） ftp://ftp. unibe. ch/aiub/CODE/
ESA	"esxweekd. eph. Z" ftp://cddisa. gsfc. nasa. gov/glonass/products/
NRCan	"emxweekd. sp3. Z"（与 GPS 混合编制） ftp://cddisa. gsfc. nasa. gov/glonass/products/
GFZ	"gfzweekd. sp3. Z"（与 GPS 混合编制） ftp://cddis. gsfc. nasa. gov/pub/gps/products/
CNES	"grgweekd. sp3. Z"（与 GPS 混合编制） ftp://cddis. gsfc. nasa. gov/pub/gps/products/
IAC	"iacweekd. sp3. Z"（1319 周开始提供） ftp://cddisa. gsfc. nasa. gov/glonass/products "staweekd. sp3. glo"（快速,延迟 1 天;最终,延迟 5 天） "staweekd. sp3"（与 GPS 混合编制） ftp://ftp. glonass-ianc. rsa. ru/MCC/PRODUCTS
MCC	"mccweekd. sp3. Z"（少数激光测卫 GLONASS 卫星） ftp://cddisa. gsfc. nasa. gov/glonass/products/
综合星历	"igxweekd. sp3. Z"（1299 周之前） "iglweekd. sp3. Z"（1300 周开始） ftp://cddisa. gsfc. nasa. gov/glonass/products/ ftp://igs. ensg. ign. fr/pub/igs/products

GLONASS 精密卫星钟差由 IAC、ESA、NRCan、GFZ、CNES 这 5 个中心提供,前 3 个分析中心最终产品采样间隔为 30s,GFZ 产品采样间隔为 5min,CNES 产品采样间隔为 5s。IAC、ESA、CNES 这 3 个机构提供的 GLONASS 卫星钟差内符合精度优于 0.2ns。

2.2.4 IGS 实时精密星历与精密钟差

目前,IGS 开始逐步提供实时产品服务(RTS),该服务主要提供实时精密钟差、精密轨道以及其他重要的实时产品。本节主要介绍实时精密钟差和实时精密轨道产品。表 2.10 列出了 IGS 的主要分析中心和其他一些著名卫星导航研究机构通过现有的 IGS 连续跟踪站和自己的数据处理软件实时估计得到的精密轨道和钟差产品。由于实时产品通过网络实时传输,为了减少数据传输量,产品以相对于广播星历的改正系数形式给出,用户可以根据改正系数与广播星历得到改正后的精密钟差和精密星历。我们称这种产品为实时精密轨道和钟差改正数(ROCC,R 代表实时 Real-Time,O 代表轨道 Orbit,C 代表钟差 Clock,C 代表改正数 Correction),其主要产品的基本参数如表 2.10 所列。

表 2.10 中:Name 代表精密卫星轨道和钟差改正数的产品号;Misc 代表提供该产品的组织;Generator 代表该组织提供生成该产品所采用的软件;System 代表提供的改正数所包括的卫星系统,GPS 指只提供 GPS 卫星的 ROCC 值,GPS + GLO 指不但提供 GPS 卫星的 ROCC 值,而且提供 GLONASS 卫星的 ROCC 值;Identifier 代表提供的 ROCC 值的参考中心(BRDC_APC_ITRF 表示提供的 ROCC 值是基于天线相位中心(APC)的改正数,且坐标框架为 ITRF,BRDC_CoM_ITRF 表示提供的 ROCC 值是基于卫星质量中心的改正数,且坐标框架为 ITRF);Format 代表 ROCC 产品的编码格式。

表 2.10 不同 ROCC 产品的基本参数

Name	Misc	Generator	System	Identifier	Format
ROCC00	BKG	RTNet	GPS	BRDC_CoM_ITRF	RTCM 3.0
ROCC01	BKG	RTNet	GPS + GLO	BRDC_CoM_ITRF	RTCM 3.0
ROCC10	BKG	RTNet	GPS	BRDC_APC_ITRF	RTCM 3.0
ROCC11	BKG	RTNet	GPS + GLO	BRDC_APC_ITRF	RTCM 3.0
ROCC20	DLR	RETICLE	GPS	BRDC_APC_ITRF	RTCM 3.0
ROCC30	IGS Combination	RETINA	GPS	BRDC_CoM_ITRF	RTCM 3.0
ROCC31	IGS Combination	RETINA	GPS	BRDC_APC_ITRF	RTCM 3.0
ROCC50	ESA/ESOC	RETINA	GPS	BRDC_CoM_ITRF	RTCM 3.0
ROCC51	ESA/ESOC	RETINA	GPS	BRDC_APC_ITRF	RTCM 3.0
ROCC60	TUM	RTIGSMR	GPS	BRDC_CoM_ITRF	RTCM 3.0

（续）

Name	Misc	Generator	System	Identifier	Format
ROCC61	TUW	RTIGSMR	GPS	BRDC_APC_ITRF	RTCM 3.0
ROCC70	GFZ	EPOS-RT	GPS	BRDC_CoM_ITRF	RTCM 3.0
ROCC71	GFZ	EPOS-RT	GPS	BRDC_APC_ITRF	RTCM 3.0
ROCC80	GMVAPC(1)	magicGNSS	GPS	BRDC_APC_ITRF	RTCM 3.0
ROCC81	GMVCOM(1)	magicGNSS	GPS	BRDC_CoM_ITRF	RTCM 3.0
注:RTCM—海事无线电技术委员会					

2.3　MGEX 计划

为了应对当前 GNSS 快速发展的形势,IGS 自 2012 年开始启动了多 GNSS 试验（MGEX）计划。该计划旨在尽快适应多频多系统卫星信号,并为将来提供全方位的服务做好准备[5]:一方面,MGEX 与 IGS 并行采集、存储 IGS 核心跟踪站的 GNSS 观测数据;另一方面,MGEX 还致力于 GNSS 精细产品,如精密卫星轨道与钟差、码偏差改正等产品的生成与发布[6]。

2.3.1　跟踪站网布设

目前已有 16 个国家的 27 个机构加入了 IGS 的 MGEX 计划。MGEX 跟踪站网的布设是 MGEX 计划的重要组成部分。自 2012 年起,与现有的 IGS 跟踪站网并行建设的 MGEX 跟踪站网在全球范围内已超过 120 个。图 2.4 所示为 MGEX 跟踪站网在全球范围内的布设情况及其所支持的卫星导航系统。从最优化利用的准则出发,除了图中标注的新兴卫星导航系统外,所有这些测站均支持 GPS,且绝大多数测站同时支持 GLONASS。

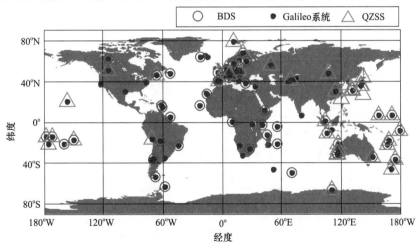

图 2.4　MGEX 跟踪站网分布及其支持的卫星导航系统（见彩图）

由图 2.4 可见,支持 Galileo 系统和 BDS 的跟踪站在全球范围内的数量较多且分布均匀;支持 QZSS 的跟踪站则主要分布在亚太区域。而现有的 MGEX 跟踪站网尚不支持 IRNSS,这是因为现阶段仍然缺乏商用的 IRNSS 接收机。

2.3.2 数据及产品服务

MGEX 数据中心负责日常的跟踪站网数据及星历的采集、存储与发布。为了支持当前所有卫星系统的所有观测值,MGEX 计划中所有数据格式均采用与接收机无关的交换格式(RINEX)3。观测数据及导航电文按天存储与播发,这些数据可从美国地壳动力学数据信息中心(ftp://cddis. gsfc. nasa. gov/pub/gps/data/campaign/mgex)、法国国家地理研究所(ftp://igs. ign. fr/pub/igs/data/campaign/mgex)、德国联邦大地测量局(ftp://igs. bkg. bund. de/MGEX)的服务器免费下载。数据采样率为30s,部分测站提供1s采样间隔的数据。除了常规的事后数据外,部分测站还提供实时数据流以满足 GNSS 多频多系统实时用户的需求。实时数据流采用 RTCM 3-MSM 格式,可从 BKG 获取(http://mgex. igs-ip. net/home)。

利用 MGEX 跟踪站网及其他站网数据(如 IGS 站网、伽利略在轨试验卫星观测网(CONGO)),一些 MGEX 分析中心即可计算 GNSS 多系统的精密卫星轨道和钟差等产品。截至目前,共有 7 个 MGEX 分析中心致力于提供 GNSS 精密卫星轨道和钟差,分别是:

(1)法国国家太空研究中心(CNES)

(2)欧洲定轨中心(CODE)

(3)德国地学中心(GFZ)

(4)德国慕尼黑工业大学(TUM)

(5)中国武汉大学(WU)

(6)日本宇宙航空研究开发机构(JAXA)

(7)欧洲空间局(ESA)

表 2.11 所列为所有分析中心精密卫星轨道与钟差产品的概况。这些产品可从 MGEX 官网的服务器(ftp://cddis. gsfc. nasa. gov/pub/gps/ products/mgex)或其他机构的镜像文件(ftp://igs. ensg. eu/pub/igs/ products/mgex)免费获取。相关产品按周建立文件夹,命名方式上,文件名前两个字符代表机构,第三个字符通常为m(表示 MGEX,区分于 IGS 产品)。为方便起见,本书若无特别说明,com、esm、gbm/gfm、grm、tum 和 wum 依次代表 CODE、ESA、GFZ、CNES、TUM 和 WU 机构的精密卫星轨道和钟差产品。

表 2.11　所有分析中心精密卫星轨道与钟差产品概况(截至 2015 年 12 月)

机构	产品	星座	轨道	钟差	备注
CNES	grm	(GR)E	15min	30s	从 2015 年 1 月 4 日起提供钟差文件
CODE	com	GRE(CJ)	15min	5min	缺少 BDS GEO 卫星;GLONASS 钟差从 2014 年 3 月 23 日起提供

（续）

机构	产品	星座	轨道	钟差	备注
GFZ	gfm gbm	GE GC(REJ)	15min 15/5min	5min 5min/30s	从2014年4月27日起取消gfm,合并至gbm 从2015年5月3日起提供5min间隔的轨道和30s间隔的钟差
TUM	tum	EJ	5min	5min	无独立的钟差文件(SP3文件钟差)
WU	wum	C GREC(J)	5min 15min	5min 5min	从2013年起 从2014年起
ESA/ESOC	esm	GREC(J)	15min	5min	仅有几周的产品,目前不可用
JAXA	qzf	GJ	5min	5min	无独立的钟差文件(SP3文件钟差)

表2.11中G、R、C、J、E依次代表GPS、GLONASS、BDS、QZSS和Galileo系统。星座类型一栏括号中的字符表示该系统对应的产品并非从一开始就提供,而是后续陆续补充更新的。

图2.5所示为MGEX产品可用性示意图。从MGEX计划启动至今,已有超过3年的产品可用。因此,利用其开展MGEX精密卫星轨道和钟差产品长时间的评估成为可能。然而,MGEX产品的连续性和滞后性仍然是一个比较突出的问题。例如:ESA仅在2013年和2014年提供了4周左右的产品;CNES的产品曾一度中断过长达1年的时间;WU产品的滞后性比较严重(超过2个月)。

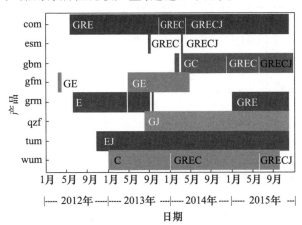

图2.5 MGEX产品可用性示意图(截至2015年12月)(见彩图)

2.3.3 数据处理策略

表2.12列出了MGEX几个分析中心的数据处理策略。在GNSS数据处理软件选择方面,CODE和TUM均采用Bernese软件,但版本有所区别。ESA采用NAPEOS 3.8,GFZ采用EPOS.P8,CNES采用POD GINS,JAXA采用MADOCA,WU采用PAN-

DA。观测值形式上,除 CODE 外,其他的分析中心都采用非差模式。双频观测值选择方面,GPS 和 GLONASS 一般采用 L1/L2,Galileo 系统大多数采用 E1/E5a,BDS 采用 B1/B2,QZSS 主要采用 L1/L2。少数机构在 Galileo 系统和 QZSS 双频观测值选择方面有所差异。采样率方面,从 30s ~ 15min 不等,但大多数是基于 5min 间隔的观测数据。

跟踪站网数据利用方面,除 MGEX 跟踪站网外,部分机构同时利用了 IGS 核心站或 CONGO 的数据。在卫星截止高度角方面,从 3° ~ 12° 不等。观测弧段长度方面,从 24h 到数天。ESA 和 CNES 均使用 1 天 24h 的数据定轨,同时该天前后各 3h 的数据也被利用,以减小轨道产品天与天之间的不一致性[7]。其他分析中心则使用 3 ~ 7d 的轨道弧长。卫星天线相位中心改正方面,GPS 和 GLONASS 卫星端的天线相位中心偏差及其变化可使用 IGS08 绝对天线相位中心模型改正[8-9];对于 Galileo 系统、BDS 和 QZSS,可采用 MGEX 推荐的协议值进行改正[6]。此外,一些分析中心,例如 CODE、GFZ 和 ESA 采用内部非公开的检校值进行改正。

太阳光压模型方面,绝大多数分析中心采用 5 参数 CODE 扩展光压模型 (ECOM)[10]。该模型应用于 GPS 卫星取得了很好的效果,然而,对于一些新的导航卫星系统,如 Galileo 系统、BDS 和 QZSS,其适用性较差。为此,CNES 使用 9 参数模型;CODE 自 2015 年初也开始采用新的 ECOM2[11]。对于 QZSS 卫星,JAXA 采用 13 参数模型。

表 2.12　MGEX 分析中心数据处理策略比较

机构	CODE	ESA	GFZ	CNES	JAXA	TUM	WU
软件	Bernese 5.3	NAPEOS 3.8	EPOS. P8	POD GINS	MADOCA	Bernese 5.0	PANDA
观测值	轨道:双差 钟差:非差	非差	非差	非差	非差	非差	非差
频率	E:E1/E5a C:B1/B2 J:L1/L2	E:E1/E5b C:B1/B2 J:L1/L2	E:E1/E5a C:B1/B2	E:E1/E5a	J:L1/L2	E:E1/E5a J:L1/L5	E:E1/E5a C:B1/B2
采样率	轨道:3min 钟差:5min	5min	5min	15min	5min	30s	30s
站网	MGEX + IGS	MGEX	MGEX + IGS	MGEX	MGEX + IGS	MGEX + CONGO	MGEX + IGS
高度角	轨道:3° 钟差:5°	10°	7°	12°	10°	5°	7°
弧段长	3d	1d	3d	30h	7d	E: 5d J: 3d	3d
相位中心	C/J:MGEX① E: ESA②	C/J:MGEX E: ESA	C:MGEX E: ESA	E:MGEX	J:MGEX	E/J:MGEX	E/C:MGEX

(续)

机构	CODE	ESA	GFZ	CNES	JAXA	TUM	WU
光压模型	ECOM/ECOM2(2015 起)	ECOM	ECOM	ECOM③	ECOM④	ECOM	ECOM
参考文献	[12]	[13]	[14]	[15]	[16]	[17]	[18]

① 天线相位中心采用 MGEX 协议值;② 天线相位中心采用 ESA 提供的内部检校值;

③ 9 参数光压模型;④ 13 参数光压模型(准天顶卫星系统)

2.4 产品精度评估方法

2.4.1 一致性检验

通过比较不同分析中心提供产品之间的一致性来反映精密卫星轨道和钟差产品的质量是一种最为直观的评估方法。对于 GPS 而言,由于 IGS 最终合成产品(igs)的精度和可靠性最高,因此将其作为参考轨道和钟差。对于 GLONASS 而言,IGS 提供了最终合成的轨道,但缺少合成的钟差产品。因此,我们选取 IGS 最终合成轨道(igl)及 IAC 提供的钟差作为参考。对于 Galileo 系统、BDS 和 QZSS,由于目前仍然缺乏最终合成的轨道和钟差产品。因此,我们对所有分析中心的产品进行相互比较,如图 2.6 所示。

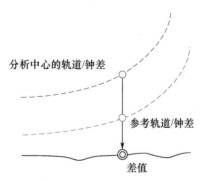

图 2.6　轨道/钟差一致性示意图

将卫星轨道按 15min 间隔进行求差,并转换至切向、法向和径向 3 个分量进行比较。3 维轨道的一致性可通过下式求得:

$$\Delta r = \sqrt{\Delta r_A^2 + \Delta r_C^2 + \Delta r_R^2} \tag{2.1}$$

式中:Δr 为轨道 3 维互差;Δr_A、Δr_C 和 Δr_R 依次表示轨道切向、法向和径向互差。

将卫星钟差按 5min 间隔进行求差(得到一次差),然后再选择其中某颗卫星为参考,将其他所有卫星的一次差减去参考卫星的一次差,得到二次差(该差值消除了不同分析中心在估值时引入的不同基准影响:系统性偏差)。

由于不同分析中心质量控制的严密程度不一,导致相互之间的差值有时会过大(粗差)。为了分析产品之间的一致性,需要首先将大的粗差剔除。给定一个互差序列,如果某一个差值大于该序列 3 倍的中位数,则认为该差值为粗差,将其剔除。然后,统计该互差序列的均方根(RMS)差,将其作为评估产品一致性的指标。

2.4.2 重复性检验

由于相邻的 3 天弧段轨道存在 48h 的重叠,因此,可利用其重叠弧段的产品分析轨道与钟差产品天与天之间的重叠精度(图 2.7)。需要说明是,MGEX 发布的精密卫星轨道和钟差产品仅为单天弧段内的轨道和钟差信息,并未包含重复弧段内的轨道和钟差。因此,无法直接利用 MGEX 产品进行轨道/钟差重复性分析。为此,我们首先采用自编软件进行 GNSS 精密定轨,得到 3 天弧段的轨道,然后进行轨道/钟差重复性分析。

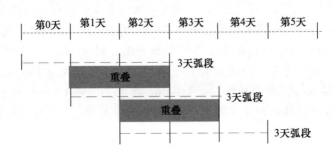

图 2.7 轨道/钟差重复性示意图

2.4.3 激光测卫验证

Galileo 系统、BDS 和 QZSS 均搭载了高精度激光测距系统。利用双向激光测距可实现导航卫星的轨道复核。通过比较卫星激光测距(SLR)值与 MGEX 轨道计算的距离值,可得到两者之间的互差,通常称为 SLR 残差(图 2.8)。该残差的大小反映了导航卫星径向轨道的精度。精度统计时,将残差超过 2m 的视为粗差。

2.4.4 阿伦方差分析

阿伦方差是度量频率稳定度的重要指标之一,可将其用于评估在轨 GNSS 卫星钟的性能。阿伦方差的计算公式如下[19]:

$$\sigma_A^2(\tau) = \frac{1}{2(N-2) \cdot \tau^2} \sum_{i=1}^{N-2} (x_{i+2} - 2x_{i+1} + x_i)^2 \tag{2.2}$$

式中: x_i 为 i 历元时刻的精密卫星钟差改正数; N 为钟差改正数的样本大小; τ 为相邻钟差改正数的间隔。

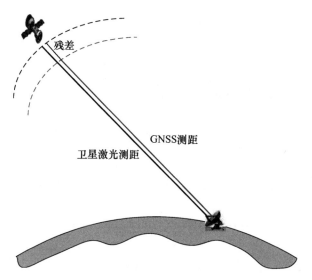

图 2.8　SLR 残差示意图(见彩图)

▲ 2.5　轨道评估结果

2.5.1　轨道一致性

1)GPS 轨道一致性

图 2.9 所示为 MGEX 不同分析中心自 2013 年 1 月 1 日至 2015 年 5 月 1 日期间 GPS 精密卫星轨道的一致性比较结果。其对应的 RMS 统计值列于表 2.13 中。

表 2.13　GPS/GLONASS 轨道差异 RMS 统计　　　　　(单位:cm)

产品	GPS				GLONASS			
	切向	法向	径向	3 维	切向	法向	径向	3 维
com	1.5	1.1	0.9	2.0	3.3	2.5	1.3	4.4
esm	1.6	1.2	0.8	2.2	3.9	2.7	1.4	5.0
gbm	1.2	1.2	1.0	2.0	3.4	2.7	1.6	4.7
gfm	1.2	1.1	0.9	1.9	—	—	—	—
grm	1.5	1.2	1.2	2.2	4.7	3.1	1.6	5.9
qzf	4.2	3.1	1.9	5.6	—	—	—	—
wum	1.1	1.0	0.8	1.7	3.2	2.5	1.4	4.3

从图 2.9 和表 2.13 中不难发现,绝大多数分析中心提供的 GPS 轨道与参考轨道 (IGS 最终产品)的一致性在 1~2cm。其中"gfm"和"gbm"符合最好,这是因为两者 均是由 GFZ 使用相同的数据处理软件解算得到的。JAXA 提供的 GPS 轨道("qzf")

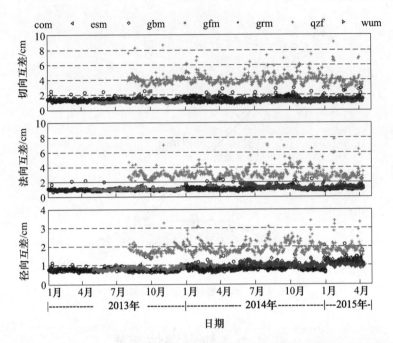

图 2.9　GPS 轨道一致性比较结果(参考轨道:IGS 最终合成产品)(见彩图)

与其他分析中心的差异最为显著。在切向、法向和径向分别达到 4.2cm、3.1cm 和
1.9cm。其较差的符合性主要归因于 JAXA 使用了较为稀疏的跟踪站网数据(大约 33
个 GPS 跟踪站)[16]。

2) GLONASS 轨道一致性

类似地,GLONASS 轨道的比较结果如图 2.10 所示,相应的 RMS 统计值见
表 2.13。

与 GPS 所不同,提供 GLONASS 产品的 MGEX 分析中心数量相对较少。GFZ 和
CNES 分别从 2014 年 11 月 27 日、2015 年 1 月 4 日将 GLONASS 产品纳入 MGEX 计
划。由图 2.10 和表 2.13 可知,各分析中心的 GLONASS 精密轨道吻合较好。GLO-
NASS 轨道互差的 RMS 在切向、法向和径向分别为 4.0cm、2.5cm 和 1.5cm。3 维轨
道互差的 RMS 值为 4 ~ 5cm。

3) Galileo 轨道一致性

图 2.11 所示为各分析中心 Galileo 轨道与 CODE 提供的参考轨道的比较结果。
分析图 2.11 可得:Galileo 轨道径向差异最小,为 3 ~ 5cm;切向和法向的差异达到
10 ~ 20cm。CNES 的 Galileo 轨道的差异("grm")在 2013 年明显偏大,这与其使用短
弧段定轨有关(3h + 24h + 3h,参见表 2.14)。值得注意的是,从 2015 年开始,几乎所
有分析的 Galileo 轨道互差均呈变大趋势。这主要是因为 CODE 自 2015 年初开始启
用新的 ECOM2,这种模型上的差异性和变化性导致其互差明显增大。

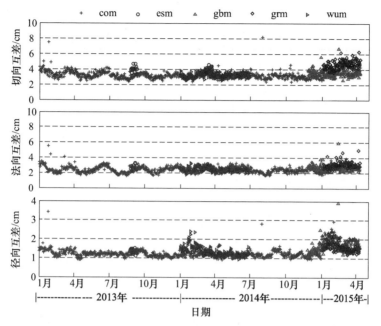

图 2.10　GLONASS 轨道一致性比较结果（参考轨道：IGS 最终合成产品）（见彩图）

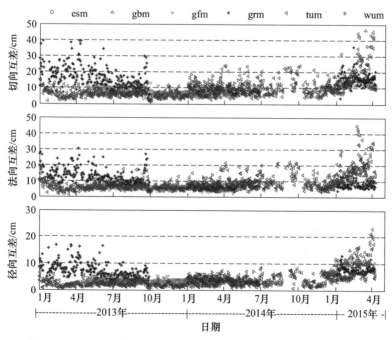

图 2.11　Galileo 轨道一致性比较结果（参考轨道：com）（见彩图）

此外,我们还对比分析了各分析中心两两之间的轨道差异,其 RMS 值列于表 2.14 中。

表 2.14　Galileo 轨道互差的 3 维 RMS 统计　　　(单位:cm)

产品	com	esm	gbm	gfm	grm	tum	wum
com	—	12.2	21.5	9.9	23.0	16.9	13.0
esm		—	N/A①	11.2	18.1	14.0	11.9
gbm			—	N/A	24.6	17.7	N/A
gfm				—	21.4	12.6	12.1
grm					—	22.7	N/A
tum						—	13.7
wum							—
① N/A 表示两者之间无重叠区,故无统计值							

表 2.14 表明,CODE("com")和 GFZ("gfm")的 Galileo 轨道符合最好,3 维 RMS 值为 10cm。CNES("grm")的 Galileo 轨道与其他分析中心的 Galileo 轨道差异最大,3 维 RMS 值达到 20cm 左右。究其原因,这主要与各分析中心所采取的定轨策略有关。由于 CODE 和 GFZ 采用了相同的卫星天线相位中心改正,故两者得到的 Galileo 轨道最为接近。而 CNES 在定轨弧长及光压模型参数化方面与其他分析中心存在较大差异,因而导致其解算的 Galileo 轨道与其他分析中心差异较大。

4) BDS 轨道一致性

考虑到 BDS 三种星座的差异性,我们按星座类型对其进行评估。首先,以 GFZ 提供的精密轨道("gbm")作为参考,其他各分析中心与参考轨道的比较如图 2.12 所示。此外,我们还对比分析了各分析中心之间的互差,得到相应的 3 维 RMS 值,见表 2.15。由图 2.12 可见,MEO 的一致性最好,GEO 的一致性最差。给定某一卫星,其轨道切向差异明显大于其他两个方向,尤其是 GEO 卫星。不同分析中心对应的 GEO 差异较大,而 IGSO 和 MEO 卫星轨道差异相对较小。GEO 卫星轨道切向互差的 RMS 达到数米,法向和径向互差的 RMS 大致为 0.6m 和 0.4m。对于 IGSO 卫星而言,其轨道互差在切向、法向和径向上绝大多数分布在 0.2 ~ 0.3m、0.1 ~ 0.2m 和 0.06 ~ 0.10m。对于 MEO 卫星,其轨道互差在切向、法向和径向上依次分布在 0.10 ~ 0.15m、0.08 ~ 0.10m 和 0.03 ~ 0.05m。表 2.15 中的统计结果显示,GEO、IGSO 和 MEO 这 3 种轨道类型的 3 维 RMS 分别为 3 ~ 4m、0.3 ~ 0.4m 和 0.1 ~ 0.2m。

5) QZSS 轨道一致性

以 TUM 提供的 QZS-1 轨道("tum")作为参考,计算其他各分析中心相对于参考轨道的互差,如图 2.13 所示。互差的 RMS 统计值列于表 2.16 中。从图中可以看

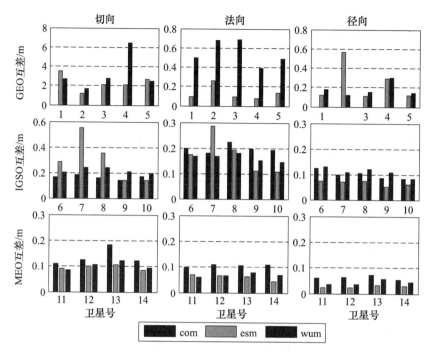

图 2.12　BDS 轨道一致性比较结果(参考轨道:gbm)(见彩图)

表 2.15　BDS 轨道互差的 3 维 RMS 统计　　　　(单位:m)

产品	com			esm			wum			gbm		
	GEO	IGSO	MEO	GEO	IGSO	MEO	GEO	IGSO	MEO	GEO	IGSO	MEO
com	—	—	—	N/A	0.424	0.225	N/A	0.365	0.183	N/A	0.276	0.185
esm				—	—	—	2.473	0.386	0.136	2.502	0.394	0.117
wum							—	—	—	3.768	0.295	0.132
gbm										—	—	—

出,CODE 和 QZF 提供的 QZS-1 轨道与参考轨道吻合较好。同时,我们还注意到,在每年的 3 月份和 9 月份波动较大,且呈半年的周期性。这可能与现有的 QZSS 卫星太阳光压模型有关。表 2.16 中的统计值表明,除 ESA 外(样本有限),其余各分析中心之间的差异为 0.2~0.4m。

表 2.16　QZSS 轨道互差的 3 维 RMS 统计　　　　(单位:m)

产品	com	esm	qzf	tum
com	—	N/A	0.390	0.336
esm		—	0.786	1.514
qzf			—	0.181
tum				—

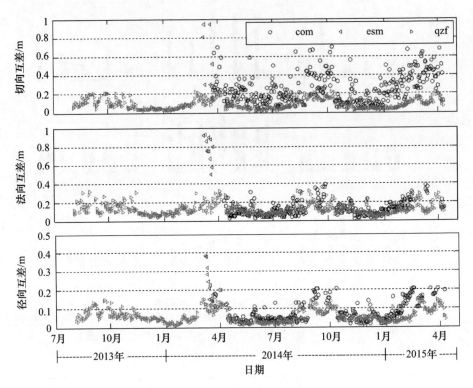

图 2.13 QZSS 轨道一致性比较结果(参考轨道:tum)(见彩图)

2.5.2 轨道重复性

图 2.14 所示为 GPS、GLONASS、Galileo 系统和 BDS 卫星的轨道重叠精度。表 2.17 给出了各卫星系统的各分量重复性指标。对于 GPS 卫星,轨道重复性在径向和法向优于 1cm,在切向方向优于 2cm。所有 GPS 卫星的平均 RMS 值在切向、法向和径向分量依次为 1.6cm、1.0cm 和 0.8cm。对于 GLONASS 卫星而言,其轨道误差是 GPS 的 1.5~2 倍。切向、法向、径向分量的平均 RMS 值分别为 4.7cm、2.6cm 和 1.5cm。受限于卫星数及跟踪站数据,Galileo 卫星轨道重复性明显次于 GPS 和 GLO-NASS 卫星,其轨道重叠精度大致为 10cm,其中切向、法向、径向分量的平均 RMS 值为 9.6cm、4.3cm 和 2.5cm。

对于 BDS,MEO 卫星的重复性与 Galileo 系统相当,其在切向、法向、径向的重叠精度优于 15cm,3 个方向对应的平均 RMS 为 13.8cm、5.2cm 和 3.7cm。对于 IGSO 卫星,平均 RMS 在切向、法向、径向依次为 13.4cm、8.9cm 和 5.5cm。对于 GEO 卫星,其法向和径向的轨道重复性与 IGSO、MEO 相当,但是其切向轨道重复性明显较差,达到 50cm 左右。

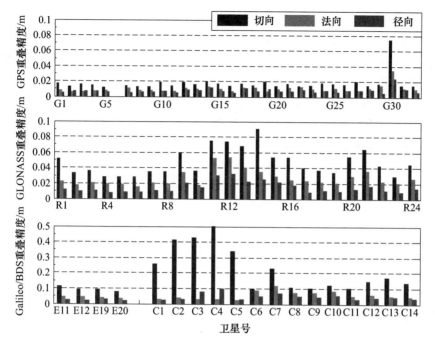

图 2.14 GNSS 轨道重复性比较结果(见彩图)

表 2.17 GNSS 卫星轨道重叠精度/平均 RMS (单位:cm)

系统		切向	法向	径向
GPS		1.6	1.0	0.8
GLONASS		4.7	2.6	1.5
Galileo 系统		9.6	4.3	2.5
BDS	GEO	40.7	3.3	5.6
	IGSO	13.4	8.9	5.5
	MEO	13.8	5.2	3.7

2.5.3 SLR 残差

SLR 残差分析是基于 2014 年 9 月 21 日至 2015 年 4 月 30 日(GPS 周 1817~1842)时段的精密卫星轨道和 SLR 数据。表 2.18 给出了部分 Galileo 系统、BDS 和 QZSS 卫星 SLR 残差的均值及标准差。分析该表可知,除 CNES("grm")外,其余分析中心解算的 Galileo 卫星均存在 -5cm 左右的系统性偏差,这与现有的文献相吻合。3 颗 Galileo IOV(E11、E12、E19)卫星 SLR 残差的标准差为 10cm 左右。值得一提的是,CNES 提供的 Galileo 轨道 SLR 残差最小,其均值为 1cm,标准差为 5~6cm。这与其不同的数据处理策略有关,特别是光压模型的差异。

对于 BDS 而言,各分析中心的轨道精度相当。IGSO(C08 和 C10)和 MEO(C11)

卫星 SLR 残差的均值大多数为 3cm 以内,标准差为 5～8cm。然而,BDS GEO(C01)卫星的 SLR 残差明显较大,其均值达到 -0.5m,标准差为 0.3m 左右。究其原因,这主要与 GEO 星座的特性有关:一方面能够跟踪到的 GEO 卫星测站数较少(主要分布在亚太区域,用于 GEO 定轨的测站分布不均匀);另一方面,相比于 IGSO 和 MEO 卫星,GEO 卫星的几何变化非常微弱(几乎不变),因而导致其定轨精度不及 IGSO 和 MEO 卫星。对于 QZS-1(J01)卫星,SLR 残差的均值优于 10cm,标准差优于 20cm。需要说明的是,SLR 残差仅表征了轨道径向的精度,并没有反映轨道切向和法向的精度。

表 2.18　SLR 残差的均值与标准差统计　　　　　　　　（单位:cm）

产品	C01	C08	C10	C11	E11	E12	E19	J01
com	N/A	-2.8 ±5.3	0.8 ±7.9	-1.0 ±7.6	-5.4 ±8.1	-6.1 ±8.3	-6.4 ±8.7	-7.6 ±15.0
gbm	-49.1 ±28.9	1.6 ±7.7	6.0 ±6.8	1.3 ±6.3	-3.6 ±9.2	-4.1 ±8.6	-3.8 ±13.0	N/A
grm	N/A	N/A	N/A	N/A	-1.1 ±6.0	-0.5 ±4.7	0.1 ±4.5	N/A
wum	-41.8 ±20.5	0.9 ±6.2	3.2 ±6.8	-1.1 ±5.5	-3.6 ±10.0	-5.3 ±9.5	-5.9 ±9.7	N/A
qzf	N/A	N/A	N/A	N/A	N/A	N/A	N/A	-8.1 ±12.5
tum	N/A	N/A	N/A	N/A	-3.4 ±11.3	-4.7 ±9.9	-6.0 ±10.3	-6.5 ±18.4

2.6　钟差评估结果

2.6.1　钟差一致性

同轨道一致性分析类似,通过比较各分析中心钟差产品之间的一致性,得到图 2.15 所示的钟差一致性比较结果。GPS、GLONASS、Galileo 系统和 QZSS 选取的参考钟差分别为 IGS 最终合成钟差、IAC 钟差、CODE 钟差以及 TUM 钟差。钟差互差的 RMS 统计如表 2.19 所列。

表 2.19　GNSS 钟差互差 RMS 统计　　　　　　　　（单位:ns）

系统		产品 com	esm	gbm	gfm	grm	tum	qzf	wum
GPS		0.068	0.073	0.060	0.076	0.068	N/A	0.161	0.086
GLONASS		0.182	0.202	0.175	N/A	0.196	N/A	N/A	0.181
Galileo 系统		—	0.168	0.289	0.267	0.332	0.221	N/A	0.191
BDS	GEO	N/A	0.307	—	N/A	N/A	N/A	N/A	0.571
BDS	IGSO	0.249	0.193	—	N/A	N/A	N/A	N/A	0.267
BDS	MEO	0.258	0.148	—	N/A	N/A	N/A	N/A	0.166
QZSS		0.383	1.013	N/A	N/A	N/A	—	0.807	N/A

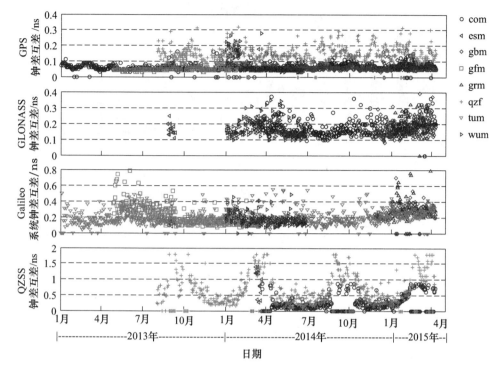

图 2.15　GPS/GLONASS/Galileo/QZSS 钟差一致性比较结果(见彩图)

　　分析上述图表不难发现,MGEX 各分析中心解算的 GPS 精密卫星钟差与 IGS 发布的最终合成钟差吻合较好。除 qzf 外,其余各分析中心相互之间的钟差互差绝大多数优于 0.1ns。qzf 对应的 RMS 要大 2 倍左右,这与 qzf 轨道的一致性相吻合。对于 GLONASS,各分析中心之间的钟差互差 RMS 大致为 0.2ns。Galileo 系统钟差互差大多数小于 0.3ns。对于 QZS-1 卫星,其钟差互差较其他卫星明显偏大,且呈现较大的波动和周期性。这与 QZS-1 卫星轨道一致性相吻合,具体原因在前面轨道一致性分析已经提及,故不再赘述。此外,我们还发现,QZS-1 的粗差明显较多,qzf 和 com 的粗差比例分别达到 10% 和 20%。

　　类似地,BDS 钟差一致性需要顾及 3 种不同星座类型之间的差异。因此,图 2.16 给出每颗 BDS 卫星的钟差比较结果。参考钟差选择 GFZ 解算的精密钟差产品("gbm")。相应的钟差互差 RMS 统计值列于表 2.19 中。显然,GEO 卫星钟差的一致性相比于 IGSO 和 MEO 卫星要差,钟差互差 RMS 高达 0.6 ~ 0.8ns。而 IGSO 卫星和 MEO 卫星的钟差互差 RMS 大致为 0.3ns 和 0.2ns。值得注意的是,C13 卫星出现异常,事实也证明该卫星自 2014 年 3 月底失效。

　　此外,我们还对 Galileo 系统、BDS 和 QZSS 产品涉及的分析中心进行相互比较,得到更为全面的钟差互差比较结果,其 RMS 统计见表 2.20 至表 2.22。

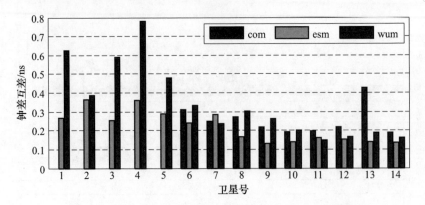

图 2.16 BDS 钟差一致性比较结果(参考钟差:gfz)(见彩图)

表 2.20 Galileo 系统钟差互差 RMS 统计 （单位:ns）

产品	com	esm	gbm	gfm	grm	tum	wum
com	—	0.17	0.29	0.27	0.33	0.22	0.19
esm		—	N/A	0.28	N/A	0.28	0.14
gbm			—	N/A	0.38	0.27	N/A
gfm				—	N/A	0.39	0.20
grm					—	0.33	N/A
tum						—	0.32
wum							—

表 2.21 BDS 钟差互差 RMS 统计 （单位:ns）

产品	com			esm			wum			gbm		
	GEO	IGSO	MEO	GEO	IGSO	MEO	GEO	IGSO	MEO	GEO	IGSO	MEO
com	—	—	—	N/A	0.35	0.39	N/A	0.29	0.30	N/A	0.25	0.26
esm				—	—	—	0.64	0.22	0.17	0.31	0.19	0.15
wum							—	—	—	0.57	0.26	0.17
gbm										—	—	—

表 2.22 QZS-1 钟差互差 RMS 统计 （单位:ns）

产品	com	esm	qzf	tum
com	—	N/A	0.55	0.38
esm		—	1.61	1.01
qzf			—	0.81
tum				—

由表 2.20 至表 2.22 可得,因数据处理策略及采样大小(样本容量)的不同,导致不同分析中心之间的钟差一致性也不尽相同。但总体而言,绝大多数分析中心之间的钟差产品一致性较好。Galileo 系统、BDS GEO、BDS IGSO、BDS MEO、QZS-1 的钟差一致性(互差 RMS)分别为 0.2~0.3ns、0.4~0.5ns、0.2~0.3ns、0.1~0.2ns 和 0.5~0.6ns。

2.6.2　钟差重复性

与轨道重复性计算方法类似,通过比较重叠区域内的钟差,得到钟差重复性精度如图 2.17 所示。对于 GPS 卫星,除 G30 卫星外(卫星数据质量较差),其余卫星的 RMS 均优于 0.1ns,且绝大多数为 0.05ns 左右。GPS 卫星的总体重复性精度(所有卫星的平均 RMS)为 0.057ns。GLONASS 的钟差重叠误差是 GPS 的 1.5~2 倍,其总体重复性精度为 0.106ns。Galileo 系统和 BDS 卫星的钟差重复性相当,总体重复性精度分别为 0.143ns 和 0.161ns。但需要说明的是,这一统计指标对于 BDS GEO 卫星过于乐观。实际上,在计算轨道重叠精度时,因 GEO 卫星的粗差较多,导致重复性统计时其可用样本偏少,统计值可靠性降低。

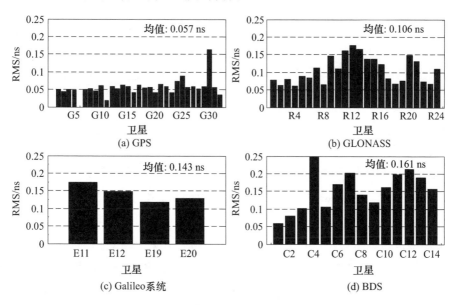

图 2.17　GPS/GLONASS/Galileo 系统/BDS 钟差重复性

2.6.3　卫星钟稳定度

为了评估在轨 GNSS 卫星钟的稳定度,选取 2 周(2015 年,年积日第 110~123 天)的 MGEX 精密卫星钟差,采用式(2.2)计算所有卫星的 Allan 方差(标准差),得到如图 2.18 至图 2.20 所示的结果。图 2.18 中为使用 GFZ 的精密 GPS 卫星钟差及

CODE 的精密 QZS-1 卫星钟差计算得到的结果,并按卫星型号及卫星钟类型(铯原子频标(CAFS)、铷原子频标(RAFS))分组进行比较。图 2.19 为使用 GFZ 精密 GLONASS 卫星钟差计算得到的结果,并按卫星使用年限分组进行比较。图 2.20 为利用 GFZ 的精密 Galileo 系统和 BDS 卫星钟差计算得到的结果,并按星座类型(BDS GEO、IGSO、MEO)、卫星钟类型(Galileo 卫星被动型氢原子(PHM)和 RAFS)分类进行比较。

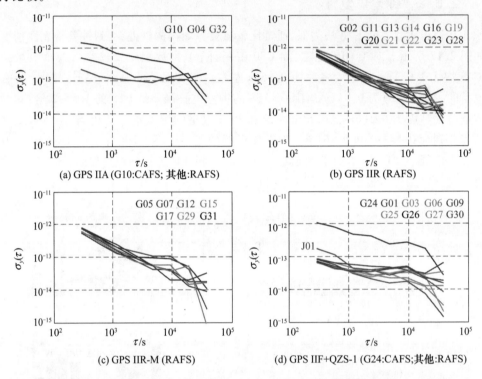

图 2.18　GPS/QZS-1 卫星钟 Allan 标准差(见彩图)

由图 2.18 可知,当前大部分 GPS 卫星为 Block ⅡR (-M) 和 Block ⅡF 类型,并用铷原子钟维持时间系统。只有少数 GPS 卫星(G10 和 G24)采用铯原子钟。一般的,铷原子钟的短期稳定度优于铯原子钟。使用年限较长的 Block ⅡA 卫星的 Allan 标准差最大,即稳定度最差。新近发射的 Block ⅡF 的 Allan 标准差最小,表明其稳定性最好。Block ⅡR 和 Block Ⅱ-M 卫星的铷钟稳定度相当。QZS-1 卫星由于采用了与 Block ⅡF 类型卫星相同的原子时频技术,故与 GPS Block ⅡF 铷钟的稳定度相当,但其短期内(1000s 以内)偏差明显。

图 2.19 表明,当前 GLONASS 卫星均采用铯原子钟。GLONASS 卫星钟的稳定度与其使用年限相关。总体而言,使用年限越久,其 Allan 标准差越大,即稳定度越差。最新发射的卫星 R21,目前已使用 1 年左右,对应的 Allan 标准差最小,而最老的卫星 R17 已使用超过 9 年,相应的 Allan 标准差最大。相较于 GPS,目前 GLONASS 卫星钟

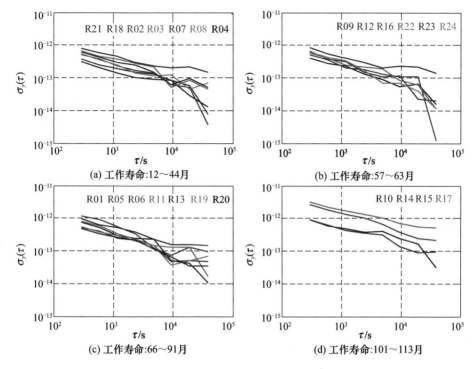

图 2.19　GLONASS 卫星钟 Allan 标准差(见彩图)

差的稳定度仅与 GPS Block ⅡA 铷钟相当。

图 2.20 中,2 颗 Galileo IOV(E11 和 E19)和 2 颗 FOC 卫星(E18 和 E14)采用被动型氢原子钟,而另一颗 IOV 卫星在分析时段内由铷原子钟维持。BDS 卫星则全部采用铷原子钟。分析 BDS 卫星钟差的 Allan 标准差发现,GEO 和 IGSO 卫星钟在 1000~10000s 内的稳定度在同一量级,即 1×10^{-13}。BDS MEO 卫星钟的稳定度最好,尤其是在较长的时间内仍有较好的稳定性。总体来说,当前 BDS 卫星钟的稳定性能优于 GLONASS,BDS MEO 卫星钟稳定度与 GPS Block ⅡR (-M) 铷钟性能相当。特别的,前者短期内的 Allan 标准差小于后者,这意味着 BDS MEO 卫星钟在短期稳性方面更为突出。分析 Galileo 卫星钟差的 Allan 标准差发现,被动式氢原子钟的稳定度优于铷原子钟。两颗 FOC 氢原子钟与两颗 IOV 氢原子钟性能相当。总体而言,Galileo 卫星钟的稳定性与 GPS Block ⅡF 基本相当。

此外,我们还利用其他分析中心提供的精密卫星钟差计算了相应的 Allan 标准差,并给出了部分代表性卫星的结果,如图 2.21 所示。

由于各分析中心钟差产品的一致性较好,因此得到的 Allan 标准差也非常接近。但是,当间隔较大时,不同分析中心产品计算得到的 Allan 标准差差异较大,这主要是因为当间隔较大时可用的样本容量较少。数值规律上,图 2.21 与图 2.18 至图 2.20 中的结果一致,不再详述。

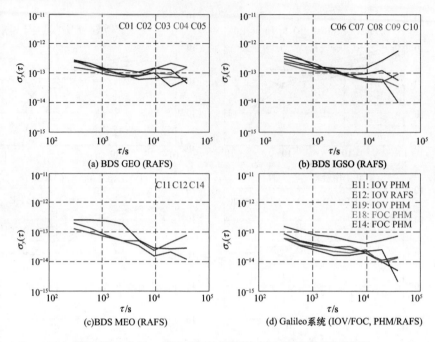

图 2.20　Galileo 系统/BDS 卫星钟 Allan 标准差（见彩图）

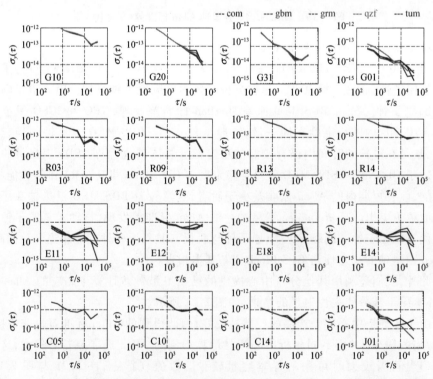

图 2.21　利用不同分析中心钟差产品计算得到的 GNSS 卫星钟 Allan 标准差（见彩图）

参考文献

［1］IS-GPS-200. Navstar GPS space segment navigation user segment interfaces, interface specification ［R］. Global Positioning System Directorate, Revision G, September 5, 2012.

［2］RISDE. Global navigation satellite system GLONASS interface control document ［R］. Russian Institute of Space Device Engineering, Version 5.1, Moscow, 2008.

［3］CSNO. BeiDou navigation satellite system signal in space interface control document (open service signal) ［R］. China Satellite Navigation Office, Version 2.1, December 26, 2016.

［4］EU. European GNSS (Galileo) open service signal in space interface control document (OS-SIS-ICD) ［R］. European Union, Issue 1.1, September 2010.

［5］MONTENBRUCK O, RIZOS C, WEBER R, et al. Getting a grip onmulti-GNSS: the international GNSS service MGEX campaign ［J］. GPS world, 2013, 24(7):44-49.

［6］RIZOS C, MONTENBRUCK O, WEBER R, et al. The IGS MGEX experiment as a milestone for a comprehensive multi-GNSS Service ［C］//Proceedings of ION-PNT-2013, Honolulu, USA, 2013.

［7］STEIGENBERGER P, HUGENTOBLER U, LOYER S, et al. Galileo orbit and clock quality of the IGS Multi-GNSS Experiment ［J］. Advances in Space Research, 2015, 55(1):269-281.

［8］SCHMID R,STEIGENBERGER P,GENDT G,et al. Generation of a consistent absolute phase center correction model for GPS receiver and satellite antennas ［J］. Journal of Geodesy, 2007, 81(12): 781-798.

［9］REBISCHUNG P, GRIFFITHS J, RAY J, et al. IGS08: the IGS realization of ITRF2008 ［J］. GPS Solutions, 2012, 16(4):483-494.

［10］SPRINGER T, BEUTLER G, ROTHACHER M. A new solar radiation pressure model for GPS Satellites ［J］. GPS Solutions, 1999, 2(3):50-62.

［11］ARNOLD D, MEINDL M, BEUTLER G, et al. CODE's new solar radiation pressure model for GNSS orbit determination ［J］. GPS Solutions, 2015, 89(8):775-791.

［12］PRANGE L, DACH R, LUTZ S, et al. The CODE MGEX orbit and clock solution ［C］. IAG Scientific Assembly, Postdam,Germany,July 30,2015.

［13］SPRINGER T, OTTEN M, FLOHRER C. Spreading the usage of NAPEOS, the ESA tool for satellite geodesy ［C］//European Geosciences Union General Assembly,Vienna,Austria,April 22 – 27, 2012.

［14］UHLEMANN M, GENDT G, RAMATSCHI M, et al. GFZ global multi-GNSS network and data processing results ［C］//IAG Potsdam 2013 Proceedings, International Association of Geodesy Symposia,Postdam,Germany, 2014.

［15］LOYER S,PEROSANZ F,MERCIER F,et al. Zero-difference GPS ambiguity resolution at CNES-CLS IGS Analysis Center ［J］. Journal of Geodesy, 2012, 86(11):991-1003.

［16］KASHO S. Accuracy evaluation of QZS-1 precise ephemerides with satellite laser ranging ［C］// The 19th international workshop on laser ranging, Annapolis, Maryland, 2014.

［17］STEIGENBERGER P, HUGENTOBLER U, LOYER S, et al. Galileo orbit and clock quality of the

IGS Multi-GNSS experiment [J]. Advances in Space Research, 2015, 55(1):269-281.

[18] GUO J, XU X, ZHAO Q, et al. Precise orbit determination for quad-constellation satellites at Wuhan University: strategy, result validation, and comparison [J]. Journal of Geodesy, 2015, 90 (2): 143-159.

[19] ALLAN D. Statistics of atomic frequency standards [J]. Proceedings of the IEEE, 1966, 54(2): 221-230.

第3章 PPP 误差处理方法

由于受到多种误差的影响,卫星导航系统自身提供的定位精度通常只有 10m 左右,无法满足高精度应用的需求。为了实现厘米级甚至毫米级的高精度定位,必须处理好各类误差。本章将首先简要介绍 GNSS 非差观测值的误差来源,然后重点阐述 PPP 中的误差处理方法。

◢ 3.1 GNSS 非差观测误差源

GNSS 导航定位中受到各种误差的干扰,如图 3.1 所示。归纳起来,影响导航定位的误差源大致可以分为 3 类[1]:

(1)与卫星有关的误差,主要包括卫星轨道误差、卫星钟差、地球自转与相对论效应、卫星天线相位中心偏差、相位缠绕误差以及卫星硬件延迟;

(2)与信号传播路径有关的误差,主要包括对流层延迟误差、电离层延迟误差和多路径效应;

(3)与接收机和测站有关的误差,主要包括接收机钟差、接收机天线相位中心偏差、地球固体潮汐与海洋潮汐以及接收机硬件延迟等。

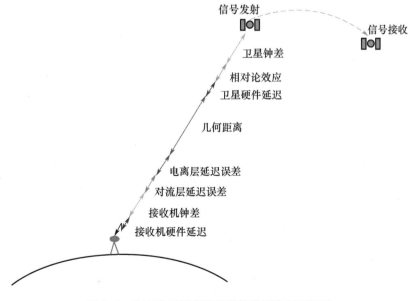

图 3.1 GNSS 导航定位的误差源概览(见彩图)

3.2 PPP 误差处理策略

GNSS PPP 通常使用非差观测值,它无法像双差那样形成差分观测值消除共性误差。因此,3.1 节中的所有误差项都必须仔细考虑。当前主要采用以下 3 种误差处理策略:

(1) 采用精密产品,比如卫星轨道误差和钟差误差可采用 IGS 等机构发布的精密卫星星历和钟差产品取代广播星历[2];

(2) 对于能够精确模型化的误差,采用模型改正,比如卫星天线相位中心的改正、各种潮汐的影响、相对论效应等都可以采用现有的模型精确改正;

(3) 对于无法精确模型化的误差,可附加参数进行估计或使用线性组合观测值进行消除。比如天顶对流层湿延迟,目前还难以用模型精确改正,故采用附加参数对其进行估计;而电离层延迟误差可采用双频或多频组合观测值来消除其低阶项影响,也可加参数估计倾斜路径电离层延迟。

3.2.1 精密产品

第 2 章介绍了 IGS 提供的精密产品,主要包括精密星历和精密钟差。此外,IGS 的一些分析中心还提供了电离层延迟产品、差分码偏差产品以及对流层延迟产品。近年来,随着 PPP 固定解的发展,又有机构开始提供小数相位偏差产品[3](网址:ftp://gnss.sgg.whu.edu.cn/)。

在 PPP 中,通常使用 IGS 分析中心提供的精密星历和精密钟差来消除或削弱卫星轨道误差和钟差误差。由于精密星历和钟差产品给出的是节点上的卫星位置和卫星钟差,实际定位时,需根据观测时刻内插出信号发射时刻的卫星位置和钟差,具体的内插方法见本章 3.3 节。

为了保持和钟差产品基准的一致性,还需要利用差分码偏差(DCB)产品进行码偏差改正[4]。对于单频 PPP,有时还需要利用全球电离层图(GIM)产品进行电离层延迟改正。这些产品的使用方法将在后续章节中陆续介绍。

3.2.2 模型改正法

对于一些能够被精确模型化的误差,如地球自转、相对论效应、天线相位中心偏差、天线相位缠绕、对流层延迟干分量、地球固体潮汐和海洋潮汐等引起的偏差,可采用经验模型进行改正[5]。本节仅对地球自转改正、相对论效应、天线相位缠绕、潮汐改正进行介绍。其余偏差将在后续章节中单独介绍。

3.2.2.1 地球自转改正

地球自转引起卫星与地面几何距离偏差最大可达到 30 多米,如图 3.2 所示。因此,在地固系中计算卫星位置或卫星到接收机的几何距离时,必须考虑地球自转影

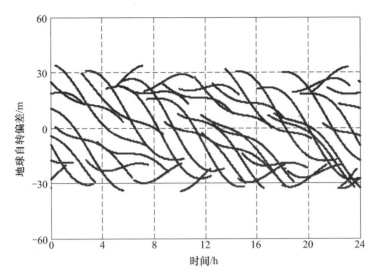

图 3.2　地球自转引起的几何距离偏差

响。GNSS 数据处理一般在协议地球坐标系中进行,即卫星和地面测站位置均用地固坐标系表示。卫星在空间的位置如果是根据信号发射时刻 t_1 来计算的,那么求得的是卫星在时刻 t_1 的协议地球坐标系中的位置 $(X_1^s, Y_1^s, Z_1^s)^T$。当信号于 t_2 时刻到达接收机时,协议地球坐标系将围绕地球自转轴旋转一个角度 α,即

$$\alpha = \omega(t_2 - t_1) = \omega\tau \tag{3.1}$$

式中: ω 为地球自转角速度; τ 为信号传播时间。此时(即信号接收时刻 t_2),所有的计算都是在此时刻的协议坐标系中进行,卫星坐标在协议地球坐标系中的位置为 $(X_2^s, Y_2^s, Z_2^s)^T$,且

$$\begin{pmatrix} X_2^s \\ Y_2^s \\ Z_2^s \end{pmatrix} = \begin{bmatrix} \cos\alpha & \sin\alpha & 0 \\ -\sin\alpha & \cos\alpha & 0 \\ 0 & 0 & 1 \end{bmatrix} \begin{pmatrix} X_1^s \\ Y_1^s \\ Z_1^s \end{pmatrix} \approx \begin{bmatrix} 1 & \alpha & 0 \\ -\alpha & 1 & 0 \\ 0 & 0 & 1 \end{bmatrix} \begin{pmatrix} X_1^s \\ Y_1^s \\ Z_1^s \end{pmatrix} \tag{3.2}$$

此外,地球自转改正还可通过卫星坐标变化改正到卫星至地面的距离观测值上。根据式(3.2)知,卫星坐标变化值 $(\Delta X^s, \Delta Y^s, \Delta Z^s)^T$ 为

$$\begin{pmatrix} \Delta X^s \\ \Delta Y^s \\ \Delta Z^s \end{pmatrix} = \begin{bmatrix} 0 & \alpha & 0 \\ -\alpha & 0 & 0 \\ 0 & 0 & 0 \end{bmatrix} \begin{pmatrix} X_1^s \\ Y_1^s \\ Z_1^s \end{pmatrix} = \begin{pmatrix} \omega\tau \cdot Y_1^s \\ -\omega\tau \cdot X_1^s \\ 0 \end{pmatrix} \tag{3.3}$$

由其引起的卫星至接收机的距离影响 $\Delta\rho_{er}$ 为

$$\Delta\rho_{er} = \frac{\partial\rho}{\partial X_1^s} \cdot \Delta X^s + \frac{\partial\rho}{\partial Y_1^s} \cdot \Delta Y^s = \frac{X_1^s - X_r}{\rho}\omega\tau \cdot Y_1^s - \frac{Y_1^s - Y_r}{\rho}\omega\tau \cdot X_1^s =$$

$$\frac{\omega\tau}{\rho}\left[(X_1^s - X_r)Y_1^s - (Y_1^s - Y_r)X_1^s\right] =$$

$$\frac{\omega}{c}\big[\,(X_1^s - X_r)Y_1^s - (Y_1^s - Y_r)X_1^s\,\big] \tag{3.4}$$

地球自转引起卫星位置的变化产生的卫星与地面距离的偏差可达到 30 多米。当两站的间距为 10km 时，地球自转对基线分量的影响可达到 1cm；对于非差模式的 PPP，其影响更大，且主要体现在东西方向。图 3.3 和图 3.4 所示为地球自转改正与否对 PPP 结果的影响。由图可知，未顾及该项偏差时将引起东西方向 20 ~ 30m、高程 10m 左右的定位偏差。

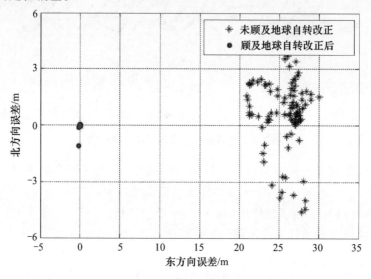

图 3.3   地球自转对平面方向定位精度的影响

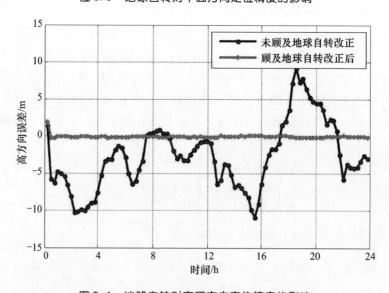

图 3.4   地球自转对高程方向定位精度的影响

3.2.2.2　相对论效应改正

在狭义相对论和广义相对论的综合影响下,卫星钟和地面钟的频率差将包含常数项偏差和周期项偏差两部分。对于常数项偏差,卫星生产厂家可事先求出其精确数值,并在卫星发射之前调整频率,无须用户改正。对于周期项偏差,可以按以下方法改正。

当采用广播星历计算时,改正公式为

$$\Delta\rho_{\mathrm{rel}} = -\frac{2e\sqrt{a\mu}}{c}\sin E \tag{3.5}$$

式中:e 为 GNSS 卫星椭圆轨道的偏心率;E 为卫星的偏近地点角;a 为卫星椭圆轨道的长半轴。

当采用精密星历计算时,改正公式为[6]

$$\Delta\rho_{\mathrm{rel}} = -\frac{2}{c}\overline{X}^{\mathrm{s}} \cdot \overline{\dot{X}}^{\mathrm{s}} \tag{3.6}$$

式中:$\overline{X}^{\mathrm{s}}$ 为卫星的位置矢量;$\overline{\dot{X}}^{\mathrm{s}}$ 为卫星的速度矢量。

由相对论效应引起的测距误差最大可达 10 多米,如图 3.5 所示。当采用相对定位方式时这一效应将被消除,无须考虑。但在非差 PPP 中,上述周期项必须予以考虑。

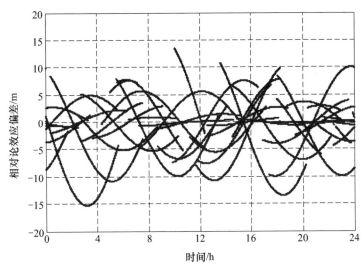

图 3.5　相对论效应引起的几何距离偏差

图 3.6 和图 3.7 所示为相对论效应对 PPP 精度的影响。由图可知,相对论效应严重影响单点定位的精度,上述周期项必须予以考虑。

3.2.2.3　天线相位缠绕改正

在静态定位中,接收机天线的指向是固定不变的。在动态定位中,接收机天线的指向虽然可能会发生变化,进而导致天线相位缠绕误差,但该误差仅与接收机相关,

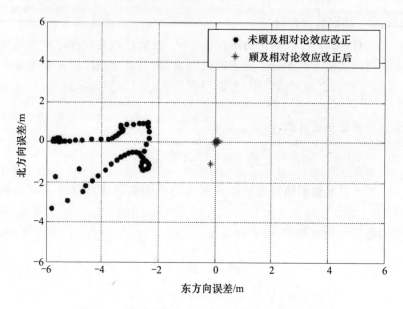

图 3.6　相对论效应对平面方向定位精度的影响

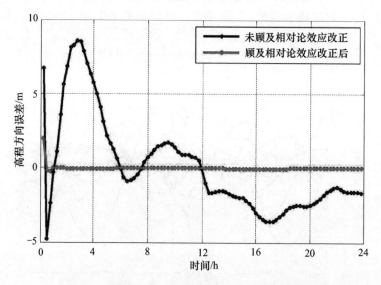

图 3.7　相对论效应对高程方向定位精度的影响

会被接收机钟差参数吸收,因而无须单独考虑。因此,这里所说的天线相位缠绕改正主要是针对卫星天线[7]。

卫星天线相位缠绕的计算取决于卫星姿态,天线相位缠绕改正 $\Delta\varphi$(单位为周)为

$$\Delta\varphi = \mathrm{sign}(\zeta)\arccos\left[\frac{\boldsymbol{D}' \cdot \boldsymbol{D}}{|\boldsymbol{D}'| \cdot |\boldsymbol{D}|}\right] \tag{3.7}$$

其中

$$\zeta = \hat{k} \times (D' \times D)$$

$$D' = \hat{x} - \hat{k}(\hat{k} \cdot \hat{x}') - \hat{k} \times \hat{y}'$$

$$D = \hat{x} - \hat{k}(\hat{k} \cdot \hat{x}) + \hat{k} \times \hat{y}$$

式中:$\hat{k}$ 为卫星指向接收机的单位矢量;$(\hat{x}', \hat{y}', \hat{z}')$ 为星固坐标系下的单位矢量;$(\hat{x}, \hat{y}, \hat{z})$ 为测站地平坐标系下的单位矢量。

图 3.8 所示为某一测站卫星天线相位缠绕引起的测距偏差。由其引起的测距误差可达分米级。图 3.9 和图 3.10 所示为卫星天线相位缠绕误差对动态 PPP 精度的影响。由图可知,相位缠绕误差在平面和高程方向可引起分米级的定位误差。因此,在 GNSS PPP 中必须顾及此项误差改正。

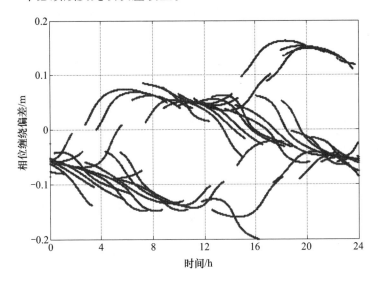

图 3.8　相位缠绕引起的测距偏差

3.2.2.4　地球固体潮汐改正

由于固体潮汐而引起的测站水平与垂直方向的位移可以用 n 维 m 阶含有 Love 数和 Shida 数的球谐函数来表示。这些数值与测站纬度和潮汐频率有轻微相关性,如果测站位置需要达到 1mm 的精度,那就需要考虑这两个因素的影响。但如果只要求 5mm 的精度,采用 2 阶函数再加上一个高程改正项就可以了。因此,测站位置在天球坐标系下的改正矢量 $\Delta r = (\Delta x, \Delta y, \Delta z)$,可用式(3.8)表述:

$$\Delta r = \sum_{j=2}^{3} \frac{GM_j}{GM} \frac{r^4}{R_j^3} \left\{ \left[3l_2(\hat{R}_j \cdot \hat{r}) \right] \hat{R}_j + \left[3\left(\frac{h_2}{2} - l_2 \right)(\hat{R}_j \cdot \hat{r})^2 - \frac{h_2^2}{2} \right] \hat{r} \right\} +$$

$$\left[-0.025\sin\phi\cos\phi\sin(\theta_g + \lambda) \right] \cdot \hat{r} \qquad (3.8)$$

式中:GM_j 为万有引力常数 G 和摄动天体的质量 $M_j(j=2$ 表示月球,$j=3$ 表示太阳)

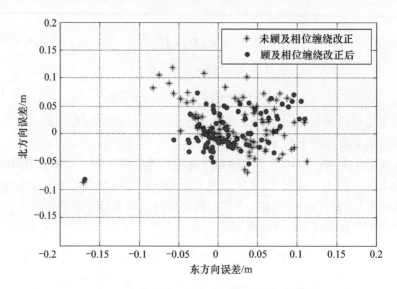

图 3.9　相位缠绕对平面方向定位精度的影响

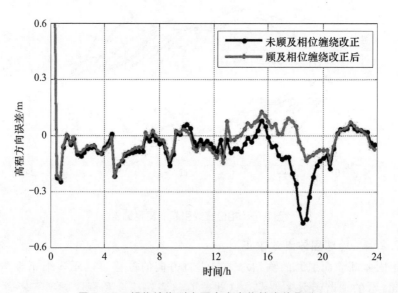

图 3.10　相位缠绕对高程方向定位精度的影响

的乘积,$GM = 3.986005 \times 10^{14} \mathrm{m}^3/\mathrm{s}^2$ 为万有引力常数和地球质量 M 之乘积;r 为地球半径;$\hat{\boldsymbol{R}}_j$ 为摄动天体在地心坐标系中的位置矢量;$\hat{\boldsymbol{r}}$ 为地心坐标系中的测站位置矢量;h_2 为第二 Shida 数,一般取 $h_2 = 0.6090$;l_2 为第二勒夫(second-degree Love)数,一般取 $l_2 = 0.0852$;ϕ,λ 分别为测站纬度和经度;θ_g 为格林尼治恒星时。

　　图 3.11 和图 3.12 所示为固体潮汐对 PPP 精度的影响。由图可知,地球固体潮汐引起的测站位置偏差可达到厘米至分米级,在 PPP 数据处理时必须改正。

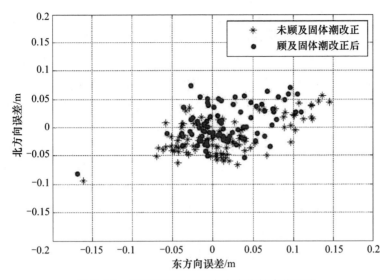

图 3.11　固体潮汐对平面方向定位精度的影响

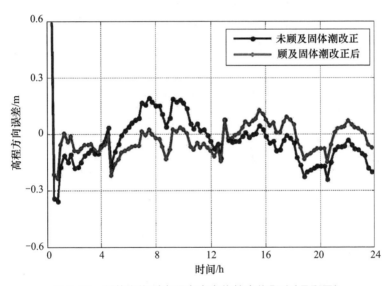

图 3.12　固体潮汐对高程方向定位精度的影响(见彩图)

3.2.2.5　海洋潮汐改正

海洋潮汐负载所引起的测站位移是分潮波进行的,由于潮波的海潮图和格林函数计算得到测站在潮波径向、东南和南北向的幅度(A_i^r、A_i^{EW}、A_i^{NS})和相对于格林子午线的相位滞后(δ_i^r、δ_i^{EW}、δ_i^{NS}),最后的改正为各潮波的叠加[8]。海洋潮汐改正模型为

$$\Delta R_{ocean} = \sum_{i=1}^{N} \begin{bmatrix} A_i^r \cos(\omega_i t + \phi_i - \delta_i^r) \\ A_i^{EW} \cos(\omega_i t + \phi_i - \delta_i^{EW}) \\ A_i^{NS} \cos(\omega_i t + \phi_i - \delta_i^{NS}) \end{bmatrix} \qquad (3.9)$$

式中: ω_i 和 ϕ_i 为分潮波的频率和历元时刻的天文幅角; t 为以秒计的世界时; N 为阶数,目前仅考虑到 11 阶。将上述改正转化到地球参考系中,有

$$\Delta R = R_Z(-\lambda) R_Y(\varphi) \Delta R_{ocean} \qquad (3.10)$$

海潮改正的数值比固体潮汐改正小一个数量级,仅为毫米到厘米级。对于单历元定位,其影响最大一般只有厘米级。对于 24h 的静态定位结果其影响为毫米级。如果测站离海岸很远(大于 1000km),则影响可忽略不计。

3.2.3 线性组合法

线性组合法是指通过在不同的频率或不同的观测值类型之间进行线性组合,构造新的观测值(虚拟观测值),从而达到消除特定误差的方法。双频无电离层组合是 GNSS 数据处理中最为常见的线性组合之一[9-10]。假设双频伪距和载波相位观测值分别为 P_1、P_2、L_1 和 L_2,构造新的虚拟线性组合观测值为

$$\begin{cases} P_{m,n} = m \cdot P_1 + n \cdot P_2 = (m+n) \cdot \rho' + mI_1 + nI_2 \\ L_{m,n} = m \cdot L_1 + n \cdot L_2 = (m+n) \cdot \rho' - mI_1 - nI_2 + N_{m,n} \end{cases} \qquad (3.11)$$

式中: m 和 n 为组合系数; ρ' 为与频率无关的几何项; I_1 和 I_2 为电离层延迟; $N_{m,n}$ 为组合后的模糊度。顾及电离层延迟与卫星信号频率 f 的平方成反比,式(3.11)可进一步写为

$$\begin{cases} P_{m,n} = m \cdot P_1 + n \cdot P_2 = (m+n) \cdot \rho' + \left(m + n \dfrac{f_1^2}{f_2^2} \right) I_1 \\ L_{m,n} = m \cdot L_1 + n \cdot L_2 = (m+n) \cdot \rho' - \left(m + n \dfrac{f_1^2}{f_2^2} \right) I_1 + N_{m,n} \end{cases} \qquad (3.12)$$

为了消除电离层延迟影响,同时保持几何距离不变的准则,需满足

$$\begin{cases} m + n \dfrac{f_1^2}{f_2^2} = 0 \\ m + n = 1 \end{cases} \qquad (3.13)$$

据此,可解得

$$m = \frac{f_1^2}{f_1^2 - f_2^2}, \quad n = -\frac{f_2^2}{f_1^2 - f_2^2} \qquad (3.14)$$

因此,双频无电离层延迟的伪距和相位组合观测值可表示为

$$\begin{cases} P_{ion-free} = \dfrac{f_1^2}{f_1^2 - f_2^2} \cdot P_1 - \dfrac{f_2^2}{f_1^2 - f_2^2} \cdot P_2 \\ \\ L_{ion-free} = \dfrac{f_1^2}{f_1^2 - f_2^2} \cdot L_1 - \dfrac{f_2^2}{f_1^2 - f_2^2} \cdot L_2 \end{cases} \qquad (3.15)$$

上述过程是基于电离层的色散效应,通过在同一观测值类型、不同频率之间进行线性组合,得到无电离层延迟的组合观测值。此外,由于伪距和载波相位观测值受到的电离层延迟大小相等,符号相反,因此还可以对同一频率上的不同观测值类型进行

组合,消除电离层延迟,即

$$LP_i = \frac{1}{2}(L_i + P_i) \tag{3.16}$$

式中:LP_i 为利用第 i 频点上的伪距和载波相位观测值构造的单频无电离层组合观测值。为了保持几何距离不变,L_i 与 P_i 相加后需除以系数 2,故式(3.16)又常称为"半和模型"。

3.2.4　参数估计法

对于一些无法通过精密产品、经验模型、线性组合等方式消除的误差,例如接收机钟差、对流层湿延迟、载波相位模糊度、GNSS 多频多系统之间的偏差项可通过附加参数进行估计。

在 PPP 处理过程中,通常将接收机钟差视为白噪声,即认为各历元之间的接收机钟差是互相独立的,每个历元估计一个接收机钟差。这种处理方法简单有效。对于对流层延迟误差,其干分量可通过经验模型精确改正,但其湿分量变化较为复杂,难以模型化,一般采用分段常数、分段线性,或随机游走模型估计测站天顶方向的对流层湿延迟。未发生周跳时,载波相位的模糊度认为不变,即可将其参数化为常数项偏差,而一旦发生周跳,则需重新参数化,即新增一个模糊度参数。对于 GNSS 多频多系统之间的各项偏差,如频间偏差、系统间偏差,需根据具体特性进行参数化或与其他参数合并。

3.2.5　其他方法

对于多路径效应和观测噪声,目前还没有较好的解决方法。对于多路径效应,可以采用回避的方法,即在测站选址方面尽量避开信号反射源;也可以在硬件配置方面进行调整,例如给接收机天线配置抑径圈,或者在数据处理时采用滤波、平滑等方法削弱其影响。观测噪声则通常当作随机误差来处理,主要体现在定位的随机模型上。

3.3　精密卫星轨道和钟差内插方法

3.3.1　轨道内插方法

精密星历是以离散的位置形式给出的,即仅提供等间隔时间点上的卫星坐标,其时间间隔通常为 15min。然而,GNSS 观测值的采样间隔一般为 30s、10s、1s,甚至更小。因此,需要采用内插或拟合等方法来获取所需历元时刻(例如 GNSS 导航定位用户所关心的卫星信号发射时刻)的卫星坐标。内插的方法有很多,如拉格朗日多项式内插、三次样条内插、三角多项式内插和切比雪夫多项式内插等,其中拉格朗日多项式插值法因其计算速度快,且易于编程,是应用最为广泛的精密星历内插方法。

假设 $n+1$ 个时间节点 $t_0,t_1,t_2,\cdots,t_n$ 对应的卫星坐标值为 $x_0,x_1,x_2,\cdots,x_n$，对插值区间内任一时刻 t_k，可采用下面的 N 阶拉格朗日多项式来计算插值时刻对应的卫星坐标 x_k：

$$x_k = \sum_{j=0}^{n} \prod_{i=0,i\neq j}^{n} \left(\frac{t_k - t_i}{t_j - t_i} \right) \cdot x_j \tag{3.17}$$

由于拉格朗日内插在插值弧段的中间逼近较好，在靠近两端位置容易出现数据跳跃的现象，所以应尽可能使内插点位于插值弧段的中间。

表 3.1 为使用 6～13 阶拉格朗日插值多项式对 GPS 与 GLONASS 精密卫星轨道进行插值的精度比较。

表 3.1　拉格朗日不同阶次多项式对应的轨道插值精度

阶数	GPS 精密轨道内插误差/cm			GLONASS 精密轨道内插误差/cm		
	$\lvert \Delta X \rvert$	$\lvert \Delta Y \rvert$	$\lvert \Delta Z \rvert$	$\lvert \Delta X \rvert$	$\lvert \Delta Y \rvert$	$\lvert \Delta Z \rvert$
6	139.32	108.90	3.11	299.78	91.89	35.32
7	7.63	14.31	1.42	5.11	31.56	3.22
8	1.48	0.81	0.03	3.55	0.79	0.23
9	0.12	0.19	0.20	0.03	0.38	0.05
10	0.05	0.10	0.19	0.08	0.03	0.07
11	0.06	0.11	0.18	0.05	0.04	0.06
12	0.06	0.12	0.20	0.04	0.03	0.07
13	0.09	0.11	0.21	0.05	0.03	0.06

从表 3.1 不难发现，使用 8 阶以下拉格朗日插值多项式内插卫星轨道的精度为分米至米级，采用 8 阶拉格朗日插值多项式内插卫星轨道的误差为毫米到厘米级，8 阶以上拉格朗日多项式的插值精度仅为毫米级，其精度远高于当前 IGS 最终精密星历节点上的标称精度。

此外，插值阶数并非越高越好。插值阶数越高，内插所需的节点数也就相应增加，这样一方面要求更大的数据量，另一方面也增加了算法的复杂度。而事实上，由于精密星历本身的精度的限制，当阶数达到一定范围后再增加阶数，内插精度的改善并不明显。此外，拉格朗日高次插值易产生所谓的龙格振荡现象，进而影响插值精度。因此，通常采用 9～11 阶拉格朗日多项式内插，其插值精度可达毫米级，远高于精密卫星轨道本身的精度，能够满足 PPP 的精度要求。

3.3.2　钟差内插方法

虽然精密星历产品中同时提供了 15min 间隔的卫星轨道和卫星钟差改正数，但由于卫星钟差的变化较快且更加复杂，钟差改正数的采样间隔不能满足动态 PPP 的需求。为此，IGS 分析中心发布了专门的精密钟差产品，其采样间隔一般为 5min、

30s、5s,甚至更密。尽管如此,在定位过程中仍需内插出信号发射时刻的卫星钟差。常用的精密卫星钟差内插方法有线性插值法、二项式插值法、三次样条插值法、拉格朗日多项式插值法等。由于精密钟差产品的采用间隔较小,采用线性插值法即可满足钟差内插的精度。其内插方法较为简单,这里不作具体介绍。

　　为了分析钟差内插的精度,使用 IGS 5min 间隔的精密卫星钟差改正数内插 30s 间隔的 GPS 卫星精密钟差,并与 IGS 30s 间隔的精密卫星钟差产品进行比对,得到伪随机噪声(PRN)18 卫星(2009 年 3 月 23 日)的内插误差序列,如图 3.13 所示。

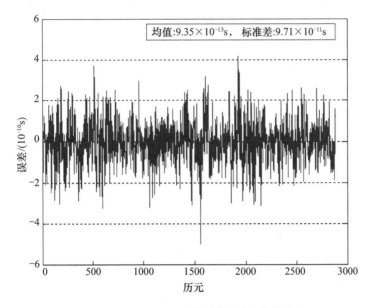

图 3.13　IGS 5min 间隔钟差产品内插误差序列

　　使用 CODE 30s 间隔的精密卫星钟差改正数内插 5s 间隔的 GPS 卫星精密钟差,并与 CODE 5s 间隔的精密卫星钟差产品进行比对,得到其内插误差序列,如图 3.14 所示。

　　由图 3.13 和图 3.14 知,使用线性插值法加密 GPS 精密卫星钟差具有较高的精度,内插误差(均值 $10^{-13} \sim 10^{-14}$ 量级,均方差 10^{-11} 量级)远小于节点上的标称精度,能够满足 PPP 的需求。

　　为了分析真实动态条件下使用不同间隔的精密卫星钟差产品对 PPP 精度的影响,下面以某一实测船载动态数据(1h 观测时段,数据采样间隔为 1s)为例,分别使用 IGS 5min、IGS 30s、CODE 30s、CODE 5s 间隔的精密卫星钟差进行动态 PPP 解算,将其定位结果与 GPSurvey 双差解的结果进行比较。若我们认为双差解的定位精度较高,将其视作真值,则计算 TriP 动态解与 GPSurvey 双差解的互差可认为是动态精密单点定位的误差,依次可得到图 3.15 所示的误差曲线。

　　类似地,我们统计了使用不同间隔的精密卫星钟差进行动态 PPP 的各误差分量的偏差均值与均方根误差并标注在图中右下角。同上述静态模拟动态试验一样,使

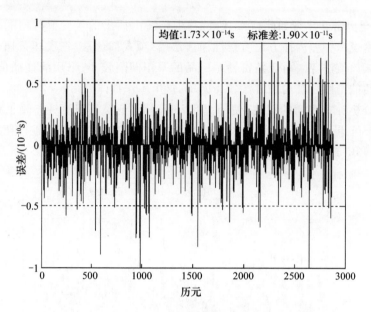

图 3.14　CODE 30s 间隔钟差产品内插误差序列

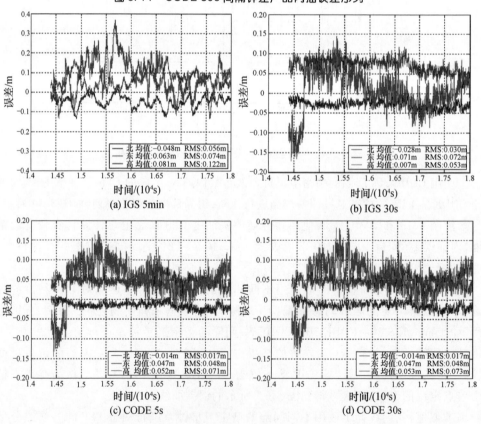

图 3.15　使用不同采样间隔精密卫星钟差对动态 PPP 的影响（船载动态）（见彩图）

用 IGS 5min、IGS 30s、CODE 5s、CODE 30s 间隔的精密卫星钟差均能满足动态亚分米至分米级定位精度；使用 30s 或 5s 间隔的精密卫星钟差较使用 5min 间隔的卫星钟差在定位精度上改善明显，尤其在北和高程方向提高了近 30% ~ 50%；而使用 CODE 30s 和 CODE 5s 间隔的卫星钟差产品进行动态 PPP，结果间的差异很小。

使用 IGS 事后 30s 间隔与 5min 间隔的卫星钟差产品进行动态 PPP 的结果存在较大的差异，二者的互差最大可达到分米级，而使用 CODE 5s 与 30s 采样间隔的卫星钟差产品进行动态 PPP 的结果间的差异很小，水平方向的差异只有几毫米，高程方向的差异为厘米级水平。使用不同间隔的精密卫星钟差改正引起对动态 PPP 结果的差异主要取决于卫星钟的内插精度，与载体的运动状态并无直接关系。

3.4　电离层延迟误差处理方法

电离层延迟误差是卫星导航定位中重要的误差源之一。图 3.16 所示为（GPS L1 频率）上的电离层延迟误差。对伪距观测值而言，电离层延迟的数值为正值，而相位观测值对应的电离层延迟为负值。电离层引起的测距偏差达到数米，在低高度角时达到十几米。在 GNSS PPP 数据处理中，电离层延迟误差的处理方法主要有模型改正法、消电离层组合法、参数估计法和先验信息约束法。

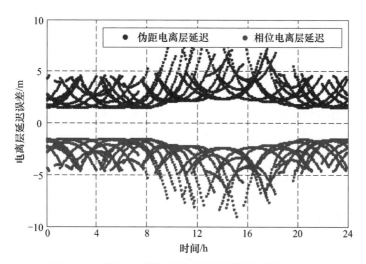

图 3.16　GPS L1 频率上的电离层延迟误差（见彩图）

3.4.1　电离层模型改正

针对单频用户，可建立测站上空电离层电子含量空间分布模型，从而根据信号传播路径直接计算电离层延迟。电离层模型包括经验模型和实测模型。其中：经验模型是根据电离层观测站长期积累的观测资料建立的经验公式；实测模型则是根据

GNSS 双频观测值反算得到测站上空的电子总含量(TEC)[11]。根据这些电离层模型,用户输入相应的参数(如卫星高度角、地理位置等)即可计算出信号路径的电离层延迟量。目前存在多种电离层函数模型,经验模型有 Bent 模型、国际参考电离层(IRI)模型、Klobuchar 模型等,双频实测模型有 CODE 和 IGS 电离层格网模型等。本节重点对电离层格网模型进行介绍。

格网模型是一种后处理模型,它是在一个星期甚至更长的时间内,根据全球 IGS 跟踪站的数据,通过精密数据处理软件联合解算得出,其结果基本上反映了全球电离层的变化。目前 IGS 提供了全球格网形式的电离层延迟产品(电离层图交换格式(IONEX)),该产品按一定的经纬度间隔进行格网化,提供格网点上天顶方向的电离层延迟值(单位为 0.1 TECU)。用户可以根据穿刺点的经纬度和观测时间来进行内插,从而获得任意时刻的天顶方向电离层延迟。

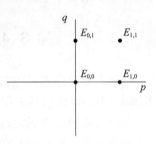

计算时首先需要对格网点进行选取,然后采用适当的函数表达式进行内插。内插函数选取时既要考虑到数据处理的简单有效,又要考虑到函数有足够的精度去逼近实际的电离层曲面。通常可以采用简单的四点内插函数,内插精度可以达到厘米级。四点内插的基本原理如图 3.17 所示。

图 3.17 四点内插示意图

计算时可采用下式:

$$E(\lambda_0 + p\Delta\lambda, \beta_0 + q\Delta\beta) = (1-p)(1-q)E_{0,0} + p(1-q)E_{1,0} + q(1-p)E_{0,1} + pqE_{1,1}$$

(3.18)

式中:$0 \leq p \leq 1; 0 \leq q \leq 1; \Delta\lambda$ 与 $\Delta\beta$ 分别为格网的经度和纬度间隔。

此外,也可以采用 Junkins 加权公式:

$$E(p,q) = \sum_{i=1}^{4} w(p,q)E_i$$

(3.19)

Junkins 加权法的加权函数为

$$w(p,q) = f(p,q) = p^2q^2(9 - 6p - 6q + 4pq)$$

(3.20)

则计算四点加权时,有

$$\begin{cases} w_1 = f(p,q) \\ w_2 = f((1-p),q) \\ w_3 = f(p,(1-q)) \\ w_4 = f((1-p),(1-q)) \end{cases}$$

(3.21)

Junkins 加权法的空间相关性较强,是广域增强系统(WAAS)所推荐的加权法。

在采用四点内插公式时需要确定每一个区域的 4 个格网点值。格网点值是以一定时间间隔(比如 2h)给定的,是一个时间序列。用户需要计算观测时刻的格网点值。目前计算该值的方法主要有 3 种:

1) 最近选取法

对于时刻 t 的电离层延迟值,可选取最近时间间隔点 T 上的数值作为观测时刻该格网点的电离层延迟值,即

$$E(\beta,\lambda,t) = E_i(\beta,\lambda,T_i) \qquad |t - T_i| = \min \qquad (3.22)$$

2) 时间线性拟合

针对同一格网点在前后两个时间间隔点上的数值,采用线性内插的方法来计算观测时刻的格网点值,即

$$E(\beta,\lambda,t) = \frac{T_{i+1} - t}{T_{i+1} - T_i}E_i(\beta,\lambda) + \frac{t - T_i}{T_{i+1} - T_i}E_{i+1}(\beta,\lambda) \qquad T_i \leqslant t \leqslant T_{i+1} \quad (3.23)$$

3) 时间旋转拟合

计算时考虑在间隔 $t - T_i$ 这一段时间内太阳位置的变化,需要补偿与太阳位置的强相关性误差,也就是在经度方向上进行补偿,使原来的格网点的 λ 变为 λ',即有

$$\lambda' = \lambda + (t - T_i) \qquad (3.24)$$

然后依据变化后的 λ' 来计算格网点值:

$$E(\beta,\lambda,t) = \frac{T_{i+1} - t}{T_{i+1} - T_i}E_i(\beta,\lambda) + \frac{t - T_i}{T_{i+1} - T_i}E_{i+1}(\beta,\lambda) \qquad T_i \leqslant t \leqslant T_{i+1} \quad (3.25)$$

计算 λ' 条件下格网点值时需要针对该经度上的所有格网点数值进行拟合,拟合出一个函数表达式,然后用内插方法求出 λ' 位置的格网点值。

研究表明,在上述 3 种计算格网点值的模型中时间旋转拟合模型精度最高,最近选取法模型可以看作是当 $\lambda' = \lambda$ 时的近似。

计算出穿刺点天顶方向的电子含量后,再乘以倾斜因子得出在信号传播方向上的电子含量,倾斜因子如下:

$$F = \left[1 - \left(\frac{R\cos E}{R + h} \right)^2 \right]^{-\frac{1}{2}} \qquad (3.26)$$

式中:E 为卫星的高度角;R 为地球半径;h 为电离层单层的高度,IGS 电离层格网产品中对应为 450km。

最后乘以转换系数 $40.28/f^2$,即可得到电离层延迟改正:

$$V_{ion} = E \cdot F \cdot 40.28/f^2 \qquad (3.27)$$

需要注意的是,式(3.27)中 f 的单位为 GHz,IONEX 文件中电子含量的单位为 0.1 TECU,因此,需要再乘以 0.1 计算电离层延迟改正。

3.4.2 消电离层组合

由于电离层是色散性介质,不同频率的卫星信号穿过同一路径时产生的电离层延迟大小不同。因此,利用双频无电离层线性组合即可消除电离层延迟的低阶项影响。此外,由于同一频率同一路径上的电离层延迟对伪距和载波相位观测值的数值影响相同,符号相反。因此,对于单频接收机,也可在伪距和相位观测值之间进行组

合,得到单频无电离层组合观测值,即"半和模型"。无电离层组合观测值的详细推导见 3.2.3 节。

3.4.3 电离层参数估计

相比于原始的观测值,无电离层组合观测值一方面消除(丢失)了电离层延迟信息,另一方面观测值的噪声也被放大。因此,为了获得噪声更小或保留电离层延迟信息,还可将电离层延迟误差作为未知数,同测站 3 维坐标、接收机钟差等参数一起估计[12-13]。电离层参数化的具体过程将在后续非差非组合 PPP 模型中介绍,本节不作详述。

3.4.4 先验电离层信息约束

在无约束的条件下,采用参数估计的方法与双频消电离层组合法等价。目前国际上一些机构可提供全球/区域的实时/事后电离层产品,这些电离层产品的精度达几 TECU。因此,可利用这些先验的电离层信息作为虚拟观测值来增强 PPP 的性能。附有电离层先验信息约束的 PPP 模型将在后续章节中介绍,这里不作详述。

◢ 3.5 对流层延迟误差处理方法

与电离层不同,对流层是一种非色散性介质,即同路径上的对流层延迟误差与卫星信号的频率无关。这就意味着在保持几何距离不变的情形下,无法通过双频或多频线性组合来消除对流层延迟误差。图 3.18 所示为某测站对流层延迟误差时序。对于一个中纬度测站,对流层延迟在天顶方向可达 2.3m,在低高度角(小于 10°)时可达 30 ~ 40m。因此,对流层延迟误差也是卫星导航定位中的重要误差源之一。GNSS PPP 中,通常采用模型改正、参数估计、先验信息约束等方法处理对流层延迟误差。

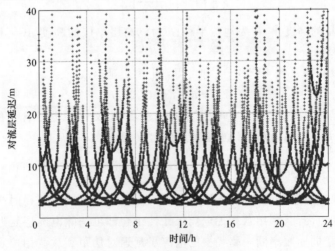

图 3.18 对流层延迟误差时序

3.5.1　对流层改正模型

天顶对流层延迟(ZPD)d_{zpd}由静力学延迟(干延迟)和湿延迟两部分组成,可表示为

$$d_{zpd} = d_{zhd} + d_{zwd} \tag{3.28}$$

式中:d_{zhd}、d_{zwd}分别为天顶方向的对流层干延迟和湿延迟。其中,干分量延迟是由空气中的干性气体所致,占总延迟量的 80% ~ 90%,且主要受温度和气压因素影响,其变化相对稳定。根据测站上的气象元素,利用模型改正即可基本消除 ZPD 干分量。而对流层湿延迟是由空气中的水汽或冷凝水所致,尽管其占比较小,但受天气变化的影响显著,且变化规律较复杂,采用模型改正法不能满足 PPP 的精度要求。因此,在实际的 PPP 数据处理中,通常采用经验模型改正对流层延迟的干分量,而湿延迟则作为待估参数进行估计。

常用的对流层延迟改正模型有萨斯塔莫宁(Saastamoinen)模型、霍普菲尔德(Hopfield)模型。其干分量延迟的计算公式如下:

(1) Saastamoinen 模型:

$$d_{zhd} = 0.02277 \cdot \frac{p}{F(\varphi, H)} \tag{3.29}$$

$$p = 1013.25(1.0 - 2.2557 \times 10^{-5} H)^{5.2568} \tag{3.30}$$

$$F(\varphi, H) = 1 - 0.0026 \cdot \cos(2\varphi) - 0.00028 H \tag{3.31}$$

式中:p 为测站气压;φ 为测站纬度(rad);H 为测站海拔高(m)。式(3.29)计算得到的是测站天顶方向的对流层延迟,通过映射函数即可将其换算为信号传播路径上的对流层延迟。

(2) Hopfiled 模型:

$$d_{zhd} = 1.552[40.082 + 0.14898(T - 273.16) - H] \cdot \frac{p}{T} \tag{3.32}$$

式中:T 为测站绝对温度(K);其余符号同上。类似地,采用投影函数可将其映射至倾斜路径,得到每一颗卫星的对流层延迟干分量。

图 3.19 所示为 Saastamoinen 模型和 Hopfiled 模型计算得到的对流层延迟干分量及其差值。当卫星高度角在 10° 以上时,两者符合较好,特别是当卫星高度角达到 30°以上时,两者的差异仅为 1cm 左右。两种对流层延迟改正模型仅在低高度角时差异较为明显。目前,Saastamoinen 模型是国际上较为公认且使用最广泛的对流层延迟改正模型。

3.5.2　对流层投影函数

信号传播路径上的对流层延迟 d_{std} 可表示为天顶方向的对流层延迟与投影函数

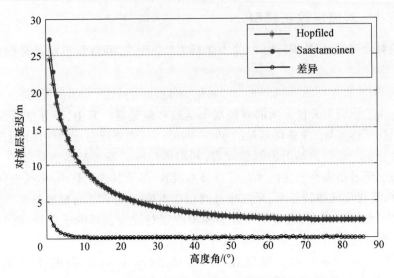

图 3.19　两种对流层延迟改正模型数值比较（见彩图）

的乘积，即

$$d_{std} = m_h \cdot d_{zhd} + m_w \cdot d_{zwd} \qquad (3.33)$$

式中：m_h 和 m_w 分别表示对流层延迟干分量和湿分量所对应的投影函数，与卫星高度角密切相关。投影函数的准确性直接决定了倾斜路径上对流层延迟总量的计算。为了满足高精度 GNSS 数据处理的需要，不少学者对此问题进行了深入研究，并提出了不少对流层延迟改正的投影函数模型，如 Chao 模型、Niell 投影函数（NMF）模型、加拿大新不伦瑞克大学（UNB）模型、全球投影函数（GMF）模型等。这些不同的投影函数模型大致可分为两类：一类是利用以前的观测资料建立的经验模型，如 NMF 模型[14] 和 GMF 模型[15]；另一类是需要实际气象资料的模型，如维也纳投影函数（VMF）模型[16]。这 3 个模型均采用三项连分式的形式表示投影函数，其差别主要在于计算系数 a、b、c 时采用的方法不同。

3.5.2.1　NMF

Neill 应用 26 个全球分布的探空气球站的资料，建立了一个在无线电波长上的"全球大气延迟投影函数"，称为 NMF 模型。NMF 包括干分量投影函数 $m_h(e)$ 和湿分量投影函数 $m_w(e)$ 两部分，其中干投影函数还包括与测站高程 H 有关的改正项。

$$m_h(e) = \dfrac{1 + \dfrac{a_h}{1 + \dfrac{b_h}{1 + c_h}}}{\sin e + \dfrac{a_h}{\sin e + \dfrac{b_h}{\sin e + c_h}}} + \left[\dfrac{1}{\sin e} - \dfrac{1 + \dfrac{a_{ht}}{1 + \dfrac{b_{ht}}{1 + c_{ht}}}}{\sin e + \dfrac{a_{ht}}{\sin e + \dfrac{b_{ht}}{\sin e + c_{ht}}}} \right] \times \dfrac{H}{1000} \qquad (3.34)$$

$$m_w(e) = \frac{1 + \dfrac{a_w}{1 + \dfrac{b_w}{1 + c_w}}}{\sin e + \dfrac{a_w}{\sin e + \dfrac{b_w}{\sin e + c_w}}} \qquad (3.35)$$

式中：$a_{ht} = 2.53 \times 10^{-5}$；$b_{ht} = 5.49 \times 10^{-3}$；$c_{ht} = 1.14 \times 10^{-3}$；$H$ 为正高。NMF 模型给定了纬度方向 15° 等间隔点上的投影系数 a_h、b_h、c_h、a_w、b_w、c_w 的值，如表 3.2 和表 3.3 所列。

表 3.2　NMF 模型干分量投影函数系数表

系数		纬度 φ				
		15°	30°	45°	60°	75°
均值	a_h	1.2769934×10^{-3}	1.2683230×10^{-3}	1.2465397×10^{-3}	1.2196049×10^{-3}	1.2045996×10^{-3}
	b_h	2.9153695×10^{-3}	2.9152299×10^{-3}	2.9288445×10^{-3}	2.9022565×10^{-3}	2.9024912×10^{-3}
	c_h	62.610505×10^{-3}	62.837393×10^{-3}	63.721774×10^{-3}	63.824265×10^{-3}	64.258455×10^{-3}
波动值	a_h	0	1.2709626×10^{-5}	2.6523662×10^{-5}	3.4000452×10^{-5}	4.1202191×10^{-5}
	b_h	0	2.1414979×10^{-5}	3.0160779×10^{-5}	7.2562722×10^{-5}	11.723375×10^{-5}
	c_h	0	9.0128400×10^{-5}	4.3497037×10^{-5}	84.795348×10^{-5}	170.37206×10^{-5}

表 3.3　NMF 模型湿分量投影函数系数表

系数	纬度 φ				
	15°	30°	45°	60°	75°
a_w	5.8021897×10^{-4}	5.6794847×10^{-4}	5.8118019×10^{-4}	5.9727542×10^{-4}	6.1641693×10^{-4}
b_w	1.4275268×10^{-3}	1.5138625×10^{-3}	1.4572752×10^{-3}	1.5007428×10^{-3}	1.7599082×10^{-3}
c_w	4.3472961×10^{-2}	4.6729510×10^{-2}	4.3908931×10^{-2}	4.4626982×10^{-2}	5.4736038×10^{-2}

当测站纬度 φ 位于 15°~75° 时，m_h 中的系数 a_h、b_h、c_h 可由干分量投影函数系数表按式（3.36）进行内插计算（式中统一用符号 P_h 表示，即 P_h 可代表 a_h、b_h、c_h）：

$$P_h(\varphi, t) = \text{avg}(\varphi_i) + [\text{avg}(\varphi_{i+1}) - \text{avg}(\varphi_i)] \times [(\varphi - \varphi_i)/(\varphi_{i+1} - \varphi_i)] +$$
$$\{\text{amp}(\varphi_i) + [\text{amp}(\varphi_{i+1}) - \text{amp}(\varphi_i)] \times$$
$$[(\varphi - \varphi_i)/(\varphi_{i+1} - \varphi_i)]\cos[2\pi(t - T_0)/365.25]\} \qquad (3.36)$$

式中：φ_i 为投影函数干分量的平均值和波动值表中与测站纬度 φ 最接近的表 3.2 所列纬度值；t 为年积日；T_0 为参考年积日，$T_0 = 28$。

当测站纬度 $\varphi < 15°$ 时，m_h 中的系数 a_h、b_h、c_h 为

$$P_h(\varphi, t) = \text{avg}(15°) + \text{avg}(15°) \cdot \cos[2\pi(t - T_0)/365.25] \qquad (3.37)$$

当测站纬度 $\varphi > 75°$ 时，系数 a_h、b_h、c_h 为

$$P_h(\varphi,t) = \text{avg}(75°) + \text{avg}(75°) \cdot \cos[2\pi(t-T_0)/365.25] \qquad (3.38)$$

同理，$m_w(e)$ 中的系数 a_w、b_w、c_w 也可由湿分量投影函数系数表以纬度 φ 为引数查取并内插出测站纬度所对应的投影函数系数。

当测站纬度 φ 位于 $15° \sim 75°$ 时（式中统一用符号 P_w 表示，即 P_w 可代表 a_w、b_w 和 c_w），有

$$P_w(\varphi,t) = \text{avg}(\varphi_i) + [\text{avg}(\varphi_{i+1}) - \text{avg}(\varphi_i)] \times [(\varphi - \varphi_i)/(\varphi_{i+1} - \varphi_i)]$$

$$(3.39)$$

当测站纬度 $\varphi < 15°$ 时

$$P_w(\varphi,t) = \text{avg}(15°) \qquad (3.40)$$

当测站纬度 $\varphi > 75°$ 时

$$P_w(\varphi,t) = \text{avg}(75°) \qquad (3.41)$$

NMF 模型曾经被广泛使用，并且在中纬度地区效果较好。但该模型在高纬度地区及赤道地区的效果欠佳，在高程方向上会引起较大误差。

3.5.2.2 VMF1

VMF1 是由奥地利维也纳理工大学建立的模型，具有与 NMF 相似的形式。其中的系数 a_h、a_w 是依据实测气象资料而生成的经纬方向 $2.5° \times 2.0°$ 分辨率、6h 时间间隔的格网图，用户根据测站实际经纬度通过一定的内插算法即可求取用户所需的 a_h、a_w 值。VMF1 干分量投影函数系数 b_h、c_h 是利用欧洲中程天气预报中心（ECMWF）提供的 40 年观测数据以水平约 125km 分辨率采用球谐函数展开式计算得到的。b_h 值为常数，$b_h = 0.0029$，c_h 为

$$c_h = c_0 + \left[\left(\cos\left(\frac{\text{DOY} - 28}{365} \cdot 2\pi + \psi\right) + 1\right) \cdot \frac{c_{11}}{2} + c_{10}\right] \cdot (1 - \cos\varphi) \qquad (3.42)$$

式中：c_0、c_{10}、c_{11}、ψ 可由表 3.4 查取；DOY 为年积日。

表 3.4 VMF1 常系数

南/北半球	系数			
	c_0	c_{10}	c_{11}	ψ
南半球	0.062	0.001	0.005	0
北半球	0.062	0.002	0.007	π

VMF1 模型被认为是目前精度最好、可靠性最高的模型。但该模型的系数是根据实测气象资料计算得到的，大约有 34h 的延迟，实时性较差。

3.5.2.3 GMF

GMF 模型利用 ECMWF 提供的 40 年全球 $15° \times 15°$ 分辨率的月平均廓线（气压、

温度和湿度等)分析数据,采用类似 VMF1 模型的射线跟踪法计算模型系数 a_h、a_w 的值,GMF 干分量投影函数的系数 a_h 为

$$a_h = a_0 + A \cdot \cos\left(\frac{\text{DOY} - 28}{365} \cdot 2\pi\right) \tag{3.43}$$

式中:a_0、A 的计算方法相同,均采用如下球谐函数展开至 9 阶表达式计算得到,即

$$a_0 = \sum_{n=0}^{9} \sum_{m=0}^{n} P_{nm}(\sin\varphi) \cdot [A_{nm} \cdot \cos(m \cdot \lambda) + B_{nm} \cdot \sin(m \cdot \lambda)] \tag{3.44}$$

a_w 的计算方法与 a_h 相同,而 b_h、c_h 和 b_w、c_w 与 VMF1 模型系数相同,这里不再赘述。

图 3.20 所示为采用 GMF 和 NMF 计算得到的某一测站 ZPD 的时间序列。由图可知,采用两种投影函数计算得到的 ZPD 值差值很小,最大差值不超过 2mm。相关研究表明,GMF 模型的精度与 VMF1 模型的精度相当,但无时延问题,是目前 PPP 中使用最广泛的对流层投影函数模型。

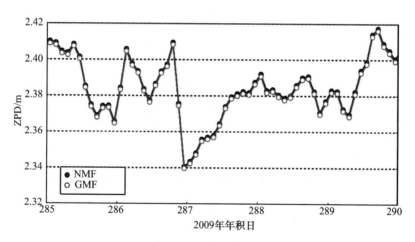

图 3.20   采用 GMF 和 NMF 解算的 ZPD 时间序列

3.5.3   对流层参数估计

若顾及对流层延迟的各向异性,即对流层延迟不仅与卫星高度角相关,还与卫星方位角有关,则完整的对流层延迟误差表达形式如下:

$$d_{std} = m_h(e) d_{zhd} + m_w(e) d_{zwd} + m_g(e) [G_N \cos(a) + G_E \sin(a)] \tag{3.45}$$

式中:m_g 为梯度映射函数,$m_g(e) = m_w(e) \cdot \cot(e)$;$a$ 为卫星方位角;G_N 和 G_E 分别为南北向、东西向梯度分量。由于静力学延迟 d_{zhd} 采用模型进行改正,因此,仅剩天顶对流层湿延迟 d_{zwd}、水平梯度 G_N 和 G_E 需设为未知参数进行估计。

GNSS 精密数据处理中,根据观测时段的长度、气象状况等因素可对这些待估参数作如下处理:

（1）在整个时段中只引入一个天顶方向对流层延迟参数。这种方法的优点是引入的未知参数少,适用于时段长度较短、气候稳定的场合。

（2）将整个时段分为若干个子区间,每个区间各引入一个 ZPD 参数。该方法适用于时段长、天气变化不太规则的场合,但引入的参数个数较多。

（3）采用线性函数模型来拟合整个时段的 ZPD,其待估参数为线性函数模型的两个系数。该方法适用于时段较长、天气变化较均匀的场合。

（4）采用一阶高斯-马尔可夫过程来描述天顶方向对流层湿延迟的变化规律。当相关时间趋于无穷大时,一阶高斯-马尔可夫过程对应为随机游走模型;当相关时间趋于 0 时,则对应为白噪声模型。

（5）在采用（1）～（4）方法估计 ZPD 时,同时引入两个水平梯度参数。该方法适用于各向非均匀分布的对流层延迟估计,但引入的参数个数较多。

图 3.21 所示为使用分段常数和分段线性两种方法估计得到的 ZPD 估值误差（参考真值为 IGS 提供的 ZPD）的均值及标准差。图 3.22 所示为顾及和不顾及对流层梯度参数对 ZPD 估值的影响分析。图中横轴代表年积日,纵轴代表均值或标准差,单位为米。

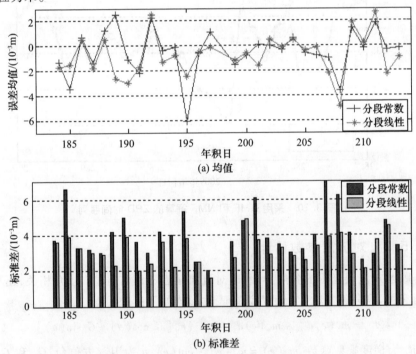

(a) 均值

(b) 标准差

图 3.21　分段常数与分段线性法对应的 ZPD 估值误差的均值与标准差

从图中可以看出,采用分段常数和分段线性方法解算的 ZPD 的精度均为毫米级,且两者对应的 ZPD 估值差异较小。但总体而言,分段线性方法略优于分段常数方法。此外,引入水平梯度对 ZPD 解算的精度略有改善。

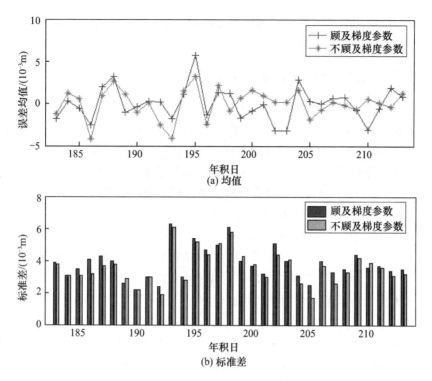

图 3.22　顾及与不顾及对流层梯度参数对应的 ZPD 估值误差的均值与标准差

3.5.4　先验对流层信息约束

IGS 分析中心在解算全球跟踪站网坐标的同时,也给出了这些测站的 ZPD 作为其副产品之一。但要从这些全球稀疏分布的参考站网中提取(内插)用户站所在位置的准确对流层延迟信息还比较困难。近年来,为了加快 PPP 的收敛速度,有学者提出利用 CORS 网建立区域的大气延迟误差模型(包括电离层延迟和对流层延迟),并将大气延迟改正信息发送给用户端,实现 PPP 的增强。与电离层先验信息约束处理方法类似,可将这些外部的对流层延迟先验信息作为虚拟观测值,并附加一定的约束(精度信息)。顾及大气约束的区域增强 PPP 模型将在后续章节中介绍,这里不作详述。

🔺 3.6　天线相位中心改正

精确确定载波相位发射时刻卫星端的天线相位中心和 GNSS 接收机捕获卫星信号时的天线相位中心是实现 GNSS 高精度定位的重要前提。然而,GNSS 卫星天线和接收机天线的相位中心既不是一个物理点也不是一个稳定的点,对任一天线,相位中心将随来自卫星信号的方向变化而变化。天线相位中心误差由两部分组成:一部分为相对于天线物理参考点的平均相位中心偏差(PCO);另一部分为与高度角和方位角有关的瞬时相位中心变化(PCV)。

3.6.1 相对/绝对天线相位中心模型

长期以来,IGS 使用相对天线相位中心模型(IGS01)。该模型假定接收机端参考天线 AOAD/M_T 的 PCO 为 0,其他类型的接收机天线相对于参考天线进行校正。此外,该模型只考虑与高度角有关的改正项,未顾及方位角的因素,且对大多数天线没有考虑天线罩的差异。针对相对天线相位中心模型的不足,IGS 从 2006 年 11 月 5 日起(GPS 周 1400)开始采用绝对天线相位中心模型 IGS05 替代相对相位中心模型,该模型考虑了卫星天线相位中心变化,并考虑了接收机天线的方位角和天线罩的影响[17]。从 2011 年 4 月 17 日(GPS 周 1632)起,IGS 将天线相位中心模型 IGS05 更新为 IGS08[18]。由于 IGS 中心在确定 GPS 卫星精密轨道和钟差的过程中也进行了天线相位中心改正,为保证天线改正模型与 IGS 精密产品之间的一致性,在处理不同时期的 GPS 数据时应选取对应的相位中心模型进行改正。

目前 IGS 可提供相对天线相位中心和绝对天线相位中心两种模型。其网络下载路径为:ftp://igscb.jpl.nasa.gov/pub/station/general,其中相对相位中心模型的文件名为 igs_01.atx;绝对天线相位中心模型的文件名为 igsXX_wwww.atx(例如 igs08_1850.atx),其中"XX"代表框架,"wwww"代表 GPS 周。当有新的天线-天线罩组合或新卫星发射时,它将生成一个新的 igsXX.atx 文件。两种天线相位中心模型的比较如表 3.5 所列。

表 3.5 相对与绝对天线相位中心模型比较

天线	模型	相对模型	绝对模型	备注
接收机	天顶角	0 ~ 80°	0 ~ 90°	5°间隔
	方位角	忽略	0 ~ 360°	5°间隔
	检校方法	检定场	检定场、由相对模型转换	—
卫星端	星下点角	忽略	0 ~ 14°	1°间隔
	检校方法	无	参数估计、由相对模型转换	—

相对天线相位中心模型是利用已知检定场中精确的超短基线进行检校确定的(室外相对标定),并且假定 AOAD/M_T 这种类型天线的 PCV 值为零,将其作为参考天线用于确定其他天线类型的 PCV 值。这种假设实际上是不合理的,尤其是当测站基线较长或天线产生倾斜时,测站两端对同一颗卫星的观测方位及角度差异较大,且易受与测站相关的多路径效应等影响,无法对天线相位中心进行精确改正。

绝对天线相位中心模型充分考虑了卫星信号发射角度与入射方位角的影响(主要体现在 PCV)。接收机端的 PCV 主要通过在微波暗室或室外检定场内的短基线上安置自动倾斜与旋转的天线进行检校。微波暗室标定的精度要高于室外相对标定精度,并且可以消除多路径效应,能够对不同方位角和倾斜角的天线进行较方便的实时相位测量。室外机器人绝对标定对装置器件的精密度要求极高,图 3.23 所示为 Geo++ 的天线相位中心室外机器人绝对标定示意图,这种检校方式可以消除与几何距离相关的误差,且多路径效应在很大程度上也被削弱,通过自动旋转装置可以解算得到各个姿态时的 PCV 值,最终得到较精确的相位中心值[19]。德国 Geo++ 公司和波恩大学研究表明,这两种方法独立确定的绝对天线相位中心偏差在 1mm 左右。卫星端 PCV 的确定主要是利用全球的 GPS 观测数据进行参数估计,德国慕尼黑工业大学(TUM)和德国地学中心(GFZ)分别利用 Bernese 和 EPOS 软件解算的结果具有较好的一致性,PCV 的差异为 1 ~ 3mm。

图 3.23　Geo++ 的天线相位中心室外机器人绝对标定示意图[19]

相比于相对天线相位中心模型,绝对天线相位中心模型充分考虑了卫星端与接收机端 PCV 随高度角和方位角的变化,且能计算出低高度角(小于 10°)时接收机天线的 PCV。模型给出了所有类型的接收机天线的 PCV 值,同时考虑了天线罩的影响;此外,绝对天线相位中心 PCV 值几乎不受多路径效应影响,大大消除了系统性偏差。

需要说明的是,目前 IGS 提供的 GPS 双频点、GLONASS 双频点的天线相位中心偏差和变化产品已经较为成熟。而对于 BDS、Galileo 系统等新兴系统,由于缺少足够的观测和检校,目前仅提供了少数频点上的协议 PCO 值。

3.6.2　卫星天线相位中心改正

PPP 中,卫星天线相位中心偏差改正包括两部分:首先将卫星质心改正至卫星天线相位中心,即在精密星历中的卫星坐标上进行 PCO 改正(卫星质心位置 = 卫星天线相位中心位置 – PCO);然后将 PCV 改正至站-星几何距离上(站-星几何距离 = 观测距离 – PCV + 其他改正)。

对于 PCO 改正,由于 IGS 提供的是基于星固系下的 PCO 值,因此需首先将其转换至地固系。假设某卫星的 PCO 值为 $(\Delta X \quad \Delta Y \quad \Delta Z)^{\mathrm{T}}$,由于星固系的 Z 轴指向地心,其单位方向 e_z 为

$$e_z = -\frac{r}{|r|} \tag{3.46}$$

式中:r 为卫星质心的坐标。星固系的 Y 轴是卫星方向与太阳方向至卫星方向的叉乘,其单位方向 e_y 为

$$e_y = \frac{r \times (r - r_{\mathrm{SUN}})}{|r \times (r - r_{\mathrm{SUN}})|} \tag{3.47}$$

式中:r_{SUN} 为太阳坐标。星固系的 X 轴与另外两轴组成右手系,即其单位方向 e_x 为

$$e_x = \frac{e_y \times e_z}{|e_y \times e_z|} \tag{3.48}$$

因此,卫星坐标系从质心到相位中心的改正值 ΔR_{Sat} 为

$$\Delta R_{\mathrm{Sat}} = (e_x \quad e_y \quad e_z) \begin{pmatrix} \Delta X \\ \Delta Y \\ \Delta Z \end{pmatrix} \tag{3.49}$$

对于 PCV 改正,由于 IGS 天线文件按 1° 间隔给出了卫星星下点角的 PCV 值,其他角度上的值则需根据卫星星下点角进行内插,再将其改正至站-星几何距离上,即

$$D = \rho + f(\mathrm{nadir}) \tag{3.50}$$

式中:D 为接收机到卫星的观测距离(即 GPS 相位或伪距观测值);ρ 为接收机到卫星平均相位中心的几何距离;$f(\mathrm{nadir})$ 为根据星下点角线性内插得到的 PCV 改正值。

3.6.3　接收机天线相位中心改正

接收机天线相位中心改正的过程和方法与卫星端类似(天线参考点位置 = 天线相位中心位置 – 天线相位中心偏差(PCO);几何距离 = 观测距离 – 天线 PCV + 其他改正)。但需要说明的是,IGS 天线文件中给出的 PCO 值是在测站地平坐标系下的 3 个分量 (N, E, U),因此,用户需首先将其转换至地心地固系下,再进行 PCO 改正。同样的,PCV 改正需首先根据信号入射的高度角和方位角进行内插,然后再将其改正至几何距离观测值上。由于其改正方法较为简单,这里不再单独介绍。

◢ 3.7　硬件延迟误差改正

测码伪距和载波相位因硬件延迟引起的偏差分别称为码偏差和相位偏差。相位

偏差通常又称为未检校的相位硬件延迟(UPD)。对于浮点解 PPP,UPD 会被模糊度参数吸收,无需单独考虑。对于固定解 PPP,UPD 的估计与改正方法将在第 7 章进行介绍。由于接收机端码偏差对所有卫星的影响相同(频分多址的 GLONASS 信号除外),能够被接收机钟差参数吸收。因此,通常也不单独考虑。本节主要介绍卫星端码偏差的改正方法。

码偏差的改正方法主要有两种:一种是利用导航电文提供的群延迟参数改正;另一种是采用 IGS 等机构提供的高精度差分码偏差(DCB)产品进行改正。

3.7.1　广播群延迟参数改正法

实时性的导航用户一般采用导航电文中播发的群时间延迟(TGD)参数进行改正。以 GPS 为例,假设 P1 码的硬件延迟时间为 B_{P1}^s,P2 码的硬件延迟时间为 B_{P2}^s,C/A 码的硬件延迟时间为 $B_{C/A}^s$,L2C 码的硬件延迟时间为 t_{L2C}。由于 P1 码和 P2 码观测值的双频无电离层组合为

$$P_{IF} = \frac{f_1^2}{f_1^2 - f_2^2}P_1 - \frac{f_2^2}{f_1^2 - f_2^2}P_2 = \frac{P_2 - \gamma P_1}{1 - \gamma} \tag{3.51}$$

式中: $\gamma = f_2^2/f_1^2$。因此,双频 P 码无电离层组合的卫星硬件延迟时间为

$$B_{IF}^s = \frac{1}{1 - \gamma}(B_{P2}^s - \gamma B_{P1}^s) \tag{3.52}$$

由于卫星导航电文提供的卫星钟差改正的多项式系数是由双频无电离层组合观测值计算得到,因而计算得到钟差改正数不但包含了卫星钟差改正数,也包含了双频 P 码无电离层组合的卫星硬件延迟差 B_{IF}^s。因此,对于采用双频 P 码无电离层组合进行定位的用户,则无需再考虑卫星硬件延迟偏差 B_{IF}^s。

对于单频用户,将产生相对于 B_{IF}^s 的硬件延迟差,对应于 P1 码用户有

$$B_{P1-IF}^s = B_{P1}^s - B_{IF}^s = B_{P1}^s - \frac{1}{1 - \gamma}(B_{P2}^s - \gamma B_{P1}^s) = \frac{B_{P1}^s - B_{P2}^s}{1 - \gamma} = T_{GD} \tag{3.53}$$

对应于 P2 码用户有

$$B_{P2-IF}^s = B_{P2}^s - B_{IF}^s = \gamma \frac{t_{L1P(Y)} - t_{L2P(Y)}}{1 - \gamma} = \gamma T_{GD} \tag{3.54}$$

对应于 C/A 码用户有

$$B_{C/A-IF}^s = B_{C/A}^s - B_{IF}^s = B_{C/A}^s - \frac{1}{1 - \gamma}(B_{P2}^s - \gamma B_{P1}^s) =$$

$$\frac{B_{P1}^s - B_{P2}^s}{1 - \gamma} - (B_{P1}^s - B_{C/A}^s) =$$

$$T_{GD} - (B_{P1}^s - B_{C/A}^s) = T_{GD} - ISC_{C/A} \tag{3.55}$$

对应于 L2C 码用户有

$$B^s_{L2C-IF} = B^s_{L2C} - B^s_{IF} =$$

$$T_{GD} - (B^s_{P1} - B^s_{L2C}) = T_{GD} - ISC_{L2C} \tag{3.56}$$

式(3.56)中 T_{GD} 称为 P1 码和双频无电离层组合间码偏差,其值也等于 $(B^s_{P1} - B^s_{P2})$ 乘以 $1/(1-\gamma)$。卫星厂商在卫星发射前将测定 T_{GD} 值大小,并将其作为已知值通过 GPS 广播星历发布给用户,该值为采用 P1 码或 P2 码的单频用户提供卫星硬件延迟差改正。信号间改正(ISC)表示卫星信号间硬件延迟改正,采用不同的下标分别表示 P1 码与 C/A 码的卫星硬件延迟差 $(ISC_{C/A})$ 以及 P1 码与 L2C 码的卫星硬件延迟差 (ISC_{L2C})。导航电文同样提供了 ISC 的数值,其为采用 C/A 码、L2C 码的单频用户进行卫星硬件延迟差改正。

3.7.2 差分码偏差产品改正法

事后用户则可采用 IGS 提供的精度更高的 DCB 产品消除码偏差的影响。以 GPS C1、P1 和 P2 这 3 个观测值为例,存在两个独立的差分码偏差 DCB_{P1-P2} 和 DCB_{P1-C1},其表达式为

$$DCB_{P1-P2} = B_{P1} - B_{P2} \tag{3.57}$$

$$DCB_{P1-C1} = B_{P1} - B_{C1} \tag{3.58}$$

双频 P 码组合的差分码偏差可表示为

$$DCB_{IF} = \frac{1}{1-\gamma}(B_{P2} - \gamma B_{P1}) \tag{3.59}$$

当采用 P1 码定位时,未改正的硬件延迟为

$$DCB_{P1-IF} = DCB_{P1} - DCB_{IF} = \frac{1}{1-\gamma} \cdot DCB_{P1-P2} \tag{3.60}$$

当采用 P2 码定位时,未改正的硬件延迟为

$$DCB_{P2-IF} = DCB_{P2} - DCB_{IF} = \frac{\gamma}{1-\gamma} \cdot DCB_{P1-P2} \tag{3.61}$$

当采用 C/A 码定位时,未改正的硬件延迟为

$$DCB_{C/A-IF} = B_{C1} - B_{P1} + B_{P1} - B_{IF} = DCB_{C1-P1} + \frac{1}{1-\gamma} \cdot DCB_{P1-P2} \tag{3.62}$$

目前,IGS 等机构提供 GPS、GLONASS、Galileo 系统和 BDS 四系统的 DCB 产品,用户可从相关网站下载产品后进行改正。根据所提供 DCB 值,即可对相应的硬件延迟量进行改正。但需要说明的是,不同系统的卫星钟差基准不一致,导致差分码偏差改正的公式不完全一致。特别需要注意的是,BDS 广播星历的钟差基准为 B3 频点的伪距观测值,而其精密钟差产品的基准为 B1/B2 无电离层伪距组合观测值。针对 BDS 卫星的 TGD 和 DCB 改正,具体可参见文献[20]。

参考文献

[1] 李征航，黄劲松. GPS 测量与数据处理[M]. 武汉：武汉大学出版社，2010.

[2] KOUBA J, HÉROUX P. Precise point positioning using IGS orbit and clock products [J]. GPS Solutions, 2001, 5(2)：12-28.

[3] LI P, ZHANG X. Integrating GPS and GLONASS to accelerate convergence and initialization times of precise point positioning [J]. GPS Solutions, 2014, 18(3):461-471.

[4] MONTENBRUCK O, STEIGENBERGER P, HAUSCHILD A. Differential code bias estimation using multi-GNSS observations and global ionosphere maps [C]//ION GNSS 2014, San Diego, 2014.

[5] SUBIRANA J S, ZORNOZA J M J, HERNANDEZPAJARES M. GNSS data processing, volume I：fundamentals and algorithms [M]. Noordwijk：European Space Agency, 2013.

[6] MONTENBRUCK O, SCHMID R, MERCIER F, et al. GNSS satellite geometry and attitude models [J]. Advances in Space Research, 2015, 56(6)：1015-1029.

[7] WU J, WU S, HAJJ G, et al. Effects of antenna orientation on GPS carrier phase [J]. Manuscripta Geodaetica, 1993(18):91-98.

[8] CLARKE P, PENNA N. Ocean tide loading and relative GNSS in the British Isles [J]. Empire Survey Review, 2014, 42(317)：212-228.

[9] MARQUES H, MONICO J, AQUINO M. RINEX_HO：second-and third-order ionospheric corrections for RINEX observation files [J]. GPS Solutions, 2011, 15(3)：305-314.

[10] 刘西凤，袁运斌，霍星亮，等. 电离层二阶项延迟对 GPS 定位影响的分析模型与方法[J]. 科学通报，2010(12)：1162-1167.

[11] 叶世榕. GPS 非差相位精密单点定位理论与实现[D]. 武汉：武汉大学，2002.

[12] 张宝成，欧吉坤，袁运斌，等. 基于 GPS 双频原始观测值的精密单点定位算法及应用[J]. 测绘学报，2010，39(5)：478-483.

[13] 张小红，左翔，李盼. 非组合与组合 PPP 模型比较及定位性能分析[J]. 武汉大学学报：信息科学版，2013,38(5):561-565.

[14] NIELL A. Global mapping functions for the atmosphere delay at radio wavelengths [J]. Journal of Geophysical Research：Solid Earth, 1996, 101(B2)：3227-3246.

[15] BOEHM J, NIELL A, TREGONING P, et al. Global mapping function (GMF)：a new empirical mapping function based on data from numerical weather model data [J]. Geophysical Research Letters, 2006, 25(33):L07304.

[16] KOUBA J. Implementation and testing of the gridded vienna mapping function 1 (VMF1) [J]. Journal of Geodesy, 2008, 82(4-5)：193-205.

[17] SHI J, GUO J. The switch from relative to absolute phase centre variation model and its impact on coordinate estimates within local engineering networks [J]. Journal of Applied Geodesy, 2008, 2(4)：223-231.

[18] SCHMID R. Upcoming switch to IGS08/igs08. atx—details on igs08. atx. IGSMAIL-6355 [S/OL]. http://igs.org/pipermail/igsmail/2011/006347.html.

[19] WÜBBENA G, SCHMITZ M, BOETTCHER G, et al. Absolute GNSS antenna calibration with a robot: repeatability of phase variations, calibration of GLONASS and determination of carrier-to-noise pattern [C]//Proceedings of International GNSS Service: Analysis Center workshop, Darmstadt,2006.

[20] GUO F, ZHANG X, WANG J. Timing group delay and differential code bias corrections for BeiDou positioning [J]. Journal of Geodesy, 2015, 89(5): 427-445.

第4章　精密单点定位数据预处理方法

数据预处理是 PPP 的重要工作和首要环节,旨在为后续的精密定位数据处理提供"干净"、可用的原始输入数据。因此,本章将首先简要介绍数据探测理论,包括 Baarda 提出的数据探测法和 Teunissen 提出的探测定位和适应消除(DIA)质量控制方法;然后重点围绕粗差探测、周跳探测,以及接收机钟跳探测与修复这 3 个方面阐述 PPP 数据预处理方法。

◢ 4.1　数据探测理论

粗差作为一种观测误差,可以从两个角度理解:一是将含粗差的观测值看作与其他同类观测值具有相同的方差,但期望发生改变的一个子样;二是将含粗差的观测值看作与其他同类观测值具有相同的数学期望,但其方差发生变化的一个子样。前者意味着将粗差视为函数模型的一部分,故称为均值漂移模型,而后者意味着将粗差视为随机模型的一部分,故称之为方差膨胀模型。本节主要讨论均值漂移模型,方差膨胀模型将在第 5 章进行介绍。

将粗差归入函数模型的均值漂移模型认为粗差观测值的数学期望发生了改变,但其方差不变,且假设污染的观测值仍服从正态分布,即

$$\begin{cases} L_j \sim N(\mu, \sigma^2) \\ L_i \sim N(\mu + \nabla, \sigma^2) \end{cases} \quad i \neq j \tag{4.1}$$

式中:μ 和 σ^2 分别为观测值的数学期望与方差;∇ 为粗差。在此基础上,许多学者先后进行了 1 维和多维粗差的探测研究[1-4]。本节主要介绍两种经典的粗差探测方法,即 Baarda 提出的数据探测法和 Teunissen 提出的递归 DIA 质量控制过程。

4.1.1　数据探测法

4.1.1.1　基本关系式

给定观测矢量 L 的权矩阵为 P,单位权方差为 σ_0^2,残差矢量为 V,如果观测不存在模型误差,则单位权方差的估值为

$$\hat{\sigma}_0^2 = \frac{V^{\mathrm{T}} P V}{f} \tag{4.2}$$

式中:f 为平差系统的自由度,即多余观测数。$\hat{\sigma}_0^2$ 与 σ_0^2 之比所构成的统计量

$$T = \frac{\hat{\sigma}_0^2}{\sigma_0^2} \tag{4.3}$$

服从自由度为(f,∞)的F分布,且T的期望$E(T)=1$。

若观测存在异常误差(粗差、系统误差)$\boldsymbol{\varepsilon}$,其对残差的影响为$\boldsymbol{V}_\varepsilon$,此时统计量$T$的数学期望为

$$E\left[\frac{\hat{\sigma}_0^2}{\sigma_0^2}\right]=1+\frac{\boldsymbol{V}_\varepsilon^T\boldsymbol{P}\boldsymbol{V}_\varepsilon}{f\sigma_0^2}=1+\frac{\lambda}{f} \tag{4.4}$$

式中

$$\lambda=\frac{\boldsymbol{V}_\varepsilon^T\boldsymbol{P}\boldsymbol{V}_\varepsilon}{\sigma_0^2} \tag{4.5}$$

此时,统计量T服从非中心的F分布,即$T\sim F(f,\infty,\lambda)$,$\lambda$为非中心化参数。当给定显著水平$\alpha$,检验功效$1-\beta$,通过查表即可获取对应的$\lambda$(如$\alpha=0.05$,$1-\beta=0.8$时,$\lambda=7.84$)。

由于残差的影响项$\boldsymbol{V}_\varepsilon$可表示为

$$\boldsymbol{V}_\varepsilon=-\boldsymbol{Q}_{VV}\boldsymbol{P}\boldsymbol{\varepsilon} \tag{4.6}$$

或写成以σ_0^2为单位表示的残差影响值,即

$$\frac{\boldsymbol{V}_\varepsilon}{\sigma_0}=-\frac{\boldsymbol{Q}_{VV}\boldsymbol{P}\boldsymbol{\varepsilon}}{\sigma_0} \tag{4.7}$$

式中:$\boldsymbol{Q}_{VV}$为协因数矩阵。

令

$$\frac{\boldsymbol{\varepsilon}}{\sigma_0}=\boldsymbol{C}\cdot k \tag{4.8}$$

式中:$\boldsymbol{C}=(0,0,\cdots,C_i=1,\cdots,0,0)^T=\boldsymbol{c}_i$,表示仅局限于一个异常误差的情况;$k$为尺度因子。则对于第$i$个观测,式(4.5)可表示为

$$\lambda=(\boldsymbol{c}_i^T\boldsymbol{P}\boldsymbol{Q}_{VV}\boldsymbol{P}\boldsymbol{c}_i)\cdot k_i^2 \tag{4.9}$$

式中顾及$\boldsymbol{P}\boldsymbol{Q}_{VV}$为等幂阵,故有

$$k_i=\{\lambda/(\boldsymbol{c}_i^T\boldsymbol{P}_i\boldsymbol{Q}_{V_iV_i}\boldsymbol{P}_i\boldsymbol{c}_i)\}^{1/2} \tag{4.10}$$

将其代入式(4.8),则有

$$\varepsilon_i=k_i\sigma_0 \tag{4.11}$$

式(4.11)表示第i个模型误差为k_i倍单位权中误差,而k_i取决于λ和平差系统的结构。

4.1.1.2 异常误差诊断

Baarda 数据探测法可解释为均值漂移模型,原假设H_0及备择假设H_1可表示为如下形式:

$H_0:E(V_i)=0$,即观测不存在异常误差。

$H_1:E(V_i)\neq0$,即观测存在异常误差(粗差或系统误差)。

在原假设H_0条件下,$V_i\sim N(0,\sigma_0^2\cdot Q_{V_iV_i})$,当单位权中误差$\sigma_0$已知时,则可构造统计量:

$$\omega_i = \frac{|V_i|}{\sigma_0 \sqrt{Q_{V_i V_i}}} = \frac{|V_i|}{\sigma_i} \tag{4.12}$$

式中：ω_i 为标准化残差，且服从标准正态分布，即

$$\omega_i \,|\, H_0 \sim N(0,1) \tag{4.13}$$

给定显著水平 α，若 $|\omega_i| \le u_{\alpha/2}$，则接受原假设 H_0，否则接受 H_1，认为该观测含有异常误差。

当单位权中误差 σ_0 未知时，则采用单位权中误差的验后估值 $\hat{\sigma}_0$ 代替 σ_0，并构造 t 检验量[5]：

$$t_i = \frac{|V_i|}{\hat{\sigma}_0 \sqrt{Q_{V_i V_i}}} \sim t_{n-u-1} \tag{4.14}$$

若 $|t_i| \le t_{\alpha/2}$，则接受原假设 H_0，否则接受 H_1。

4.1.2　DIA 质量控制

Baarda 数据探测法假定平差系统只存在一个异常误差（或粗差）。实际应用中，往往并非只有一个异常误差存在，可能会有多个异常误差同时存在，这就要求一个动态的检验过程来处理变化的备选假设。Teunissen 根据 Baarda 的数据探测理论发展了一种动态的 DIA 质量控制方法，该方法包含探测（Detection）、定位（Identification）和适应消除（Adaptation）3 个基本步骤[3]。

4.1.2.1　基本关系式

DIA 方法通过构造广义似然比检验量检验线性函数模型的有效性，同 Baarda 数据探测法类似，备择假设采用均值漂移模型。因此，原假设 H_0 和备择假设 H_A 可表示为

$$H_0 : y \sim N(Ax, Q_y), \quad E\{y\} = Ax, \quad D\{y\} = Q_y \tag{4.15}$$

$$H_A : y \sim N(Ax + C_y \nabla, Q_y), \quad E\{y\} = Ax + C_y \nabla, \quad D\{y\} = Q_y \tag{4.16}$$

式中：Q_y 为协因数矩阵。

与原假设相比，备择假设 H_A 的函数模型中扩展了 q 个未知参数，即潜在的模型异常误差 $\nabla_{q \times 1}$，A 为已知的 $m \times n$ 维矢量，C_y 为 $m \times q$ 维矢量，m 和 n 分别为观测个数及参数个数，且 $1 \le q \le m - n$。

构造广义似然率检验统计量 T_q：

$$T_q = \hat{V}_0^{\mathrm{T}} Q_y^{-1} V_0 - \hat{V}_A^{\mathrm{T}} Q_y^{-1} \hat{V}_A^{\mathrm{T}} \tag{4.17}$$

式中：$\hat{V}_0^{\mathrm{T}}$、$\hat{V}_A^{\mathrm{T}}$ 分别表示在 H_0、H_A 下的残差序列，即

$$\begin{cases} \hat{V}_0^{\mathrm{T}} = y - A\,\hat{x}_0 \\ \hat{V}_A^{\mathrm{T}} = y - A\,\hat{x}_0 - C_y \hat{\nabla} \end{cases} \tag{4.18}$$

由于式(4.17)和式(4.18)不易计算,可以证明[3,6]

$$T_q = \hat{V}_0^T Q_y^{-1} \hat{V}_0 - \hat{V}_A^T Q_y^{-1} \hat{V}_A^T = \hat{V}_0^T Q_y^{-1} C_y (C_y^T Q_y^{-1} Q_{\hat{V}_0} Q_y^{-1} C_y)^{-1} C_y^T Q_y^{-1} \hat{V}_0^T \qquad (4.19)$$

式中右边作为广义似然率检验统计量经常使用,且统计量 T_q 服从自由度为 q 的 χ^2 分布。在给定的显著水平 α 下,若 $T_q \leqslant \chi_\alpha^2(q,0)$,则接受原假设 H_0,否则,拒绝原假设,接受备择假设 H_A,认为函数模型中存在异常误差。

检验量 T_q 即可用于全局模型检验,也可用于局部模型检验。当 $q = m - n$ 时,即所谓的全局模型检验量,由于 H_A 无多余观测值,$\hat{V}_A = 0$,式(4.19)可表示为

$$T_{q=m-n} = \hat{V}^T Q_y^{-1} \hat{V} \sim \chi_\alpha^2(m-n,0) \qquad (4.20)$$

$\hat{V}$ 自然地就表示在原假设 H_0 下的残差序列。当 $q = 1$ 时,式(4.19)退化为

$$T_{q=1} = \frac{(c_y^T Q_y^{-1} \hat{V})^2}{c_y^T Q_y^{-1} Q_V Q_y^{-1} c_y} \sim \chi_\alpha^2(1,0) \qquad (4.21)$$

即所谓的局部模型检验量,c_y 由 C_y 的 $m \times q$ 维矩阵退化为 $m \times 1$ 维矢量。

4.1.2.2 递归 DIA 方法

基于上述假设检验理论,综合利用全局模型检验量和局部模型检验量即可实现模型异常误差的探测、定位以及适应消除。递归 DIA 质量控制过程可用图 4.1 所示的框图描述,主要包含探测、定位及适应 3 个步骤。

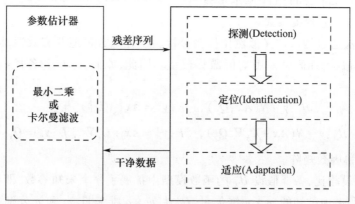

图 4.1 递归 DIA 质量控制过程流程图[3]

1) 探测(Detection)

将 $q = m - n$ 时的全局模型检验量作为检验函数模型整体有效性的准则,若 $T_q \leqslant \chi^2(q,0)$,表明原假设中不存在异常误差的影响,停止 DIA 质量控制过程,否则拒绝原假设,认为有异常误差存在,进入异常误差诊断的下一环节,即误差定位。

2) 定位(Identification)

若在异常误差探测环节拒绝了原假设,则认为函数模型中存在一个或多个异常误差,在异常误差辨识(或定位)环节,需要逐一检验可能发生的异常误差,即每次仅

考虑函数模型中存在一维异常误差的影响,对应的备择假设可描述为

$$H_{Ai}:E\{\boldsymbol{y}\} = \boldsymbol{A}\boldsymbol{x} + \boldsymbol{c}_{yi}\boldsymbol{\nabla}_i \qquad (4.22)$$

式中 $:\boldsymbol{c}_{yi} = (0,\cdots,0,1,0,\cdots,0)^{\mathrm{T}}$ 矢量中对应第 i 个元素为 1,其余为 0;附加项 $\boldsymbol{c}_{yi}\boldsymbol{\nabla}_i$ 表示第 i 个观测值存在异常误差,此时,可用 1 维情况下的 ω 统计量进行检验,有

$$\omega_i = \sqrt{T_{q=1}} = \frac{\boldsymbol{c}_{yi}^{\mathrm{T}}\boldsymbol{Q}_y^{-1}\hat{\boldsymbol{V}}}{\sqrt{\boldsymbol{c}_{yi}^{\mathrm{T}}\boldsymbol{Q}_y^{-1}\boldsymbol{Q}_{\hat{v}}\boldsymbol{Q}_y^{-1}\boldsymbol{c}_{yi}}} \qquad (4.23)$$

该检验量服从标准正态分布,即 $\omega_i \sim N(0,1)$。若观测值不相关,式(4.23)可进一步简化为

$$\omega_i = \frac{\hat{V}_i}{\sqrt{\boldsymbol{Q}_{\hat{v}}(i,i)}} = \frac{\hat{V}_i}{\sigma_{\hat{v}_i}} \qquad (4.24)$$

按照式(4.24)计算所有观测值对应的 $\omega_i(i=1,2,\cdots,m)$ 检验量,找出绝对值最大的检验统计量 $|\omega_j|(|\omega_j| \geqslant |\omega_i|, \forall i)$。若 $|\omega_j| > u_{\alpha/2}(0,1)$,表明异常误差最有可能发生在第 j 个观测值上,上述即为一次完整的异常误差定位过程。

一旦 $|\omega_j|$ 超限,剔除该观测值重新计算 T_q,利用第一步(探测)的方法判断函数模型是否仍有异常误差存在。若仍有异常误差,继续执行第二次定位过程,循环直至全局性检验通过为止。

对于已经定位的异常误差,构建一个误差定位矩阵 $\boldsymbol{C}_y$:

$$\boldsymbol{C}_y = (\boldsymbol{c}_{y1},\boldsymbol{c}_{y2},\cdots,\boldsymbol{c}_{yq}) \qquad (4.25)$$

对应存在异常误差的项为 1,其余项为 0。

3)适应(Adaptation)

一旦异常误差被成功辨识,要么舍弃该观测值,要么作为附加参数在备择假设 H_A 下得到最优无偏估计 $\hat{\boldsymbol{x}}_A$。其估值可通过调节原假设 H_0 下计算的参数估值 $\hat{\boldsymbol{x}}_0$ 得到,具体公式为

$$\hat{\boldsymbol{x}}_A = \hat{\boldsymbol{x}}_0 - \boldsymbol{X}\hat{\boldsymbol{V}} \qquad (4.26)$$

$$\boldsymbol{Q}_{\hat{\boldsymbol{x}}_A} = \boldsymbol{Q}_{\hat{\boldsymbol{x}}_0} + \boldsymbol{X}\boldsymbol{Q}_{\hat{v}}\boldsymbol{X}^{\mathrm{T}} \qquad (4.27)$$

$$\boldsymbol{X} = (\boldsymbol{A}^{\mathrm{T}}\boldsymbol{Q}_y^{-1}\boldsymbol{A})^{-1}\boldsymbol{A}^{\mathrm{T}}\boldsymbol{Q}_y^{-1}\boldsymbol{C}_y \qquad (4.28)$$

式中: $\hat{\boldsymbol{V}}$ 为异常误差的估值,计算公式为

$$\hat{\boldsymbol{V}} = (\boldsymbol{C}_y^{\mathrm{T}}\boldsymbol{Q}_y^{-1}\boldsymbol{Q}_{\hat{v}}\boldsymbol{Q}_y^{-1}\boldsymbol{C}_y)^{-1}\boldsymbol{C}_y^{\mathrm{T}}\boldsymbol{Q}_y^{-1}\hat{\boldsymbol{V}} \qquad (4.29)$$

$$\boldsymbol{Q}_{\hat{v}} = (\boldsymbol{C}_y^{\mathrm{T}}\boldsymbol{Q}_y^{-1}\boldsymbol{Q}_{\hat{v}}\boldsymbol{Q}_y^{-1}\boldsymbol{C}_y)^{-1} \qquad (4.30)$$

至此,实现了一套完整的 DIA 质量控制过程。值得一提的是:针对某一历元 l 的模型误差,若基于历元 $l,l+1,\cdots,k(k>l)$ 的观测数据对该模型误差进行全局性检验,其可靠性最强,但存在一定的时延,无法实现真正的实时质量控制;而基于当前历元的观测数据进行局部性检验能够满足质量控制的实时性,但其可靠性有所降低。

数据探测法与 DIA 质量控制过程主要是建立在假设检验的基础之上,虽然其对含粗差的观测值进行了准确定位,但当粗差较多时,需反复利用假设检验的方法进行平差计算和粗差剔除,计算工作量较大,且这些方法存在一个普遍的弱点,即粗差探测与平差计算是分开进行的,因此,计算效率较低。此外,在误差适应与消除阶段,一般采用"硬性"剔除或"硬性"接受两种方案。

4.2 伪距观测值预处理

尽管伪距观测值的精度比载波相位观测值的精度低 2~3 数量级,但它不存在模糊度解算问题,数据处理更加简便,且伪距观测值在 PPP 的初始化过程中发挥着重要作用。因此,为了改善伪距观测值的精度,又要避免复杂的模糊度解算,通常采用高精度的载波相位观测值对伪距观测值进行平滑。本节将从粗差探测和相位平滑伪距两方面介绍伪距观测值的预处理理论与方法。

4.2.1 伪距粗差探测

粗差检测与周跳探测一般可同时进行,通常采用 Melbourne-Wübbena(MW)组合观测值法或无几何(GF)距离组合的电离层残差法。这些方法的基本思想为:一旦 MW 或 GF 检验量超过其设定的阈值,则判定该卫星的观测值存在粗差或发生了周跳。为了进一步区分粗差和周跳,采用后续历元继续检验,如果检验量连续超限,则将其标定为粗差,否则标记为周跳。尽管这种方法在实际应用中取得了较好的效果,但其局限性在于,对于发生观测异常的卫星并不区分伪距异常和相位异常,一旦某颗卫星被标定为粗差,则该卫星的伪距和相位观测值将同时被弃用,这就造成了一些正常观测信息的浪费。而在实际观测中,很多观测异常是由伪距引起的,进而导致 MW 或 GF 组合检验量超限,使得原本正常的相位观测值也被剔除。

为了克服传统方法的局限性,本节采用码观测值差分法,利用较为宽松的阈值探测伪距观测值中的大粗差。以 GPS 为例,常用的码观测值有 C_1、P_1 及 P_2,可构造以下检验量:

$$C_1P_1 = C_1 - P_1 = d_{\text{sat}/(C_1-P_1)} + d_{\text{rcv}/(C_1-P_1)} + S_{(C_1-P_1)} + \varepsilon \tag{4.31}$$

$$P_1P_2 = P_1 - P_2 = d_{\text{sat}/(P_1-P_2)} + d_{\text{rcv}/(P_1-P_2)} + S_{(P_1-P_2)} + d_{\text{iono}} + \varsigma \tag{4.32}$$

式中:$d_{\text{sat}/(C_1-P_1)}$、$d_{\text{rcv}/(C_1-P_1)}$、$d_{\text{sat}/(P_1-P_2)}$、$d_{\text{rcv}/(P_1-P_2)}$ 分别为卫星或接收机端的码偏差,这些数值在短时间内较为稳定,可视为常数;$S_{(C_1-P_1)}$ 和 $S_{(P_1-P_2)}$ 为不同码偏差之间的时变量;d_{iono} 为电离层延迟残余误差项;ε 和 ς 对应组合观测值的多路径效应、观测噪声等误差。

从物理机制上分析,C_1P_1、P_1P_2 消除了几何距离,与载体的运动状态无关,主要表现为卫星端和接收机端的硬件延迟以及伪距观测值的组合噪声。由于卫星端的硬件延迟偏差通常较小,且较稳定,而接收机端的通道延迟对于所有卫星基本相同,因此,这两个检验量的数值较为稳定,适合用于检测伪距观测值中的粗差,诊断的准则为

$$\begin{cases} H_0:\text{正常} & |C_1P_1| \leqslant k_1 \text{ 且 } |P_1P_2| \leqslant k_2 \\ H_1:\text{异常} & |C_1P_1| > k_1 \text{ 或 } |P_1P_2| > k_2 \end{cases} \quad (4.33)$$

式中: k_1 与 k_2 为阈值,顾及电离层延迟残余误差项, $k_2 > k_1$ 。为了确保 PPP 解的可靠性,本书的质量控制方法在数据预处理阶段仅对较大粗差进行探测与剔除,而小粗差则在后续的参数估计时采用抗差估计的方法进行消除。因此, k_1 取为 10m, k_2 取为 30m。

为了验证上述方法的有效性,选取了 2004 年 4 月 19 日(年积日第 110 天) GLPS、WUHN 和 MAL1 这 3 个 IGS 跟踪站的静态观测数据进行测试,得到 3 个站的 C_1P_1 、 P_1P_2 码偏差时序,如图 4.2 ~ 图 4.4 所示。

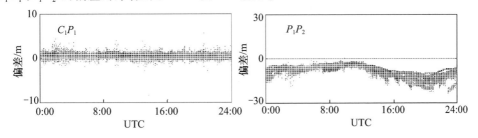

图 4.2 GLPS 站伪距粗差检验量 C_1P_1 、 P_1P_2 时序(见彩图)

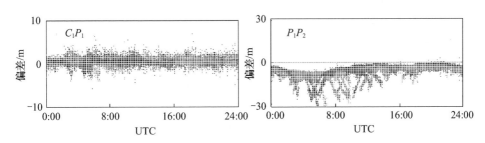

图 4.3 WUHN 站伪距粗差检验量 C_1P_1 、 P_1P_2 时序(见彩图)

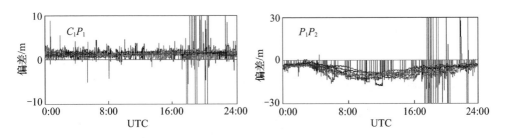

图 4.4 MAL1 站伪距粗差检验量 C_1P_1 、 P_1P_2 时序(见彩图)

分析图 4.2 和图 4.3 发现,同一频率上,所有卫星的码偏差检验量 C_1P_1 的数值均较小,为分米至米级,且相对稳定;而不同频率上的码偏差检验量 P_1P_2 是 C_1P_1 数值的 $2\sim3$ 倍,且呈现明显的时变信号。但总体而言,几乎所有历元时刻各卫星的 C_1P_1 及 P_1P_2 均小于本书设定的阈值,故认为 GLPS 和 WUHN 站的伪距观测值不存在异常粗差的影响。分析图 4.4 发现,MAL1 站在 16:00—24:00 时段内有部分卫星的伪距观测值发生明显异常,码偏差检验量远远超过阈值,甚至达到数百米至数千米,其原因,Zhang 等从电离层闪烁的角度对其进行了分析和解释[7]。因此,对于码偏差检验量超过设定阈值的伪距观测值将被标定为粗差,但其相位观测值仍然可用。

4.2.2　相位平滑伪距

以平滑双频无电离层伪距组合观测值为例。设 L1 和 L2 载波上的测码伪距与相位观测值依次为 P_1、P_2、φ_1、φ_2(P_1、P_2 单位为米,φ_1、φ_2 单位为周),采用双频组合观测值消除电离层延迟低阶项影响后,得到无电离层组合测码伪距 P_C 和载波相位 φ_C 为

$$P_C = \frac{f_1^2}{f_1^2 - f_2^2}P_1 - \frac{f_2^2}{f_1^2 - f_2^2}P_2 \tag{4.34}$$

$$\varphi_C = \frac{f_1^2}{f_1^2 - f_2^2}\varphi_1 - \frac{f_1 f_2}{f_1^2 - f_2^2}\varphi_2 \tag{4.35}$$

相应的测码伪距和载波相位观测方程为

$$P_C = \rho + \Delta D_{P_C} + \Delta \varepsilon_{P_C} \tag{4.36}$$

$$\lambda_C(\varphi_C + N_C) = \rho + \Delta D_{\varphi_C} + \Delta \varepsilon_{\varphi_C} \tag{4.37}$$

式中:ρ 为站星几何距离;λ_C、N_C 分别为消电离层组合相位观测值的波长和模糊度参数;ΔD_{P_C}、ΔD_{φ_C} 和 $\Delta \varepsilon_{P_C}$、$\Delta \varepsilon_{\varphi_C}$ 分别为消电离层组合伪距与相位观测值中所有与频率无关的偏差项之和与观测噪声。

不考虑测量噪声的影响,式(4.36)和式(4.37)相减后得到

$$P_C = \lambda_C \varphi_C + \lambda_C N_C \tag{4.38}$$

在保持对同一颗导航卫星进行连续跟踪,没有发生周跳的情况下,模糊度参数 N_C 将保持不变。因此,对于多个历元的连续观测,有以下观测方程:

$$\begin{cases} P_C(t_1) = \lambda_C \varphi(t_1) + \lambda_C N_C \\ P_C(t_2) = \lambda_C \varphi(t_2) + \lambda_C N_C \\ \vdots \\ P_C(t_i) = \lambda_C \varphi(t_i) + \lambda_C N_C \end{cases} \tag{4.39}$$

对上述各历元取平均值,即得模糊度 N_C 的估值为

$$\langle \lambda_C N_C \rangle_i = \frac{1}{i} \sum_{k=1}^{i} (P_C(t_k) - \lambda_C \varphi_C(t_k)) \tag{4.40}$$

代入消电离层组合的伪距观测方程式(4.38)得到平滑后的测码伪距 $\overline{P}_C(t_i)$ 为

$$\overline{P}_C(t_i) = \lambda_C \varphi_C(t_i) + \langle \lambda_C n_C \rangle_i \qquad (4.41)$$

采用 Hatch 滤波方法[8]，双频相位平滑伪距的逐历元递推计算公式为

$$\overline{P}_C(t_i) = \frac{1}{i} P_C(t_i) + \left(1 - \frac{1}{i}\right) \left[\overline{P}_C(t_{i-1}) + \lambda_C(\varphi_C(t_i) - \varphi_C(t_{i-1}))\right] \qquad (4.42)$$

$$\overline{P}_C(t_1) = P_C(t_1) \qquad (4.43)$$

由误差传播定律知，相位平滑伪距观测值的方差为

$$\delta_{P_C}^2 = \delta_{\varphi_C}^2 + \frac{1}{i}(\delta_{P_C}^2 - \delta_{\varphi_C}^2) \approx \frac{1}{i}\delta_{P_C}^2 \qquad (4.44)$$

随着观测历元数的不断增加，伪距观测值的噪声和多路径效应将逐渐削弱。利用此方法得到的平滑伪距精度比较高，一般可以达到分米级。图 4.5 所示为某测站平滑前和平滑后对应的伪距观测值残差。未平滑的双频无电离层组合伪距噪声较大，残差分布较为离散，其标准差为 0.988m；采用相位平滑伪距使其噪声明显得到削弱，残差分布更加集中，其对应的标准差为 0.445m。

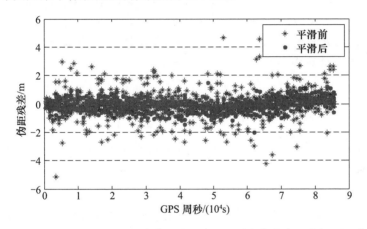

图 4.5　相位平滑伪距对无电离层伪距组合观测值的噪声影响（见彩图）

◢ 4.3　载波相位周跳探测与修复

整周跳变（简称周跳）是载波相位观测值的特有问题。周跳的探测与修复给载波相位测量数据处理工作增加了不少麻烦和困难，但这是为了获得高精度定位结果所必须付出的代价。周跳探测与修复的方法有很多，但大体上可分为 3 类：

（1）基于观测值随时间变化规律的方法，如高次差法、多项式拟合法。载波相位观测值随时间的变化主要受站星几何距离的影响，而站星几何距离的时变则取决于接收机与卫星的运动状态。由于卫星的运动规律较强，而接收机的运动规律则较难确定，因此此类方法通常用于静态数据处理。另外，此类方法还需要考虑卫星钟差、

接收机钟差、对流层折射及电离层折射随时间的变化,若上述影响在时间上发生突变,则有可能造成周跳探测失败。

(2)基于不同观测值组合的方法,如单频/双频码相组合法、电离层残差法、多普勒积分法。此类方法是利用不同观测值之间的关系来进行周跳探测,通常都是一些与接收机-卫星间几何距离无关的组合。此类方法通常不受卫星钟差、接收机钟差以及接收机运动状态的影响。

(3)基于观测值估值残差的方法。此类方法根据参数估计后或得到的观测值的估计残差来确定周跳。

其中,第二类即基于不同观测值线性组合的周跳探测与修复方法在 PPP 中使用最为广泛。本节将对几种常用的方法分别进行介绍。

4.3.1 多项式拟合法

多项式拟合法一般用于单频周跳探测,其基本思想是利用一个包含有 m 个无周跳的载波相位观测值的序列进行多项式拟合,多项式的形式如下:

$$\phi(t) = a_0 + a_1 t + a_2 t^2 + \cdots + a_n t^n \qquad m > n + 1 \tag{4.45}$$

式中:t 为观测历元时刻;$a_0, a_1, a_2, \cdots, a_n$ 为拟合系数,可通过最小二乘法求得。同时根据拟合残差 v_i 计算中误差

$$\sigma = \sqrt{\frac{\sum\limits_{i=0}^{m} v_i^2}{m - (n+1)}} \tag{4.46}$$

用拟合出的多项式推求下一历元的载波相位观测值 $\phi'(t_{m+1})$,并与实际的观测值 $\phi(t_{m+1})$ 进行比较,若

$$|\phi'(t_{m+1}) - \phi(t_{m+1})| \leq 3\sigma \tag{4.47}$$

则认为该观测值不存在周跳,并将其加入到用于拟合的观测值序列中,同时去掉原序列的首历元的观测值,利用新的 m 个无周跳的载波相位观测值的序列重新进行多项式拟合,并重复上述周跳检验过程。若

$$|\phi'(t_{m+1}) - \phi(t_{m+1})| > 3\sigma \tag{4.48}$$

则认为该观测值存在周跳,此时可用 $\phi'(t_{m+1})$ 的整数部分替代 $\phi(t_{m+1})$ 的整数部分,而 $\phi(t_{m+1})$ 的小数部分则保持不变,形成新的观测值 $\widetilde{\phi}(t_{m+1})$,即

$$\widetilde{\phi}(t_{m+1}) = \text{int}(\phi'(t_{m+1})) + \text{frac}(\phi(t_{m+1})) \tag{4.49}$$

式中:int 为取实数整数部分的函数;frac 为取实数小数部分的函数。

多项式拟合法与高次差法是等价的。在相邻历元的观测值之间求一次差,实际上就相当于求一次导数。显然,当对一颗卫星的载波相位观测值序列求 $n+1$ 次差后,若该序列观测值中不存在周跳,则所得到的是一个微小量序列,否则,则说明观测

值中存在周跳。

多项式拟合法探测周跳的基础是假设观测值随时间的变化可以用一个高阶多项式来表示,这一假设很容易被接收机自身的运动所打破,因此该方法不适用于动态定位中周跳的探测。另外,卫星钟差和接收机钟差的突变也会打破该假设,导致该方法失效。

利用三阶多项式拟合法对同一卫星不同采样间隔(1s 和 10s)的静态/动态 GPS 观测数据进行周跳探测,得到其周跳检验量,即多项式拟合残差(ΔPF),如图 4.6 ~图 4.9 所示。

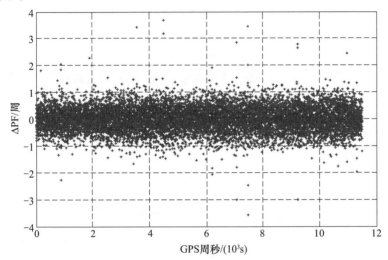

图 4.6　多项式拟合法周跳检验量(静态,1s 间隔)

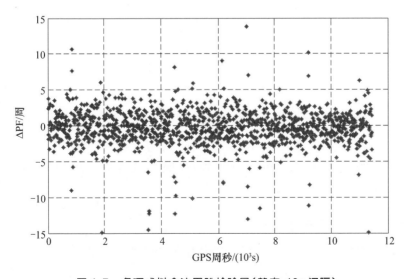

图 4.7　多项式拟合法周跳检验量(静态,10s 间隔)

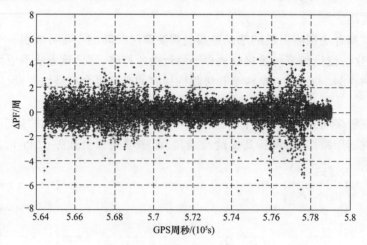

图 4.8 多项式拟合法周跳检验量(动态,1s 间隔)

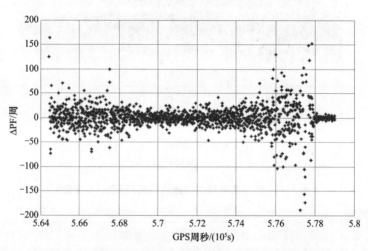

图 4.9 多项式拟合法周跳检验量(动态,10s 间隔)

由图可知,对于 1s 间隔的静态数据,多项式拟合残差的噪声为 1~2 周,当采样间隔增大至 10s 时,多项式拟合残差的噪声水平达到 5~10 周;对于 1s 间隔的动态数据,多项式拟合残差与载体运动状态有关,其数值达到 4~6 周,当其采样间隔为 10s 时,多项式拟合残差达到 50~100 周。因此,多项式拟合法仅适用于高采样率静态数据(历元间隔小且要求严格等间距)的周跳探测,且探测能力有限,难以探测出 2 周以内的小周跳。

4.3.2 单频码相组合法

对于单频用户,可构造单频码相组合观测值(检验量)LP 为

$$\mathrm{LP} = \varphi - \frac{1}{\lambda} \cdot P = -N - 2 \cdot \frac{\delta I}{\lambda} \tag{4.50}$$

式中：φ 为相位观测值；λ 为载波波长；N 为模糊度；P 为伪距观测值；δI 为电离层延迟误差。该检验量消除了站星几何距离、对流层延迟、卫星钟差、接收机钟差等与频率无关的系统性误差影响，等式右边只剩下载波相位模糊度和电离层延迟项。

当电离层活动不剧烈时，电离层延迟项通常不会随时间发生大的变化。因此可逐历元计算单频码相组合 LP，并进行历元间差分，得到 ΔLP 检验量。若该检验量小于设定阈值，则认为没有周跳，否则认为有周跳发生。阈值选取需根据组合观测值的噪声（主要是伪距的噪声）和电离层残差来确定。

采用单频码相组合法对某一时段内不同采样间隔（1 s 和 10 s）的静态/动态 GPS 观测数据进行周跳探测，得到单颗卫星 L1 频率的 ΔLP 时间序列与卫星高度角（图中的弧形线）的关系，如图 4.10 ~ 图 4.13 所示。

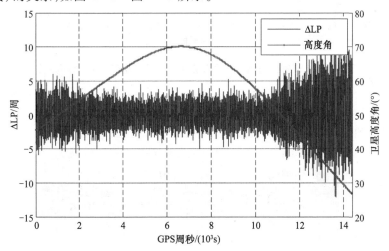

图 4.10　单频码相组合法周跳探测时序图（静态，1 s 采样间隔）

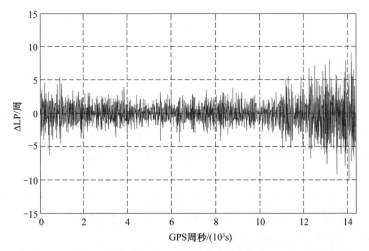

图 4.11　单频码相组合法周跳探测时序图（静态，10 s 采样间隔）

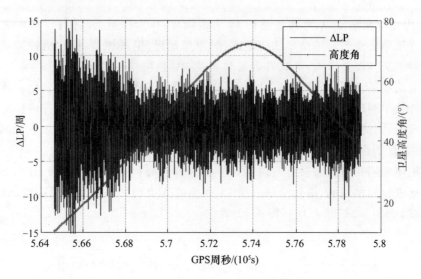

图 4.12　单频码相组合法周跳探测时序图（动态，1s 采样间隔）

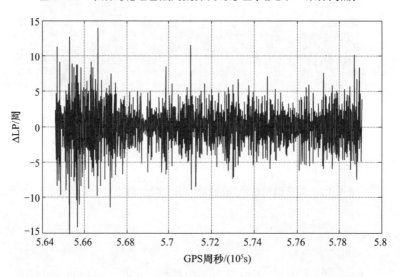

图 4.13　单频码相组合法周跳探测时序图（动态，10s 采样间隔）

受伪距观测噪声影响，单频码相组合法周跳探测能力有限。特别是在卫星高度角较低时，其组合观测值的噪声水平达到 5～10 周；显然，10 周以内的小周跳被伪距观测噪声所淹没，无法准确探测出来。随着卫星高度角的增大，其探测周跳的能力有所提升，但其噪声仍然接近 5 周。不同采样间隔对应的单频码相组合观测值噪声水平基本相当，这主要是因为在静态/动态测站上电离层延迟误差变化相对缓慢，历元间差分后其残余误差较小，而起主导作用的仍然是测码伪距噪声。

单频码相组合法的特点可总结为：

（1）单频相码组合不受接收机和卫星的几何位置影响，因而适用于动态、非差数

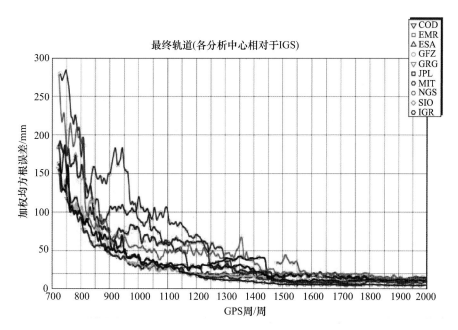

图 2.1 IGS 分析中心的精密轨道精度变化(IGS,2018 年 5 月)

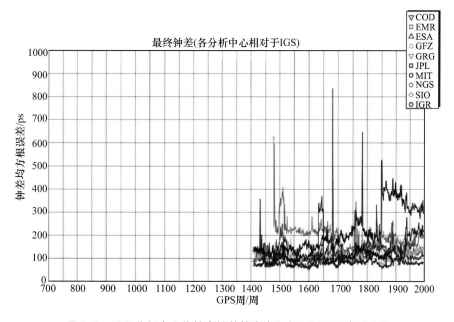

图 2.2 IGS 分析中心的精密钟差精度变化(IGS,2018 年 5 月)

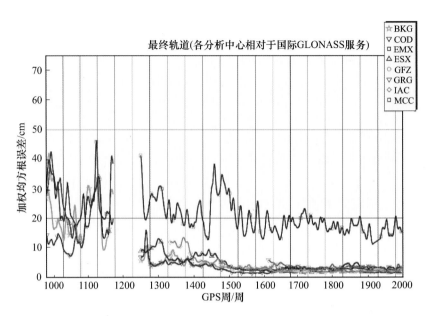

图 2.3　不同分析中心计算的 GLONASS 精密星历精度变化(IGS,2018 年 5 月)

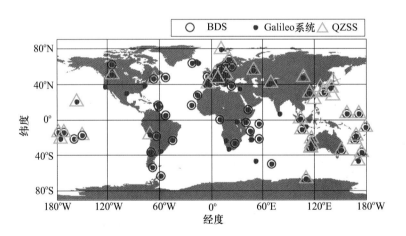

图 2.4　MGEX 跟踪站网分布及其支持的卫星导航系统

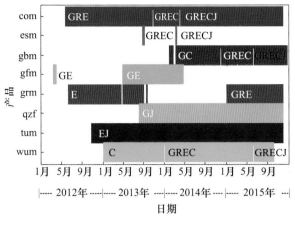

图 2.5　MGEX 产品可用性示意图
（截至 2015 年 12 月）

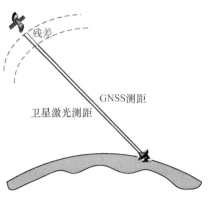

图 2.8　SLR 残差示意图

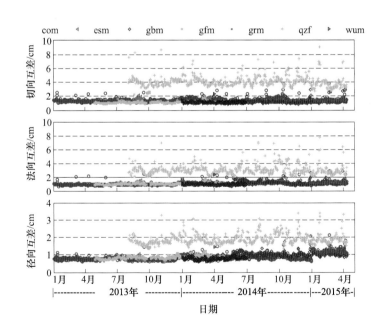

图 2.9　GPS 轨道一致性比较结果（参考轨道:IGS 最终合成产品）

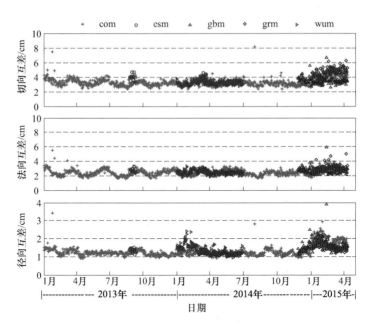

图 2.10　GLONASS 轨道一致性比较结果(参考轨道:IGS 最终合成产品)

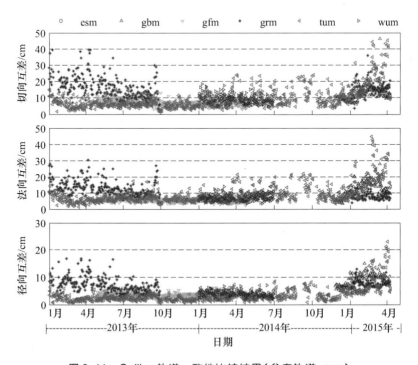

图 2.11　Galileo 轨道一致性比较结果(参考轨道:com)

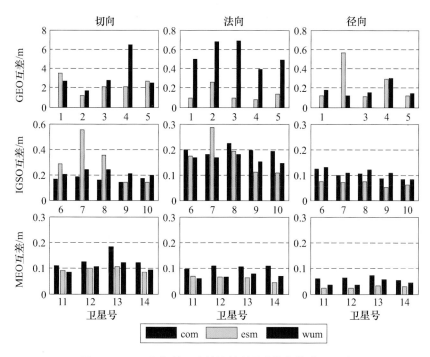

图 2.12　BDS 轨道一致性比较结果(参考轨道:gbm)

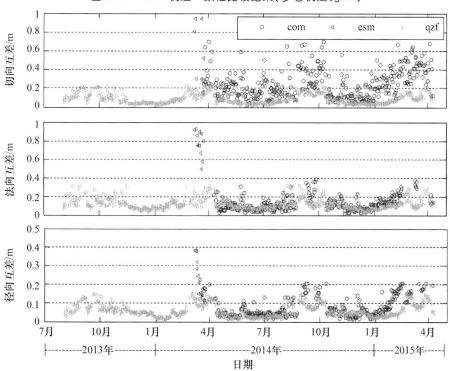

图 2.13　QZSS 轨道一致性比较结果(参考轨道:tum)

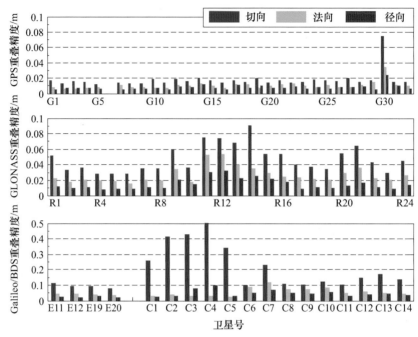

图 2.14　GNSS 轨道重复性比较结果

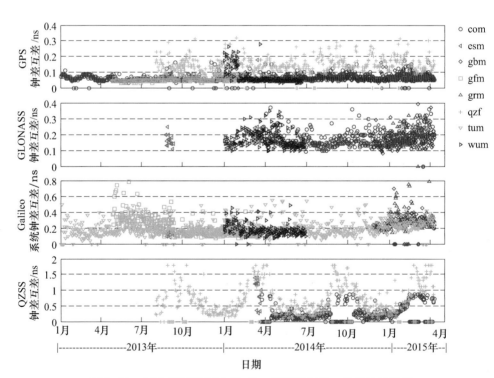

图 2.15　GPS/GLONASS/Galileo/QZSS 钟差一致性比较结果

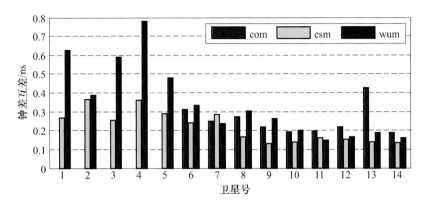

图 2.16 BDS 钟差一致性比较结果(参考钟差:gfz)

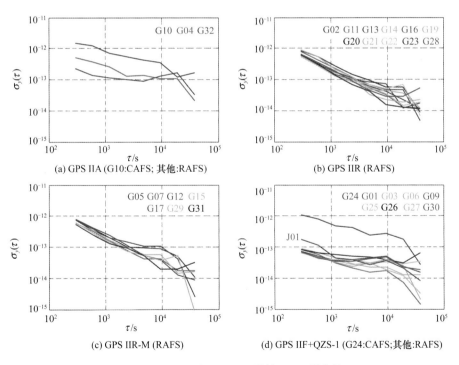

图 2.18 GPS/QZS-1 卫星钟 Allan 标准差

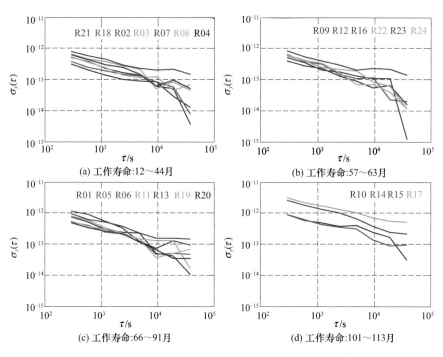

图 2.19　GLONASS 卫星钟 Allan 标准差

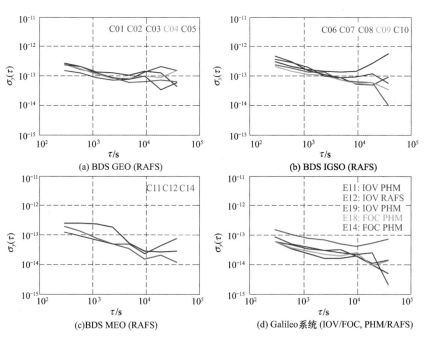

图 2.20　Galileo 系统/BDS 卫星钟 Allan 标准差

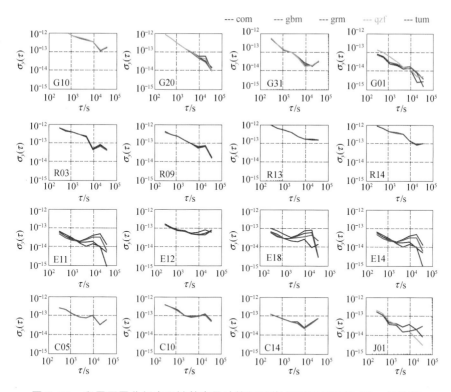

图 2.21　利用不同分析中心钟差产品计算得到的 GNSS 卫星钟 Allan 标准差

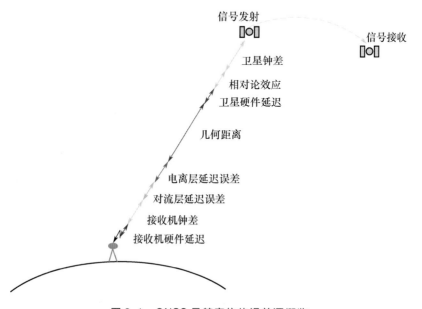

图 3.1　GNSS 导航定位的误差源概览

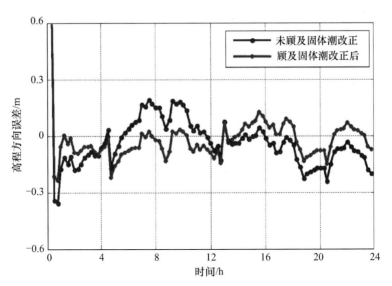

图 3.12   固体潮汐对高程方向定位精度的影响

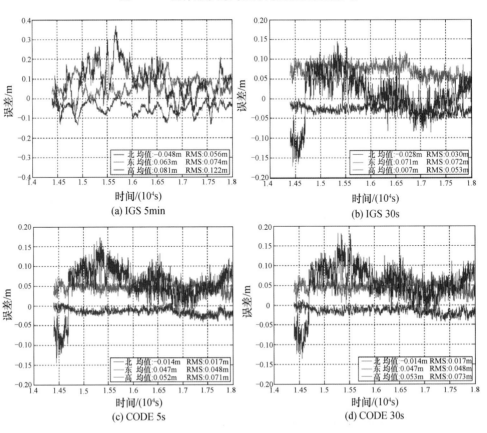

图 3.15   使用不同采样间隔精密卫星钟差对动态 PPP 的影响(船载动态)

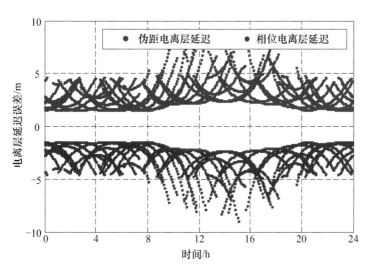

图 3.16   GPS L1 频率上的电离层延迟误差

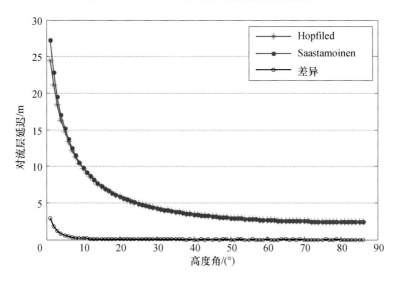

图 3.19   两种对流层延迟改正模型数值比较

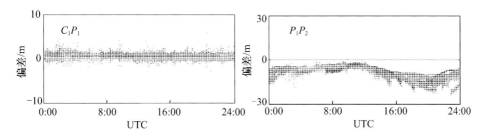

图 4.2   GLPS 站伪距粗差检验量 C_1P_1、P_1P_2 时序

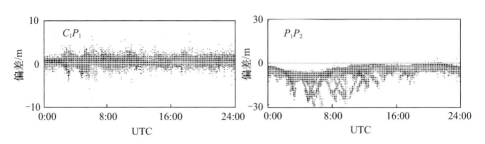

图 4.3　WUHN 站伪距粗差检验量 $C_1 P_1$、$P_1 P_2$ 时序

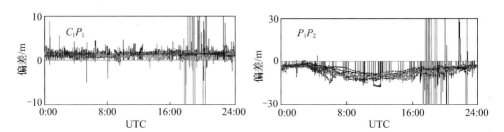

图 4.4　MAL1 站伪距粗差检验量 $C_1 P_1$、$P_1 P_2$ 时序

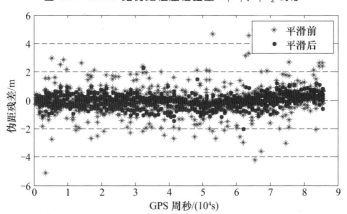

图 4.5　相位平滑伪距对无电离层伪距组合观测值的噪声影响

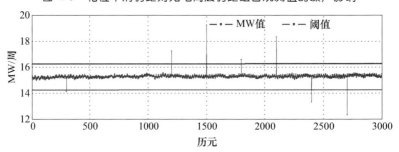

图 4.22　MW 组合观测值序列

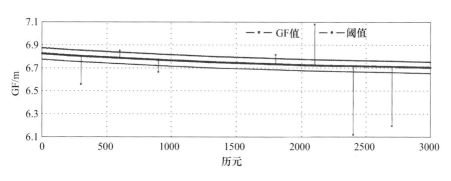

图 4.23　GF 组合观测值序列

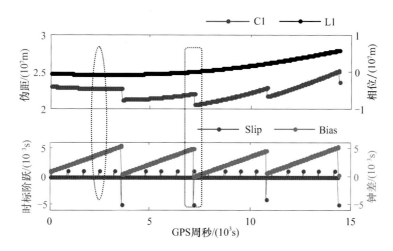

图 4.29　第一、二类接收机钟跳现象(TRIMBLE 4000SSI 接收机)

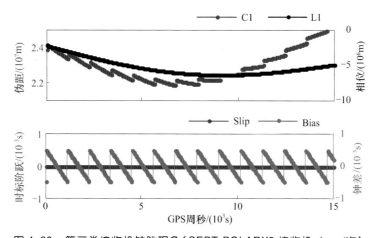

图 4.30　第三类接收机钟跳现象(SEPT POLARX2 接收机,1ms/次)

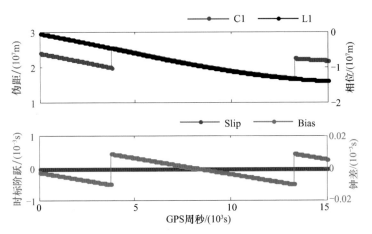

图 4.31 第三类接收机钟跳现象（SEPT POLARX2 接收机,19ms/次）

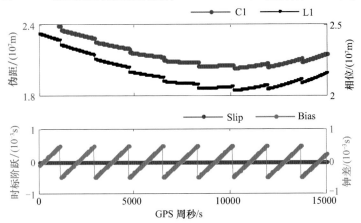

图 4.32 第四类接收机钟跳现象（JPS LEGACY 接收机）

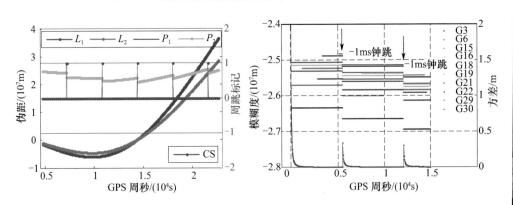

图 4.33 钟跳对 MW 组合法探测周跳的影响　　图 4.34 钟跳对模糊度的影响

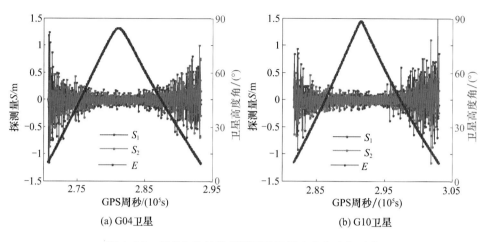

(a) G04卫星 (b) G10卫星

图 4.36 ALGO 站钟跳探测量及卫星高度角变化时序

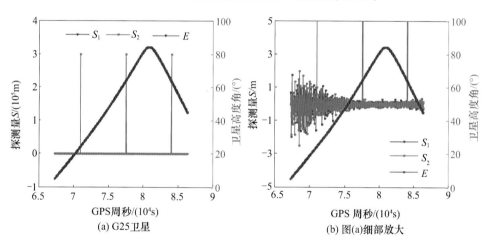

(a) G25卫星 (b) 图(a)细部放大

图 4.37 ISTA 站钟跳探测量及卫星高度角变化时序

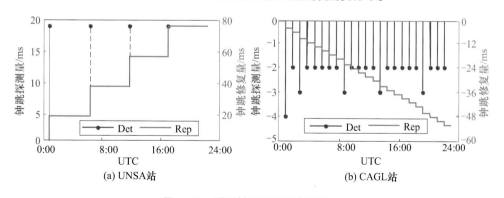

(a) UNSA站 (b) CAGL站

图 4.38 瞬时钟跳探测量与修复量

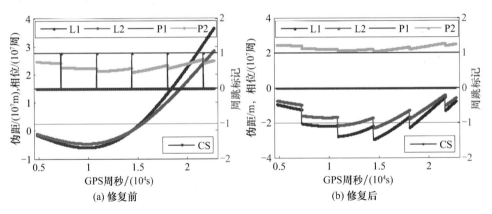

图 4.39 GENO 站 PRN 22 卫星观测值及周跳探测时序(修复前/后)

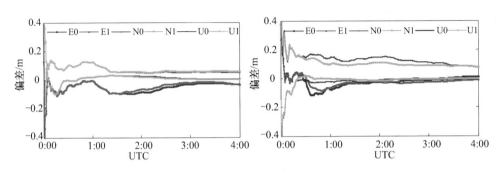

图 4.40 ISTA 站钟跳修复前与
修复后对应的静态定位误差

图 4.41 JASK 站钟跳修复前与
修复后对应的静态定位误差

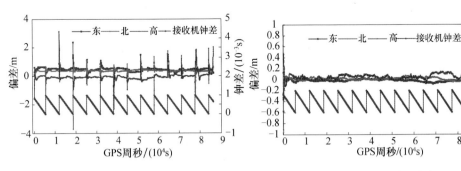

图 4.42 ISTA 站钟跳修复前
对应的动态定位偏差

图 4.43 ISTA 站钟跳修复后
对应的动态定位偏差

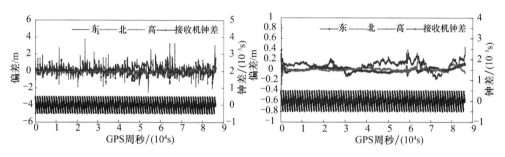

图 4.44　JASK 站钟跳修复前
对应的动态定位偏差

图 4.45　JASK 站钟跳修复后
对应的动态定位偏差

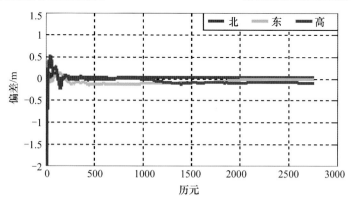

图 6.12　SEID 模型——NJGT 测站

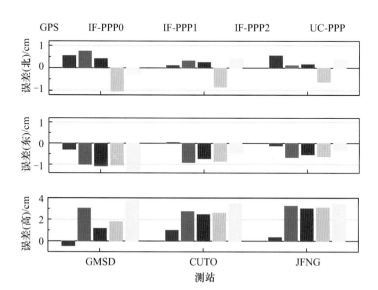

图 6.13　静态 PPP 结果(年积日 2014 年第 47 天)

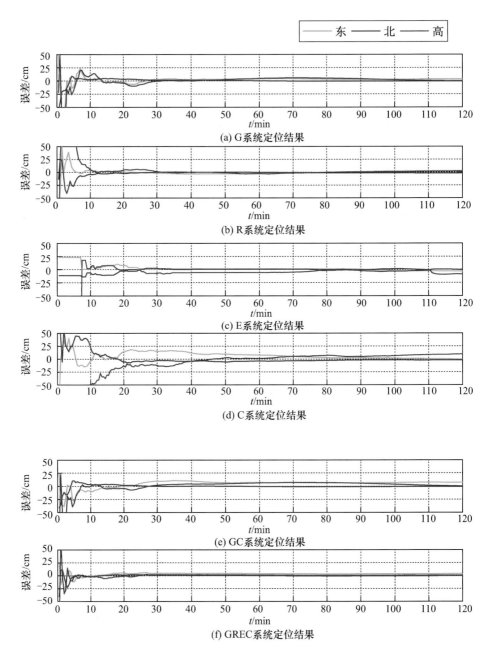

图 6.14　2019 年 1 月 18 日 JFNG 测站不同系统及组合的 PPP 静态解结果

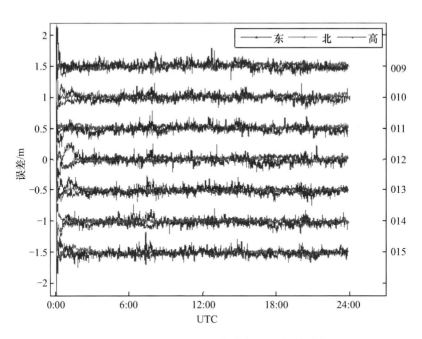

图 6.15　URUM 站 7 天的动态 PPP 误差时序

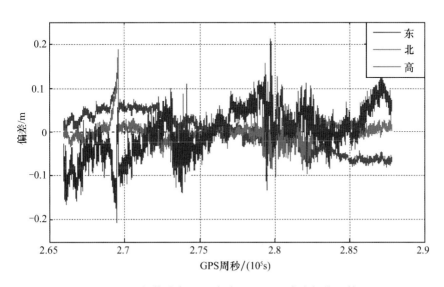

图 6.18　船载动态 PPP 解与 GrafNav 参考解的互差

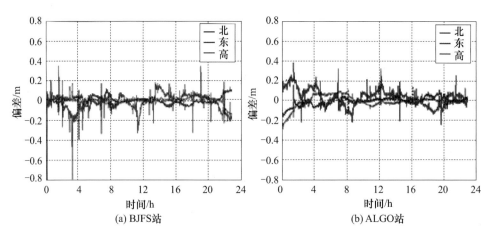

(a) BJFS站　　　　　　　　　　　　　　(b) ALGO站

图 6.19　BJFS 站与 ALGO 站静态模拟动态解算结果与已知坐标在北、东、高分量的差值

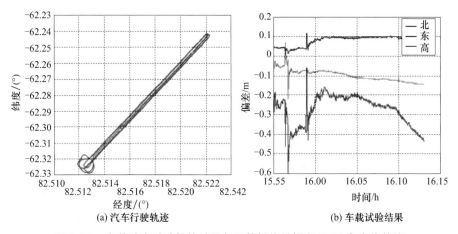

(a) 汽车行驶轨迹　　　　　　　　　　　(b) 车载试验结果

图 6.20　车载动态试验解算结果与双差解的坐标在 NEU 方向的差值

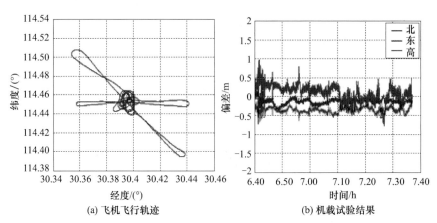

(a) 飞机飞行轨迹　　　　　　　　　　　(b) 机载试验结果

图 6.21　机载动态试验路线及结果对比

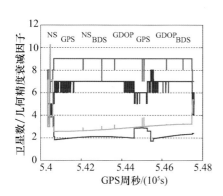

图6.23 流动站的可视卫星数及几何精度衰减因子（2015年年积日第80天）

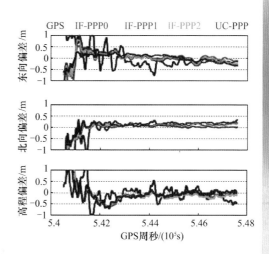

图6.24 船载动态PPP定位结果（2015年年积日第80天）

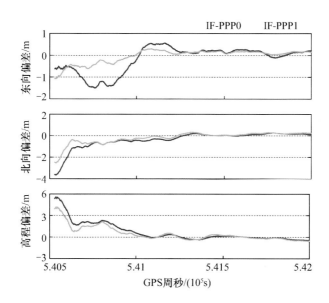

图6.25 船载动态双频/三频PPP收敛性能

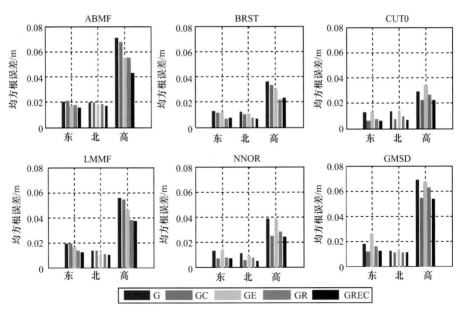

图 6.27　ABMF、BRST、CUT0、LMMF、NNOR、GMSD 测站 PPP 动态
解定位均方根误差值统计结果

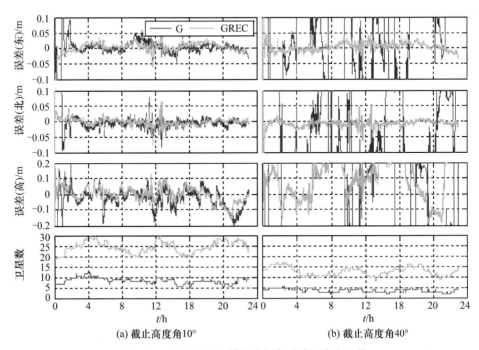

(a) 截止高度角 10°　　　　　　　(b) 截止高度角 40°

图 6.28　GMSD 测站单系统与多系统组合在不同
高度角下的 PPP 定位精度及其可见卫星数

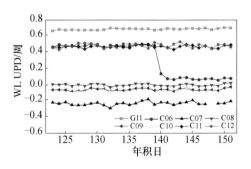

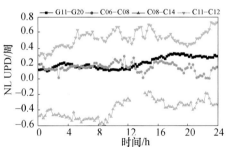

图 7.3　GPS 和 BDS WL UPD
单天解时间序列
（2015 年年积日第 123～151 天）

图 7.4　GPS 和 BDS 15min
时段解时间序列
（2015 年年积日第 125 天）

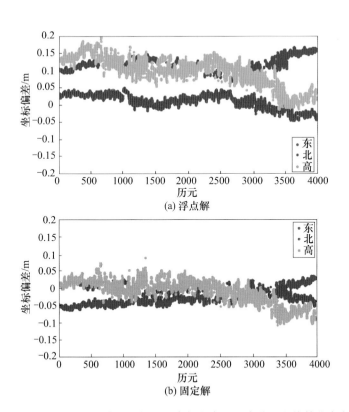

图 7.17　动态 PPP 模糊度浮点解和固定解在东、北、高分量上偏差分布直方图

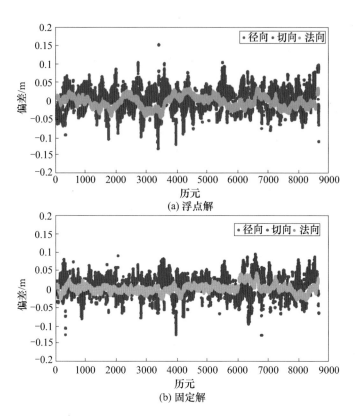

(a) 浮点解

(b) 固定解

图 7.18　2012 年年积日第 13 天 GRACE－A 卫星 PPP 浮点解和固定解偏差序列

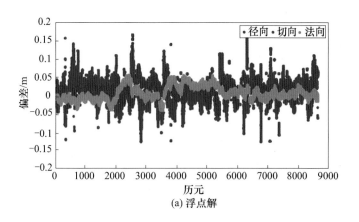

(a) 浮点解

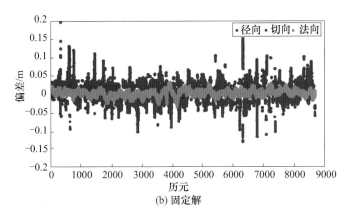

(b) 固定解

图 7.19 2012 年年积日第 13 天 GRACE – B 卫星 PPP 浮点解和固定解偏差序列

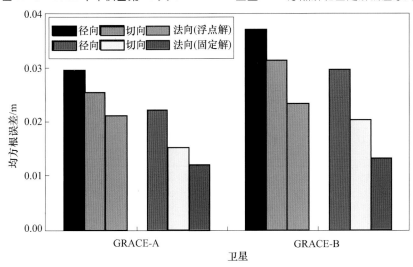

图 7.20 GRACE-A/B 卫星模糊度浮点解和固定解在径向、切向、

法向分量上的平均 RMS 偏差

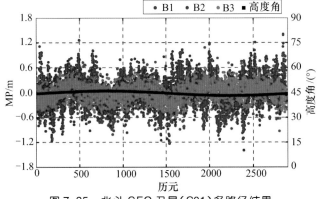

图 7.25 北斗 GEO 卫星(C01)多路径结果

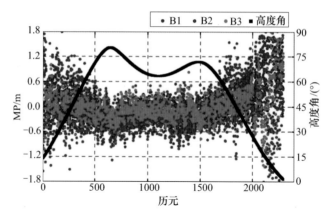

图 7.26　北斗 IGSO 卫星（C06）多路径结果

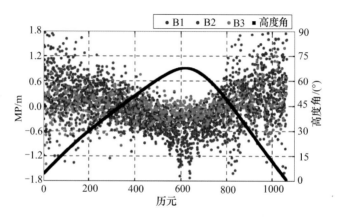

图 7.27　北斗 MEO 卫星（C14）多路径结果

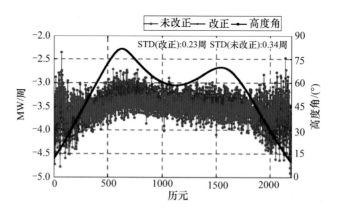

图 7.28　JFNG 站 C08 卫星改正与未改正伪距多路径 MW 组合与高度角序列图

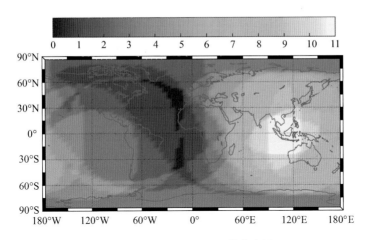

图 7.29　BDS 可见卫星数分布图

（历元时刻为 2017 年 7 月 22 日 00:00:00.0,截止高度角为 10°）

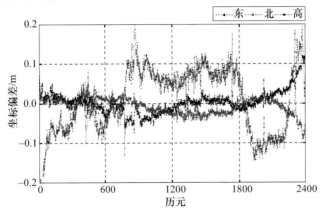

图 7.31　XMIS 站 2015 年第 133 天 BDS 动态 PPP 浮点解偏差序列

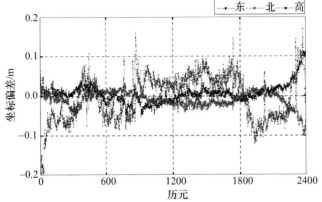

图 7.32　XMIS 站 2015 年第 133 天 BDS 动态 PPP 固定解偏差序列

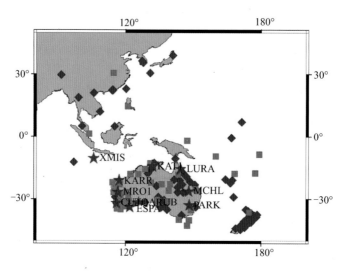

图 7.33　BDS 三频 PPP 固定解服务站和用户站分布图

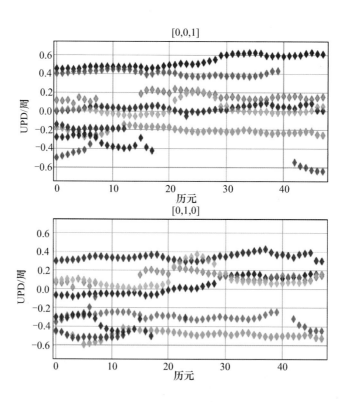

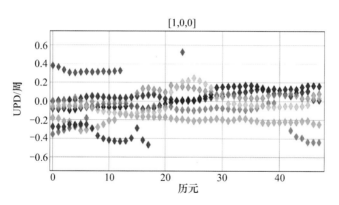

图 7.34 北斗卫星原始频率的 UPD 产品(2017 年 4 月 30 日)

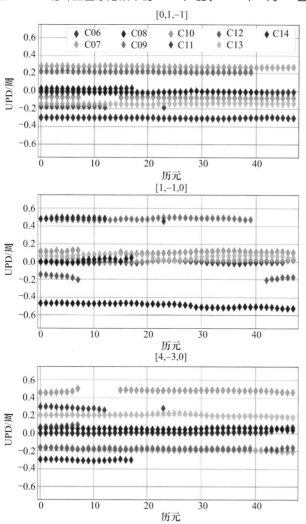

图 7.35 北斗卫星不同线性组合的 UPD 产品(2017 年 4 月 30 日)

彩页 29

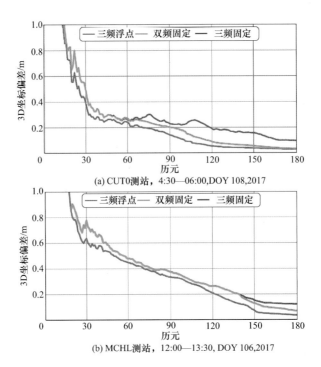

(a) CUT0测站，4:30—06:00,DOY 108,2017

(b) MCHL测站，12:00—13:30, DOY 106,2017

图7.36　3 种处理策略下 1.5h 的 3D 定位偏差序列

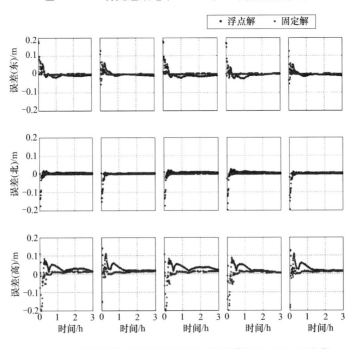

图7.39　CKIS 测站单系统（GPS）、双系统（GR、GE、GC）和
四系统（GREC）PPP 浮点解和固定解的坐标误差序列

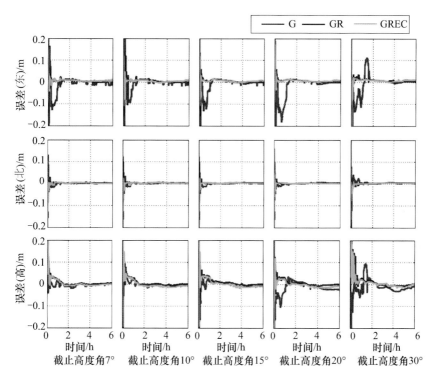

图 7.40　PARK 测站单 GPS、双系统和四系统 PPP 固定解在截止
高度角 7°、10°、15°、20° 和 30° 下的定位误差序列

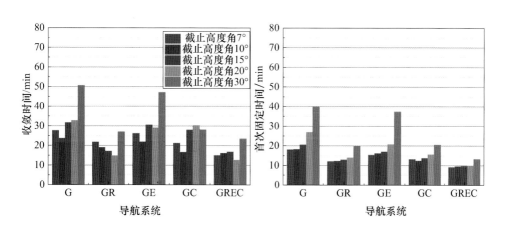

图 7.41　不同截止高度角下 PPP 浮点解的收敛时间和
PPP 固定解的首次固定时间统计

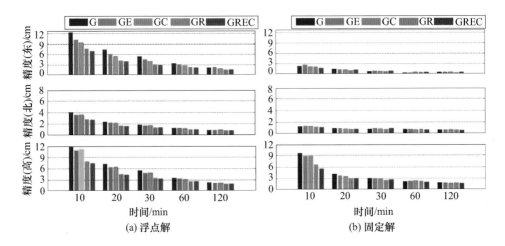

图 7.42　不同时间长度（10min、20min、30min、60min 和 120min）

下静态 PPP 浮点解和固定解的定位精度

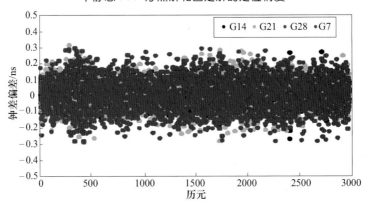

图 8.4　估计的高采样率钟差与 CODE 最终产品的差值

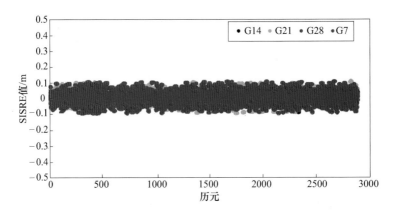

图 8.6　GPS 4 颗卫星的 SISRE 值

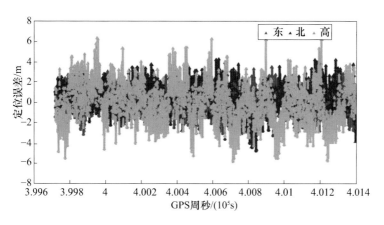

图 8.7　单历元 PPP 浮点解定位结果误差

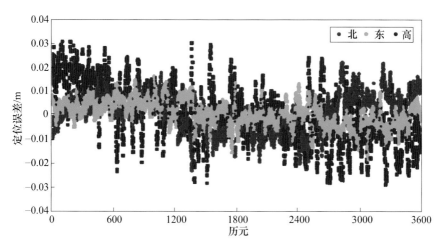

图 8.8　动态 PPP 误差

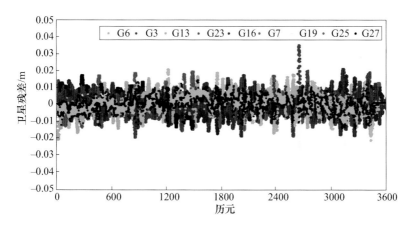

图 8.9　卫星残差

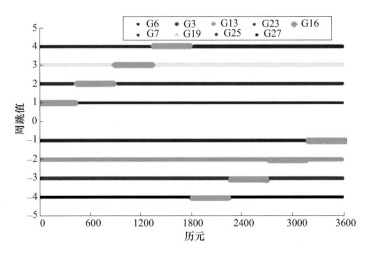

图 8.10　L1 引入的周跳值

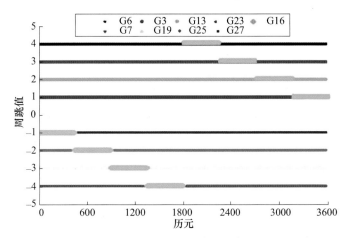

图 8.11　L2 引入的周跳值

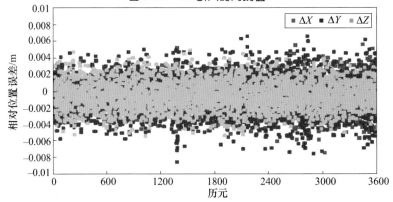

图 8.16　相对位置的误差(L3,1s)

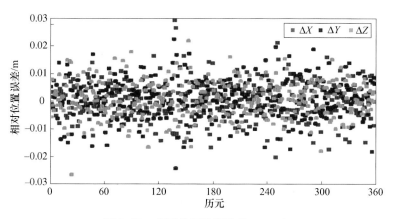

图 8.17　相对位置的误差(L3,10s)

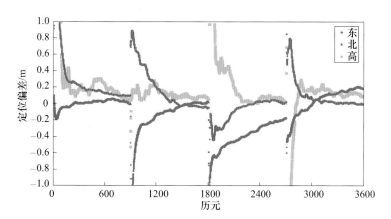

图 8.18　未进行周跳固定的 PPP 解(1s)

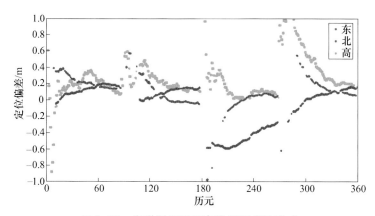

图 8.19　未进行周跳固定的 PPP 解(10s)

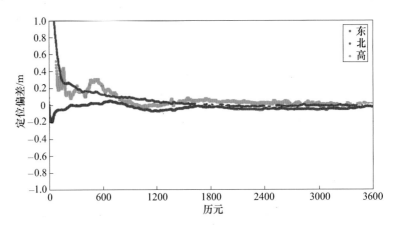

图 8.20　进行周跳固定的 PPP 解(1s)

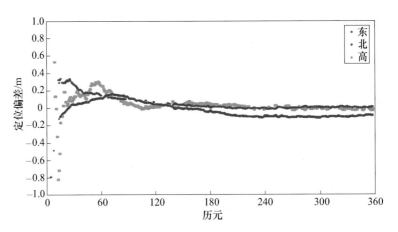

图 8.21　进行周跳固定的 PPP 解(10s)

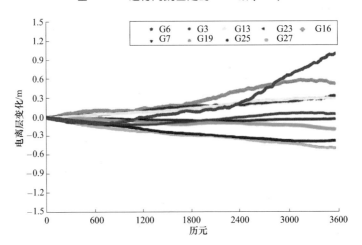

图 8.22　相对电离层延迟随时间的变化

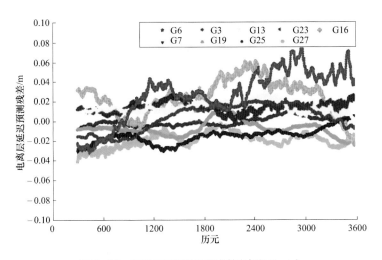

图 8.23 　电离层延迟预测残差（中断 5min）

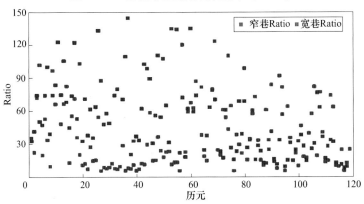

图 8.24 　数据中断 2min 条件下周跳固定的 Ratio 值

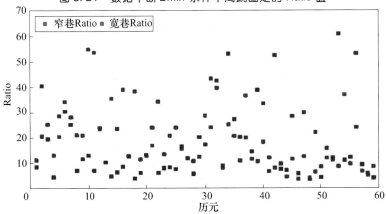

图 8.25 　数据中断 5min 条件下周跳固定的 Ratio 值

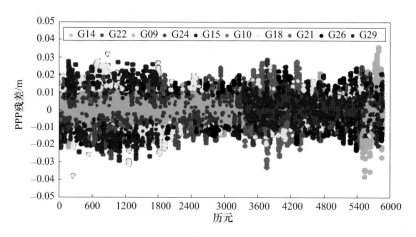

图 8.27　后处理动态 PPP 残差

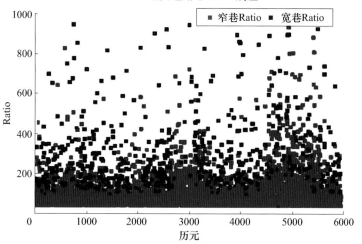

图 8.28　WL 和 NL Ratio 值

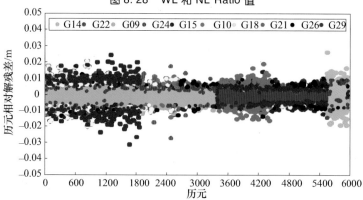

图 8.29　历元相对解的残差

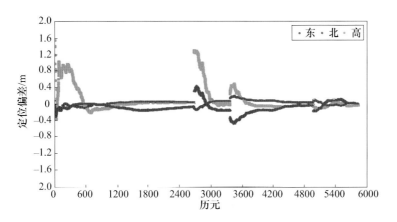

图 8.30　PPP 解(不固定周跳)

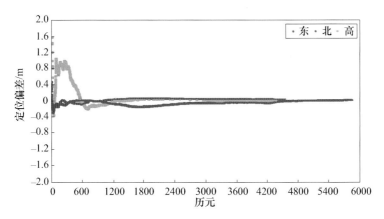

图 8.31　PPP 解(固定周跳)

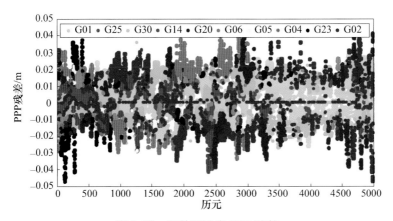

图 8.33　后处理动态 PPP 残差

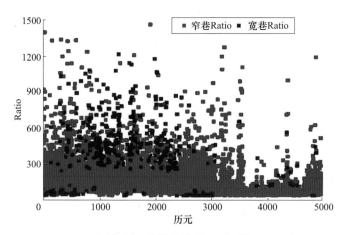

图 8.34　宽巷和窄巷 Ratio 值

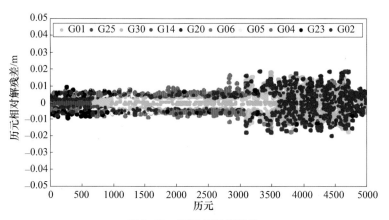

图 8.35　历元相对解残差

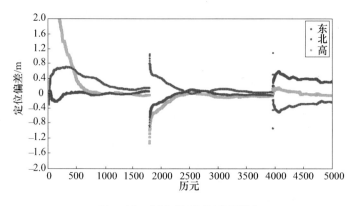

图 8.36　PPP 解(不固定周跳)

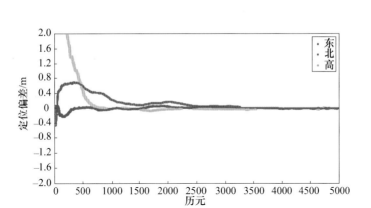

图 8.37　PPP 解(固定周跳)

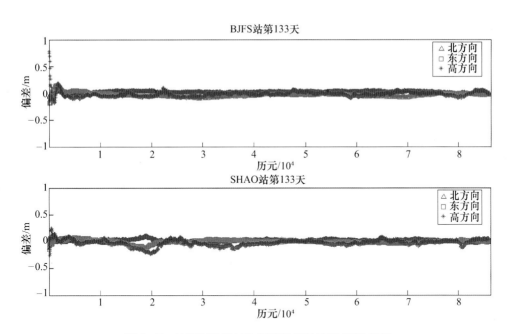

图 8.40　BJFS 和 SHAO 跟踪站实时动态 PPP 结果

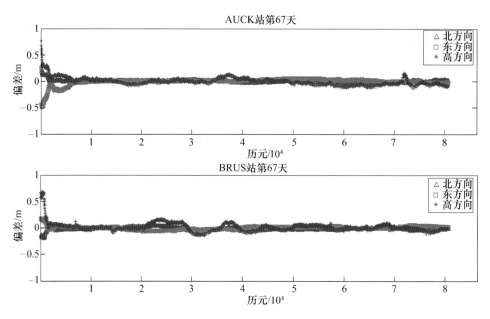

图 8.41 AUCK 与 BRUS 跟踪站实时动态 PPP 结果

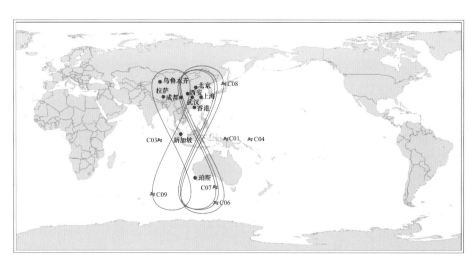

图 8.42 GPS + BDS 跟踪网分布

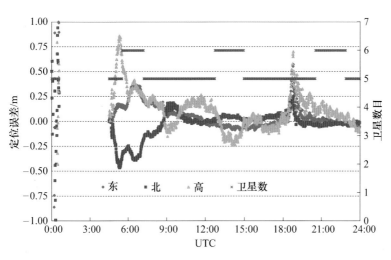

图 8.43　CHDU 测站模拟 BDS 实时 PPP 动态定位与
静态单天解的差异（2011 年年积日第 247 天）

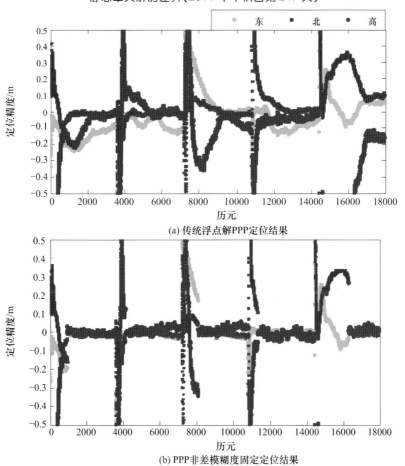

(a) 传统浮点解PPP定位结果

(b) PPP非差模糊度固定定位结果

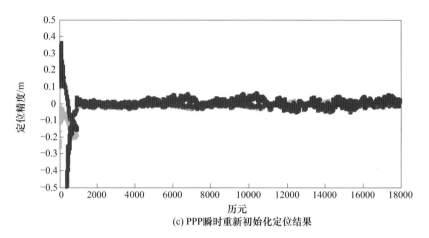

(c) PPP瞬时重新初始化定位结果

图 9.1　动态 PPP 解的定位误差

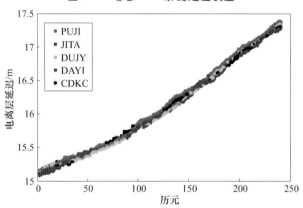

图 9.3　5 个测站上计算得到的 PRN04 号卫星的电离层延迟

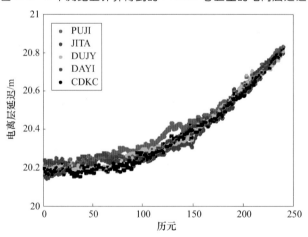

图 9.4　5 个测站上计算得到的 PRN02 号卫星的电离层延迟

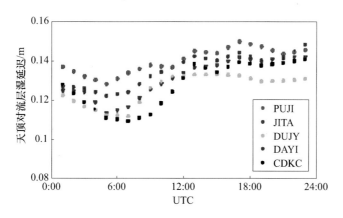

图 9.5　5 个测站上的天顶对流层湿延迟

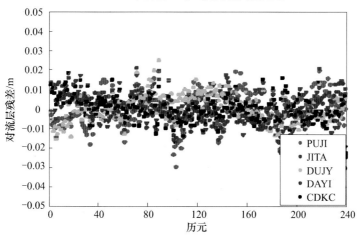

图 9.6　5 个测站上 PRN04 号卫星的对流层残差

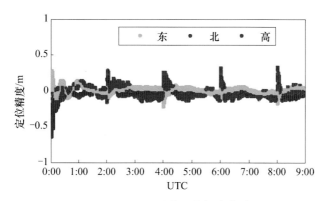

图 9.9　A17D 站动态浮点解定位结果

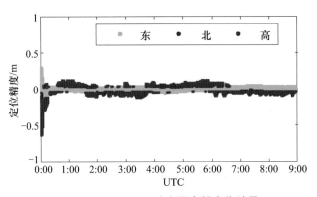

图 9.10　A17D 站动态固定解定位结果

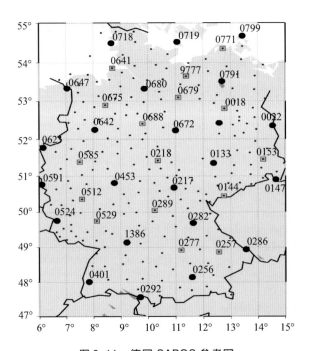

图 9.11　德国 SAPOS 参考网

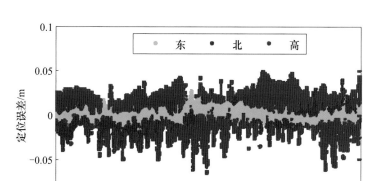

图 9.16　2012 年年积日第 43 天测站 0675 的定位误差

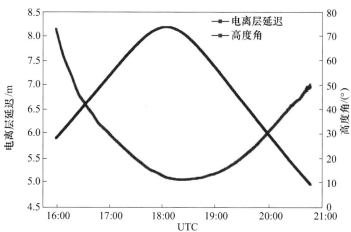

图 9.17　测站 0642 从 16:00 到 21:00 期间卫星 PRN15 观测的电离层延迟及其高度角

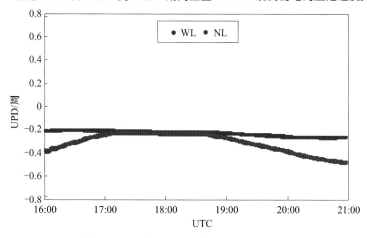

图 9.20　卫星 PRN15 的 WL 和 NL UPD

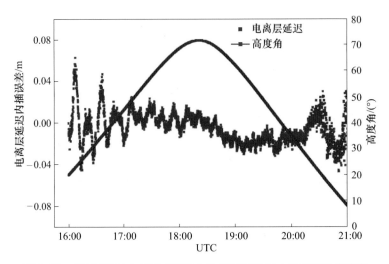

图 9.21　测站 0675 上卫星 PRN15 的电离层延迟内插误差及高度角

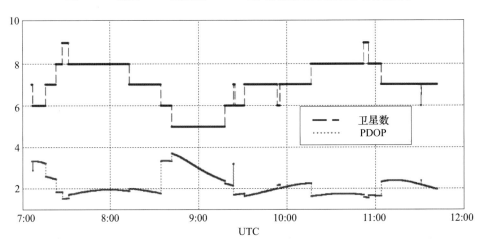

图 10.7　飞行期间的观测卫星数和 PDOP 值

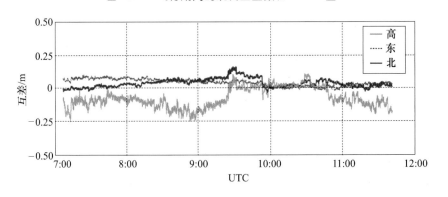

图 10.8　TriP 每历元的解算出的坐标与双差解的坐标在北、东、高方向上的差值

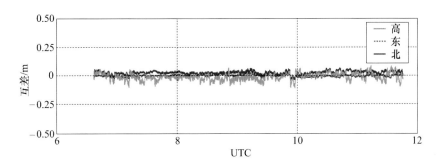

图 10.9　TriP 静态基准站模拟动态解算各历元坐标与已知坐标在北、东、高分量的差值

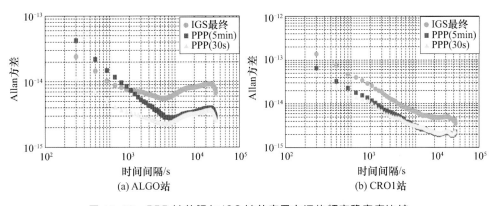

图 10.12　PPP 钟差解与 IGS 钟差产品之间的频率稳定度比较

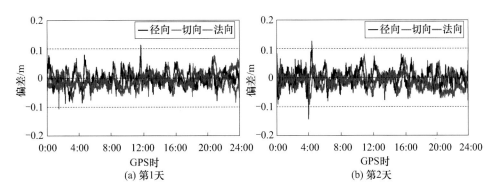

图 10.14　GRACE-A 卫星年积日第 1、2 天的定轨结果偏差

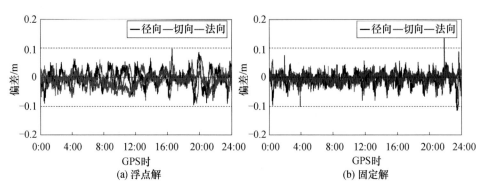

图 10.15　GRACE‒A 卫星浮点解和固定解定轨偏差（年积日第 5 天）

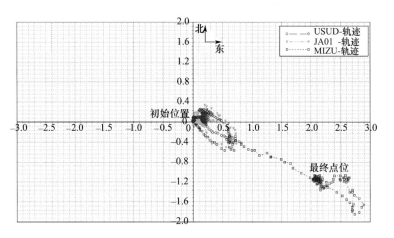

图 10.19　近震测站震时水平向运动轨迹（UTC 5：46—5：56）

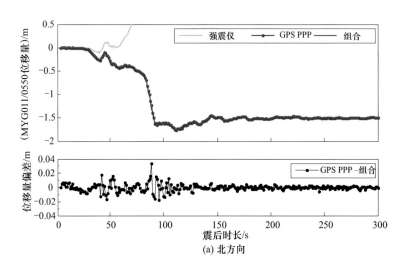

(a) 北方向

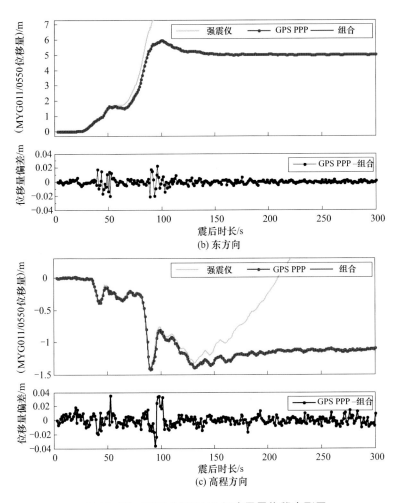

(b) 东方向

(c) 高程方向

图 10.20   0550/MYG011 组合同震位移序列图

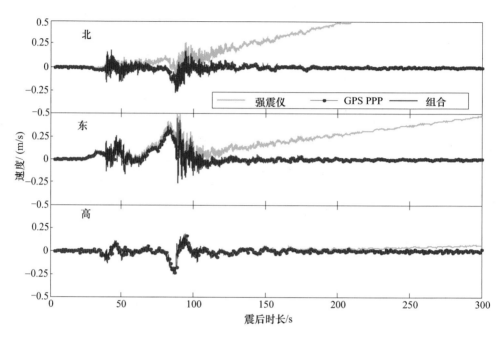

图 10.21　MYG011/0550 组合速度序列图(地震发生后 300s 内)

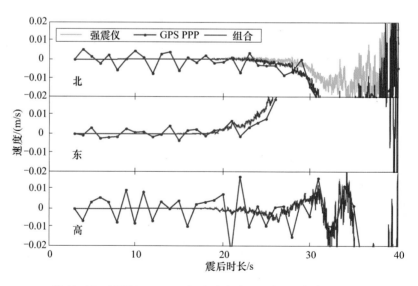

图 10.22　MYG011/0550 组合速度序列图(地震发生后 40s)

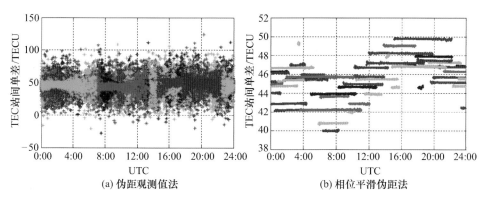

(a) 伪距观测值法

(b) 相位平滑伪距法

图 10.24 AREG - AREV TEC 站间单差结果

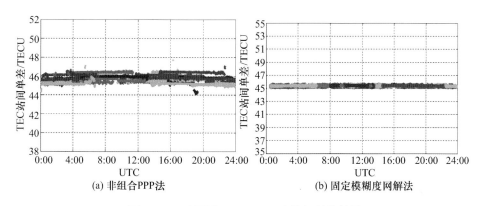

(a) 非组合PPP法

(b) 固定模糊度网解法

图 10.25 AREG - AREV TEC 站间单差结果

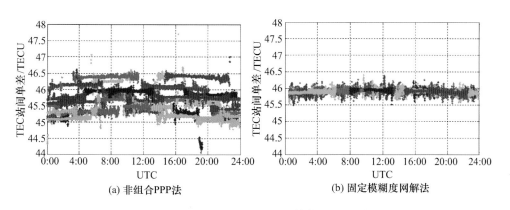

(a) 非组合PPP法

(b) 固定模糊度网解法

图 10.26 AREG - AREV TEC 站间单差结果(纵轴放大)

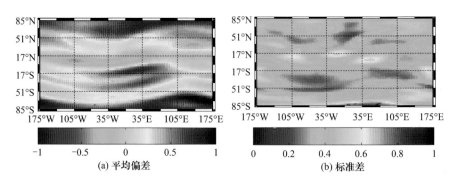

图 10.27　2017 年第 201～260 天 PPP 固定解和相位
平滑伪距方法生成电离层产品平均偏差和标准差

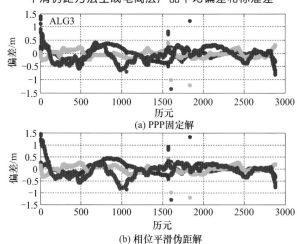

图 10.28　2017 年 7 月 20 日 ALG3 站采用不同电离层产品进行单频 PPP 定位偏差序列

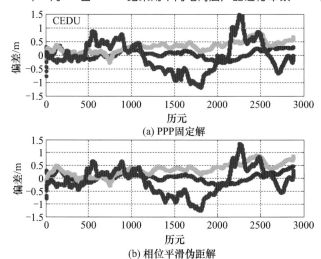

图 10.29　2017 年 7 月 20 日 CEDU 站采用不同电离层产品进行单频 PPP 定位偏差序列

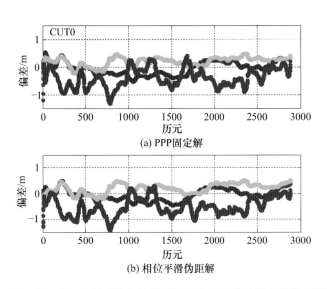

(a) PPP固定解

(b) 相位平滑伪距解

图 10.30　2017 年 7 月 20 日 CUT0 站采用不同电离层产品进行单频 PPP 偏差序列

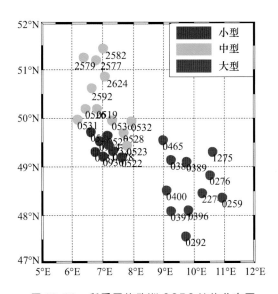

图 10.31　所采用的欧洲 CORS 站的分布图

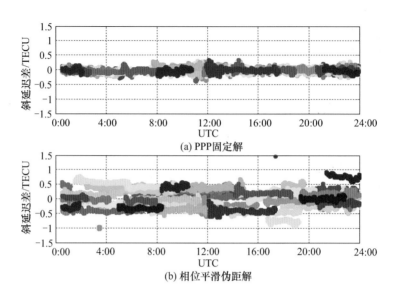

图 10.32　小型网中 0932 站提取的电离层观测值与内插值偏差序列图

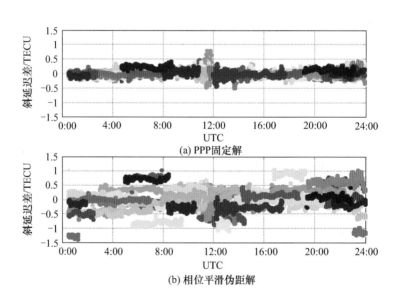

图 10.33　中型网中 0528 站提取的电离层观测值与内插值偏差序列图

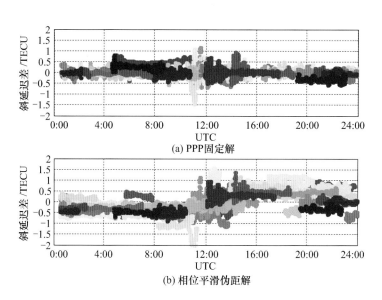

(a) PPP固定解

(b) 相位平滑伪距解

图 10.34　大型网中 0396 站提取的电离层观测值与内插值偏差序列图

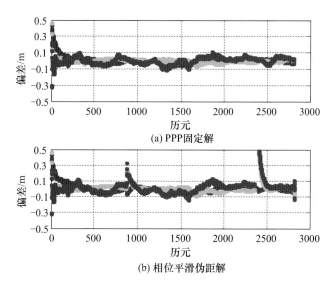

(a) PPP固定解

(b) 相位平滑伪距解

图 10.35　小型网中 0932 站采用不同电离层内插产品进行单频 PPP 偏差序列图

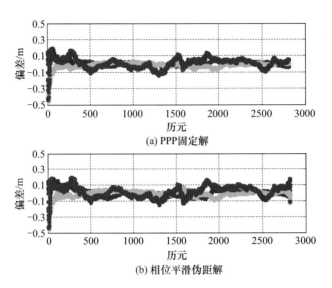

(a) PPP固定解

(b) 相位平滑伪距解

图 10.36 中型网中 0528 站采用不同电离层内插产品进行单频 PPP 偏差序列图

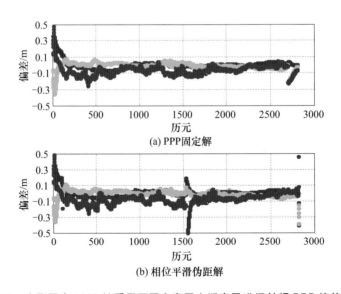

(a) PPP固定解

(b) 相位平滑伪距解

图 10.37 大型网中 0396 站采用不同电离层内插产品进行单频 PPP 偏差序列图

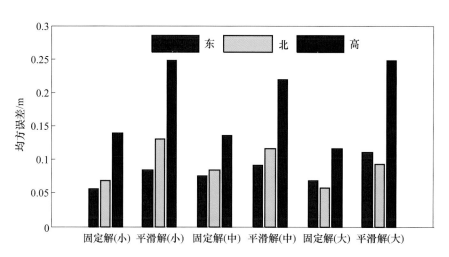

图 10.38　不同类型参考网单频 PPP 解的 RMS 统计图

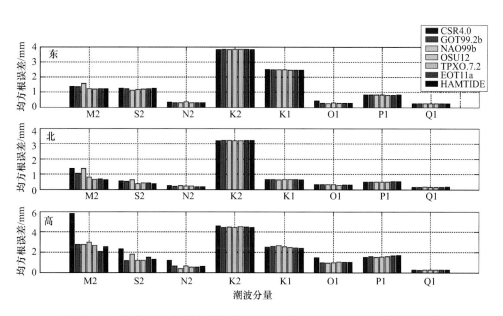

图 10.45　动态 PPP 海潮负荷位移估值(固定解)和模型之间的均方根误差

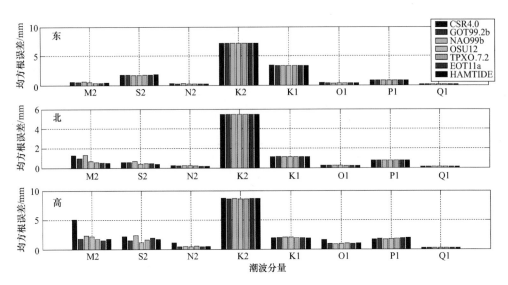

图 10.46　动态 PPP 海潮负荷位移估值（浮点解）和模型之间的均方根误差

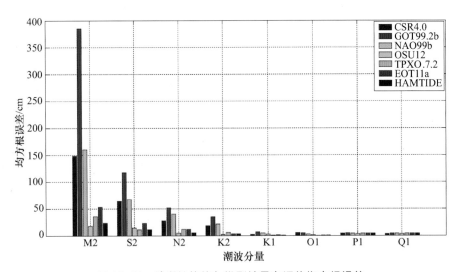

图 10.49　验潮站估值与模型结果之间的均方根误差

据的周跳探测。另外,该方法也不受卫星与接收机钟差的影响。

（2）由于与载波相位相比,测码伪距的噪声水平要高很多,因此该方法仅适用于较大周跳的探测。

（3）对于高采样率数据,由于历元间电离层折射延迟变化较小,因而更有利周跳探测。

（4）不适用于低轨星载跟踪数据,由于卫星运动速度快,即使在电离层平静的时期,两个相邻历元的电离层折射延迟差异仍然很大。

4.3.3　双频码相组合法

双频码相组合法是指利用双频载波相位和测码伪距组合观测值来探测/修复周跳这一类方法的总称。Melbourne-Wübbena(简称为 MW)组合是一种常用的双频码相线性组合,它广泛应用于 GNSS 载波相位的周跳探测[9-10]。

给定双频载波相位 φ_1、φ_2 和伪距观测值 P_1、P_2,可构造 MW 组合观测值

$$\mathrm{MW} = \frac{f_1 - f_2}{f_1 + f_2}\left(\frac{P_1}{\lambda_1} + \frac{P_2}{\lambda_2}\right) - (\varphi_1 - \varphi_2) = N_1 - N_2 \tag{4.51}$$

式中:f_1 和 f_2 为载波频率;λ_1 和 λ_2 为载波波长;$\varphi_1 - \varphi_2$ 为载波相位的宽巷(WL)组合(φ_{WL});$N_1 - N_2$ 为宽巷模糊度(N_{WL})。MW 组合观测值消除了电离层、对流层、钟差和星 - 地几何距离的影响,等式右侧仅剩宽巷模糊度。因此,在未发生周跳时 MW 检验量将在一常数(N_{WL})附近波动,而当有周跳发生时,该检验量将产生突变。

因此,逐历元计算各卫星的 MW 组合观测值,并通过历元间差分方法获得周跳探测检验量 $\Delta\mathrm{MW}$。若 $\Delta\mathrm{MW}$ 大于设定的阈值则判定其发生周跳,否则认为无周跳发生。阈值的设置主要取决于伪距观测值的噪声水平。

图 4.14 ~ 图 4.17 所示为 $\Delta\mathrm{MW}$ 时间序列与卫星高度角、采样间隔的关系。从图中不难发现,检验量 $\Delta\mathrm{MW}$ 呈零均值白噪声特性。MW 组合法不受采样间隔影响,其探测周跳的能力主要取决于伪距观测值的噪声水平。当卫星高度角较低(小于 30°)时,由于伪距噪声较大,导致 MW 组合法对周跳的灵敏度较低,难以准确探测出 2 周以内的小周跳;随着卫星高度角的上升,MW 组合观测值的噪声逐渐减小并趋于稳定,其周跳探测的能力有所提升。例如,当卫星高度角升至 45°及以上时,历元差分后的 MW 组合观测值绝大多数分布在 ±0.5 周,能够较准确地探测出 1 ~ 2 周的小周跳。

双频 MW 组合法具有如下特点:

（1）MW 组合不受接收机和卫星的几何位置、电离层折射以及卫星和接收机钟差影响,因而适用于动态、非差观测值的周跳探测。

（2）虽然与载波相位相比,伪距的噪声水平要高很多,但此方法所构造的是宽巷观测值(其波长较长,以 GPS 为例,$\lambda_{\mathrm{MW}} \approx 0.86\mathrm{m}$),因而可以探测出小周跳。

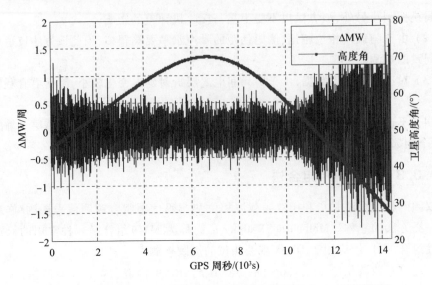

图 4.14　双频 MW 组合观测值历元差分时序图（静态，1s 采样间隔）

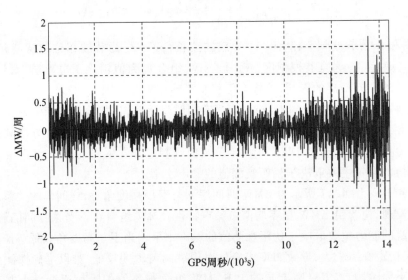

图 4.15　双频 MW 组合观测值历元差分时序图（静态，10s 采样间隔）

（3）此方法无法独立地区分出发生周跳的频率，且当两个频率上发生的周跳数值相等或接近时，该检验量失效。

4.3.4　双频电离层残差法

电离层残差法，通常又称为无几何（GF）距离组合法，是指利用双频载波相位观测值的电离层残差来探测与修复周跳。电离层残差法探测周跳的基本思想是考察不同历元间电离层残差的变化。利用同一历元的双频载波相位观测值，构造 GF 组合

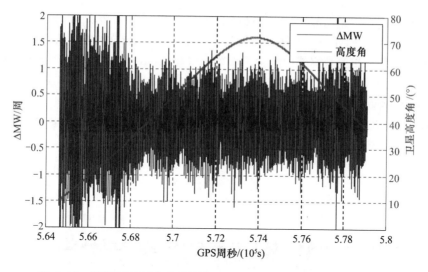

图 4.16　双频 MW 组合观测值历元差分时序图(动态,1s 采样间隔)

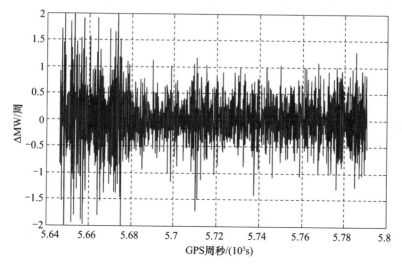

图 4.17　双频 MW 组合观测值历元差分时序图(动态,10s 采样间隔)

观测值:

$$
\begin{aligned}
\mathrm{GF} &= \lambda_1 \varphi_1 - \lambda_2 \varphi_2 = \\
&\quad \lambda_1 N_1 - \lambda_2 N_2 + \delta I_1 - \delta I_2 = \\
&\quad \lambda_1 N_1 - \lambda_2 N_2 + \left(1 - \frac{f_1^2}{f_2^2}\right)\delta I_1
\end{aligned} \tag{4.52}
$$

式中:f_1 和 f_2 为双频载波频率;λ_1、λ_2 和 N_1、N_2 为对应的载波波长和模糊度;δI_1 为第一个频点上的电离层延迟误差。若不考虑载波相位观测值的噪声和多路径效应,GF 组合观测值仅与双频模糊度和电离层延迟有关。

逐历元计算各卫星的 GF 组合观测值,并通过历元间求差获得周跳探测检验量 ΔGF。一般而言,相邻两历元间电离层残差非常小,任何异常的变化都可以表明在一个或两个频率的相位观测值中发生了周跳。因此,若 ΔGF 大于设定的阈值则判定其发生周跳,否则认为无周跳发生。阈值的设置主要取决于历元间电离层延迟的残差,对于 30s 以内的采样间隔,阈值通常可取为 $0.05 \sim 0.10m$。

类似地,利用不同采样间隔(1s 和 10s)的静态/动态观测数据,采用 GF 组合法构造得到的周跳检验量 ΔGF 时间序列,如图 4.18~图 4.21 所示。

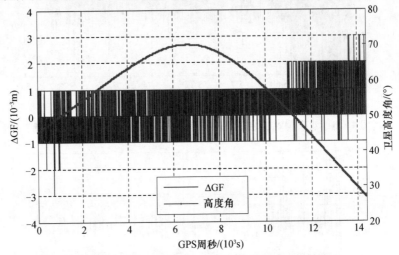

图 4.18 双频 GF 组合观测值历元差分时序图(静态,1s 采样间隔)

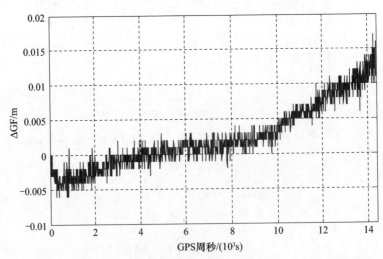

图 4.19 双频 GF 组合观测值历元差分时序图(静态,10s 采样间隔)

由图可知,GF 组合法因消除了几何距离项的影响,同时适用于静态和动态观测数据,且明显受到观测值采样间隔和卫星高度角的影响。未发生周跳时,相邻历元间

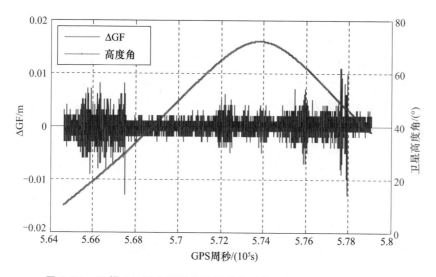

图 4.20　双频 GF 组合观测值历元差分时序图（动态,1s 采样间隔）

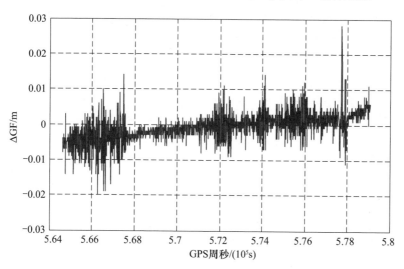

图 4.21　双频 GF 组合观测值历元差分时序图（动态,10s 采样间隔）

电离层残差的变化非常小,仅为几毫米每秒。当卫星高度角较低时,受载波相位观测值噪声影响,对应的电离层残差变化相对较大,但其数值仍然小于 0.05m。以 GPS 为例,假设在某一历元时刻仅在 L1 载波上发生 1 周的周跳,对应的检验量 ΔGF 数值近似于 0.19m,该数值显著大于电离层残差的变化,因此,很容易将其准确探测出来。

综合上述,电离层残差法具有如下特点:

（1）组合观测值不受接收机和卫星的几何位置影响,因而该方法适用于动态、非差数据的周跳探测。

（2）该方法也不受卫星和接收机钟差的影响。

（3）由于仅由载波相位观测值构造周跳检验量,因而其精度较高,可以探测小周跳。

（4）但需要指出的是,该方法是基于电离层平静的假设,即相邻历元间电离层折射延迟差异很小。因此,在电离层活跃期或者电离层环境差异较大时(如低轨卫星星载数据),该方法将难以准确探测周跳。此外,若在两个频率上发生了特殊的周跳也可以得到较小的电离层残差值,即该方法对 $\lambda_1 N_1 = \lambda_2 N_2$ 的周跳组合不敏感。

由于 GF 组合和 MW 组合数学模型上的特点,导致各自存在一定的探测盲区,即都有不敏感的周跳组合。因此,在 PPP 中通常需要联合两种或多种方法进行周跳探测。此外,周跳的大小也可根据这两个组合观测值唯一确定,进而实现对周跳的修复。

为了验证 MW 组合法和 GF 组合法进行周跳探测的效果,在经事先确认为"干净"的观测数据上,人为模拟不同的周跳组合,并分别采用这两种方法进行探测。模拟周跳的历元位置及其大小如表 4.1 所列,相应的周跳探测结果如图 4.22、图 4.23 所示。

表 4.1　周跳模拟的位置及相关变量的变化

历元编号	φ_1/周	φ_2/周	ΔMW/周	ΔGF/m
300	0	1	-1	-0.244
600	-1	-1	0	0.054
900	2	2	0	-0.108
1200	9	7	2	0.003
1500	18	14	4	0.006
1800	3	2	1	0.083
2100	7	4	3	0.355
2400	2	4	-2	-0.596
2700	-4	-1	-5	-0.517

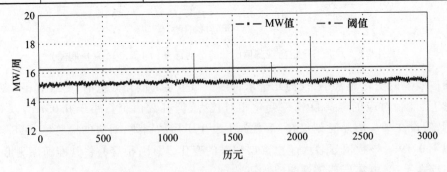

图 4.22　MW 组合观测值序列(见彩图)

由上述图表可以看出,在第 600 和 900 历元处,利用 MW 组合方法无法探测出两个频率上的大小相同的周跳,而 GF 组合准确探测出了这两处周跳。在第 1200 和

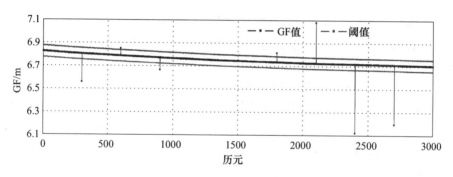

图 4.23　GF 组合观测值序列(见彩图)

1500 历元处,利用 GF 组合方法无法探测出双频比值为 9∶7 的周跳组合,而 MW 组合则准确探测出了这两处周跳。除了上述的几组特殊组合外,其余各历元处的周跳利用这两种方法也都能十分准确地探测出来。因此,将两种方法结合起来能消除各自的盲区,几乎可以探测出所有周跳,这也是当前 PPP 双频周跳探测广泛采用的方法[11]。

4.3.5　三频周跳探测与修复

近年来,随着 GNSS 多频多系统的发展,基于三频(或多频)观测值的周跳探测与修复方法应运而生,且多频载波相位观测值可以提供更多长波长、弱电离层和低噪声的组合观测值,有利于周跳(特别是中小周跳)的探测与修复[12]。本节主要以 GPS 为例,介绍三频载波相位观测值的周跳探测与修复方法。

4.3.5.1　三频观测值线性组合

三频载波相位观测值线性组合的一般形式可表示为

$$\varphi_{\alpha,\beta,\gamma} = \alpha \cdot \varphi_1 + \beta \cdot \varphi_2 + \gamma \cdot \varphi_3 \tag{4.53}$$

式中:α、β、γ 为线性组合因子。线性组合观测值 $\varphi_{\alpha,\beta,\gamma}$ 对应的频率为 $f_{\alpha,\beta,\gamma}$、波长为 $\lambda_{\alpha,\beta,\gamma}$、整周模糊度为 $N_{\alpha,\beta,\gamma}$、电离层延迟改正为 $\delta I_{\alpha,\beta,\gamma}$、量测噪声为 $\sigma_{\alpha,\beta,\gamma}$(以周为单位),且具有如下特性:

$$f_{\alpha,\beta,\gamma} = \alpha f_1 + \beta f_2 + \gamma f_3 \tag{4.54}$$

$$\lambda_{\alpha,\beta,\gamma} = c/f_{\alpha,\beta,\gamma} \tag{4.55}$$

$$N_{\alpha,\beta,\gamma} = \alpha N_1 + \beta N_2 + \gamma N_3 \tag{4.56}$$

$$\delta I_{\alpha,\beta,\gamma} = -\frac{A}{f_1 \cdot f_2 \cdot f_3} \cdot \frac{\alpha f_2 f_3 + \beta f_1 f_3 + \gamma f_1 f_2}{\alpha f_1 + \beta f_2 + \gamma f_3} \tag{4.57}$$

$$\sigma_{\alpha,\beta,\gamma} = \sqrt{(\alpha \sigma_1)^2 + (\beta \sigma_2)^2 + (\gamma \sigma_3)^2} \tag{4.58}$$

式中:$A = -40.3 \int_s N_e \mathrm{d}s$;$c$ 为真空中的光速。

组合系数 α、β、γ 根据不同的标准(例如几何距离、波长、电离层、噪声)采用不同的取值。特别地,当其中一个系数为 0 时,为双频组合;当其中两个系数为 0 时,为单频观测值。

4.3.5.2 TCAR 法探测与修复周跳

TCAR 是三频载波相位模糊度解算的一种算法,它的基本原理是在三频之间通过构造若干独立的载波相位组合观测方程依次确定 3 个频率的整周未知数。借鉴这种思想,TCAR 方法同样适用于三频的周跳探测与修复。

1)基本算法

采用 TCAR 方法探测与修复周跳涉及的几个线性组合,其组合系数、波长、噪声及电离层放大因子如表 4.2 所列。

表 4.2 三频载波相位线性组合特性

线性组合观测值	α	β	γ	波长/m	噪声/m	电离层放大因子
$\varphi_{(0,1,-1)}$	0	1	-1	5.86	0.1	-1.72
$\varphi_{(1,-3,2)}$	1	-3	2	1.22	0.06	-1.10
$\varphi_{(1,0,-1)}$	1	0	-1	0.75	0.01	-1.34
$\varphi_{(-3,1,3)}$	-3	1	3	9.76	0.6	118.10

TCAR 法探测与修复周跳的流程如图 4.24 所示,主要包括以下 4 个步骤。

第一步:探测与修复 $\varphi_{(0,1,-1)}$ 组合观测值的周跳。

$\varphi_{(0,1,-1)}$ 组合观测值的周跳探测和 4.3.3 节中的双频 MW 组合法类似。利用 L2、L5 频率的伪距和载波相位观测值构造 MW 组合,单位为周。

$$\mathrm{MW}_{(L2,L5)} = \frac{f_2 - f_5}{f_2 + f_5}\left(\frac{P_2}{\lambda_2} + \frac{P_5}{\lambda_5}\right) - (\phi_2 - \phi_5) = N_2 - N_5 = N_{(0,1,-1)} \qquad (4.59)$$

由表 4.2 知,$\varphi_{(0,1,-1)}$ 组合观测值的波长为 5.86m,远远大于 MW 组合观测值的噪声(0.1m),利用 $\mathrm{MW}_{(L2,L5)}$ 组合的历元差分序列即可准确探测并修复宽巷周跳 $\Delta N_{(0,1,-1)}$,最终得到无周跳的 $\varphi_{(0,1,-1)}$ 组合观测值。

第二步:探测与修复 $\varphi_{(1,-3,2)}$ 组合观测值的周跳。

$\varphi_{(1,-3,2)}$ 组合观测值的周跳探测类似于 4.3.4 节中的 GF 组合法。联合 $\varphi_{(0,1,-1)}$ 和 $\varphi_{(1,-3,2)}$ 载波相位观测值,构造无几何距离观测量 L_{GF1},单位为米。

$$L_{\mathrm{GF1}} = \lambda_{(0,1,-1)}\varphi_{(0,1,-1)} - \lambda_{(1,-3,2)}\varphi_{(1,-3,2)} =$$
$$-(\lambda_{(0,1,-1)}N_{(0,1,-1)} - \lambda_{(1,-3,2)}N_{(1,-3,2)}) - \delta I_{\mathrm{GF1}} \qquad (4.60)$$

式中:δI_{GF1} 为组合观测值 L_{GF1} 的电离层残差,根据表 4.2 可得

$$\delta I_{\mathrm{GF1}} \approx [-1.72\delta I_1 - (-1.10\delta I_1)] = -0.62\delta I_1 \qquad (4.61)$$

由于相邻历元间电离层折射延迟变化不大,且由步骤一获得的 $\varphi_{(0,1,-1)}$ 组合观测值不含周跳,因此,历元差分后式(4.60)的右侧仅剩下 $\lambda_{(1,-3,2)}\Delta N_{(1,-3,-2)}$ 和观测噪声

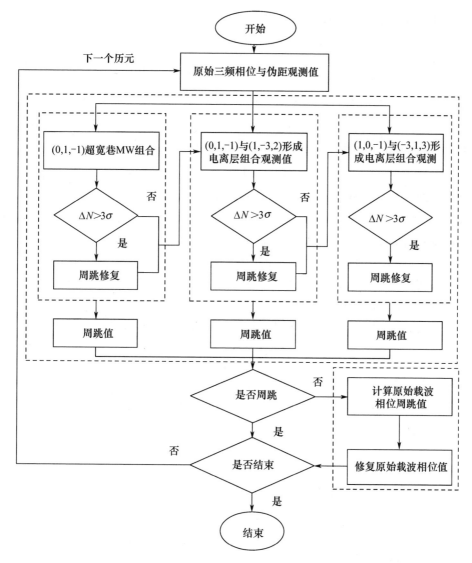

图 4.24　TCAR 法探测与修复三频载波相位周跳流程

项。根据表 4.2，$\varphi_{(1,-3,2)}$ 载波相位组合观测值的波长为 1.22m，远大于噪声水平（0.06m）。因此，利用 L_{GF1} 组合观测值的差分序列容易探测并修复 $\varphi_{(1,-3,2)}$ 组合观测值的周跳 $\Delta N_{(1,-3,-2)}$。

第三步：探测与修复 $\varphi_{(-3,1,3)}$ 组合观测值的周跳。

由于三频载波相位仅存在两个独立的宽巷组合观测值，经过前两步，在三频之间已经构造了两个独立的宽巷组合观测值，接下来需要再构造一个窄巷组合观测值来辅助两个宽巷组合观测值确定 3 个频率上所发生的周跳。

为此，首先利用前两步周跳探测与修复之后的 $\varphi_{(0,1,-1)}$ 与 $\varphi_{(1,-3,2)}$ 组合观测值形成无周跳且观测噪声较小的 $\varphi_{(1,0,-1)}$ 组合观测值 $\varphi_{(1,0,-1)}$，即

$$\varphi_{(1,0,-1)} = 3\varphi_{(0,1,-1)} + \varphi_{(1,-3,2)} \tag{4.62}$$

然后，联合 $\varphi_{(1,0,-1)}$ 与 $\varphi_{(-3,1,3)}$ 组合观测值构成无几何距离观测量 L_{GF2}（单位为米）：

$$L_{GF2} = \lambda_{(1,0,-1)}\varphi_{(1,0,-1)} - \lambda_{(-3,1,3)}\varphi_{(-3,1,3)} =$$
$$-(\lambda_{(1,0,-1)}N_{(1,0,-1)} - \lambda_{(-3,1,3)}N_{(-3,1,3)}) - \delta I_{GF2} \tag{4.63}$$

类似地，δI_{GF2} 为组合观测值 L_{GF2} 的电离层残差，根据表4.2可得

$$\delta I_{GF2} \approx [-1.34\delta I_1 - (118.10\delta I_1)] = 119.44\delta I_1 \tag{4.64}$$

尽管电离层残差放大因子较大，但其历元差分后差残余误差仍然远远小于 $\varphi_{(-3,1,3)}$ 组合观测值的波长（9.76m）。因此，利用 L_{GF2} 可准确探测并修复 $\varphi_{(-3,1,3)}$ 组合观测值的周跳 $\Delta N_{(-3,1,3)}$。

第四步：计算原始载波相位观测值的周跳。

经过前三步可以探测并确定各组合观测值的周跳。如果3个组合观测值都无周跳发生，则认为原始的载波相位观测值也无周跳。而如果其中任何一个组合观测值发生周跳，则可利用下式计算三频原始载波相位观测值的周跳值：

$$\begin{bmatrix} 0 & 1 & -1 \\ 1 & -3 & 2 \\ -3 & 1 & 3 \end{bmatrix} \begin{bmatrix} \Delta N_1 \\ \Delta N_2 \\ \Delta N_5 \end{bmatrix} = \begin{bmatrix} \Delta N_{(0,1,-1)} \\ \Delta N_{(1,-3,2)} \\ \Delta N_{(-3,1,3)} \end{bmatrix} \tag{4.65}$$

或

$$\begin{bmatrix} \Delta N_1 \\ \Delta N_2 \\ \Delta N_5 \end{bmatrix} = \begin{bmatrix} 11 & 4 & 1 \\ 9 & 3 & 1 \\ 8 & 3 & 1 \end{bmatrix} \begin{bmatrix} \Delta N_{(0,1,-1)} \\ \Delta N_{(1,-3,2)} \\ \Delta N_{(-3,1,3)} \end{bmatrix} \tag{4.66}$$

式中：ΔN_1、ΔN_2 和 ΔN_5 分别为 L1、L2 和 L5 载波上的周跳数值。

2）算例分析

以某 IGS 跟踪站的静态 GPS 观测数据为例，数据采样间隔为15s。选取其中能够提供三频载波相位观测值的 PRN 25 卫星进行分析，经事先确认，该卫星在某一连续弧段内无周跳发生。因此，采用人工模拟方式在第300、800、1200历元对应的 L1、L2 和 L5 这3个频率上模拟(1,0,0)、(0,1,0)和(0,0,1)周跳，利用上述方法进行周跳探测与修复。

图4.25 所示为 $\varphi_{(1,-1,0)}$ MW 组合观测值的历元差分序列，即由 L1、L2 双频构成的 MW 组合周跳检验量。受伪距噪声影响，该组合仅能探测2~3周以上的周跳，因此，在第300、800历元处模拟的1周周跳完全被噪声所掩盖。

图4.26 所示为 $\varphi_{(0,1,-1)}$ MW 组合观测值的历元差分序列，即由 L2、L5 双频构成

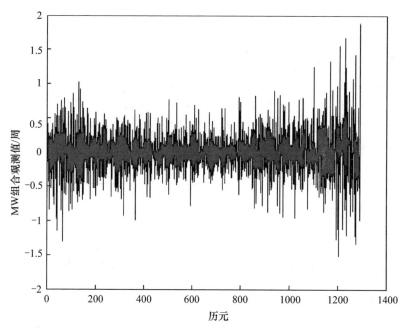

图 4.25　(1,−1,0)MW 组合周跳检验量

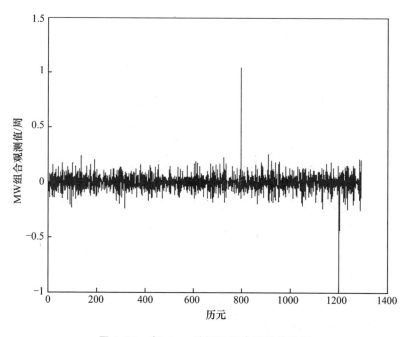

图 4.26　(0,1,−1)MW 组合周跳检验量

的 MW 组合周跳检验量。由于该组合观测值的波长远远大于其噪声水平（约 0.2 周），因此，该检验量对于 1 周的小周跳非常敏感，能够成功探测并准确修复第 800、1200 历元处的周跳。

图 4.27 所示为利用 $\varphi_{(0,1,-1)}$ 和 $\varphi_{(1,-3,2)}$ 载波相位观测值构造的 GF 组合周跳检验量，由于修复后 $\varphi_{(0,1,-1)}$ 载波相位观测值不含周跳，且历元间电离层延迟变化较小，故该检验量仅受 $\varphi_{(1,-3,2)}$ 周跳的影响。同时，由于 $\varphi_{(1,-3,2)}$ 载波相位组合观测值对应的波长远远大于其噪声水平，因此，该检验量能够精确定位周跳发生的位置，并通过直接取整的方法确定周跳的大小。

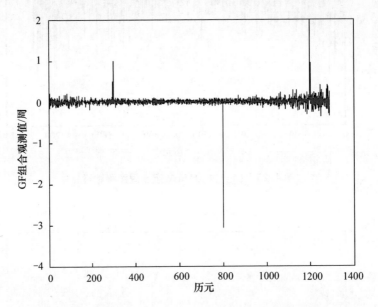

图 4.27 $(0,1,-1)$、$(1,-3,2)$ GF 组合周跳检验量

图 4.28 所示为利用 $\varphi_{(1,0,-1)}$ 与 $\varphi_{(-3,1,3)}$ 组合观测值构造的 GF 组合周跳检验量。需要注意的是，这里的 $\varphi_{(1,0,-1)}$ 并不是直接利用 L1 和 L5 求差，而是由修复后的 $\varphi_{(0,1,-1)}$ 与 $\varphi_{(1,-3,2)}$ 通过式（4.62）线性组合得到的，从而避免了 $\varphi_{(1,0,-1)}$ 周跳的干扰。尽管该检验量的电离层延迟被放大，但 $\varphi_{(1,-3,2)}$ 的波长仍远远大于电离层延迟及观测噪声的影响，能够准确探测并修复在第 300、800、1200 历元处模拟的小周跳。另外，为了削弱低高度角和电离层的影响，还可以在历元差的基础上再次求差，从而获得更加准确的周跳值。

将上述探测出的 $\varphi_{(0,1,-1)}$、$\varphi_{(1,-3,2)}$ 和 $\varphi_{(-3,1,3)}$ 周跳值代入式（4.66），求解得到第 300、800、1200 历元处的周跳分别为 $(1,0,0)$、$(0,1,0)$、$(0,0,1)$，与周跳模拟值完全一致。

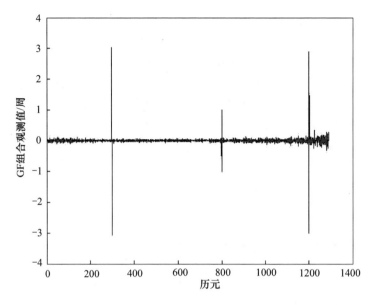

图 4.28　(1,0,−1)、(−3,1,3) GF 组合周跳检验量

4.4　接收机钟跳探测与修复

针对接收机钟跳的普遍现象,本节首先给出接收机钟跳的分类标准,讨论钟跳对周跳探测的影响,在此基础上提出一种基于观测值域的实时钟跳探测与修复方法,并通过算例验证该方法的正确性。需要说明的是,本节虽以 GPS 为例,但其方法同样适用于其他 GNSS。

4.4.1　接收机钟跳及其分类

大地测量型与导航型 GNSS 接收机内部时标一般采用价格较为低廉的石英钟,其稳定度不及卫星端高精度的原子钟。随着测量的进行,接收机钟差会逐渐产生漂移,导致接收机内部时钟与 GPS 时同步误差不断累积。为了尽可能地保持接收机内部时钟与 GPS 时同步,当接收机钟差漂移到某一阈值时,大多数接收机厂商通过对其插入时钟跳跃进行控制,保证其同步精度在一定范围之内。尽管不同的接收机生产厂商对钟差的控制与补偿技术互不相同,但其按钟跳数值量级大致可分为毫秒(ms)级钟跳和微秒(μs)级钟跳。对于毫秒级钟跳,接收机通过周期性地插入整数毫秒的钟差对时钟进行修正,例如 Ashtech Z-12 型接收机、Trimble 5700、JPS-Legacy 接收机等。微秒级跳跃,即频繁钟跳,其时钟修正频率高,但修正数值较小,一般优于微秒量级,例如 Navcom NCT-2000D 接收机、南方零锐 86 接收机等。对于大地测量型 GNSS 接收机,普遍存在毫秒级钟跳现象,而频繁的微秒级钟跳主要发生在一些成本较低的导航型接收机。针对当前 PPP 的算法主要面向双频的大地测量型接收机，因此本书的研究对象为具有整数特性的毫秒级钟跳。

一旦接收机发生钟跳，GNSS 测量中的 3 个基本观测量，即时标、伪距和相位观测值，这三者之间的一致性将被破坏。根据钟跳对 3 个基本观测量的影响方式，可将接收机钟跳分为 4 类，表 4.3 给出了 4 类钟跳的定义与分类标准。

表 4.3　接收机钟跳分类方法

类型	接收机时标	伪距观测值	相位观测值
1	阶跃	连续	连续
2	阶跃	阶跃	连续
3	连续	阶跃	连续
4	连续	阶跃	阶跃

图 4.29～图 4.32 显示了 4 类毫秒级钟跳的基本现象，其中 C1、L1 分别表示伪距和相位观测值（单位：m）；Slip 和 Bias 分别代表接收机输出时标的阶跃及单点定位解算得到的接收机钟差（单位：s）。图 4.29 中椭圆标示为一次第一类钟跳事件，圆角矩形标示为一次第二类钟跳事件。第一类钟跳是在接收机钟差的允许范围内（钟差保持连续），通过持续地调整接收机时标，即触发时标阶跃来实现的，其实质相当于改变了数据的采样频率。第二类钟跳总是在第一类钟跳累积到一定程度时（钟差欲超过接收机厂商设定的阈值），通过定期地插入之前累积的时标阶跃与伪距阶跃来实现，对于 TRIMBLE 类型的接收机其时间间隔通常为 1h。第三类钟跳仅通过调整伪距来控制接收机的钟差，图 4.30、图 4.31 给出了同一类型（SEPT POLARX2）的两款接收机在钟差参数控制方面的差异，其中图 4.30 对应的接收机通过较频繁的 1ms 钟跳将其钟差严格限制在 −0.5～0.5ms 之间；而图 4.31 中对应的接收机则对钟差控制较宽松，在 −10～10ms 内任其漂移，钟跳频次相对较少，但其调整的幅度相对较

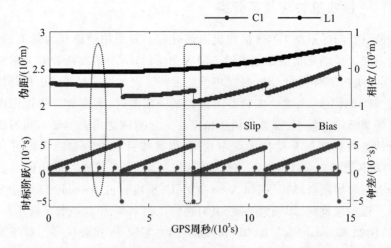

图 4.29　第一、二类接收机钟跳现象（TRIMBLE 4000SSI 接收机）（见彩图）

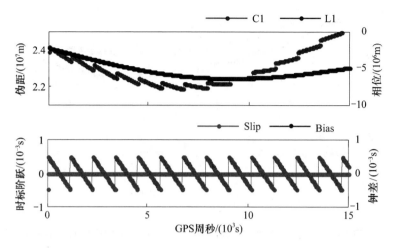

图 4.30　第三类接收机钟跳现象（SEPT POLARX2 接收机，1ms/次）（见彩图）

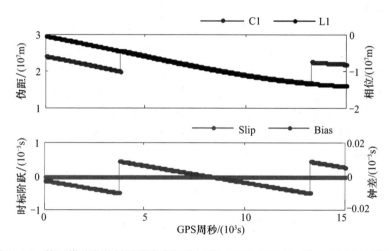

图 4.31　第三类接收机钟跳现象（SEPT POLARX2 接收机，19ms/次）（见彩图）

大，达到 19ms 每次。图 4.32 中第四类钟跳通过对时标、伪距和相位观测值同时插入阶跃实现对接收机钟差的控制，同时也保持了三者之间的一致性。

值得一提的是，毫秒级钟跳并非总是周期性地插入 −1ms 或 1ms 改正，有时达到数十毫秒，即使是相同类型的接收机也存在多种不同的钟跳表现形式。钟跳的频次与数值大小主要取决于接收机内部时钟的稳定性、接收机生产厂商的钟差控制技术以及相应数据处理及转换软件的具体策略。

4.4.2　钟跳对周跳探测的影响

同周跳类似，钟跳将引起观测值产生整体阶跃，破坏数据的连续性，但它与周跳

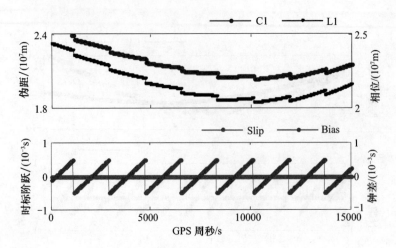

图 4.32　第四类接收机钟跳现象(JPS LEGACY 接收机)(见彩图)

有本质区别。首先,在表现形式上,周跳仅是相位观测值发生阶跃,而钟跳具有多种不同的表现形式,它既可以是伪距发生阶跃,也可以是相位观测值发生阶跃,甚至是伪距和相位同时发生阶跃;其次,从产生的物理机制上来分析,周跳一般是部分卫星或所有卫星发生失锁,且不同卫星、不同频率上发生的周跳数值具有随机性,而钟跳是从时间同步的角度来控制接收机钟差的范围,且由其引起的观测值阶跃(距离单位)对于所有卫星和所有频率是相同的;此外,周跳一般具有整数特性,而钟跳却未必具有整数特性,如频繁的微秒级钟跳就不具备整数约束[13-14]。

　　钟跳对周跳探测极为不利,它将导致现有的部分周跳探测方法失效。以 MW 组合法为例,周跳探测的检验量可表示为

$$\Delta T_{\mathrm{MW}} = \frac{1}{\lambda_{\mathrm{WL}}} (\Delta L_{\mathrm{WL}} - \Delta P_{\mathrm{NL}}) = \Delta N_1 - \Delta N_2 + \xi \tag{4.67}$$

式中:Δ 为历元差分算子;L_{WL} 为宽巷相位值;P_{NL} 为窄巷伪距值;N_1、N_2 为 L_1、L_2 观测值的模糊度;ξ 为组合观测值的噪声。

　　当发生第一类或第四类钟跳时,由于伪距与相位观测值具有一致性(同时连续或同时阶跃),MW 组合不受钟跳影响。当发生第二类或第三类钟跳,设由其引起的伪距阶跃项为 $\mathrm{d}P$,则式(4.67)变为

$$\Delta T_{\mathrm{MW}} = \frac{1}{\lambda_{\mathrm{WL}}} [\Delta L_{\mathrm{WL}} - \Delta (P_{\mathrm{NL}} - \mathrm{d}P)] = \Delta N_1 - \Delta N_2 + \frac{1}{\lambda_{\mathrm{WL}}} \Delta \mathrm{d}P + \xi \tag{4.68}$$

钟跳时刻该检验量将产生突变,远远超过周跳检验阈值,导致所有卫星均被标定为周跳。例如,针对某一卫星弧段的观测数据(经事先检验未发现周跳)采用 MW 组合法进行周跳探测,得到图 4.33 所示的原始观测及周跳探测序列。图中:横轴代表 GPS时;主-纵轴对应伪距(P_1、P_2)或相位观测值(L_1、L_2),单位为 m 或周;辅-纵轴对应周跳探测标记(CS),数值"0"代表未探测到周跳,"1"代表探测到周跳。

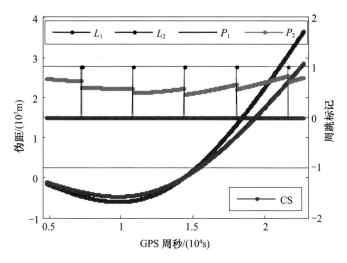

图 4.33　钟跳对 MW 组合法探测周跳的影响（见彩图）

根据图 4.33 中伪距与相位观测值的连续性，可以确定该弧段内共发生 5 次第二类钟跳，且钟跳导致该卫星的相位观测值被错误地标记为周跳。事实上，对于第二类和第三类钟跳，采用 MW 组合法探测周跳时，所有卫星均有类似现象。例如，图 4.34 显示了在对第三类接收机钟跳未作任何干预时，利用 PPP 解算得到的模糊度参数及其方差。由图可知，数据预处理阶段倘若不将钟跳与周跳进行区分，势必会引起所有模糊度参数的重置，即 PPP 的重新初始化过程，进而影响到 PPP 的定位精度及可靠性。

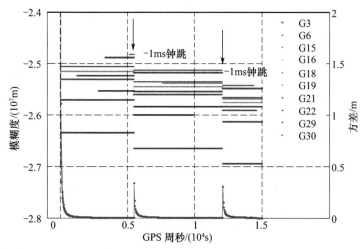

图 4.34　钟跳对模糊度的影响（见彩图）

对于 GF 组合和电离层残差法，由于钟跳引起的伪距阶跃同相位阶跃的数值相等，即 $dL_1 = dL_2 = dP_1 = dP_2$，采用式（4.69）和式（4.70）所示的检验量消除了双频伪

距 P_1、P_2 或相位观测值 L_1、L_2 上的相同项偏差,因此这两种方法对 4 类钟跳均不敏感,不会将其探测为周跳。

$$\Delta T_{GF} = \Delta\left[\left(\left(L_1 + dL\right) - \left(L_2 + dL\right)\right) - \left(\left(P_2 + dP\right) - \left(P_1 + dP\right)\right)\right] =$$
$$\lambda_1 \Delta N_1 - \lambda_2 \Delta N_2 + \varepsilon_{GF} \tag{4.69}$$

$$\Delta T_{Ion} = \Delta\left[\left(L_1 + dL\right) - \left(L_2 + dL\right)\right] =$$
$$(1 - \gamma)\Delta I + \lambda_1 \Delta N_1 - \lambda_2 \Delta N_2 + \varepsilon_{Ion} \tag{4.70}$$

然而,这种不敏感性恰恰又限制了其对某些特殊周跳(如数值相近的小周跳或 ΔN_1、ΔN_2 比值为 77/66 的周跳组合)的探测能力。因此,实际数据处理过程中往往需要多种方法结合进行周跳探测。

上述理论分析表明,影响周跳探测准确性的钟跳方式主要为第二类和第三类,且 MW 组合法对这两类钟跳非常敏感。目前常用的双频周跳探测方法基本不受第一类或第四类钟跳干扰,且这两类钟跳对应的伪距与相位之间具有很好的一致性,后续定位过程中也几乎不受影响。因此,本节后续关于接收机钟跳探测与修复的对象主要是针对第二类与第三类钟跳,在未作特殊声明的情况下,钟跳泛指第二类或第三类钟跳。

4.4.3 实时钟跳探测与修复方法

钟跳探测的方法大致有两种模式:一种是基于参数域,根据事先估计出的接收机钟差参数,通过分析其历元间的变化量来判断是否存在钟跳;另一种是基于观测值域,通过分析观测值的连续性来探测其是否存在钟跳。从时效性角度考虑,后者更具优势,因此,本节提出了一种基于 GPS 观测值域的实时钟跳探测与修复方法,具体流程如图 4.35 所示。

4.4.3.1 钟跳检验量及其判别准则

设钟跳引起的伪距及相位观测值阶跃分别为 dP、dL,令 $\Delta P(i) = P(i) - P(i-1)$,$\Delta L(i) = L(i) - L(i-1)$,$i \geq 1$;构造钟跳探测量 S 如下:

$$S^j(i) = \Delta P^j(i) - \Delta L^j(i) = \Delta I_{i,i-1} - \lambda \cdot \Delta N_{i,i-1} + \Delta dP_{i,i-1} - \Delta dL_{i,i-1} + \xi \tag{4.71}$$

式中:上标 j 代表卫星;i 代表历元;Δ 为历元差分算子;P、L 为伪距、相位观测值(距离单位);I 为电离层延迟偏差;λ 为载波相位波长;N 为载波相位模糊度;ξ 为组合观测值噪声。

由式(4.71)知,探测量 S 消除了卫-地距、对流层等与频率无关的系统性偏差,仅受电离层残差、周跳、钟跳及观测噪声影响。为了消除周跳对钟跳探测的不利影响,首先采用对钟跳不敏感的 GF 组合逐卫星进行周跳探测,一旦发现周跳,该卫星将不参与后续的钟跳探测。对于未被探测出周跳的卫星可利用式(4.71)计算 S。排除周跳影响后,探测量 S 将主要表现为电离层残差和观测噪声。因此,钟跳探测的判别标

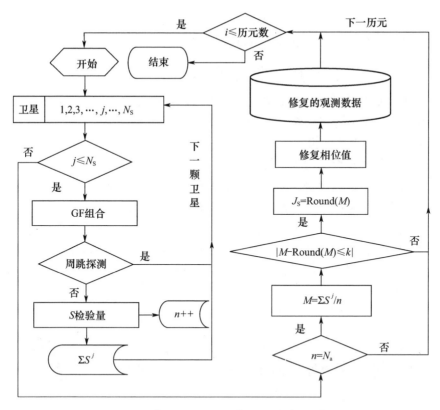

N_e—历元数；N_s—可用卫星数；N_a—有效卫星数。

图 4.35　钟跳探测与修复流程

准可表示为

$$\begin{cases} H_0: 正常 & |S_j| < k_1 \\ H_1: 异常 & |S_j| \geq k_1 \end{cases} \tag{4.72}$$

式中：k_1 为阈值。若零假设 H_0 成立，表明该历元不存在钟跳，终止当前历元的探测，并进入下一历元的探测环节。若备择假设 H_1 成立，表明当前历元该卫星的观测值存在显著异常，但还不能确定当前历元是否存在钟跳，因为残余的粗差和周跳也可能导致检验量超限，因此需要进一步检验。

根据钟跳的以下两个基本特性：

（1）钟跳时刻所有卫星、所有频率的观测值将同时产生数值相同的跳跃；

（2）对于毫秒级钟跳，其数值换算为毫秒单位时具有整数特性。

构造以下两个基本关系式：

$$n = N_a, \quad N_a \leq N_s \tag{4.73}$$

$$|M - \text{Round}(M)| \leq k_2 \tag{4.74}$$

式中：N_s 为当前历元所有的可用卫星数；N_a 为当前历元参与钟跳探测的有效卫星

数;n 为利用式(4.72)进行检验时被标记为观测异常的卫星数;k_2 为阈值;M 为根据探测量 S 计算得到的钟跳浮点数值,其计算公式为

$$M = 10^3 \cdot \left(\sum_{j=1}^{n} S^j \right) / (n \cdot c) \tag{4.75}$$

式中:c 为真空中的光速。当同时满足上述式(4.73)和式(4.74)两个基本关系式时,即可判定当前历元发生了钟跳。

4.4.3.2 钟跳检验量阈值确定

阈值选取是钟跳探测过程中的重要环节。为了合理地确定 k_1 和 k_2,首先对比分析钟跳发生与否对应探测量 S 的时序分布情况。图4.36、图4.37 分别显示了 ALGO 站、ISTA 站在某一观测时段内部分 GPS 卫星 L1、L2 频率上对应的 S 序列(S_1、S_2)及卫星高度角(E)时序关系。其中,图4.36 对应的 ALGO 站在所选弧段内不含钟跳,而图4.37 对应的 ISTA 站包含 3 次钟跳,每次调整 1ms,其中图(b)是对图(a)的细部放大效果,以便区分钟跳发生与否探测量 S 的数值分布。

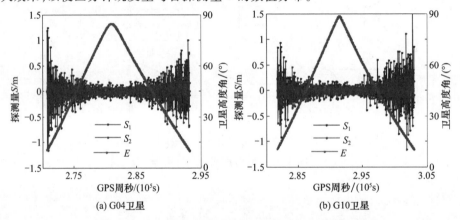

图 4.36 ALGO 站钟跳探测量及卫星高度角变化时序(见彩图)

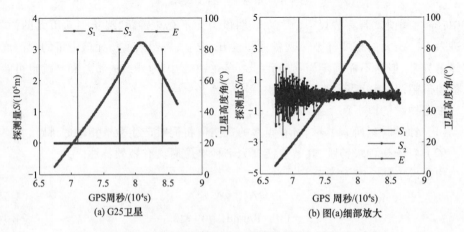

图 4.37 ISTA 站钟跳探测量及卫星高度角变化时序(见彩图)

图 4.36、图 4.37 表明,在未发生钟跳时,钟跳探测量 S_1 和 S_2 的数值较小,通常仅为分米至米级,且与卫星高度角强相关。一旦接收机发生钟跳,该探测量在数值上将产生突变,对于 ISTA 站 G25 卫星,其突变值达到近 300km,远远超过电离层残差及观测噪声水平。因此,S 探测量对这类毫秒级钟跳非常敏感。

由于 1ms 钟跳引起的测距误差为 $10^{-3} \cdot c$,顾及观测噪声 ξ 影响,探测量 $|S|$ 对应的阈值 k_1 可设置为

$$k_1 = 10^{-3} \cdot c - 3\sigma \tag{4.76}$$

通常 σ 可取 $3 \sim 5\mathrm{m}$。根据 M 的计算公式,可将其展开成

$$M = 10^3 \cdot \left(\sum_{j=1}^{n} S^j \right) / (n \cdot c) =$$

$$\underbrace{10^3 \cdot \left(\sum_{j=1}^{n} \Delta \mathrm{d}P^j \right) / (n \cdot c)}_{\text{实际钟跳影响}} + \underbrace{10^3 \cdot \left(\sum_{j=1}^{n} (\Delta I + \xi)^j \right) / (n \cdot c)}_{\text{残余误差影响}} \tag{4.77}$$

式中右端包含两项:第一项为实际的接收机钟跳影响,该项具有整数特性(整数部分);第二项为电离层残差、观测噪声等残余误差的影响(小数部分),尽管该项不具有整数特性,但其数值远小于第一项。阈值 k_2 主要取决于 M 的第二项,以 $5 \sim 10\mathrm{m}$ 的残余误差为例,其小数部分仅为 $(2 \sim 3) \times 10^{-5}\mathrm{ms}$。因此,$k_2$ 可取为 $10^{-4} \sim 10^{-5}\mathrm{ms}$。

4.4.3.3 钟跳修复方法

与周跳修复所不同,钟跳修复并非将阶跃的观测值修复成连续的形式,因为这有悖于钟跳的出发点,而是将连续的相位观测值调整为阶跃形式,以便同伪距基准保持一致。由探测量 S 计算得到钟跳值 M 一般为浮点数值,而实际的接收机钟跳具有整数毫秒特性,因此需要采取类似于模糊度固定的方法获得真实的钟跳数值 J_s。

通过对式(4.77)的分析得知,由于 M 值的小数部分远远小于 1ms,对其简单取整即可满足实际的精度需要,即

$$J_s = \begin{cases} \mathrm{Round}(M) & |M - \mathrm{Round}(M)| \leqslant k_2 \\ 0 & |M - \mathrm{Round}(M)| > k_2 \end{cases} \tag{4.78}$$

根据式(4.78)计算得到的 J_s 即可实现对相位观测值的准确修复,其修复公式为

$$\tilde{L}^j(i) = L^j(i) + \kappa \cdot J_s \cdot c \tag{4.79}$$

式中:L 和 $\tilde{L}$ 分别表示原始的相位观测值和修复后的相位观测值;κ 为常数因子,对于毫秒级钟跳,$\kappa = 10^{-3}$。采用这种修复相位的方法,一方面实现了相位与伪距基准的一致,另一方面也保持了模糊度参数的连续性,有效避免了模糊度参数的重新初始化。

4.4.4　算例验证与分析

4.4.4.1　实验数据说明

实验数据采用 2011 年 4 月 10 日(年积日第 100 天)当天、全球共 384 个 IGS 跟踪站的 GPS 观测数据,数据采样间隔为 30s。实验数据涉及 35 种不同的接收机类型,几乎涵盖了当前所有测地型 GPS 接收机类型。

4.4.4.2　钟跳探测结果

测试结果表明,当天共 15 个测站配置为 5 种不同类型的接收机探测出了第二类或第三类毫秒级钟跳,具体指标如表 4.4 所列。

表 4.4　钟跳探测结果汇总

测站 ID	接收机 型号	钟跳类型	钟跳 频次	累积钟跳/ms	数据源及 时间跨度
ISTA	ASHTECH Z-XII3	3	13	13	IGS/24h
METS	ASHTECH Z-XII3	2	4	37	IGS/05h
BIS2	SEPT POLARX2	3	3	3 × 19 = 57	IGS/24h
JASK	SEPT POLARX2	3	77	77	IGS/24h
JOGJ	SEPT POLARX2	3	6	6 × 19 = 114	IGS/24h
MARN	SEPT POLARX2	3	41	41	IGS/24h
UNSA	SEPT POLARX2	3	4	4 × 19 = 76	IGS/24h
ZWE2	SEPT POLARX2	3	3	3 × 19 = 57	IGS/24h
GENO	TRIMBLE 4000SSI	2	23	− 107	IGS/24h
CAGL	TRIMBLE 4700	2	23	− 52	IGS/24h
MIKL	TRIMBLE 4700	2	23	− 24	IGS/24h
POLV	TRIMBLE 4700	2	23	38	IGS/24h
SULP	TRIMBLE 4700	2	21	− 21	IGS/24h
INEG	TRIMBLE 5700	2	23	53	IGS/24h
SMST	TRIMBLE 5700	2	7	78	IGS/24h

表 4.4 中,同一类型的接收机钟跳方式大体相同,例如 SEPT POLARX2 类型接收机均表现为第三类钟跳,TRIMBLE 类型的接收机则主要表现为第二类钟跳,而 ASHTECH Z-XII3 品牌的接收机却存在多种不同的钟跳类型。钟跳频次一方面取决于接收机内部时钟的稳定度,另一方面还与接收机生产厂商的钟差控制技术有关。例如:JASK 站通过频繁地插入 1ms 的钟跳,将其接收机钟差严格限制在 − 0.5 ~ 0.5ms 之内;而 BIS2、JOGJ、UNSA 和 ZWE2 站则对接收机钟差的容许范围较大(±10ms),钟跳频次大大减少,但其每次调整的数值非常大,达到 19ms。对于 TRIMBLE 类型的接收机,其钟跳频次一般为每 1h 调整一次,且每次调整的数值不尽相同。随着接收机

内部时钟的老化,GENO、JOGJ 等站的时钟稳定度大大降低,其在 24h 内的累积钟跳超过 100ms。

4.4.4.3　钟跳修复结果

与周跳类似,钟跳修复需对发生钟跳时刻后续所有的历元进行修复。根据表 4.4 中的钟跳探测结果,即可实现相位观测值的修复。图 4.38 所示为 UNSA 与 CAGL 站的瞬时钟跳探测量(Det)与修复量(Rep)的对应关系。

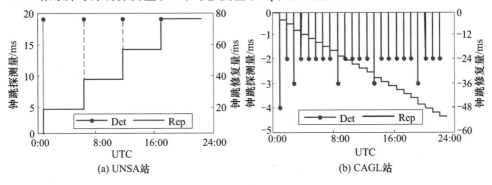

图 4.38　瞬时钟跳探测量与修复量(见彩图)

图 4.38 中,修复值随钟跳频次和钟跳数值逐渐累积,呈阶梯状。在未发生新的钟跳时,该修复值保持为一个固定的整数;一旦发生新的钟跳,该钟跳值将累加到之前的修复值上,并以此作为后续历元的钟跳修复值。其中:UNSA 站的瞬时钟跳为 0 或 19ms,单天累积钟跳修复值达到 77ms;CAGL 站的瞬时钟跳为 0 或 $-2 \sim -4$ms,其周期为 1h,单天累积钟跳修复值为 -52ms。

图 4.39 显示了钟跳修复前与修复后 GENO 站 G22 卫星的原始观测值序列及周跳探测结果。其中,辅-纵轴为周跳探测标记(CS),数值"0"代表无周跳,"1"代表有周跳。

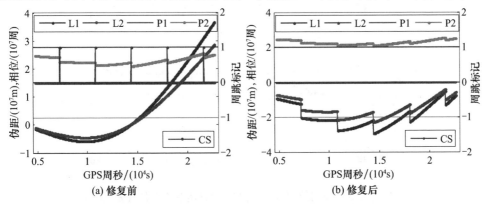

图 4.39　GENO 站 PRN 22 卫星观测值及周跳探测时序(修复前/后)(见彩图)

对比图 4.39 中的结果发现:钟跳修复前,仅伪距观测值呈阶跃形态,相位观测值为连续变化,且钟跳时刻所有卫星均被标记为周跳;钟跳修复后,伪距和相位观测值均呈阶跃形态,虽然已经破坏了原始观测值的连续性,但它保持了伪距与相位钟差基准的一致性。采用 MW 和 GF 组合法并未将其误判为周跳,从而避免了许多不必要的模糊度参数重新初始化过程。

4.4.4.4 定位结果分析

分别采用静态与动态的处理模式对大量的 IGS 跟踪站的数据进行 PPP 解算,参数估计器为卡尔曼滤波。限于篇幅,这里仅给出其中部分具有代表性测站的定位结果。

1)静态 PPP 结果

为了分析钟跳修复与否对 PPP 初始化过程的影响,图 4.40、图 4.41 给出了 ISTA 站与 JASK 站前 4h 的静态 PPP 误差时序。图中:E0、N0、U0 依次代表钟跳修复前测站东方向、北方向及高程方向的定位偏差;E1、N1 与 U1 为钟跳修复后东方向、北方向及高程方向的定位偏差。

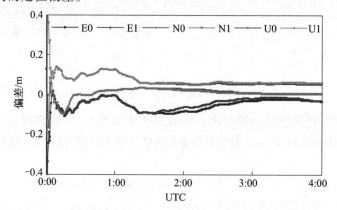

图 4.40　ISTA 站钟跳修复前与修复后对应的静态定位误差(见彩图)

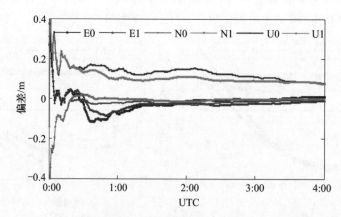

图 4.41　JASK 站钟跳修复前与修复后对应的静态定位误差(见彩图)

对比图 4.40 中的定位精度发现,钟跳对 ISTA 站的静态定位结果影响甚小,几乎可以忽略。究其原因,主要是因为在静态 PPP 解算中,接收机位置被当作时不变参数(过程噪声设置为 0),即使是在发生钟跳且不修复的情况下,位置参数也能通过状态转移矩阵得到有效传递。尤其是当 PPP 逐渐收敛之后,位置参数已经较为准确,削弱观测方程的贡献,仅用状态方程仍能确保其短期内的定位精度。

然而对于一些钟跳频次较高的接收机而言,若在 PPP 初始化阶段就反复发生钟跳,容易造成滤波系统过分依赖状态方程,降低观测值的贡献,这势必会影响到 PPP 的收敛速度或短时定位精度。例如,JASK 站在 4h 内共发生 13 次钟跳,即平均每 20min 就有一次钟跳发生,而浮点解 PPP 首次初始化一般需要 30min 左右。因此,在未收敛时就频繁地发生钟跳,这显然不利于 PPP 的快速初始化。对比图 4.41 中的定位结果表明,钟跳修复后其定位精度较修复前有明显改善。尤其在最初 1h 内的精度改善最为显著,随着观测时间的延长,定位结果逐渐收敛,两者的差异也随之减小,最终趋于一致。

2) 动态 PPP 结果

类似地,图 4.42 ~ 图 4.45 显示了 ISTA 和 JASK 测站的动态 PPP 结果。为便于分析钟跳对定位结果的干扰,图中同时给出了接收机钟差序列。

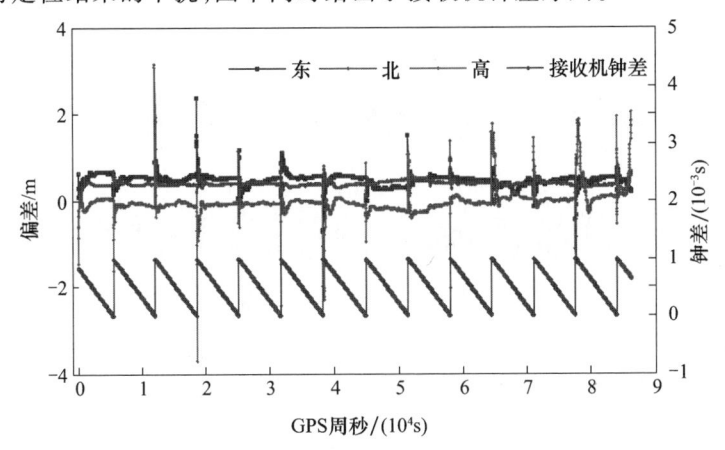

图 4.42　ISTA 站钟跳修复前对应的动态定位偏差(见彩图)

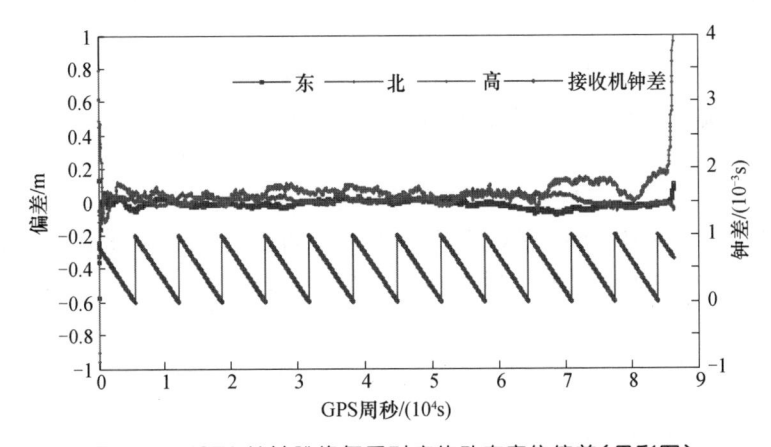

图 4.43　ISTA 站钟跳修复后对应的动态定位偏差(见彩图)

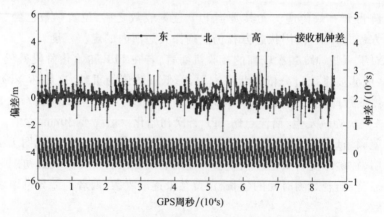

图 4.44　JASK 站钟跳修复前对应的动态定位偏差(见彩图)

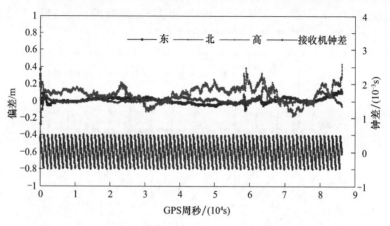

图 4.45　JASK 站钟跳修复后对应的动态定位偏差(见彩图)

　　同静态 PPP 所不同,动态 PPP 中的位置状态是时变参数,其随机模型一般采用常速度模型、常加速度模型或高斯白噪声模型。图 4.42 和图 4.44 表明,钟跳修复前,位置参数对接收机钟跳非常敏感,钟跳导致 PPP 反复进入重新初始化过程。尽管如此,由于 ISTA 站钟跳的频次相对较低(平均每 110min 发生一次),故每次都能在钟跳发生之后的 30min 左右重新收敛至厘米至分米级的定位精度。然而 JASK 站由于其钟跳频次非常高,平均每 20min 左右调整一次,首次初始化还未能收敛就又进入下一次重初始化,反反复复导致其定位结果始终不能收敛,定位偏差达到数米。图 4.43 和图 4.45 表明,钟跳修复后,位置参数不再受其干扰,有效避免了许多不必要的重新初始化,显著地改善了 PPP 的定位精度及可靠性。

参考文献

[1] BAARDA W. A testing procedure for use in geodetic networks [J]. Netherlands Geodetic Commis-

sion, 1968, 2(5): 97.

[2] 李德仁. 误差处理和可靠性理论[M]. 北京: 测绘出版社, 1988.

[3] TEUNISSEN P J G. Quality control in navigation systems [J]. IEEE Aerospace and Electronic Systems Magazine, 1990, 5(7): 35-41.

[4] 陶本藻. 测量数据处理的统计理论和方法[M]. 北京: 测绘出版社, 2007.

[5] 欧吉坤. 测量数据的质量控制理论探讨[J]. 测绘工程, 2001, 10(2): 6-10.

[6] 柳响林. 精密 GPS 动态定位的质量控制与随机模型精化[D]. 武汉: 武汉大学, 2002.

[7] ZHANG X, GUO F, ZHOU P. Improved precise point positioning in the presence of ionospheric scintillation [J]. GPS Solutions, 2014, 18(1): 51-60.

[8] HATCH R R. The synergism of GPS code and carrier measurements[C]//Proceedings of the Third International Geodetic Symposium on Satellite Doppler Positioning, New Mexico, New Mexico State University, 1982.

[9] MELBOURNE W G. The case for ranging in GPS based geodetic systems[C]//Proceedings of the 1st International Symposium on Precise Positioning with the Global Positioning Systems, Rockville, Maryland, USA, 1985.

[10] WUBBENA G, BAGGE A, SEEBER G, et al. Reducing distance dependent errors for real-time precise DGPS applications by establishing reference station networks [C]//9th Int. Tech. Meeting of the Satellite Div. of the U. S. Institute of Navigation, Kansas City, Missouri, 1996.

[11] 张小红, 曾琪, 何俊, 等. 构建阈值模型改善 TurboEdit 实时周跳探测[J]. 武汉大学学报: 信息科学版, 2017, 42(3): 285-292.

[12] 于兴旺. 多频 GNSS 精密定位理论与方法研究[D]. 武汉: 武汉大学, 2011.

[13] 郭斐. GPS 精密单点定位质量控制与分析的相关理论和方法研究[M]. 武汉: 武汉大学出版社, 2016.

[14] 张小红, 郭斐, 李盼, 等. GNSS 精密单点定位中的实时质量控制[J]. 武汉大学学报: 信息科学版, 2012, 37(8): 940-944.

第 5 章 精密单点定位数学模型及参数估计

PPP 的数学模型包括函数模型和随机模型。函数模型描述了观测值与待估参数之间的函数关系,随机模型反映了观测值与待估参数的统计特性。只有建立准确的函数模型和合理的随机模型才有可能获得准确可靠的定位结果。因此,本章将介绍 PPP 的数学模型和参数估计方法。

▲ 5.1 PPP 基本观测方程

GNSS 定位的观测量主要有载波相位和测码伪距两种。非差载波相位 L 和测码伪距 P 的基本观测方程可以表示为[1]

$$L_i^k = \parallel (\boldsymbol{r}^k(t-\tau_i^k) + \delta\boldsymbol{r}^k(t-\tau_i^k)) - (\boldsymbol{r}_i(t) + \delta\boldsymbol{r}_i(t)) \parallel - I_i^k +$$
$$T_i^k + [\mathrm{d}t_i(t) - \mathrm{d}T^k(t-\tau_i^k)] + \lambda[\delta_i(t) + \delta^k(t-\tau_i^k)] +$$
$$\lambda[\phi_i(t_0) - \phi^k(t_0)] + \lambda N_i^k + \delta m_i^k + \varepsilon_i^k \tag{5.1}$$

$$P_i^k = \parallel (\boldsymbol{r}^k(t-\tau_i^k) + \mathrm{d}\boldsymbol{r}^k(t-\tau_i^k)) - (\boldsymbol{r}_i(t) + \mathrm{d}\boldsymbol{r}_i(t)) \parallel + I_i^k + T_i^k +$$
$$[\mathrm{d}t_i(t) - \mathrm{d}T^k(t-\tau_i^k)] + [d_i(t) + d^k(t-\tau_i^k)] + \mathrm{d}m_i^k + e_i^k \tag{5.2}$$

式中:λ 为载波波长;t 为信号接收时刻;τ_i^k 为卫星 k 到接收机 i 之间的信号传播时间;$d^k(t-\tau_i^k)$ 为卫星端信号从产生到离开发射天线之间的码延迟;$d_i(t)$ 为接收机端信号从接收天线到信号相关处理器之间的码延迟;$\boldsymbol{r}^k(t-\tau_i^k)$ 为卫星在卫星天线发射信号时刻的位置;$\boldsymbol{r}_i(t)$ 为接收机在接收机天线接收信号时刻的位置;$\mathrm{d}\boldsymbol{r}^k(t-\tau_i^k)$ 为卫星发射天线的偏心矢量;$\mathrm{d}\boldsymbol{r}_i(t)$ 为接收机天线的偏心矢量;I_i^k 为卫星 k 到接收机 i 之间的电离层延迟;T_i^k 为卫星 k 到接收机 i 之间的对流层延迟;$\mathrm{d}t_i(t)$ 为接收机 i 在信号接收时刻的接收机钟差;$\mathrm{d}T^k(t-\tau_i^k)$ 为卫星 k 在信号发射时刻的钟差;$\mathrm{d}m_i^k$ 为卫星 k 到接收机 i 之间伪距观测值的多路径误差;e_i^k 为卫星 k 到接收机 i 之间的伪距测量误差;$\phi_i(t_0)$ 为接收机 i 在参考时刻 t_0 的初始相位;$\phi^k(t_0)$ 为卫星 k 在参考时刻 t_0 的初始相位;N_i^k 为卫星 k 与接收机 i 之间的整周模糊度;$\delta^k(t-\tau_i^k)$ 为卫星端信号从产生到信号离开发射天线之间的载波相位延迟;$\delta_i(t)$ 为接收机端信号从接收天线到信号相关处理器之间的载波相位延迟;$\delta\boldsymbol{r}^k(t-\tau_i^k)$ 为卫星发射天线的载波相位观测值偏心矢量;$\delta\boldsymbol{r}_i(t)$ 为接收机天线的载波相位观测值偏心矢量;δm_i^k 为卫星 k 到接收机 i 之间的载波相位观测值多路径误差;ε_i^k 为卫星 k 到接收机 i 之间的载波相位观测值

测量误差。

还有一些误差项,譬如相对论效应、天线相位缠绕、天线相位中心变化以及潮汐负荷等,均可使用已有的模型进行改正,故没有在上式中列出。

在 PPP 中,倾斜路径上的对流层延迟通常又可表示为

$$T_i^k = m_i^k \cdot \mathrm{ZPD}_i \tag{5.3}$$

式中:m_i^k 为信号传播路径上的投影函数;ZPD_i 为测站天顶方向的对流层延迟。由于接收机端或卫星端的初始相位和载波相位的硬件延迟不易分离,可将其合并为 b_i 和 b^k,统称为未检校的相位硬件延迟(UPD),且一般认为 UPD 在一个连续弧段内为常数。整周模糊度 N 以及相位偏差的小数部分 b 通常都是未知的,且对于每颗卫星和接收机的组合来说都不相同。如果 b_i 和 b^k 被假定为常数,则实际可估的模糊度参数(下面表示为 B)仍然是常数。通常假定群延迟 d 的变化足够缓慢,在一个连续弧段之内认为是常数。因此,式(5.1)和式(5.2)可简化为

$$L_i^k = \rho_i^k + \mathrm{d}t_i - \mathrm{d}T^k - I_i^k + m_i^k \cdot \mathrm{ZPD}_i + \lambda B_i^k + \delta m_i^k + \varepsilon_i^k \tag{5.4}$$

$$P_i^k = \rho_i^k + \mathrm{d}t_i - \mathrm{d}T^k + I_i^k + m_i^k \cdot \mathrm{ZPD}_i + d_i - d^k + \mathrm{d}m_i^k + e_i^k \tag{5.5}$$

其中

$$B_i^k = N_i^k + b_i - b^k \tag{5.6}$$

$$b_i = \phi_i(t_0) + \delta_i(t) \tag{5.7}$$

$$b^k = \phi^k(t_0) + \delta^k(t - \tau_i^k) \tag{5.8}$$

式中:ρ_i^k 为卫星 k 至接收机 i 的几何距离;B_i^k 即为我们通常所说的相位模糊度,由于 b_i 和 b^k 的存在,非差相位模糊度不具有整数特性。

5.2 PPP 函数模型

利用 5.1 节中的 GNSS 基本观测方程,根据不同的观测值组合方式,可以构建不同的 PPP 函数模型。常用的 PPP 函数模型有无电离层组合模型、UofC 模型,以及基于原始观测值的非差非组合模型。

5.2.1 无电离层模型

双频消电离层组合模型是 PPP 中使用最为广泛的模型。以某一 GNSS 为例,假设两个频率(i 和 j,$i \neq j$)上的伪距和载波相位观测值为 P_i、P_j、L_i 和 L_j,对应的双频无电离层组合模型为

$$
\begin{aligned}
P_{\mathrm{r,IF}(i,j)}^s &= \frac{f_i^2}{f_i^2 - f_j^2} P_i - \frac{f_j^2}{f_i^2 - f_j^2} P_j = \\
&\quad \rho_r^s - \mathrm{d}\hat{T}^s + \mathrm{d}\hat{t}_r + m_r^s \cdot \mathrm{ZPD}_r + e_{\mathrm{r,IF}(i,j)}^s
\end{aligned}
\tag{5.9}
$$

$$L_{r,IF(i,j)}^{s} = \frac{f_i^2}{f_i^2 - f_j^2} L_i - \frac{f_j^2}{f_i^2 - f_j^2} L_j$$

$$= \rho_r^s - d\,\hat{T}^s + d\,\hat{t}_r + \Delta t_r + B_r^s + m_r^s \cdot ZPD_r + \varepsilon_{r,IF(i,j)}^s \tag{5.10}$$

式中

$$d\,\hat{T}^s = dT^s + \left(\frac{f_i^2}{f_i^2 - f_j^2} \cdot d_i^s - \frac{f_j^2}{f_i^2 - f_j^2} \cdot d_j^s \right) \tag{5.11}$$

$$d\,\hat{t}_r = dt_r + \left(\frac{f_i^2}{f_i^2 - f_j^2} \cdot d_{r,i} - \frac{f_j^2}{f_i^2 - f_j^2} \cdot d_{r,j} \right) \tag{5.12}$$

$$\Delta t_r = \frac{f_i^2}{f_i^2 - f_j^2} (\lambda_i b_{r,i} - d_{r,i}) - \frac{f_j^2}{f_i^2 - f_j^2} (\lambda_j b_{r,j} - d_{r,j}) \tag{5.13}$$

$$B_r^s = \frac{f_i^2}{f_i^2 - f_j^2} \lambda_i (N_i - b_i^s) - \frac{f_j^2}{f_i^2 - f_j^2} \lambda_j (N_j - b_j^s) \tag{5.14}$$

其余符号同 5.1 节。在 PPP 中,卫星钟差 dT^s 通常采用精密钟差产品进行改正。但需要说明的是,目前 IGS 提供的精密卫星钟差产品是由 L1/L2(GPS)、G1/G2(GLO-NASS)、B1/B2(BDS)、E1/E5(Galileo 系统)双频无电离层组合观测值估计得到的,其钟差改正数 $d\,\overline{T}^s$ 中包含了双频伪距组合码偏差的影响,即

$$d\,\overline{T}^s = dT^s + \left(\frac{f_1^2}{f_1^2 - f_2^2} \cdot d_1^s - \frac{f_2^2}{f_1^2 - f_2^2} \cdot d_2^s \right) \tag{5.15}$$

将式(5.15)代入式(5.9)和式(5.10),可得

$$P_{r,IF(i,j)}^{s} = \rho_r^s - d\,\overline{T}^s + \delta\rho_P + d\,\hat{t}_r + m_r^s \cdot ZPD_r + e_{r,IF(i,j)}^s \tag{5.16}$$

$$L_{r,IF(i,j)}^{s} = \rho_r^s - d\,\overline{T}^s + \delta\rho_L + d\,\hat{t}_r + \Delta t_r + B_r^s + m_r^s \cdot ZPD_r + \varepsilon_{r,IF(i,j)}^s \tag{5.17}$$

式中

$$\delta\rho_P = \left(\frac{f_1^2}{f_1^2 - f_2^2} \cdot d_1^s - \frac{f_2^2}{f_1^2 - f_2^2} \cdot d_2^s \right) - \left(\frac{f_i^2}{f_i^2 - f_j^2} \cdot d_i^s - \frac{f_j^2}{f_i^2 - f_j^2} \cdot d_j^s \right) \tag{5.18}$$

$$\delta\rho_L = \left(\frac{f_1^2}{f_1^2 - f_2^2} \cdot d_1^s - \frac{f_2^2}{f_1^2 - f_2^2} \cdot d_2^s \right) \tag{5.19}$$

$\delta\rho_P$ 和 $\delta\rho_L$ 分别为双频无电离层伪距和载波相位组合观测值对应的卫星码偏差。特别地,当 $i=1$、$j=2$ 时,$\delta\rho_P = 0$,即如果在定位时使用与精密卫星钟差估计相同的函数模型时,伪距组合观测值对应的卫星码偏差可以得到完全消除。而相位组合观测值对应的 $\delta\rho_L \neq 0$,但其数值相对稳定(可视为常数),可被模糊度参数吸收。而在使用其他定位模型时,则需顾及卫星端的码偏差改正。

对于接收机端,其码偏差将被接收机钟差吸收,即可估的接收机钟差参数 $d\hat{t}_r$(单位:m)不仅包括接收机钟差本身,还包含接收机组合码偏差的影响。Δt_r 为接收机端的码相偏差(可理解为伪距钟差与相位钟差之差,可视为常数项偏差),该项偏差也

会被模糊度参数吸收。因此,可估的无电离层组合模糊度参数为

$$\hat{B}_r^s = B_r^s + \Delta t_r + \delta \rho_L \tag{5.20}$$

上述模型通过精密星历和钟差产品消除了卫星轨道和钟差误差,双频线性组合消除了电离层延迟误差,其余误差如卫星天线相位中心偏差、地球自转、固体潮汐、相对论效应、对流层延迟干分量等误差可采用第 3 章中介绍的误差模型进行改正。因此,无电离层组合模型的基本参数包含接收机的 3 维坐标、接收机钟差、天顶对流层湿延迟、无电离层组合模糊度 4 类参数,即

$$\boldsymbol{X} = (\boldsymbol{r}_r \quad \mathrm{d}\hat{t}_r \quad \mathrm{ZPD}_r \quad \hat{B}_r^s)^T \tag{5.21}$$

对于多频多系统组合,还需顾及系统间偏差和频间偏差的影响。通常,可引入额外的参数来消除或补偿这些因系统间或频率间引起的偏差项。

以双频 GPS 为例(静态位置解,不考虑对流层梯度参数),当连续观测 n 颗卫星时,观测方程数为 $2n$,待估参数个数为 $5+n$,自由度为 $n-5$。

5.2.2　UofC 模型

UofC 模型是加拿大 Calgary 大学的 Gao 等提出的,该模型也是一种消电离层组合模型,但与传统的无电离层组合模型所不同,它除了采用无电离层组合相位观测方程外,还利用了双频测码伪距与相位观测值求和取平均的方式作为 PPP 的函数模型,故又称为"半和模型",其观测模型的简化形式为[2]

$$P_{r,IF(i)}^s = \frac{P_i + L_i}{2} = \rho_r^s - \mathrm{d}T^s + \mathrm{d}t_r + B_{r,i}^s + m_r^s \cdot \mathrm{ZPD}_r + \frac{1}{2}(d_{r,i} - d_i^s) + e_{r,IF(i,j)}^s \tag{5.22}$$

$$L_{r,IF(i,j)}^s = \frac{f_i^2}{f_i^2 - f_j^2} L_i - \frac{f_j^2}{f_i^2 - f_j^2} L_j = \rho_r^s - \mathrm{d}T^s + \mathrm{d}t_r + B_{r,IF(i,j)}^s + m_r^s \cdot \mathrm{ZPD}_r + \varepsilon_{r,IF(i,j)}^s \tag{5.23}$$

式中

$$B_{r,i}^s = \frac{1}{2}\lambda_i(N_i + b_{r,i} - b_i^s) \tag{5.24}$$

$$B_{r,IF(i,j)}^s = \frac{f_i^2}{f_i^2 - f_j^2}\lambda_i(N_i + b_{r,i} - b_i^s) - \frac{f_j^2}{f_i^2 - f_j^2}\lambda_j(N_j + b_{r,i} - b_j^s) \tag{5.25}$$

其余符号同 5.1 节。UofC 模型利用电离层延迟在测码伪距与载波相位观测值上具有数值相等、符号相反的特性,消除了电离层延迟误差,但其无法消除 L1 与 L2 载波上的频间码偏差和频间相位偏差。卫星端的码误差可根据广播星历中提供的 TGD 参数或者利用 IGS 分析中心提供的精密改正数(差分码偏差)进行改正。接收机端的频间码偏差和相位偏差可通过接收机钟差和模糊度参数吸收。对于所有卫星相同的偏差项(公共项)会被接收机钟差吸收,而不同的部分则会被模糊度参数吸收。

该模型的基本参数包含接收机的 3 维坐标、接收机钟差、天顶对流层湿延迟、组

合与非组合模糊度 4 类。冗余度方面,以双频为例,虽然每颗卫星增加了一个观测方程,但其同时也多引入了一个模糊度参数。例如,在静态 PPP 中,当连续观测 n 颗卫星时,其观测方程数为 $3n$,待估参数个数为 $5+2n$,其自由度与传统的无电离层组合模型相同,均为 $n-5$。但其较传统的无电离层组合模型的优势在于,该组合模型较原始观测值的噪声降低了一半,而无电离层组合模型的噪声较原始观测值放大了近 3 倍。

5.2.3 非差非组合模型

无电离层组合模型和 UofC 模型都是通过对伪距和相位观测值之间进行组合,形成消电离层的组合观测方程。无电离层组合有效避免了电离层延迟的处理,但同时也造成了一些可用信息的丢失。近年来,为了提取电离层延迟信息,又有学者提出并研究了基于原始观测值的非差组合 PPP 模型。不失一般性,非差非组合 PPP 的观测方程可表示为(适用于任一系统和任一频率):

$$L_{r,j}^{s} = \rho_{r}^{s} - \mathrm{d}T^{s} + \mathrm{d}t_{r} - \kappa_{j} \cdot I_{r,1}^{s} + m_{r}^{s} \cdot \mathrm{ZPD}_{r} + \lambda_{j} \cdot B_{r,j}^{s} + \varepsilon_{r,1}^{s} \tag{5.26}$$

$$P_{r,j}^{s} = \rho_{r}^{s} - \mathrm{d}T^{s} + \mathrm{d}t_{r} + \kappa_{j} \cdot I_{r,1}^{s} + m_{r}^{s} \cdot \mathrm{ZPD}_{r} + d_{r,j} - d_{j}^{s} + e_{r,1}^{s} \tag{5.27}$$

其中

$$B_{r,j}^{s} = N_{r,j}^{s} + b_{r,j} - b_{j}^{s} \tag{5.28}$$

$$\kappa_{j} = \frac{f_{1}^{2}}{f_{j}^{2}} \tag{5.29}$$

式中:下标 j 为载波频率标识;κ_{j} 为电离层频率因子;其余符号同 5.1 节。该模型大部分误差的处理方法与无电离层组合模型一致,但电离层延迟需附加参数进行估计。同 UofC 模型类似,为了保持与 IGS 精密钟差产品的兼容(一致性),需要顾及差分码偏差改正。

该模型的基本待估参数包含接收机 3 维坐标、接收机钟差、天顶对流层湿延迟、站-星视线方向的电离层延迟、模糊度参数,即

$$X = (r_{r} \quad \mathrm{d}t_{r} \quad \mathrm{ZPD}_{r} \quad I_{r,1}^{s} \quad B_{r,j}^{s})^{\mathrm{T}} \tag{5.30}$$

对于多频多系统而言,还需额外引入系统间偏差(ISB)和频间偏差(IFB)参数进行估计。

为了和上述两种模型对比,同样以双频 GPS 为例,设某一连续观测弧段内,n 颗观测卫星对应 $4n$ 个观测方程,参数个数为 $3n+5$,自由度为 $n-5$。因此,本质上,无论是 UofC 模型还是基于原始观测值的非组合模型,其相对于传统的无电离层组合模型都没有增大 PPP 系统的冗余度,3 种 PPP 模型在某种程度上可视为等价。但这种等价性是建立在相同的模型输入和相同的随机模型。只有当电离层延迟参数不作任何约束时,上述非组合模型与传统的无电离层组合模型估计出来的位置参数(参数估值及方差-协方差)才是等价的。

在实际应用中,可以对短时、区域内的电离层进行建模或利用外部电离层信息进行约束,以加快电离层等参数的收敛,增强 PPP 的性能。对电离层延迟的时间约束和空间约束可表示为

$$I_{r,t}^s - I_{r,t-1}^s = w_t, \quad w_t \sim N(0, \sigma_{wt}^2) \tag{5.31}$$

$$vI_r^s = I_r^s/f_{r,\mathrm{IPP}}^s = a_0 + a_1 dL + a_2 dL^2 + a_3 dB + a_4 dB^2 \qquad \sigma_{vI}^2 \tag{5.32}$$

$$I_r^s = \tilde{I}_r^s \qquad \sigma_{\tilde{I}}^2 \tag{5.33}$$

式中:下标 $t-1$ 和 t 表示前后历元时刻;w_t 服从零均值方差为 σ_{wt}^2 的正态分布;vI_r^s 为垂直方向的电离层延迟,方差为 σ_{vI}^2;$f_{r,\mathrm{IPP}}^s$ 为电离层穿刺点的映射函数;a_i 为系数;dL 和 dB 分别为测站位置与穿刺点位置的经度差和纬度差;$\tilde{I}_r^s$ 为外部电离层模型获得的电离层延迟,对应的方差为 $\sigma_{\tilde{I}}^2$。

为避免直接估计梯度系数,式(5.32)中的空间约束可以重构为对斜电离层延迟的直接约束。假定测站同时观测到 n 颗卫星,根据方程式(5.32),可以得到

$$
\begin{bmatrix} vI_r^{s1} \\ vI_r^{s2} \\ \vdots \\ \vdots \\ vI_r^{sn} \end{bmatrix} = \begin{bmatrix} 1 & dL_1 & dL_1^2 & dB_1 & dB_1^2 \\ 1 & dL_2 & dL_2^2 & dB_2 & dB_2^2 \\ \vdots & \vdots & \vdots & \vdots & \vdots \\ \vdots & \vdots & \vdots & \vdots & \vdots \\ 1 & dL_n & dL_n^2 & dB_n & dB_n^2 \end{bmatrix} \cdot \begin{bmatrix} a_0 \\ a_1 \\ a_2 \\ a_3 \\ a_4 \end{bmatrix} \tag{5.34}
$$

梯度参数可以由同数量电离层延迟参数表达,例如,选择前 5 个电离层延迟参数,则有

$$
\begin{bmatrix} a_0 \\ a_1 \\ a_2 \\ a_3 \\ a_4 \end{bmatrix} = \begin{bmatrix} 1 & dL_1 & dL_1^2 & dB_1 & dB_1^2 \\ 1 & dL_2 & dL_2^2 & dB_2 & dB_2^2 \\ 1 & dL_3 & dL_3^2 & dB_3 & dB_3^2 \\ 1 & dL_4 & dL_4^2 & dB_4 & dB_4^2 \\ 1 & dL_5 & dL_5^2 & dB_5 & dB_5^2 \end{bmatrix}^{-1} \cdot \begin{bmatrix} vI_r^{s1} \\ vI_r^{s2} \\ vI_r^{s3} \\ vI_r^{s4} \\ vI_r^{s5} \end{bmatrix} \tag{5.35}
$$

将式(5.35)代入式(5.34),可以得到引入空间约束后所有电离层参数相关关系:

$$
\begin{bmatrix} vI_r^{s6} \\ \vdots \\ \vdots \\ vI_r^{s,n-1} \\ vI_r^{sn} \end{bmatrix} = \begin{bmatrix} 1 & dL_6 & dL_6^2 & dB_6 & dB_6^2 \\ \vdots & \vdots & \vdots & \vdots & \vdots \\ \vdots & \vdots & \vdots & \vdots & \vdots \\ 1 & dL_{n-1} & dL_{n-1}^2 & dB_{n-1} & dB_{n-1}^2 \\ 1 & dL_n & dL_n^2 & dB_n & dB_n^2 \end{bmatrix} \cdot \begin{bmatrix} 1 & dL_1 & dL_1^2 & dB_1 & dB_1^2 \\ 1 & dL_2 & dL_2^2 & dB_2 & dB_2^2 \\ 1 & dL_3 & dL_3^2 & dB_3 & dB_3^2 \\ 1 & dL_4 & dL_4^2 & dB_4 & dB_4^2 \\ 1 & dL_5 & dL_5^2 & dB_5 & dB_5^2 \end{bmatrix}^{-1} \cdot \begin{bmatrix} vI_r^{s1} \\ vI_r^{s2} \\ vI_r^{s3} \\ vI_r^{s4} \\ vI_r^{s5} \end{bmatrix}, \sigma_{vI}^2
$$

$$\tag{5.36}$$

需要注意的是,这里使用的空间约束依赖于所选择的部分电离层延迟参数子集。

事实上,我们也可以综合使用所有的观测信息,通过最小二乘消参数实现最优约束解。

上述观测方程,对电离层延迟考虑时间约束和空间约束,将从电离层模型中提取的斜路径延迟作为虚拟观测值,并赋予一定的先验方差。该模型在一定程度上能够缩短收敛时间,增强 PPP 定位的精度和可靠性。当然,其改善的程度取决于使用的电离层约束的精度。

5.3 单频 PPP 函数模型

单频情形下,在应用相应的 DCB 产品后,顾及参数之间的相互吸收,忽略硬件延迟影响,L1 载波相位和伪距观测方程可简化为

$$L_1 = \rho + dt - dT - I_1 + m \cdot ZPD + \lambda_1 \cdot B_1 + \varepsilon_1 \tag{5.37}$$

$$P_1 = \rho + dt - dT + I_1 + m \cdot ZPD + e_1 \tag{5.38}$$

式中:各符号含义同 5.1 节。在单频 PPP 中,电离层延迟是影响定位精度的最主要误差源之一。因此,要提高单频 PPP 的精度,关键在于精确确定电离层延迟误差。目前,解决单频 PPP 中电离层误差的方法主要有半和改正、Klobuchar 模型改正、格网电离层产品改正,以及 CORS 地基增强的卫星历元差分电离层(SEID)模型。本节主要介绍最为常用的半和改正模型和 SEID 模型。

5.3.1 单频半和模型

由于伪距观测值和相位观测值所受到的电离层延迟误差大小相等、符号相反,可借鉴 UofC 模型构建单频消电离层组合,即

$$LP = \frac{P_1 + L_1}{2} = \rho - dT + dt + B_{LP} + m \cdot ZPD + e_{LP} \tag{5.39}$$

该组合观测值通常又称为半和模型,它不仅消除了电离层的低阶项,同时也将伪距观测值的噪声降至原始伪距观测噪声的一半。

单频 PPP 模型除了使用半和改正的观测方程式(5.39)外,还要联伪距观测方程式(5.38)进行求解,即

$$\begin{bmatrix} LP \\ P_1 \end{bmatrix} = \begin{bmatrix} 0.5 & 0.5 \\ 1 & 0 \end{bmatrix} \begin{bmatrix} P_1 \\ L_1 \end{bmatrix} \tag{5.40}$$

该模型中伪距观测方程仍然包含电离层延迟误差,通常可采用 IGS 提供的格网电离层产品进行改正,但需要说明的是,其改正效果较为有限,通常只能改正到 70% ~ 80%,残余的电离层延迟误差可通过随机模型(定权或方差)来表达。卫星轨道和钟差误差一般采用精密星历和精密钟差产品消除;同时,为了保持与精密钟差产品的一致性,还需顾及硬件延迟引起的差分码偏差,一般可通过广播星历中实时播发的群延迟参数或 IGS 事后解算得到的差分码偏差产品进行改正。接收机钟差和对流层延迟

可设参估计,其余误差的处理方法参见本书第 3 章。因此,该模型的待估参数包括接收机的 3 维坐标、接收机钟差、对流层延迟和载波相位模糊度(单位:m)。

假设接收机近似坐标为 (X_0, Y_0, Z_0),卫星坐标为 (X^s, Y^s, Z^s),对上述观测方程进行线性化,得到误差方程:

$$V_{LP} = \rho_0 \big|_{(X_0, Y_0, Z_0)} + \alpha \cdot \Delta X + \beta \cdot \Delta Y + \gamma \cdot \Delta Z + dt + m \cdot ZPD + B_{LP} - LP \quad (5.41)$$

$$V_{P1} = \rho_0 \big|_{(X_0, Y_0, Z_0)} + \alpha \cdot \Delta X + \beta \cdot \Delta Y + \gamma \cdot \Delta Z + dt + m \cdot ZPD + I_1 - P_1 \quad (5.42)$$

式中

$$\rho_0 \big|_{(X_0, Y_0, Z_0)} = \sqrt{(X_0 - X^s)^2 + (Y_0 - Y^s)^2 + (Z_0 - Z^s)^2} \quad (5.43)$$

$$\alpha = \frac{X_0 - X^s}{\rho_0}, \quad \beta = \frac{Y_0 - Y^s}{\rho_0}, \quad \gamma = \frac{Z_0 - Z^s}{\rho_0} \quad (5.44)$$

用矢量形式可表示为

$$V = A \cdot X - l \quad Q \quad (5.45)$$

$$V = \begin{bmatrix} V_{PL} \\ V_{P1} \end{bmatrix}, \quad A = \begin{bmatrix} \alpha & \beta & \gamma & 1 & m & 1 \\ \alpha & \beta & \gamma & 1 & m & 0 \end{bmatrix}, \quad l = \begin{bmatrix} l_{PL} \\ l_{P1} \end{bmatrix} \quad (5.46)$$

$$X = \begin{bmatrix} \Delta X & \Delta Y & \Delta Z & dt & ZPD & B_{LP} \end{bmatrix}^T \quad (5.47)$$

式中:V 为残差矢量;A 为设计矩阵;l 为常数矢量(观测值减去近似值(OMC));X 为待估参数;ΔX、ΔY 和 ΔZ 为 3 维坐标改正数 Q 为观测值方差-协方差矩阵。由于待估参数的初始值一般取为近似值,线性化引起的误差较大,为了得到准确的定位结果,通常需要进行迭代计算,直至参数收敛。

5.3.2　单频 SEID 模型

现有的电离层模型都是对可视区域(或全球)进行电离层建模,这种方式无法有效反映局部的小区域空间和时间变化特征。为此有学者提出了区域电离层建模方法,其建模思想为利用周边参考站对指定卫星的观测残差构建该卫星的区域电离层模型。德国地学中心(GFZ)的 Deng 等人于 2009 年提出了利用电离层组合观测值 L_4 的历元间变化信息,分别对每颗卫星构建区域电离层模型[3],然后反推出区域内单频站的虚拟观测值 L_2,进而可以采用双频无电离层组合的方式进行处理。

1)SEID 模型消除单频 PPP 电离层延迟原理

首先,为使得推导过程更加简洁易懂,将单频 PPP 的观测方程式进行简化,得到历元 j 时刻的单频 PPP 观测方程为

$$P_1(j) = \rho(j) + I_1(j) \quad (5.48)$$

$$L_1(j) = \rho(j) - I_1(j) + \lambda_1 \cdot N_1 \quad (5.49)$$

然后,假设卫星在历元 j_0 首次被观测到,且持续跟踪至 $j_0 + k$,则在历元 $j_0 + k$ 和 j_0 间 L1 载波上的电离层延迟之差可表示为

$$\delta I_1(j_0, j_0 + k) = I_1(j_0 + k) - I_1(j_0) \qquad (5.50)$$

此时,将此改正应用到历元 $j_0 + k$ 的观测方程,得到类似于无电离层观测方程的方程:

$$L_1(j_0 + k) + \delta I_1(j_0, j_0 + k) = \rho(j_0 + k) - I_1(j_0) + \lambda_1 \cdot N_1 \qquad (5.51)$$

式中:可将常数 $I_1(j_0)$ 与载波相位模糊度 N_1 合并,形成新的模糊度,得到

$$L_1(j_0 + k) + \delta I_1(j_0, j_0 + k) = \rho(j_0 + k) + \lambda_1 \cdot \overline{N_1} \qquad (5.52)$$

由此,便将求电离层延迟 I_1 转变成了求电离层延迟之差 δI_1。换言之,只需要求出该单频流动站历元 j_0 到 $j_0 + k$ 间电离层延迟之差 δI_1,即可求得消除了电离层延迟误差的单频 PPP 定位结果。

2) 基于 SEID 模型增强的单频 PPP 方法

在 CORS 用双频接收机进行观测时,设此时有观测值 L_1、L_2,将用于构建电离层模型的观测值 L_4 定义如下:

$$L_4 = L_1 - L_2 = \lambda_1 \cdot N_1 - \lambda_2 \cdot N_2 - (I_1 - I_2) \qquad (5.53)$$

式中:I_1、I_2 分别表示 L_1、L_2 上的电离层延迟。用历元间差分观测值 δL_4 代替 L_4,并建立 δL_4 与 L_1 之间的关系,可得

$$\delta L_4(j, j+1) = \delta I_1(j, j+1) - \delta I_2(j, j+1) = \frac{f_1^2 - f_2^2}{f_1^2} \delta I_1(j, j+1) \qquad (5.54)$$

选择 n 个位于流动站附近的参考站($n \geq 4$),当它们跟踪一个特定卫星时,所得的历元间差分电离层延迟可用一个线性函数来表示,以穿刺点的纬度 θ 和经度 λ 作为变量,有

$$\delta L_4^n = \alpha_0 + \alpha_1 \lambda^n + \alpha_2 \theta^n \qquad (5.55)$$

式中:α_0、α_1、α_2 为需要估计的模型参数。根据 n 个流动站的接收数据,利用最小二乘平差,可求出模型参数值。

在历元 j 生成模型后,在参考网中的任何单频接收机的历元间差分电离层改正都可以用于计算 $\delta \tilde{L}_4(j, j+1)$。若从历元 j_0 开始持续跟踪,那么在历元 k 的观测值改正就是历元间差分改正之和,然后从相应的 L_1 观测值虚拟出第二个频点的相位观测值 $\tilde{L}_2$,有

$$\tilde{L}_4(j_0, k) = \sum_{j_0}^{k-1} \delta \tilde{L}_4(j, j+1) \qquad (5.56)$$

$$\tilde{L}_2(k) = L_1(k) - \tilde{L}_4(j_0, k) \qquad (5.57)$$

除了其电离层模型是适应于 L_2 频率之外,$\tilde{L}_2$ 与 L_1 完全相同。这样就能像双频数据一样,通过建立无电离层组合观测值来消除电离层延迟,从而达到增强单频 PPP 的目的。

必须要说明的是,第一次跟踪历元的电离层延迟是一个不确定的真值,它随着不

同的卫星站对以及同一站对中不同持续跟踪历元数据块的不同而不同,因此不能通过构建不同卫星、测站间的观测值之差来消除,则新的相位模糊度 $\overline{N}_1$ 不能够被固定为整数。

对于伪距观测值来说,其模型的建立与载波相位观测值相同,但是直接利用 P_4 而不是 δP_4,即

$$P_4^n = P_1^n - P_2^n = \beta_0 + \beta_1 \lambda^n + \beta_2 \theta^n \tag{5.58}$$

式中:β_0、β_1、β_2 为需要估计的模型参数。

3) CORS 增强的单频 PPP 服务

随着我国各省市城市 CORS 网的不断建设和规模的不断扩大,利用这些 CORS 网并基于 SEID 模型可为单频用户提供实时/事后定位服务。基于 CORS 网增强的单频 PPP 系统实现如图 5.1 所示。

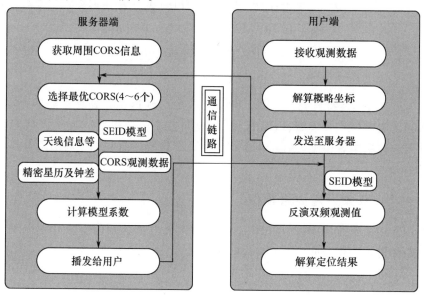

图 5.1　基于 CORS 区域增强的实时单频 PPP 系统实现流程

整个系统分为两个部分:服务器端和用户端。用户端具有实时流动接收数据的特点,由数据接收器和计算程序组成;而服务器端是静态服务系统,能够根据用户端提供的信息快速解算出模型系数并及时播发给用户,主要由数据接收器、分析器和计算程序组成。在具体解算过程中主要步骤如下:

首先,用户利用单频接收机所得数据计算出自己的概略坐标并发送给服务端。

然后,服务端根据所接收的概略坐标进行选网,提取出距用户最优的 4 ~ 6 个 CORS(理论上只需 3 个参考站,但选择更多的参考站可以增加定位可靠性并且避免由于丢失数据所造成的问题)。通过 CORS 的双频数据,剔除粗差并确定周跳后应用天线相位中心改正,不同的 CORS 每个历元对每颗卫星建立所有的 P_4 和 δL_4。建立

如式(5.55)和式(5.58)的观测方程,并进行参数估计。对同一历元的所有卫星重复上述步骤。

最后,服务端将解算出的参数播发给用户,用户就能根据系数 α、β,计算得到单频数据的 $\delta\tilde{L}_4$ 和 P_4,利用式(5.56)和式(5.57)建立 $\tilde{L}_2$ 观测值方程,然后使用现有的双频数据处理方法对 L_1、$\tilde{L}_2$ 进行无电离层组合处理,得到定位结果。

5.4 双频 PPP 函数模型

双频情形下,假设两个频率上的载波相位和伪距观测值分别为 L_1、L_2 和 P_1、P_2,其观测方程可简化为

$$L_1 = \rho + dt - dT - I_1 + m \cdot \text{ZPD} + \lambda_1 \cdot B_1 + \varepsilon_1 \tag{5.59}$$

$$L_2 = \rho + dt - dT - \kappa I_1 + m \cdot \text{ZPD} + \lambda_2 \cdot B_2 + \varepsilon_2 \tag{5.60}$$

$$P_1 = \rho + dt - dT + I_1 + m \cdot \text{ZPD} + e_1 \tag{5.61}$$

$$P_2 = \rho + dt - dT + \kappa I_1 + m \cdot \text{ZPD} + e_2 \tag{5.62}$$

式中:$\kappa = f_1^2 / f_2^2$;其余符号同 5.1 节。根据对电离层延迟误差处理策略的差异,可以构造双频无电离层组合模型、UofC 模型,以及非差非组合模型。UofC 模型本质上也是一种无电离层组合模型,因此,本节将侧重介绍传统的双频无电离层组合和非差非组合 PPP 模型。

5.4.1 双频无电离层模型

利用上述 4 个观测方程,可以构造一个双频无电离层相位组合和一个双频无电离层伪距组合观测值,即

$$\begin{bmatrix} L_{\text{IF}} \\ P_{\text{IF}} \end{bmatrix} = \begin{bmatrix} \eta_1 & \eta_2 & 0 & 0 \\ 0 & 0 & \eta_1 & \eta_2 \end{bmatrix} \begin{bmatrix} L_1 \\ L_2 \\ P_1 \\ P_2 \end{bmatrix} \tag{5.63}$$

式中

$$\eta_1 = \frac{f_1^2}{f_1^2 - f_2^2}, \quad \eta_2 = -\frac{f_2^2}{f_1^2 - f_2^2} \tag{5.64}$$

该模型通过双频组合消除了电离层延迟低阶项影响。由于 PPP 一般采用精密星历与精密卫星钟差产品,上述模型已不再考虑卫星轨道误差、卫星钟误差。卫星端码偏差无须改正:接收机端的码偏差可被接收机钟差吸收;初始相位和相位延迟则会被模糊度参数吸收,在浮点解中一般不予考虑。对于一些其他的系统误差的影响,如对流层延迟干分量、卫星与接收机端天线相位中心偏差及其变化、相位缠绕、相对论

效应、固体潮汐与海洋潮汐、地球自转等误差可采用现有的模型精确改正,具体改正方法参见第 3 章。对于一些难以精确模型化的误差,如接收机钟差和对流层湿延迟,则可附加参数进行估计。

双频无电离层组合模型的待估参数包含接收机的 3 维坐标、接收机钟差、天顶对流层延迟,以及无电离层组合模糊度。设卫星坐标为(X^s, Y^s, Z^s),在测站近似坐标(X_0, Y_0, Z_0)处,进行线性化,得到误差方程

$$V_{L_{IF}} = \rho_0 \big|_{(x_0, y_0, z_0)} + \alpha \cdot \Delta X + \beta \cdot \Delta Y + \gamma \cdot \Delta Z + dt + m \cdot ZPD + B_{IF} - L_{IF} \quad (5.65)$$

$$V_{P_{IF}} = \rho_0 \big|_{(x_0, y_0, z_0)} + \alpha \cdot \Delta X + \beta \cdot \Delta Y + \gamma \cdot \Delta Z + dt + m \cdot ZPD - P_{IF} \quad (5.66)$$

式中

$$\rho_0 \big|_{(x_0, y_0, z_0)} = \sqrt{(X_0 - X^s)^2 + (Y_0 - Y^s)^2 + (Z_0 - Z^s)^2} \quad (5.67)$$

$$\alpha = \frac{X_0 - X^s}{\rho_0}, \quad \beta = \frac{Y_0 - Y^s}{\rho_0}, \quad \gamma = \frac{Z_0 - Z^s}{\rho_0} \quad (5.68)$$

用矢量形式可表示为

$$V = A \cdot X - l, \quad Q \quad (5.69)$$

$$V = \begin{bmatrix} V_{L_{IF}} \\ V_{P_{IF}} \end{bmatrix}, \quad A = \begin{bmatrix} \alpha & \beta & \gamma & 1 & m & 1 \\ \alpha & \beta & \gamma & 1 & m & 0 \end{bmatrix}, \quad l = \begin{bmatrix} l_{L_{IF}} \\ l_{P_{IF}} \end{bmatrix} \quad (5.70)$$

$$X = \begin{bmatrix} \Delta X & \Delta Y & \Delta Z & dt & ZPD & B_{IF} \end{bmatrix}^T \quad (5.71)$$

同理,由于在近似值处线性化(一阶泰勒级数展开)带来的截断误差较大,为了获得准确的定位结果,通常需要进行迭代计算,直至参数收敛。

5.4.2　双频非差非组合模型

基于原始观测值的非差非组合模型可表示为

$$\begin{bmatrix} L_1 \\ L_2 \\ P_1 \\ P_2 \end{bmatrix} = \begin{bmatrix} 1 & 0 & 0 & 0 \\ 0 & 1 & 0 & 0 \\ 0 & 0 & 1 & 0 \\ 0 & 0 & 0 & 1 \end{bmatrix} \begin{bmatrix} L_1 \\ L_2 \\ P_1 \\ P_2 \end{bmatrix} \quad (5.72)$$

该模型大部分误差的处理方法同无电离层组合模型一致,但其电离层延迟需附加参数进行估计。硬件延迟引起的码偏差可利用 IGS 分析中心提供的差分码偏差(DCB)产品进行改正。硬件延迟引起的相位偏差和初始相位会被模糊度参数吸收。该模型的基本待估参数包含接收机 3 维坐标、接收机钟差、天顶对流层湿延迟、L1 载波站星视线方向的电离层延迟、双频模糊度参数。

类似地,在测站近似坐标(X_0, Y_0, Z_0)处,进行线性化,得到误差方程

$$V_{L_1} = \rho_0 \big|_{(x_0, y_0, z_0)} + \alpha \cdot \Delta X + \beta \cdot \Delta Y + \gamma \cdot \Delta Z + dt + m \cdot ZPD - I_1 + \lambda_1 B_1 - L_1$$

$$(5.73)$$

$$V_{L_2} = \rho_0 \big|_{(x_0,y_0,z_0)} + \alpha \cdot \Delta X + \beta \cdot \Delta Y + \gamma \cdot \Delta Z + \mathrm{d}t + m \cdot \mathrm{ZPD} - \kappa I_1 + \lambda_2 B_2 - L_2$$

$$\tag{5.74}$$

$$V_{P_1} = \rho_0 \big|_{(x_0,y_0,z_0)} + \alpha \cdot \Delta X + \beta \cdot \Delta Y + \gamma \cdot \Delta Z + \mathrm{d}t + m \cdot \mathrm{ZPD} + I_1 - P_1 \tag{5.75}$$

$$V_{P_2} = \rho_0 \big|_{(x_0,y_0,z_0)} + \alpha \cdot \Delta X + \beta \cdot \Delta Y + \gamma \cdot \Delta Z + \mathrm{d}t + m \cdot \mathrm{ZPD} + \kappa I_1 - P_2 \tag{5.76}$$

用矢量形式可表示为

$$V = A \cdot X - l \quad Q \tag{5.77}$$

式中

$$V = \begin{bmatrix} V_{L_1} \\ V_{L_2} \\ V_{P_1} \\ V_{P_2} \end{bmatrix}, \quad A = \begin{bmatrix} \alpha & \beta & \gamma & 1 & m & -1 & \lambda_1 & 0 \\ \alpha & \beta & \gamma & 1 & m & -\kappa & 0 & \lambda_2 \\ \alpha & \beta & \gamma & 1 & m & 1 & 0 & 0 \\ \alpha & \beta & \gamma & 1 & m & \kappa & 0 & 0 \end{bmatrix}, \quad l = \begin{bmatrix} l_{L_1} \\ l_{L_2} \\ l_{P_1} \\ l_{P_2} \end{bmatrix} \tag{5.78}$$

$$X = \begin{bmatrix} \Delta X & \Delta Y & \Delta Z & \mathrm{d}t & \mathrm{ZPD} & I_1^s & B_1^s & B_2^s \end{bmatrix}^T \tag{5.79}$$

其余符号的含义同上一节。需要说明的是,只有当卫星和接收机端的硬件延迟均被改正后,利用上述模型估计得到的 I_1 才是真实的电离层延迟,否则 I_1 是电离层延迟和硬件延迟的综合。

在没有电离层延迟信息的情况下,即不实施任何先验约束的情况下,非差非组合 PPP 模型等价于传统的无电离层组合 PPP 模型。除此之外,还可以采用外部的电离层信息对电离层延迟参数进行适当约束,以期加快 PPP 的收敛速度,提高 PPP 的定位精度和可靠性。附有电离层约束的 PPP 模型可参见本章第 5.2.3 节,这里不再赘述。

5.5 三频 PPP 函数模型

三频情形下,假设 3 个频率上的载波相位和伪距观测值分别为 L_1、L_2、L_3 和 P_1、P_2、P_3,其观测方程可简化为

$$L_1 = \rho + \mathrm{d}t - \mathrm{d}T - I_1 + m \cdot \mathrm{ZPD} + \lambda_1 \cdot B_1 + \varepsilon_1 \tag{5.80}$$

$$L_2 = \rho + \mathrm{d}t - \mathrm{d}T - \kappa_2 I_1 + m \cdot \mathrm{ZPD} + \lambda_2 \cdot B_2 + \varepsilon_2 \tag{5.81}$$

$$L_3 = \rho + \mathrm{d}t - \mathrm{d}T - \kappa_3 I_1 + m \cdot \mathrm{ZPD} + \lambda_3 \cdot B_3 + \varepsilon_3 \tag{5.82}$$

$$P_1 = \rho + \mathrm{d}t - \mathrm{d}T + I_1 + m \cdot \mathrm{ZPD} + e_1 \tag{5.83}$$

$$P_2 = \rho + \mathrm{d}t - \mathrm{d}T + \kappa_2 I_1 + m \cdot \mathrm{ZPD} + e_2 \tag{5.84}$$

$$P_3 = \rho + \mathrm{d}t - \mathrm{d}T + \kappa_3 I_1 + m \cdot \mathrm{ZPD} + e_3 \tag{5.85}$$

式中：$\kappa_j = f_1^2/f_j^2\,(j=2,3)$；其余符号含义同 5.1 节。

在组合形式上，三频 PPP 可分为无电离层组合模型和非差非组合模型上。对于无电离层组合，三频 PPP 的组合形式又可分为两种：一种是三频之间两两组合产生三个双频无电离层组合观测值；另一种是三频之间构造唯一一个噪声最小的无电离层组合观测值。对于非差非组合模型，则是直接处理三频原始观测值。

北斗是当前首个真正意义上实现全星座三频信号播发的卫星导航系统，因此，本节以 BDS 为例，介绍三频 PPP 模型。为了方便区分，我们将三频之间两两组合形成无电离层的模型称为"IF-1"模型；将三频之间构造一个噪声最小的无电离层组合模型称为"IF-2"模型；将非组合模型称为"UC"模型。

5.5.1　三频 IF-1 模型

根据式(5.80)至式(5.85)，可以构造 3 个双频无电离层相位/伪距组合观测值，即

$$
\begin{bmatrix} L_{\mathrm{IF}(1,2)} \\ L_{\mathrm{IF}(1,3)} \\ L_{\mathrm{IF}(2,3)} \end{bmatrix} = \begin{bmatrix} \eta_{1,\mathrm{IF}(1,2)} & \eta_{2,\mathrm{IF}(1,2)} & 0 \\ \eta_{1,\mathrm{IF}(1,3)} & 0 & \eta_{2,\mathrm{IF}(1,3)} \\ 0 & \eta_{1,\mathrm{IF}(2,3)} & \eta_{2,\mathrm{IF}(2,3)} \end{bmatrix} \begin{bmatrix} L_1 \\ L_2 \\ L_3 \end{bmatrix} \tag{5.86}
$$

$$
\begin{bmatrix} P_{\mathrm{IF}(1,2)} \\ P_{\mathrm{IF}(1,3)} \\ P_{\mathrm{IF}(2,3)} \end{bmatrix} = \begin{bmatrix} \eta_{1,\mathrm{IF}(1,2)} & \eta_{2,\mathrm{IF}(1,2)} & 0 \\ \eta_{1,\mathrm{IF}(1,3)} & 0 & \eta_{2,\mathrm{IF}(1,3)} \\ 0 & \eta_{1,\mathrm{IF}(2,3)} & \eta_{2,\mathrm{IF}(2,3)} \end{bmatrix} \begin{bmatrix} P_1 \\ P_2 \\ P_3 \end{bmatrix} \tag{5.87}
$$

式中

$$
\eta_{1,\mathrm{IF}(i,j)} = \frac{f_i^2}{f_i^2 - f_j^2}, \quad \eta_{2,\mathrm{IF}(i,j)} = -\frac{f_j^2}{f_i^2 - f_j^2} \qquad i,j = 1,2,3;\, i \neq j \tag{5.88}
$$

将北斗卫星信号频率代入式(5.88)可得

$$
\begin{cases} \eta_{1,\mathrm{IF}(1,2)} \approx 2.487, & \eta_{2,\mathrm{IF}(1,2)} \approx -1.487 \\ \eta_{1,\mathrm{IF}(1,3)} \approx 2.944, & \eta_{2,\mathrm{IF}(1,3)} \approx -1.944 \\ \eta_{1,\mathrm{IF}(2,3)} \approx -9.590, & \eta_{2,\mathrm{IF}(2,3)} \approx 10.590 \end{cases} \tag{5.89}
$$

需要说明的是，虽然三频之间能够构造 3 个双频无电离层组合观测值，但是其中仅有两个是独立的。考虑到第三个组合 IF(2,3)的系数明显较大，对应的观测噪声被放大 14.3 倍，因此，通常仅选取前两个无电离层组合观测值进行定位。

当使用其中任何一个无电离层组合时 IF(1,2)或 IF(1,3)，接收机端的硬件延迟偏差可被接收机钟差参数完全吸收，而不影响位置等参数的估计。然而，当同时利用这两个无电离层组合时，由于接收机硬件延迟对不同组合观测值的影响不同，其不再完全被接收机钟差吸收。因此，需要在两类组合观测值上各估计一个接收机钟差参数（即两个接收机钟差参数），或者估计一个相同的接收机钟差，例如 IF(1,2)无电离层钟差，同时引入一个频间偏差（IFB，或称为接收机端的码间偏差）。对于卫星端，

同样需要考虑 IF(1,2)和 IF(1,3)频间偏差的影响,这一项偏差在有些文献中又称为"频间钟差偏差(IFCB)"。对于这一偏差的处理方法有两种:一种是直接采用 IGS 分析中心提供的 DCB 值进行改正[4-5],但这种改正方法只能消除其常数项偏差,无法消除其周期性变化项;另一种方法则是通过两个双频无电离层组合相减,估计每颗卫星的 IFCB 值,并建立综合考虑常数偏差与周期性变化的偏差模型[6]。

当卫星端的频间偏差得到消除后,三频 IF-1 模型的待估参数包含接收机的 3 维坐标、接收机钟差、天顶对流层延迟、接收机频间偏差,以及无电离层组合模糊度(单位:m)。对双频 IF(1,2)和 IF(1,3)组合进行线性化,得到误差方程

$$V_{L_{IF(1,2)}} = \rho_0 \big|_{(X_0,Y_0,Z_0)} + \alpha \cdot \Delta X + \beta \cdot \Delta Y + \gamma \cdot \Delta Z + \mathrm{d}t + m \cdot \mathrm{ZPD} + B_{IF(1,2)} - L_{IF(1,2)}$$
$$(5.90)$$

$$V_{L_{IF(1,3)}} = \rho_0 \big|_{(X_0,Y_0,Z_0)} + \alpha \cdot \Delta X + \beta \cdot \Delta Y + \gamma \cdot \Delta Z + \mathrm{d}t + m \cdot \mathrm{ZPD} + B_{IF(1,3)} - L_{IF(1,3)}$$
$$(5.91)$$

$$V_{P_{IF(1,2)}} = \rho_0 \big|_{(X_0,Y_0,Z_0)} + \alpha \cdot \Delta X + \beta \cdot \Delta Y + \gamma \cdot \Delta Z + \mathrm{d}t + m \cdot \mathrm{ZPD} - P_{IF(1,2)}$$
$$(5.92)$$

$$V_{P_{IF(1,3)}} = \rho_0 \big|_{(X_0,Y_0,Z_0)} + \alpha \cdot \Delta X + \beta \cdot \Delta Y + \gamma \cdot \Delta Z + \mathrm{d}t + m \cdot \mathrm{ZPD} + \mathrm{IFB} - P_{IF(1,3)}$$
$$(5.93)$$

式中

$$\rho_0 \big|_{(X_0,Y_0,Z_0)} = \sqrt{(X_0 - X^s)^2 + (Y_0 - Y^s)^2 + (Z_0 - Z^s)^2}$$
$$(5.94)$$

$$\alpha = \frac{X_0 - X^s}{\rho_0}, \quad \beta = \frac{Y_0 - Y^s}{\rho_0}, \quad \gamma = \frac{Z_0 - Z^s}{\rho_0}$$
$$(5.95)$$

用矢量形式可表示为

$$V = A \cdot X - l, \quad Q$$
$$(5.96)$$

$$V = \begin{bmatrix} V_{L_{IF(1,2)}} \\ V_{L_{IF(1,3)}} \\ V_{P_{IF(1,2)}} \\ V_{P_{IF(1,3)}} \end{bmatrix}, \quad A = \begin{bmatrix} \alpha & \beta & \gamma & 1 & m & 0 & 1 & 0 \\ \alpha & \beta & \gamma & 1 & m & 0 & 0 & 1 \\ \alpha & \beta & \gamma & 1 & m & 0 & 0 & 0 \\ \alpha & \beta & \gamma & 1 & m & 1 & 0 & 0 \end{bmatrix}, \quad l = \begin{bmatrix} l_{L_{IF(1,2)}} \\ l_{L_{IF(1,3)}} \\ l_{P_{IF(1,2)}} \\ l_{P_{IF(1,3)}} \end{bmatrix} \quad (5.97)$$

$$X = \begin{bmatrix} \Delta X & \Delta Y & \Delta Z & \mathrm{d}t & \mathrm{ZPD} & \mathrm{IFB} & B^s_{IF(1,2)} & B^s_{IF(1,3)} \end{bmatrix}^{\mathrm{T}}$$
$$(5.98)$$

式中:IFB 为接收机频间偏差;其余符号含义同上一节。值得一提的是,频间偏差与接收机类型相关,且在时域内较为稳定,在参数估计时,可采用分段常数或随机游走模型估计 IFB 参数。图 5.2 所示为两个不同测站利用三频 IF-1 模型估计得到的 IFB 时间序列。

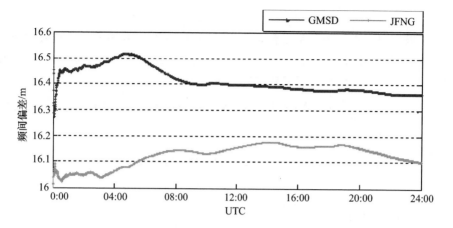

图 5.2　北斗三频无电离层组合估计得到的频间偏差(IFB)

5.5.2　三频 IF-2 模型

与 IF-1 模型不同,IF-2 模型仅构造一个噪声最小的三频线性组合,即

$$L_{\mathrm{IF}(1,2,3)} = w_1 \cdot L_1 + w_2 \cdot L_2 + w_3 \cdot L_3 \tag{5.99}$$

$$P_{\mathrm{IF}(1,2,3)} = w_1 \cdot P_1 + w_2 \cdot P_2 + w_3 \cdot P_3 \tag{5.100}$$

式中:$w_i(i=1,2,3)$ 为组合系数。与 IF-1 模型类似,可根据无电离层影响,几何距离不变这两个条件求解组合系数。显然,两个约束条件不足以确定 3 个未知数。因此,需要引入其他的约束条件,例如噪声最小、整数特性、长波长等特性。从定位精度的角度考虑,宜选择噪声最小原则。因此,组合系数可按下式唯一确定:

$$\begin{cases} w_1 + w_2 + w_3 = 1 \\ w_1 + w_2 \cdot \kappa_2 + w_3 \cdot \kappa_3 = 0 \\ w_1^2 + w_2^2 + w_3^2 = \min \end{cases} \tag{5.101}$$

得到的系数表达式为

$$\begin{cases} w_1 = \dfrac{\kappa_2^2 + \kappa_3^2 - \kappa_2 - \kappa_3}{2(\kappa_2^2 + \kappa_3^2 - \kappa_2\kappa_3 - \kappa_2 - \kappa_3 + 1)} \\[3mm] w_2 = \dfrac{\kappa_3^2 - \kappa_2\kappa_3 - \kappa_2 + 1}{2(\kappa_2^2 + \kappa_3^2 - \kappa_2\kappa_3 - \kappa_2 - \kappa_3 + 1)} \\[3mm] w_3 = \dfrac{\kappa_2^2 - \kappa_2\kappa_3 - \kappa_3 + 1}{2(\kappa_2^2 + \kappa_3^2 - \kappa_2\kappa_3 - \kappa_2 - \kappa_3 + 1)} \end{cases} \tag{5.102}$$

式中

$$\kappa_j = \dfrac{f_1^2}{f_j^2} \qquad j = 2,3 \tag{5.103}$$

将北斗卫星的频率代入式(5.102),计算得到三频组合系数为

$$w_1 \approx 2.566, \quad w_2 \approx -1.229, \quad w_3 \approx -0.337 \tag{5.104}$$

由于该模型只有一个伪距组合观测值,接收机硬件延迟码偏差可被接收机钟差参数完全吸收,而硬件延迟引起的相位偏差可被浮点模糊度参数吸收。因此,无须考虑频间偏差的影响。线性化后其观测方程可表示为

$$V_{L_{\text{IF}(1,2,3)}} = \rho_0 \big|_{(X_0, Y_0, Z_0)} + \alpha \cdot \Delta X + \beta \cdot \Delta Y + \gamma \cdot \Delta Z + \text{d}t + m \cdot \text{ZPD} + B_{\text{IF}(1,2,3)} - L_{\text{IF}(1,2,3)}$$
$$\tag{5.105}$$

$$V_{P_{\text{IF}(1,2,3)}} = \rho_0 \big|_{(X_0, Y_0, Z_0)} + \alpha \cdot \Delta X + \beta \cdot \Delta Y + \gamma \cdot \Delta Z + \text{d}t + m \cdot \text{ZPD} - P_{\text{IF}(1,2,3)}$$
$$\tag{5.106}$$

用矢量形式可表示为

$$V = A \cdot X - l, \quad Q \tag{5.107}$$

$$V = \begin{bmatrix} V_{L_{\text{IF}(1,2,3)}} \\ V_{P_{\text{IF}(1,2,3)}} \end{bmatrix}, \quad A = \begin{bmatrix} \alpha & \beta & \gamma & 1 & m & 1 \\ \alpha & \beta & \gamma & 1 & m & 0 \end{bmatrix}, \quad l = \begin{bmatrix} l_{L_{\text{IF}(1,2,3)}} \\ l_{P_{\text{IF}(1,2,3)}} \end{bmatrix} \tag{5.108}$$

$$X = \begin{bmatrix} \Delta X & \Delta Y & \Delta Z & \text{d}t & \text{ZPD} & B^s_{\text{IF}(1,2,3)} \end{bmatrix}^{\text{T}} \tag{5.109}$$

式中:各符号的含义同上一节。

5.5.3 三频 UC 模型

基于原始观测值的非差非组合模型可视为组合模型的特例,即组合系数为单位阵。顾及卫星星历与钟误差,以及其他非色散性误差项改正后,式(5.80)~式(5.85)中的观测方程可表示为

$$L_1 = \bar\rho + \text{d}t + m \cdot \text{ZPD} - (I_1 + \eta_{12} \cdot \text{DCB}_{12}) + \lambda_1 B_1 + \varepsilon_1 \tag{5.110}$$

$$L_2 = \bar\rho + \text{d}t + m \cdot \text{ZPD} - \kappa_2(I_1 + \eta_{12} \cdot \text{DCB}_{12}) + \lambda_2 B_2 + \varepsilon_2 \tag{5.111}$$

$$L_3 = \bar\rho + \text{d}t + m \cdot \text{ZPD} - \kappa_3(I_1 + \eta_{12} \cdot \text{DCB}_{12}) + \lambda_3 B_3 + \varepsilon_3 \tag{5.112}$$

$$P_1 = \bar\rho + \text{d}t + m \cdot \text{ZPD} + (I_1 + \eta_{12} \cdot \text{DCB}_{12}) + e_1 \tag{5.113}$$

$$P_2 = \bar\rho + \text{d}t + m \cdot \text{ZPD} + \kappa_2(I_1 + \eta_{12} \cdot \text{DCB}_{12}) + e_2 \tag{5.114}$$

$$P_3 = \bar\rho + \text{d}t + m \cdot \text{ZPD} + \kappa_3(I_1 + \eta_{12} \cdot \text{DCB}_{12}) + \left(\frac{\eta_{12}}{\eta_{13}}\text{DCB}_{12} - \text{DCB}_{13}\right) + e_3$$
$$\tag{5.115}$$

式中

$$\eta_{12} = -\frac{f_2^2}{f_1^2 - f_2^2}, \quad \eta_{13} = -\frac{f_3^2}{f_1^2 - f_3^2} \tag{5.116}$$

$$\text{DCB}_{12} = d_1 - d_2, \quad \text{DCB}_{13} = d_1 - d_3 \tag{5.117}$$

$\bar{\rho}$ 为经过非色散性误差改正后的几何距离,其余符号的含义同上。

由于采用非组合形式,该模型中的电离层延迟需设参数估计。但需要注意的是,电离层延迟和频间码偏差参数均与频率相关,难以区分。卫星端的码偏差可采用IGS 分析中心提供的差分码偏差产品进行改正,而接收机端的码偏差一方面可以事先标定,另一方面也可将其与其他参数合并。对于双频 PPP,电离层延迟参数(I_1)和码偏差参数(DCB_{12})是完全相关的。显然,两者在无外界约束的情况下无法分离。对于三频 PPP,第三个频率上的伪距观测值的码偏差影响在数值上不同于前两个伪距观测值,电离层延迟参数不能完全吸收码偏差的影响。因此,需要在第三个频率的观测值上引入一个额外的频间偏差参数,由于相位观测值上的偏差会被模糊度参数吸收,这里仅在伪距观测值上加上一个频间偏差参数。最终,该模型的线性化形式可表示为

$$V_{L_1} = \rho_0 \big|_{(X_0,Y_0,Z_0)} + \alpha \cdot \Delta X + \beta \cdot \Delta Y + \gamma \cdot \Delta Z + dt + m \cdot ZPD - \bar{I}_1 + \lambda_1 B_1 - L_1 \tag{5.118}$$

$$V_{L_2} = \rho_0 \big|_{(X_0,Y_0,Z_0)} + \alpha \cdot \Delta X + \beta \cdot \Delta Y + \gamma \cdot \Delta Z + dt + m \cdot ZPD - \kappa_2 \bar{I}_1 + \lambda_2 B_2 - L_2 \tag{5.119}$$

$$V_{L_3} = \rho_0 \big|_{(X_0,Y_0,Z_0)} + \alpha \cdot \Delta X + \beta \cdot \Delta Y + \gamma \cdot \Delta Z + dt + m \cdot ZPD - \kappa_3 \bar{I}_1 + \lambda_3 B_3 - L_3 \tag{5.120}$$

$$V_{P_1} = \rho_0 \big|_{(X_0,Y_0,Z_0)} + \alpha \cdot \Delta X + \beta \cdot \Delta Y + \gamma \cdot \Delta Z + dt + m \cdot ZPD + \bar{I}_1 - P_1 \tag{5.121}$$

$$V_{P_2} = \rho_0 \big|_{(X_0,Y_0,Z_0)} + \alpha \cdot \Delta X + \beta \cdot \Delta Y + \gamma \cdot \Delta Z + dt + m \cdot ZPD + \kappa_2 \bar{I}_1 - P_2 \tag{5.122}$$

$$V_{P_3} = \rho_0 \big|_{(X_0,Y_0,Z_0)} + \alpha \cdot \Delta X + \beta \cdot \Delta Y + \gamma \cdot \Delta Z + dt + m \cdot ZPD + \kappa_3 \bar{I}_1 + IFB - P_3 \tag{5.123}$$

式中

$$\bar{I}_1 = I_1 + \eta_{12} \cdot DCB_{12}, \quad IFB = \frac{\eta_{12}}{\eta_{13}} DCB_{12} - DCB_{13} \tag{5.124}$$

用矢量形式可表示为

$$V = A \cdot X - l, \quad Q \tag{5.125}$$

式中

$$V = \begin{bmatrix} V_{L_1} \\ V_{L_2} \\ V_{L_3} \\ V_{P_1} \\ V_{P_2} \\ V_{P_3} \end{bmatrix}, \quad A = \begin{bmatrix} \alpha & \beta & \gamma & 1 & m & -1 & \lambda_1 & 0 \\ \alpha & \beta & \gamma & 1 & m & -\kappa & 0 & \lambda_2 \\ \alpha & \beta & \gamma & 1 & m & 1 & 0 & 0 \\ \alpha & \beta & \gamma & 1 & m & \kappa & 0 & 0 \end{bmatrix}, \quad l = \begin{bmatrix} l_{L_1} \\ l_{L_2} \\ l_{L_3} \\ l_{P_1} \\ l_{P_2} \\ l_{P_3} \end{bmatrix} \tag{5.126}$$

$$X = [\ \Delta X \quad \Delta Y \quad \Delta Z \quad \mathrm{d}t \quad \mathrm{ZPD} \quad \bar{I}_1^s \quad \mathrm{IFB} \quad B_1^s \quad B_2^s \quad B_3^s\ ]^T \qquad (5.127)$$

式中：$\bar{I}_1^s$ 为包含硬件延迟的电离层延迟估值；IFB 为第三个频率上码观测值的频间偏差；其余符号的含义同上。

5.5.4 模型比较与讨论

表 5.1 概括了几种 PPP 模型的特性，包括使用的观测值、近似的组合系数（e_1、e_2、e_3）、电离层放大因子、噪声放大因子，以及卫星码偏差改正。为了便于比较，表中同时给出了传统的双频无电离层组合 PPP 的特性，并用 IF-0 表示。

表 5.1　几种 PPP 模型特性的比较

模型	观测值	组合系数			电离层因子	噪声因子	DCB 改正
		e_1	e_2	e_3			
IF-0	B1/B2	2.487	−1.487	0	0	2.90	0
IF-1	B1/B2	2.487	−1.487	0	0	2.90	0
	B1/B3	2.944	0	−1.944	0	3.53	$\eta_{2,IF(1,2)} \cdot DCB_{12}^s - \eta_{2,IF(1,3)} \cdot DCB_{13}^s$
IF-2	B1/B2/B3	2.566	−1.229	−0.337	0	2.86	$(\eta_{2,IF(1,2)} - e_2) \cdot DCB_{12}^s - e_3 \cdot DCB_{13}^s$
UC	B1	1	0	0	1	1	$\eta_{2,IF(1,2)} \cdot DCB_{12}^s$
	B2	0	1	0	1.672	1	$-\eta_{1,IF(1,2)} \cdot DCB_{12}^s$
	B3	0	0	1	1.514	1	$-\eta_{1,IF(1,2)} \cdot DCB_{13}^s - \eta_{2,IF(1,2)} \cdot DCB_{23}^s$

首先，从组合形式上对比分析。三频 IF-1、IF-2 和 UC 模型尽管在组合方式上有所差异，但它们都是基于原始的三频伪距和载波相位观测值得到的，即系统输入是一致的。对于 IF-1 模型，它包含两个双频无电离层组合 IF(1,2) 和 IF(1,3)，且这两个组合观测值在数学上相关。而 IF-2 模型则是在三频之间构造一个噪声最小的无电离层组合观测值 IF(1,2,3)。但这一模型的缺陷在于，3 个频率上的观测值必须同时存在，否则无法利用。对于 IF-1 模型则更加灵活、方便，当三频数据同时存在时，可构造两个双频无电离层组合；即使其中某一个频率的观测值丢失，也可以利用其他两个频率构造一个双频无电离层组合，保持定位的连续性。对比 IF-0 和 IF-2 模型的组合系数和噪声因子不难发现，北斗 B3 频点对应的系数仅为 0.337，这就意味着该频点在组合观测值中的贡献非常小；但是 IF-2 模型的组合噪声要略小于 IF-0 模型。

其次，从频间偏差角度分析。为了与当前 IGS 精密钟差产品的观测基准保持一致，除 IF(1,2) 组合无须顾及 DCB 改正外，其他组合或非组合观测值都需要进行差分码偏差改正。卫星端的码偏差一般可利用 IGS 提供的 DCB 产品直接进行改正，而接收机端的码偏差根据不同的模型，可被接收机钟差和电离层延迟参数吸收，其残余偏差还可引入额外的参数进行估计。

再次,从参数估值角度分析。接收机 3 维坐标和对流层延迟可视为与模型无关的待估参数,其余参数如接收机钟差、频间偏差、电离层延迟和模糊度参数则与定位的模型密切相关。即使对于同一项偏差,如接收机钟差,不同模型计算得到的钟差估值在数值上也并非完全相同(吸收的硬件延迟不同)。模糊度参数则是对应特定频率的模糊度。

尽管如此,这 3 种模型在某种程度上可认为是相互等价的。无电离层组合模型和非差非组合模型最主要的差异体现在电离层延迟误差的处理方面。前者通过线性组合消除该项偏差,而后者通过增设参数进行估计。理论上,在使用相同观测值情形下,若观测值和参数的随机模型保持一致,仅对观测值进行线性组合不会改变解的性质[7-9]。换言之,相同参数的估值及其方差-协方差是相同的。然而,当系统输入的观测量不同或存在先验信息约束时,这种等价性则不再成立。

◢ 5.6　多频多系统 PPP 函数模型

不失一般性,GNSS 非差伪距和载波相位观测方程可表示为

$$L_{r,j}^s = \rho_r^s - \mathrm{d}T^s + \mathrm{d}t_r - I_{r,j}^s + m_r^s \cdot Z_r + \lambda_j N_{r,j}^s + \lambda_j(b_{r,j} - b_j^s - b_{v,j}^s) + \varepsilon_{r,j}^s \quad (5.128)$$

$$P_{r,j}^s = \rho_r^s - \mathrm{d}T^s + \mathrm{d}t_r + I_{r,j}^s + m_r^s \cdot Z_r + (d_{r,j} - d_j^s) + e_{r,j}^s \quad (5.129)$$

$$I_{r,j}^s = \kappa_j \cdot I_{r,1}^s, \quad \kappa_j = \frac{f_1^2}{f_j^2} \quad (5.130)$$

式中:上标 s、下标 r 和 j 分别表示卫星、接收机和频率标识。需要注意的是,式(5.128)中包含前面没有涉及的一个偏差项 b_v,该偏差项指的是卫星端相位硬件延迟的时变部分,它与频率、卫星、时间均相关,在精密卫星钟差估计过程中,会和卫星钟差耦合在一起,导致采用不同的函数模型时,产生不同的卫星钟差估值。而现在 IGS 提供的卫星钟差产品均是基于特定的观测值,如 GPS 采用 L1/L2 消电离层组合,导致现有卫星钟差不适用于基于 L1/L5 消电离层组合的 PPP。因而需要对频间钟差偏差(IFCB)进行估计,将现有卫星钟差进行转化。

将上述观测方程进行线性化,得到

$$l_{r,j}^s = -\boldsymbol{u}_r^s \cdot \boldsymbol{r}_r - \mathrm{d}T^s + \mathrm{d}t_r - \kappa_j \cdot I_{r,1}^s + m_r^s \cdot Z_r + \lambda_j N_{r,j}^s + \lambda_j(b_{r,j} - b_j^s - b_{v,j}^s) + \varepsilon_{r,j}^s$$

$$(5.131)$$

$$p_{r,j}^s = -\boldsymbol{u}_r^s \cdot \boldsymbol{r}_r - \mathrm{d}T^s + \mathrm{d}t_r + \kappa_j \cdot I_{r,1}^s + m_r^s \cdot Z_r + (d_{r,j} - d_j^s) + e_{r,j}^s \quad (5.132)$$

式中:$p_{r,j}^s$ 和 $l_{r,j}^s$ 分别为伪距和载波相位观测方程对应的 OMC(观测值减去近似值);$\boldsymbol{u}_r^s$ 为接收机至卫星的单位矢量;$\boldsymbol{r}_r$ 为接收机坐标改正数(相对于线性化时采用的近似坐标)。

对于 GPS/GLONASS/BDS/Galileo 系统四系统组合,其观测模型可表示为

$$\begin{cases} l_{r,j}^{G} = -\boldsymbol{u}_r^{G} \cdot \boldsymbol{r}_r - \mathrm{d}T^{G} + \mathrm{d}t_r - \kappa_{jG} \cdot I_{r,1}^{G} + m_r^{G} \cdot Z_r + \lambda_{jG} N_{r,j}^{G} + \lambda_{jG}(b_{rG,j} - b_j^{G} - b_{v,j}^{G}) + \varepsilon_{r,j}^{G} \\ l_{r,k}^{R_k} = -\boldsymbol{u}_r^{R} \cdot \boldsymbol{r}_r - \mathrm{d}T^{R} + \mathrm{d}t_r - \kappa_{jR_k} \cdot I_{r,1}^{R} + m_r^{R} \cdot Z_r + \lambda_{jR_k} N_{r,j}^{R} + \lambda_{jR_k}(b_{rR_k,j} - b_j^{R} - b_{v,j}^{R}) + \varepsilon_{r,j}^{R} \\ l_{r,j}^{E} = -\boldsymbol{u}_r^{E} \cdot \boldsymbol{r}_r - \mathrm{d}T^{E} + \mathrm{d}t_r - \kappa_{jE} \cdot I_{r,1}^{E} + m_r^{E} \cdot Z_r + \lambda_{jE} N_{r,j}^{E} + \lambda_{jE}(b_{rE,j} - b_j^{E} - b_{v,j}^{E}) + \varepsilon_{r,j}^{E} \\ l_{r,j}^{C} = -\boldsymbol{u}_r^{C} \cdot \boldsymbol{r}_r - \mathrm{d}T^{C} + \mathrm{d}t_r - \kappa_{jC} \cdot I_{r,1}^{C} + m_r^{C} \cdot Z_r + \lambda_{jC} N_{r,j}^{C} + \lambda_{jC}(b_{rC,j} - b_j^{C} - b_{v,j}^{C}) + \varepsilon_{r,j}^{C} \end{cases}$$

$$(5.133)$$

$$\begin{cases} p_{r,j}^{G} = -\boldsymbol{u}_r^{G} \cdot \boldsymbol{r}_r - \mathrm{d}T^{G} + \mathrm{d}t_r + \kappa_{jG} \cdot I_{r,1}^{G} + m_r^{G} \cdot Z_r + (d_{rG,j} - d_j^{G}) + e_{r,j}^{G} \\ p_{r,j}^{R_k} = -\boldsymbol{u}_r^{R} \cdot \boldsymbol{r}_r - \mathrm{d}T^{R} + \mathrm{d}t_r + \kappa_{jR_k} \cdot I_{r,1}^{R} + m_r^{R} \cdot Z_r + (d_{rR_k,j} - d_j^{R}) + e_{r,j}^{R} \\ p_{r,j}^{E} = -\boldsymbol{u}_r^{E} \cdot \boldsymbol{r}_r - \mathrm{d}T^{E} + \mathrm{d}t_r + \kappa_{jE} \cdot I_{r,1}^{E} + m_r^{E} \cdot Z_r + (d_{rE,j} - d_j^{E}) + e_{r,j}^{E} \\ p_{r,j}^{C} = -\boldsymbol{u}_r^{C} \cdot \boldsymbol{r}_r - \mathrm{d}T^{C} + \mathrm{d}t_r + \kappa_{jC} \cdot I_{r,1}^{C} + m_r^{C} \cdot Z_r + (d_{rC,j} - d_j^{C}) + e_{r,j}^{C} \end{cases}$$

$$(5.134)$$

式中:上标 G、R、E、C 分别代表 GPS、GLONASS、Galileo 系统和 BDS 卫星;R_k 表示 GLONASS 卫星的频率因子(频分多址);d_{rG}、d_{rR_k}、d_{rE} 和 d_{rC} 为接收机端各卫星系统的通道时延(码偏差)。

需要注意的是,不同系统之间的码偏差数值大小并不相等,其差值称为系统间偏差(ISB)。此外,GLONASS 内部不同频率的卫星对应的接收机码偏差也不一致,其差值一般称为频间偏差(IFB)。同理,相位观测值也存在类似的系统间和频率间相位延迟偏差。因此,在多频多系统组合 PPP 中需要额外引入 ISB 和 IFB 参数。

类似地,根据对电离层延误误差处理的策略不同,可以构造不同的组合观测值模型。由于其方法同前面单频、双频及三频情形基本类似,这里不再具体介绍。

▲ 5.7 PPP 随机模型

利用 GNSS 观测值进行 PPP 解算之前,除了确定其函数模型外,还需要确定平差系统的随机模型。随机模型涉及观测值本身的精度水平和参数的随机特性。GNSS 观测值的精度通常可量化为与卫星高度角、信噪比的相关的函数形式(如正弦、余弦、指数等)。参数随机模型主要用来描述各类参数的初始精度以及过程噪声。

5.7.1 先验随机模型

本节主要介绍观测值的先验随机模型,即如何确定观测量的权或先验方差-协方差矩阵。常用的随机模型有卫星高度角法、信噪比法、最小二乘残差法、实时估计法等。其中,在 PPP 中应用最广泛的是基于卫星高度角和信噪比(或信号强度)的随机模型。

5.7.1.1 高度角函数法

基于高度角的随机模型是将观测值噪声 σ 表达成以卫星高度角 E 为变量的函

数,即

$$\sigma^2 = f(E) \tag{5.135}$$

根据高度角函数 f 的差异,衍生了多种基于卫星高度角的随机模型,其中指数函数模型和正余弦函数模型是目前应用最广泛的高度角随机模型。

例如,Barnes 采用的指数函数模型为[10]

$$\sigma^2 = \sigma_0^2 (1 + a e^{-E/E_0})^2 \tag{5.136}$$

式中:σ_0 为观测值在近天顶方向的标准差;E_0 为参考高度角;a 为放大因子。

国际上知名的大地测量数据处理软件 Bernese 采用的余弦函数模型为[11]

$$\sigma^2 = a^2 + b^2 \cos^2 E' \tag{5.137}$$

式中:E' 为卫星高度角(rad)。

GAMIT 软件则采用正弦函数模型[12-13],有

$$\sigma^2 = a^2 + b^2 / \sin^2 E' \tag{5.138}$$

式中:a、b 为待定系数,一般根据经验给定或者通过拟合方法确定。

5.7.1.2　信噪比函数法

接收机信噪比(SNR)与大气延迟误差、多路径效应、天线增益和接收机内部电路等因素有关,它在一定程度上反映了观测值的数据质量,可以用来衡量观测值的噪声水平。Brunner 等(1999)利用 SNR 观测值建立了载波相位观测值的 SIGMA-ε 随机模型[14],即

$$\sigma^2 = C_i \cdot 10^{-\frac{S}{10}} = B_i \left(\frac{\lambda_i}{2\pi}\right)^2 \cdot 10^{-\frac{S}{10}} \tag{5.139}$$

式中:S 为实测信噪比;B_i 为相位跟踪环带宽(Hz);λ_i 为载波相位波长(m)。实际计算,通常取 $C_1 = 0.00224 \text{m}^2 \cdot \text{Hz}$,$C_2 = 0.00077 \text{m}^2 \cdot \text{Hz}$。柳响林在此基础上,借鉴高度角随机模型中的指数函数法,提出了一种简化的随机模型[15],即

$$\sigma^2 = \sigma_0^2 (1 + a e^{-S/S_0})^2 \tag{5.140}$$

式中:S_0 为参考信噪比。这种简化的方法实现了信噪比随机模型与高度角随机模型在形式上的统一。

遗憾的是,SNR 并不是 RINEX 输出格式的必选项,很多情况下,用户无法获得实测的 SNR 值。但是,从 RINEX 2.0 版本开始,输出的相位观测值在最后两位增加了信号强度指数 I,根据信号强度指数通过以下公式可以计算得到相应的 SNR 值。

$$S = \begin{cases} 9 & \text{int}(I/5) > 9 \\ \text{int}(I/5) & \text{其他} \end{cases} \tag{5.141}$$

相应地,其随机模型也变化为[16]

$$\sigma^2 = C_i \cdot 10^{-\frac{S}{2}} \tag{5.142}$$

采用上述卫星高度角法或信噪比法依次确定各原始观测值的方差后,根据方差-

协方差传播定律,即可得到各种组合和非组合观测值的随机模型。

5.7.2　验后随机模型

为了精确且合理地确定多模 GNSS 观测数据权比关系,可利用验后方法对多系统观测值的方差进行估计,并通过迭代达到平差后各导航系统观测数据单位权方差相等($\hat{\sigma}_{0_i}^2 = \hat{\sigma}_{0_j}^2$),或验证各单位权方差比值为 1 为止。大地测量领域常采用的验后方差分量估计方法有 Helmert 估计、最小范数二次无偏估计(MINQUE)、最优不变二次无偏估计(BIQUE)、极大似然估计(MLE)和贝叶斯估计等。

本节给出常用的 Helmert 方差分量估计公式。假设在观测历元能获取两类导航卫星观测数据 L_1 与 L_2。由最小二乘配置法方程可知

$$\begin{cases} N_1 \hat{X} - W_1 = 0 \\ N_2 \hat{X} - W_2 = 0 \end{cases} \tag{5.143}$$

式中:N_1、W_1 与 N_2、W_2 分别为两类导航卫星观测数据法方程系数。根据 Helmert 验后方差分量估计[17]有

$$\begin{cases} \hat{\boldsymbol{\theta}} = \boldsymbol{S}^{-1} \boldsymbol{W}_{\theta} \\ {}_{2 \times 1} \\ \hat{\boldsymbol{\theta}} = \begin{bmatrix} \hat{\sigma}_{0_1}^2 & \hat{\sigma}_{0_2}^2 \end{bmatrix}^{\mathrm{T}} \\ \boldsymbol{W}_{\theta} = \begin{bmatrix} \boldsymbol{V}_1^{\mathrm{T}} \boldsymbol{P}_1 \boldsymbol{V}_1 + \boldsymbol{V}_m^{\mathrm{T}} \overline{\boldsymbol{P}}_m \boldsymbol{V}_m & \boldsymbol{V}_2^{\mathrm{T}} \boldsymbol{P}_2 \boldsymbol{V}_2 + \boldsymbol{V}_m^{\mathrm{T}} \overline{\boldsymbol{P}}_m \boldsymbol{V}_m \end{bmatrix}^{\mathrm{T}} \end{cases} \tag{5.144}$$

式中:$\hat{\sigma}_{0_1}^2$ 和 $\hat{\sigma}_{0_2}^2$ 为两类导航系统观测数据验后方差。

$$\boldsymbol{S} = \begin{bmatrix} n_1 - 2\mathrm{tr}(\boldsymbol{N}_1 \boldsymbol{N}^{-1}) + \mathrm{tr}(\boldsymbol{N}_1 \boldsymbol{N}^{-1} \boldsymbol{N}_1 \boldsymbol{N}^{-1}) & \mathrm{tr}(\boldsymbol{N}_1 \boldsymbol{N}^{-1} \boldsymbol{N}_2 \boldsymbol{N}^{-1}) \\ \mathrm{tr}(\boldsymbol{N}_1 \boldsymbol{N}^{-1} \boldsymbol{N}_2 \boldsymbol{N}^{-1}) & n_2 - 2\mathrm{tr}(\boldsymbol{N}_2 \boldsymbol{N}^{-1}) + \mathrm{tr}(\boldsymbol{N}_2 \boldsymbol{N}^{-1} \boldsymbol{N}_2 \boldsymbol{N}^{-1}) \end{bmatrix} \tag{5.145}$$

式(5.145)即为 Helmert 方差分量估计的严密公式,并可求得这两类导航系统观测数据单位权方差估值,由此扩展至 n 类导航系统。Welsch 在 Helmert 方差分量估计严密公式的基础上,假设 $\hat{\sigma}_{0_i}^2 = \hat{\sigma}_{0_j}^2$,推导了在 Helmert 方差分量估计简化公式:

$$\hat{\sigma}_{0_i}^2 = \frac{\boldsymbol{V}_i^{\mathrm{T}} \boldsymbol{P} \boldsymbol{V}_i}{n_i - \mathrm{tr}(\boldsymbol{Q}_{XX} \boldsymbol{N}_{ii})} \tag{5.146}$$

式中:$\boldsymbol{Q}_{XX}$ 为协方差阵;n_i 为第 i 类观测值数量。在此基础上 Welsch 还给出了近似公式:

$$\hat{\sigma}_{0_i}^2 = \frac{\boldsymbol{V}_i^{\mathrm{T}} \boldsymbol{P} \boldsymbol{V}_i}{n_i} \tag{5.147}$$

实际应用时,可以将前面历元求得的单位权方差作为后续历元的迭代初值,从而减少计算量和计算时间。

5.7.3　参数随机模型

参数随机模型主要用来描述各类参数初始精度以及过程噪声。PPP 中涉及的待估参数主要有接收机 3 维坐标、接收机钟差、天顶对流层湿延迟、倾斜路径上的电离层延迟、载波相位模糊度。此外,对于多频多系统 PPP,还存在系统间偏差和频率间偏差等参数。描述参数变化过程的模型主要有白噪声模型、常数模型、线性模型、随机游走模型或一阶高斯马尔可夫链等。

一阶高斯马尔可夫随机过程可用下式描述:

$$\dot{p}(t) = -\frac{1}{\tau}p(t) + u(t) \tag{5.148}$$

式中:$u(t)$ 为高斯白噪声,有 $E(u) = 0$,$E[u(t_i)u(t_j)] = \sigma^2\delta(t_i - t_j)$;$\tau$ 为相关时间。上述微分方程的解,可以表述为

$$p(t) = p(t_0)\mathrm{e}^{-\beta(t-t_0)} + \int_{t_0}^{t}\mathrm{e}^{-\beta(t-\tau)}u(\tau)\mathrm{d}\tau \tag{5.149}$$

式中:$\beta = 1/\tau$。因此,$p(t)$ 包括确定性部分与随机部分,自相关函数的数学期望为

$$E[p(t_j)p(t_i)] = \mathrm{e}^{-\beta(t_j-t_i)}E[p(t_i)p(t_i)] + E\left[\left(\int_{t_i}^{t_j}\mathrm{e}^{-\beta(t_j-\tau)}u(\tau)\mathrm{d}\tau\right)u(t_i)\right] =$$
$$\mathrm{e}^{-\beta(t_j-t_i)}E[p(t_i)p(t_i)] \tag{5.150}$$

$p(t)$ 自相关函数都可以用 t_i 时刻的自相关函数表示,即

$$E[p(t_i)p(t_i)] = p^2(t_0)\mathrm{e}^{-2\beta(t_i-t_0)} + \frac{\sigma^2}{2\beta}(1 - \mathrm{e}^{-2\beta(t_i-t_0)}) \tag{5.151}$$

式(5.151)描述了一阶高斯马尔可夫过程的一个重要特性,即它的自相关性是指数级退化的,退化的频率由相关时间 τ 决定,σ^2 为高斯白噪声 $u(t)$ 的方差。

从式(5.151)中可以看出,右边随机积分项的期望为 0,方差为

$$\frac{\sigma^2}{2\beta}(1 - \mathrm{e}^{-2\beta(t_i-t_i)}) \tag{5.152}$$

由于上述随机积分为一高斯过程,由期望与方差唯一确定。因此,可以构建与随机积分具有相同期望与方差的离散过程:

$$L_k = u_k\sqrt{\frac{\sigma^2}{2\beta}(1 - \mathrm{e}^{-2\beta(t_j-t_i)})} \tag{5.153}$$

式中:u_k 为离散的高斯随机序列,有

$$E(u_k) = 0, E(u_{ki}u_{kj}) = \delta_{ij} \tag{5.154}$$

显然,L_k 与式(5.151)中随机积分项具有相同的期望与方差。由此,式(5.151)可以表示为离散形式:

$$p(t_j) = p(t_i)\mathrm{e}^{-\beta(t_j-t_i)} + u_k(t_i)\sqrt{\frac{\sigma^2}{2\beta}(1 - \mathrm{e}^{-2\beta(t_j-t_i)})} \tag{5.155}$$

由此,可以看出随机过程 $p(t)$ 的相关度是由 σ 与 β 的选择决定的。

当 $\beta \to 0$，一阶高斯-马尔可夫过程为随机游走过程：

$$p(t_j) = p(t_i) + u_k(t_i)\sigma\sqrt{(t_j - t_i)} \tag{5.156}$$

当 $\beta \to \infty$，一阶高斯-马尔可夫过程为白噪声过程：

$$P(t_j) = \overline{u}_k \tag{5.157}$$

$$\overline{u}_k = u_k(t_i)\sqrt{\frac{\sigma^2}{2\beta}} \tag{5.158}$$

对于接收机 3 维坐标，当采用静态 PPP 处理模式时，其位置参数可视为常数模型。换言之，在最小二乘估计器中整个观测时段内仅需设置一组坐标参数，或者在卡尔曼滤波估计时，坐标参数的状态过程噪声设置为零。当采用动态 PPP 处理模式时，位置参数可模型化为随机游走过程或简单当作白噪声过程，即在最小二乘估计时每个历元估计一组坐标参数，或在卡尔曼滤波器中根据用户的动态条件，给位置参数赋予适当的过程噪声。

对于接收机钟差，由于石英钟的稳定性较差，且其时变特性较为复杂，通常可模型化为白噪声，即在最小二乘估计时每个历元估计一个接收机钟差，或在卡尔曼滤波估计时给接收机钟差参数赋予一个数值非常大的过程噪声。此外，对于一些高稳定度原子钟的接收机，还可以使用钟差建模的方法，将接收机钟差描述为分段线性模型或随机游走模型。

对于天顶对流层延迟，通常可以采用分段常数模型、分段线性模型、随机游走模型；对于电离层延迟，由于其在短时范围内变化较为稳定，也可采用随机游走模型；对于模糊度参数，在未发生周跳时，可将其视为常数，一旦发生周跳，则进行模糊度参数重置，即新增一个模糊度参数。

对于系统间偏差和频率间偏差，由于其在短时间范围内较为稳定，一般可采用常数模型或随机游走模型估计这些偏差参数。

◤ 5.8   参数估计方法

PPP 采用的参数估计方法主要包括最小二乘法和卡尔曼滤波。为了解决高阶矩阵求逆困难、节省计算机资源、提高运算效率，一般不直接采用最小二乘的方法，通常采用将待估参数进行分类的递归最小二乘或序贯最小二乘估计方法。卡尔曼滤波是最优估计理论中的一种最小方差估计。它采用递推算法由参数的验前估值和新的观测数据进行状态参数的更新，一般只需存储验前一个历元的状态参数估值，无须存储所有历史观测信息，具有较高的计算效率，已广泛应用于实时数据处理中。

5.8.1   递归最小二乘

若将 PPP 中所有的待估参数分为两类，设为 X 和 Y 矢量，其中 X 矢量包含测站坐标、接收机钟差参数，Y 矢量包括模糊度参数以及天顶对流层湿延迟，P 为权矩阵。观测方程可重新描述为下式：

$$AX + BY = L + V, \quad P \tag{5.159}$$

采用消参数法将 X 从观测方程式中消去，得到法方程式：

$$\begin{bmatrix} A^{\mathrm{T}}PA & A^{\mathrm{T}}PB \\ B^{\mathrm{T}}PA & B^{\mathrm{T}}PB \end{bmatrix} = \begin{bmatrix} N_{11} & N_{12} \\ N_{21} & N_{22} \end{bmatrix} = \begin{bmatrix} A^{\mathrm{T}}PL \\ B^{\mathrm{T}}PL \end{bmatrix} \tag{5.160}$$

令 $Z = N_{21}N_{11}^{-1}$，将式（5.160）进行变换得到

$$\begin{bmatrix} I & 0 \\ -Z & I \end{bmatrix}\begin{bmatrix} N_{11} & N_{12} \\ N_{21} & N_{22} \end{bmatrix} = \begin{bmatrix} N_{11} & N_{12} \\ 0 & \widetilde{N}_{22} \end{bmatrix} = \begin{bmatrix} A^{\mathrm{T}}PL \\ \widetilde{B}^{\mathrm{T}}PL \end{bmatrix} \tag{5.161}$$

式中

$$\widetilde{N}_{22} = B^{\mathrm{T}}PB - B^{\mathrm{T}}PAN_{11}^{-1}A^{\mathrm{T}}PB \tag{5.162}$$

令

$$J = AN_{11}^{-1}A^{\mathrm{T}}P \tag{5.163}$$

式（5.162）可表示为

$$\widetilde{N}_{22} = B^{\mathrm{T}}(I - J)^{\mathrm{T}}P(I - J)B \tag{5.164}$$

令

$$\widetilde{B} = (I - J)B \tag{5.165}$$

得到新的法方程：

$$\widetilde{B}^{\mathrm{T}}P\widetilde{B}Y = \widetilde{B}^{\mathrm{T}}PL \tag{5.166}$$

上述新的法方程等价于构成一个新的观测方程：

$$\widetilde{B}Y = L + U, \quad P \tag{5.167}$$

方程式（5.167）中只剩下 Y 矢量，即只包含了模糊度参数和对流层延迟改正参数，消除了包含测站坐标和卫星钟差的 X 矢量。同时，L 观测量及其权阵保持不变。因此，可以首先估计出 Y 矢量后，再由下式估计 X 矢量：

$$\widetilde{X} = N_{11}^{-1}(A^{\mathrm{T}}PL - N_{12}Y) \tag{5.168}$$

因此，通过对上述参数进行分类递归处理，可以大大提高数据处理的速度。采用这种优化的参数估计方法，对于数小时 1s 采样率的动态 GPS 数据，使用 Pentium4 1.8GHz 的普通便携式计算机，只需要 2~3min 就可以解算出所有的待估参数。

5.8.2　扩展卡尔曼滤波

卡尔曼滤波是基于一组观测序列 $L_k(k = 1, 2, \cdots, n)$ 及系统动力学模型信息求解状态矢量估值。使用卡尔曼滤波进行 PPP 时，首先需要建立滤波的线性运动学模型和观测模型。其观测方程和状态方程可表示为

$$\begin{cases} \boldsymbol{X}_k = \boldsymbol{\Phi}_{k,k-1} \boldsymbol{X}_{k-1} + \boldsymbol{\Gamma}_{k-1} \boldsymbol{W}_{k-1} \\ \boldsymbol{L}_k = \boldsymbol{H}_k \boldsymbol{X}_k + \boldsymbol{V}_k \end{cases} \tag{5.169}$$

式中：$\boldsymbol{X}_k$ 是 $t(k)$ 时刻的状态矢量；$\boldsymbol{\Phi}_{k,k-1}$ 为从 $t(k-1)$ 时刻至 $t(k)$ 时刻系统状态的一步转移矩阵；$\boldsymbol{\Gamma}_{k-1}$ 为系统噪声驱动阵；$\boldsymbol{W}_{k-1}$ 为系统噪声矢量；$\boldsymbol{L}_k$ 为 $t(k)$ 时刻的观测矢量，$\boldsymbol{H}_k$ 为观测方程的系数阵；$\boldsymbol{V}_k$ 为观测噪声。

在 PPP 中，通常假定观测独立，且系统噪声与观测噪声是互不相关的零均值高斯白噪声，因此其对应的随机模型可表示为

$$\begin{cases} E(\boldsymbol{W}_k) = 0, \quad \mathrm{Cov}\{\boldsymbol{W}_k, \boldsymbol{W}_j\} = E[\boldsymbol{W}_k \boldsymbol{W}_j^{\mathrm{T}}] = \boldsymbol{Q}_k \delta_{kj} \\ E(\boldsymbol{V}_k) = 0, \quad \mathrm{Cov}\{\boldsymbol{V}_k, \boldsymbol{V}_j\} = E[\boldsymbol{V}_k \boldsymbol{V}_j^{\mathrm{T}}] = \boldsymbol{R}_k \delta_{kj} \\ \mathrm{Cov}\{\boldsymbol{W}_k, \boldsymbol{V}_k\} = E[\boldsymbol{W}_k \boldsymbol{V}_k^{\mathrm{T}}] = 0 \end{cases} \tag{5.170}$$

式中：$\boldsymbol{Q}_k$ 和 $\boldsymbol{R}_k$ 分别称为系统噪声序列的方差阵（对称非负定阵）和量测噪声的方差阵（对称正定阵）；δ_{kj} 是 Kronecker 函数，且

$$\delta_{kj} = \begin{cases} 1 & k = j \\ 0 & k \neq j \end{cases} \tag{5.171}$$

给定系统状态初值 $\hat{X}_0$ 及其方差 P_0，则由扩展的卡尔曼滤波可通过递推形式计算得到 $t(k)$ 时刻的状态估计 $\hat{X}_k (k = 1, 2, \cdots)$，其递推方程如下：

$$\hat{X}_{k,k-1} = \boldsymbol{\Phi}_{k,k-1} \hat{X}_{k-1} \tag{5.172}$$

$$\boldsymbol{P}_{k,k-1} = \boldsymbol{\Phi}_{k,k-1} \boldsymbol{P}_{k-1} \boldsymbol{\Phi}_{k,k-1}^{\mathrm{T}} + \boldsymbol{\Gamma}_{k-1} \boldsymbol{Q}_{k-1} \boldsymbol{\Gamma}_{k-1}^{\mathrm{T}} \tag{5.173}$$

$$\boldsymbol{K}_k = \boldsymbol{P}_{k,k-1} \boldsymbol{H}_k^{\mathrm{T}} (\boldsymbol{H}_k \boldsymbol{P}_{k,k-1} \boldsymbol{H}_k^{\mathrm{T}} + \boldsymbol{R}_k)^{-1} \tag{5.174}$$

$$\hat{X}_k = \hat{X}_{k,k-1} + \boldsymbol{K}_k (\boldsymbol{L}_k - \boldsymbol{H}_k \hat{X}_{k,k-1}) \tag{5.175}$$

$$\boldsymbol{P}_k = (\boldsymbol{I} - \boldsymbol{K}_k \boldsymbol{H}_k) \boldsymbol{P}_{k,k-1} \tag{5.176}$$

式中：$\boldsymbol{I}$ 为单位阵；$\hat{X}_{k,k-1}$、$\boldsymbol{P}_{k,k-1}$ 分别为一步预测值及其方差-协方差阵；$\boldsymbol{K}_k$ 为增益矩阵；$\hat{X}_k$、$\boldsymbol{P}_k$ 分别为滤波估值及其方差-协方差阵。为了减小滤波算法对计算舍入误差的敏感性，保证 $\boldsymbol{P}_k$ 的对称正定性，以提高滤波的数值稳定性，防止滤波发散，实际计算中需要将式（5.176）式改写为如下形式[18]：

$$\boldsymbol{P}_k = (\boldsymbol{I} - \boldsymbol{K}_k \boldsymbol{H}_k) \boldsymbol{P}_{k,k-1} (\boldsymbol{I} - \boldsymbol{K}_k \boldsymbol{H}_k)^{\mathrm{T}} + \boldsymbol{K}_k \boldsymbol{R}_k \boldsymbol{K}_k^{\mathrm{T}} \tag{5.177}$$

由上述递推公式可知，卡尔曼滤波是一个不断预测与修正（更新）的过程。从滤波在使用状态信息和量测信息的先后次序来看，它具有时间更新和量测更新两个明显的信息更新过程[19]，卡尔曼滤波的两个计算回路和更新过程如图 5.3 所示。

上述经典的卡尔曼滤波与最小二乘估计方法是等价的，并可由最小二乘导出。

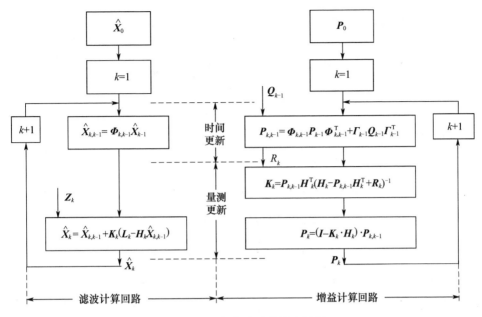

图 5.3　卡尔曼滤波的基本过程

卡尔曼滤波应用的一个先决条件是建立准确的动态模型和观测模型,这就要求对载体的运动了解比较清楚。偏离理想假设的观测矢量或偏离理想假设的运动状态方程必然会给定位结果带来偏差,甚至使卡尔曼滤波发散。

5.8.3　抗差卡尔曼滤波

抗差估计就是在观测粗差存在且不可避免的情况下,通过选择合适的估计方法,使参数估值尽可能免受粗差的影响。它不像经典的最小二乘法那样过分地追求估值的有效性和无偏性等内部性质,而是着力于提高估计方法的实际抗差性能和估值的可靠性[18]。

5.8.3.1　基本关系式

若同时顾及观测模型和动态(状态)模型中含有异常误差的情形,抗差滤波模型可描述为

$$\begin{cases} L_k \,|\, X_k \sim (1-\varepsilon_k)N_{L_k} + \varepsilon_k h_{L_k} \\ \hat{X}_{k,k-1} \,|\, L_1, \cdots, L_{k-1} \sim (1-\xi_k)N_{\hat{X}_{k,k-1}} + \xi_k h_{\hat{X}_{k,k-1}} \end{cases} \tag{5.178}$$

式中:N 表示服从正态分布;h_{L_k} 为观测模型中的污染分布源;$h_{\hat{X}_{k,k-1}}$ 为动态模型中的污染分布源;ξ_k 为污染率。式(5.178)表明,观测矢量和状态矢量的预报值均服从污染正态分布。

根据抗差 M 估计理论,其滤波极值条件可表示为

$$\Omega = V_k^T \overline{R}_k^{-1} V_k + (\hat{X}_k - \hat{X}_{k,k-1})^T \overline{P}_k^{-1} (\hat{X}_k - \hat{X}_{k,k-1}) = \min \tag{5.179}$$

式中:$\overline{R}_k$ 为 L_k 的等价方差矩阵;$\overline{P}_k$ 为一步预测参数 $\hat{X}_{k,k-1}$ 的等价方差-协方差阵。对 X_k 求极值后得到

$$H_k^T \overline{R}_k V_k + P_k^{-1}(\hat{X}_k - \hat{X}_{k,k-1}) = 0 \qquad (5.180)$$

顾及误差方程:

$$V_{L_k} = H_k \hat{X}_k - L_k \qquad (5.181)$$

可得到抗差卡尔曼滤波解的递推形式为

$$\hat{X}_{k,k-1} = \Phi_{k,k-1} \hat{X}_{k-1} \qquad (5.182)$$

$$\overline{P}_{k,k-1} = \Phi_{k,k-1} \overline{P}_{k-1} \Phi_{k,k-1}^T + \Gamma_{k-1} Q_{k-1} \Gamma_{k-1}^T \qquad (5.183)$$

$$K_k = \overline{P}_{k,k-1} H_k^T (H_k \overline{P}_{k,k-1} H_k^T + \overline{R}_k)^{-1} \qquad (5.184)$$

$$\hat{X}_k = \hat{X}_{k,k-1} + K_k(L_k - H_k \hat{X}_{k,k-1}) \qquad (5.185)$$

$$P_k = (I - K_k H_k)\overline{P}_{k,k-1}(I - K_k H_k)^T + K_k \overline{R}_k K_k^T \qquad (5.186)$$

对比抗差卡尔曼滤波与标准卡尔曼滤波,两者在递推形式上完全一致。两者的差异仅在于观测方程中的量测噪声 R_k 及状态方程中的过程噪声 P_k 分别采用等价方差 $\overline{R}_k$ 和等价方差-协方差矩阵 $\overline{P}_k$ 进行替换,通过改变各自的方差-协方差矩阵实现对滤波增益矩阵的调整,并最终达到抗差效果。

5.8.3.2 等价方差-协方差

这里给出一种改进的迭代抗差卡尔曼滤波方案实时调节最大残差 v_i 对应观测量 L_i 的方差 P_i,等价方差-协方差函数参考中国科学院测量与地球物理研究所 IGG Ⅲ方案[18]可表示为

$$\overline{P}_i = P_i / \alpha_i \qquad (5.187)$$

其中

$$\alpha_i = \begin{cases} 1 & |\tilde{v}_i| \leqslant k_0 \\ \dfrac{k_0}{|\tilde{v}_i|}\left(\dfrac{k_1 - |\tilde{v}_i|}{k_1 - k_0}\right)^2 & k_0 < |\tilde{v}_i| \leqslant k_1 \\ 10^{-8} & |\tilde{v}_i| > k_1 \end{cases} \qquad (5.188)$$

式中:$\overline{P}_i$ 为等价方差;α_i 为方差放大因子;$\tilde{v}_i$ 为标准化残差;k_0 和 k_1 为阈值,可取 $k_0 = 1.5$,$k_1 = 3.0$。

与 IGG Ⅲ方案所不同,每次迭代仅对当前验后残差最大的观测量使用等价方差(或等价权)降低其对参数估计的贡献,避免因设计矩阵影响,部分(或单一)粗差被分配到其他正常观测值中,导致其验后残差偏大,甚至接近粗差本身的残差,从而降低正常观测值的贡献,影响 PPP 解的精度和可靠性。实际数据处理过程中,考虑质量控制的效率,为防止滤波发散,迭代数次一般选取 3 ~ 5。

5.8.4 抗差自适应卡尔曼滤波

抗差自适应滤波的关键是合理地平衡观测信息和状态预报信息对状态估值的贡献。它主要包含两个方面的平衡:一方面是通过等价权或等价方差-协方差来平衡观测信息、预测信息各分量的贡献;另一方面是通过自适应因子从整体上平衡观测信息和状态预测信息对参数估值的贡献。

5.8.4.1 基本关系式

采用抗差卡尔曼滤波在一定程度上可以控制观测异常和动态模型异常对状态参数估值的影响。但是用抗差估计法进行滤波也存在一些问题。首先,抗差滤波通常需要反复迭代才能收敛,计算效率较低。其次,在求动态模型噪声的等价方差-协方差矩阵时需要顾及状态参数之间的相关性,即保持抗差前后预测参数之间的相关性不变(双因子等价协方差模型)。本节介绍采用一种折中的方法,即在观测模型单步抗差解的基础上,通过自适应因子整体控制动态模型噪声的协方差矩阵。

构造如下极值条件方程:

$$\boldsymbol{\Omega} = \boldsymbol{V}_k^\mathrm{T} \overline{\boldsymbol{R}}_k^{-1} \boldsymbol{V}_k + \alpha_k (\hat{\boldsymbol{X}}_k - \hat{\boldsymbol{X}}_{k,k-1})^\mathrm{T} \boldsymbol{P}_k^{-1} (\hat{\boldsymbol{X}}_k - \hat{\boldsymbol{X}}_{k,k-1}) = \min \qquad (5.189)$$

式中:α_k 为自适应因子,且 $0 \leqslant \alpha_k \leqslant 1$。由于对观测模型采用了抗差估计准则,对动态模型则采用了自适应估计准则,因此,式(5.189)构成了抗差自适应滤波的基本准则。

根据条件极值原理,可推导得到其滤波递推解为

$$\hat{\boldsymbol{X}}_{k,k-1} = \boldsymbol{\Phi}_{k,k-1} \hat{\boldsymbol{X}}_{k-1} \qquad (5.190)$$

$$\boldsymbol{P}_{k,k-1} = \boldsymbol{\Phi}_{k,k-1} \boldsymbol{P}_{k-1} \boldsymbol{\Phi}_{k,k-1}^\mathrm{T} + \boldsymbol{\Gamma}_{k-1} \boldsymbol{Q}_{k-1} \boldsymbol{\Gamma}_{k-1}^\mathrm{T} \qquad (5.191)$$

$$\boldsymbol{K}_k = \frac{1}{\alpha_k} \boldsymbol{P}_{k,k-1} \boldsymbol{H}_k^\mathrm{T} \left(\frac{1}{\alpha_k} \boldsymbol{H}_k \boldsymbol{P}_{k,k-1} \boldsymbol{H}_k^\mathrm{T} + \overline{\boldsymbol{R}}_k \right)^{-1} \qquad (5.192)$$

$$\hat{\boldsymbol{X}}_k = \hat{\boldsymbol{X}}_{k,k-1} + \boldsymbol{K}_k (\boldsymbol{L}_k - \boldsymbol{H}_K \hat{\boldsymbol{X}}_{k,k-1}) \qquad (5.193)$$

$$\boldsymbol{P}_k = (\boldsymbol{I} - \boldsymbol{K}_k \boldsymbol{H}_k) \boldsymbol{P}_{k,k-1} (\boldsymbol{I} - \boldsymbol{K}_k \boldsymbol{H}_k)^\mathrm{T} + \boldsymbol{K}_k \overline{\boldsymbol{R}}_k \boldsymbol{K}_k^\mathrm{T} \qquad (5.194)$$

不难发现,其递推形式同标准卡尔曼滤波基本一致。若观测模型中存在异常误差,通过观测噪声等价方差 $\overline{\boldsymbol{R}}$ 可以控制其对状态参数估值的影响;若动态模型产生异常扰动,通过自适应因子 α 对过程噪声进行方差膨胀,从而控制预测信息异常对参数估值的影响。抗差自适应卡尔曼滤波的解算流程如图 5.4 所示。

对于静态 PPP,一般只需考虑观测模型中的异常误差,即 $\alpha = 1$。对于动态 PPP,需要同时顾及观测模型与动态模型中的异常误差影响,即 $0 < \alpha < 1$。特别地,当 $\alpha = 0$时,上述模型退化为序贯抗差最小二乘差。

5.8.4.2 自适应因子

合适的自适应因子应能可靠地判别动态模型预测信息与载体实际运行轨迹之间

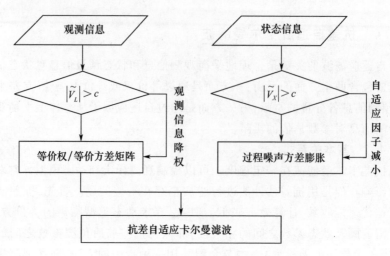

图5.4　抗差自适应卡尔曼滤波流程图

的差异。自适应因子的构造大多数都是基于验后观测残差、预测残差(即新息矢量)或状态参数不符值等统计量。新息矢量、残差矢量及状态不符值分别可表示为

$$V_{k,k-1} = H_k \hat{X}_{k,k-1} - L_k \tag{5.195}$$

$$V_k = H_k \hat{X}_k - L_k \tag{5.196}$$

$$\Delta X_k = \hat{X}_k - \hat{X}_{k,k-1} \tag{5.197}$$

式中:新息矢量 $V_{k,k-1}$ 由 t_k 时刻的一步预测状态 $\hat{X}_{k,k-1}$ 推算得到,而残差矢量 V_k 是由 t_k 时刻的状态估值 $\hat{X}_k$ 求得。$\hat{X}_k$ 含有 t_k 时刻的观测信息,即 V_k 相当于已经 L_k 修正过的状态,而 $V_{k,k-1}$ 相当于未经 L_k 修正过的状态。因此,新息矢量 $V_{k,k-1}$ 更能反映动态系统的扰动情况[20]。尤其是当观测信息不足以解算当前历元的状态参数时,基于状态不符值的自适应因子模型无法使用。

　　因此,这里采用预测残差构造自适应因子 α_k。类似地,可借鉴 IGG Ⅲ 等价权方案,采用三段函数法构造自适应因子[21]:

$$\alpha_k = \begin{cases} 1 & |\widetilde{V}_{k,k-1}| \leqslant c_0 \\ \dfrac{c_0}{|\widetilde{V}_{k,k-1}|}\left(\dfrac{c_1 - |\widetilde{V}_{k,k-1}|}{c_1 - c_0}\right)^2 & c_0 < |\widetilde{V}_{k,k-1}| \leqslant c_1 \\ 0 & |\widetilde{V}_{k,k-1}| > c_1 \end{cases} \tag{5.198}$$

式中:c_0 与 c_1 为常量,通常选 $c_0 = 1.0 \sim 1.5$,$c_1 = 2.5 \sim 8.0$;$\widetilde{V}_{k,k-1}$ 为标准化预测残差。

　　值得一提的是,与动态模型异常的局部抗差滤波所不同,由于自适应滤波是从整体上对动态模型(预测状态的过程噪声)的方差-协方差矩阵进行膨胀,它不会破坏

系统状态参数之间的相关性,而且在形式上,实现了自适应因子模型与观测模型异常等价权模型的一致性,实现起来更加方便。

📖 参考文献

[1] TEUNISSEN P J G, KLEUSBERG A. GPS for geodesy [M]. Berlin: Springer, 1996: 175-217.

[2] GAO Y, SHEN X. Improving ambiguity convergence in carrier phase-based precise point positioning [C]//Proceedings of ION GPS-2001, Salt Lake City, 2001, 1532-1539.

[3] DENG Z, BENDER M, DICK G, et al. Retrieving tropospheric delays from GPS networks densified with single frequency receivers [J]. Geophysical Research Letters, 2009, 36(19):308-308.

[4] GUO F, ZHANG X, WANG J, et al. Modeling and assessment of triple-frequency BDS precise point positioning [J]. Journal of Geodesy, 2016, 90(11):1223-1235.

[5] GUO F, ZHANG X, WANG J. Timing group delay and differential code bias corrections for BeiDou positioning [J]. Journal of Geodesy, 2015, 89(5):427-445.

[6] 李浩军,李博峰,王解先,等. 估计北斗卫星钟差频间偏差的一种方法[J]. 测绘学报,2016, 45(2):140-146.

[7] LINDLOHR W, WELLS D. GPS design using undifferenced carrier beat phase observations [J]. Manuscripta Geodaetica, 1985, 10(4): 255-295.

[8] SCHAFFRIN B, GRAFAREND E. Generating classes of equivalent linear models by nuisance parameter elimination, applications to GPS observations [J]. Manuscripta Geodaetica, 1986, 11:262-271.

[9] XU G. GPS: theory, algorithms and applications [M]. Berlin: Springer, 2007.

[10] BARNES J B. Real time kinematic GPS and multipath: characterisation and improved least squares modelling [D]. Newcastle: University of Newcastle, 2000.

[11] HUGENTOBLER U, SCHAER S, FRIDEZ P. Bernese GPS Software Version 4.2 [R]. Astronomical Institute, University of Bern, February 2001.

[12] KING R W, Bock Y. Documentation for the GAMIT GPS analysis software [R]. Mass. Inst. of Technol. , Cambridge Mass, 1999.

[13] JIN S, WANG J, PARK P H. An improvement of GPS height estimations: stochastic modeling [J]. Earth, Planets and Space, 2005, 57(4): 253-259.

[14] BRUNNER F K, HARTINGER H. GPS signal diffraction modelling: the stochastic SIGMA-Δ model [J]. Journal of Geodesy, 1999, 73(5): 259-267.

[15] 柳响林. 精密 GPS 动态定位的质量控制与随机模型精化[D]. 武汉:武汉大学,2002.

[16] 戴吾蛟,丁晓利,朱建军. 基于观测值质量指标的 GPS 观测量随机模型分析[J]. 武汉大学学报:信息科学版, 2008, 33(7): 718-722.

[17] 陶本藻. 测量数据处理的统计理论和方法[M]. 北京:测绘出版社,2007.

[18] 杨元喜. 自适应动态导航定位[M]. 北京:测绘出版社,2006.

[19] 秦永元,张洪越,汪叔华. 卡尔曼滤波与组合导航原理[M]. 西安:西北工业大学出版

社，2007.

[20] 杨元喜，宋力杰，徐天河. 双因子方差膨胀抗差估计[J]. 解放军测绘研究所学报，2001，21(2)：1-5.

[21] 徐天河，杨元喜. 改进的 Sage 自适应滤波方法[J]. 测绘科学，2000，25(3)：22-24.

第6章　实数解 PPP 数据处理与质量评价

本章首先简要介绍 PPP 数据处理的策略,包括算法流程、误差处理、参数配置,然后对 PPP 中的相关质量控制方法、质量评价指标进行简单介绍。最后,利用静态和动态 GNSS 观测数据,分别从不同频率、不同系统、不同组合方式等角度分析实数解 PPP 的定位性能包括精度和收敛时间,并对实数解 PPP 结果进行分析与讨论。

◢ 6.1　数据处理策略

PPP 数据处理的基本流程如图 6.1 所示,主要包括数据准备、数据预处理、误差改正、参数估计、残差检验,以及结果输出等模块。

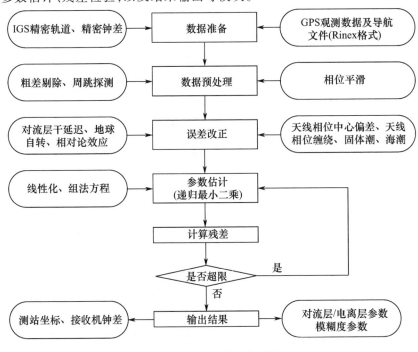

图 6.1　PPP 算法流程图

表 6.1 列出了 PPP 解算的具体策略。PPP 解算中所需的精密卫星星历和钟差产品可从 IGS 分析中心免费获取。对于静态 PPP 和模拟动态 PPP,以 IGS 提供的测站

坐标作为参考真值。对于动态 PPP,以 RTK 定位的结果作为参考真值。

表 6.1　PPP 数据处理策略

项目	处理方法
解算类型	单频/双频/三频;单系统/多系统组合;无电离层组合/非差非组合
估计器	TriP 软件,递归最小二乘或卡尔曼滤波
观测值	载波相位和测码伪距
采用间隔	30s
截止高度角	10°
随机模型	高度角定权方案,相位噪声:3mm;伪距噪声:3m
电离层延迟	消电离层组合或参数估计
对流层延迟	干分量:经验模型[1] 湿分量:参数估计,随机游走模型($1cm^2/h$),GMF
相对论效应	模型改正
测站位置影响	固体潮汐、海洋潮汐改正[2]
卫星天线相位中心	使用 MGEX 协议值改正[3]
接收机天线相位中心	使用与 GPS 相同的 PCO 值改正
相位缠绕	模型改正[4]
卫星码偏差	使用 MGEX DCB 产品改正[5]
频间偏差	接收机钟差参数吸收,或参数估计(白噪声模型)
接收机钟差	参数估计,白噪声模型($1 \times 10^4 m^2$)
测站坐标	动态 PPP:参数估计,白噪声模型($1 \times 10^4 m^2$) 静态 PPP:参数估计,常数模型
相位模糊度	参数估计:连续弧段内常数模型,实数解

◢ 6.2　质量控制过程

　　PPP 质量控制是指为了满足较高的定位精度需求、确保定位服务的可用性、连续性和完好性,充分利用 GNSS 单站和星间可用信息,设计相关算法和操作对 GNSS 数据资源、定位算法、产品和服务实施持续监控、探测、诊断和改进的过程。完整的 PPP 质量控制涉及 PPP 处理的整个过程和多个方面,具体包括原始数据/产品质量分析与检查、数据预处理、函数模型与随机模型精化、误差改正与消除、参数估计与检验等环节。整个 PPP 的质量控制体系结构及控制流程如图 6.2 所示[6]。

　　(1) 数据/产品质量分析旨在对原始观测数据和产品进行初步的质量检查,主要包括:原始观测文件的一般性检查,如文件格式、观测值类型、天线类型及天线高等;数据完好性检查,如数据丢失率、粗差剔除率;观测数据质量分析,如信噪比、电离层闪烁、多路径效应等;卫星轨道与钟差产品可用性分析,如产品类型、精度指标、卫星工作状况、健康状态等。

（2）数据预处理是 PPP 质量控制中的关键环节,旨在为后续高精度导航定位算法提供干净的原始数据,主要包括粗差识别与定位、钟跳探测与修复、周跳探测与标记等。

（3）误差处理环节,主要包括使用精密卫星星历和精密钟差产品消除卫星轨道和钟差误差,通过双频组合消除电离层延迟,采用精密的模型改正固体潮汐、海洋潮汐、天线相位中心以及地球自转等误差,附加参数估计对流层湿延迟及其梯度等。

（4）模型误差补偿与模型精化,主要包括函数模型自适应、随机模型自适应、模型偏差估计与识别、模型误差的补偿等。

（5）参数估计与假设检验,主要包括抗差估计、验后残差分布与检验、定位结果质量检核与优化等。

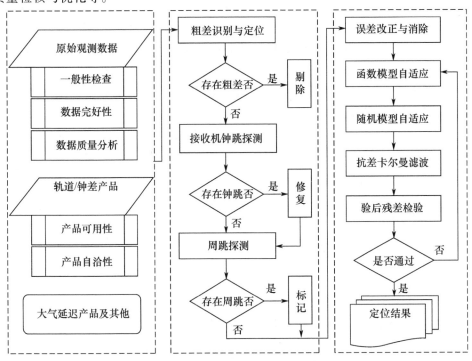

图 6.2　GNSS PPP 质量控制过程

6.3　定位精度评价指标

卫星导航与定位必然受到各类误差(偶然误差、系统误差、异常误差、有色噪声等)影响,误差存在多种不同的度量模型和度量方法,如精密度(precision)、精确度(accuracy)、可靠性(reliability)、不确定度(uncertainty)等[7]。PPP 的精度或不确定度指的是与定位结果相联系的指标参数,表征 PPP 输出结果的离散性。根据不同的比对基准,精度的评定指标可分为内部符合精度和外部符合精度。

内部符合精度是以估计的最或然估值为比对基准,主要反映观测值之间的离散度,即精密度,一般用中误差(或称为标准差(STD))来度量。例如在 PPP 过程中,取某一时段为样本,设有 n 个观测值组成的矢量为 $\boldsymbol{L}$,真误差矢量为 $\boldsymbol{\Delta}$,观测残差矢量为 $\boldsymbol{V}$,则 STD 的定义为

$$\text{STD} = \sqrt{\frac{\boldsymbol{\Delta}^{\mathrm{T}} \boldsymbol{\Delta}}{n-1}} \tag{6.1}$$

由于 PPP 中伪距、相位等观测值的真值是不可知的,即真误差 $\boldsymbol{\Delta}$ 无法得到,因此实际中一般采用观测值残差计算中误差的最小二乘估值为

$$\text{STD} = \sqrt{\frac{\boldsymbol{V}^{\mathrm{T}} \boldsymbol{V}}{n-m}} \tag{6.2}$$

式中:m 为 PPP 模型的待估参数个数,$n-m$ 即为多余观测个数。

此外,对于静态 PPP,还可以借鉴大规模 GPS 网平差中的精度评定方法,采用重复性指标衡量定位结果的内部精度。例如,不同历元($t_1, t_2, \cdots, t_n$)时刻解算得到的位置参数为 $X_1, X_2, \cdots, X_n$,由所有历元求得测站坐标的加权平均值为 $\overline{X}$,则位置参数的重复性指标 R 定义为

$$R = \left[\frac{\dfrac{n}{n-1} \displaystyle\sum_{i=1}^{n} \dfrac{(X_i - \overline{X})^2}{\sigma_i^2}}{\displaystyle\sum_{i=1}^{n} \dfrac{1}{\sigma_i^2}} \right]^{\frac{1}{2}}, \quad \overline{X} = \frac{\displaystyle\sum_{i=1}^{n} (X_i / \sigma_i^2)}{\displaystyle\sum_{i=1}^{n} (1/\sigma_i^2)} \tag{6.3}$$

式中:σ_i^2 为各历元位置参数估值的方差。该指标充分顾及了参数估值的精度信息,避免了 PPP 初始化阶段估值误差较大而对中误差指标计算的影响。因此,可采用重复性指标来衡量静态 PPP 的内部精度。

外部符合精度是以外部提供的参考值为比对基准,主要反映观测值与参考值之间的偏差程度,即精确度。在 PPP 中,外部符合精度反映了定位结果的实际可信度,一般用均方根误差来度量。其计算公式为

$$\text{RMS} = \sqrt{\frac{\Delta \boldsymbol{X}^{\mathrm{T}} \Delta \boldsymbol{X}}{k}} \tag{6.4}$$

式中:$\Delta \boldsymbol{X}$ 为 PPP 解算得到位置参数与参考坐标的互差;k 为坐标互差样本的容量。参考值的选取不同,对应的外部符合精度的意义也有所区别。例如,利用 k 套不同的 PPP 软件,在解算策略基本一致的情形下,分别进行 PPP 解算得到 k 套坐标参数 X_1, $X_2, \cdots, X_k$,两两之间进行求差,其互差即为两者的外部符合精度。此外,也可利用 k 套坐标参数计算其加权平均值 $\overline{X}$,求得每套坐标的不符值 $\Delta X_i = X_i - \overline{X}$,并用式(6.4)计算所有样本的总体符合程度。

在评价 PPP 的外部符合精度时,参考坐标(真值)的获取有多种途径。对于 IGS 跟踪站的定位结果,以 IGS 分析中心发布的周解产品中所提供的坐标作为参考值。对于其他静态测站或动态载体,一方面可以选择静态(或动态)相对定位解作为参考值,另一方面也可选择一些目前国际上较为成熟,且得到公认的同类 PPP 软件作为外部参考,将其解算结果作为参考值,从而检验 PPP 的外部符合精度。

6.4　静态定位试验结果

6.4.1　双频 PPP 静态定位试验

双频静态 PPP 算例选自 IGS 跟踪站的观测数据,采样间隔为 30s,卫星截止高度角设置为 5°。精密卫星轨道及钟差产品采用 IGS 最终合成产品。为了评价 PPP 的定位精度,以 IGS 提供的测站坐标参考值,将测试结果与参考值进行比较,得到其外部符合精度。

6.4.1.1　定位精度分析

1) 单站单天解

以 IGS 跟踪站 BJFS(北京房山)站为例,选取 2008 年年积日第 264~270 天为期 1 周的观测数据,数据采样间隔为 30s,利用 IGS 最终精密星历和精密钟差,使用开发的软件进行 PPP 解算,将得到测站坐标与 ITRF 下的真值进行比较作差,并将其转换至北、东、高方向,以便从平面与高程方向进行分析。图 6.3 为 BJFS 站 PPP 单天解坐标同 IGS 提供的真实坐标之间的差异,横轴代表年积日,纵轴为偏差值,单位为 m。

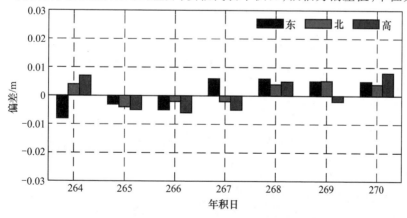

图 6.3　BJFS 站单天解坐标同 IGS 真实坐标之间的差异

由图 6.3 可知,静态 PPP 解算的结果其平面方向(东、北方向)偏差大部分仅为几毫米,相比平面方向精度,高程方向的精度稍差。对上述为期 1 周的定位结果进行平均值与标准差统计,如图 6.4 所示,BJFS 站单天解的精度在东方向为 5.4mm,北方向为 3.6mm,高程方向为 5.4mm;所有方向标准差均小于 2mm。

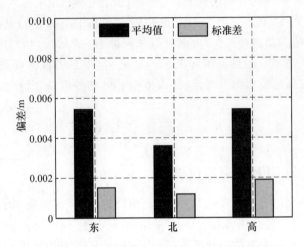

图 6.4   BJFS 站单天解偏差均值与标准差统计图

2）全球站点单天解

为了进一步分析静态 PPP 在全球范围内的精度状况,选取在全球范围内近似均匀分布的 10 个 IGS 跟踪站(ALGO、ALIC、NURK、MAT1、MAW1、NYAL、SANT、SELE、WSRT、XIAN,其纬度分布如图 6.5 所示)2011 年 10 月 10 日的 30s 观测数据,并对其进行单天 PPP 静态解算。为验证定位结果的正确性,以 IGS 周解文件中所提供的测站坐标作为参考真值,将解算结果与参考坐标作差,获得东、北、高这 3 个方向上的坐标偏差,绘制柱状图分别如图 6.6 所示。其中横轴代表跟踪站,纵轴代表定位偏差统计值,单位为 m。

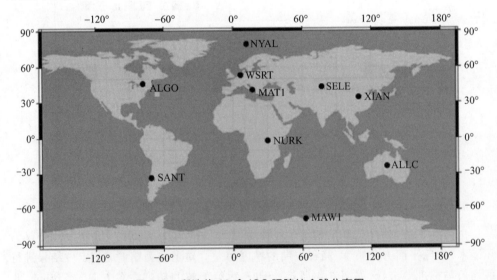

图 6.5   所选的 10 个 IGS 跟踪站全球分布图

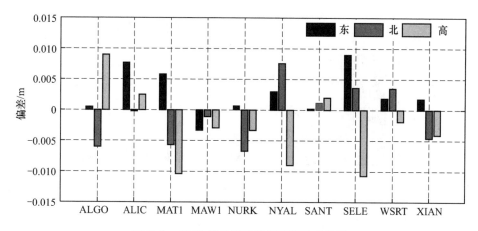

图 6.6　10 个 IGS 跟踪站单天解偏差统计

从图中可以看出：各测站水平方向定位偏差均优于 1cm；高程方向的偏差均优于 1.5cm。对所有测站东、北、高分量上的定位偏差分别取平均，平均偏差分别为 0.3cm、0.4cm、0.5cm。从整体上看，全球单天解定位偏差水平方向精度可达毫米级，高程方向精度可达到优于 1cm。

6.4.1.2　收敛性分析

为了分析在不同的观测时段长度情况下静态 PPP 所能达到的精度状况，依次选取跟踪站 ALGO 和 XIAN 站的若干组观测时间依次为 0.5h、1h、2h、4h 和 6h 的观测数据进行 PPP 解算。将上述不同时段长度对应的 PPP 精度进行统计，并绘制柱状图和折线图，如图 6.7 所示。

图 6.7 反映了 ALGO 和 XIAN 站不同长度观测时段对应的静态 PPP 解算精度，观测 0.5h 平面方向与高程方向均优于 1dm。观测 1h 平面方向精度达到 2~4cm，高程方向精度为 4~5cm。观测 2h 平面方向精度为 1~2cm，高程方向优于 3cm。观测 6h 平面方向精度优于 1cm，高程方向精度达到 1~2cm。因此，在实际应用中用户可以根据精度的要求合理设计必要的观测时段长度。

6.4.2　单频 PPP 静态定位试验

针对单频 PPP 中电离层延迟误差这一关键问题，对比分析了基于 Klobuchar 模型、GIM 格网模型、半合改正模型以及 SEID 模型的单频 PPP 精度。

试验数据采用 7 个江苏 CORS（NJMJ、NJLH、NJGT、NJJN、NJHX、NJTS、NJLT）2012 年 6 月 1 日的数据，其测站位置分布如图 6.8 所示。采用单频的 L1 和 C1 观测值进行定位解算，得到基于不同电离层处理策略的单频 PPP 结果。参考真值利用双频 PPP 单天解计算得到，其结果如表 6.2 所列。

限于篇幅，这里仅给出其中 NJGT 测站的单频 PPP 结果，其他测站结果类似，图 6.9~图 6.12 分别为基于 Klobuchar 模型、GIM 格网模型、半合改正模型以及基于

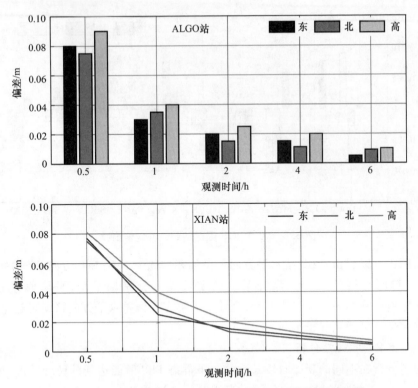

图 6.7　ALGO 和 XIAN 站 PPP 各时段解与已知坐标的互差

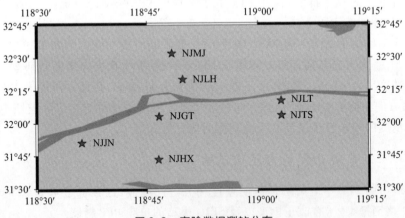

图 6.8　实验数据测站分布

表 6.2　双频无电离层组合定位测站参考真值坐标

测站名	X/m	Y/m	Z/m
NJGT	−2605047.416	4742796.038	3365277.661
NJHX	−2614192.145	4759736.413	3334223.145
NJJN	−2596005.156	4761145.049	3346307.539

（续）

测站名	X/m	Y/m	Z/m
NJLH	−2601329.282	4725642.785	3391940.275
NJLT	−2624208.094	4724097.252	3376469.311
NJMJ	−2593621.793	4716350.308	3410599.584

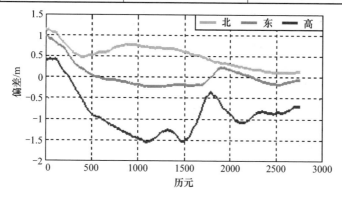

图 6.9　Klobuchar 模型——NJGT 测站图

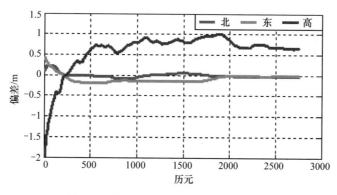

图 6.10　GIM 格网模型——NJGT 测站

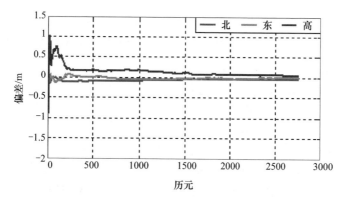

图 6.11　半合改正模型——NJGT 测站

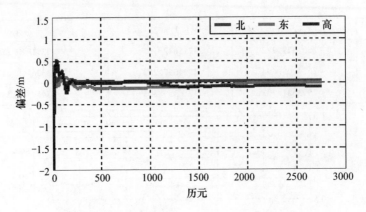

图 6.12　SEID 模型——NJGT 测站(见彩图)

SEID 模型的单频 PPP 逐历元定位偏差表 6.3 为对 7 个测站不同电离层模型的单频
PPP 的统计精度。

表 6.3　不同电离层改正模型静态单频 PPP 精度　　　　　(单位:m)

改正模型	Mean			RMS		
	北	东	高	北	东	高
Klobuchar 模型	0.458	−0.056	−0.894	0.506	0.192	0.972
GIM 网格模型	−0.046	−0.121	0.724	0.060	0.141	0.755
半合改正模型	0.015	−0.084	−0.018	0.028	0.101	0.109
SEID 模型	0.027	−0.071	−0.059	0.028	0.084	0.077

　　由图 6.9 ~ 图 6.12 和表 6.3 可以看出,不同电离层延迟处理策略的改正效果具
有明显的差异,特别是 Klobuchar 模型与 GIM 格网模型定位结果较差,仅有分米到米
的精度,而半合改正模型结果较好,最好的是基于 SEID 模型的单频 PPP 结果,其定
位精度可达厘米至分米级。在收敛时间上,SEID 模型的收敛时间也明显优于其他几
种方法,且没有明显的系统性误差,而定位结果较好的半合改正模型结果仍然存在一
定的系统偏差[8]。从表 6.3 中可以看出,基于 SEID 模型的单频 PPP 精度和传统双
频无电离层组合定位的参考值最为接近,偏差仅为几厘米,精度较好的半合改正模型
统计精度为 1 ~ 2dm。

6.4.3　三频 PPP 静态定位试验

　　试验采用 3 种三频 PPP 模型:第一种是三频之间两两组合产生 B1/B2、B1/B3 两
组双频无电离层组合观测值,称为无电离层两两组合模型,用"IF-PPP1"表示;第二
种是三频之间构造唯一一个噪声最小的无电离层组合观测值,称为三频无电离层组
合模型,用"IF-PPP2"表示;第三种是直接处理原始三频观测值,称为三频非差非组
合模型,用"UC-PPP"表示。为了保证北斗单系统定位所需的卫星数,选取了 6 个分

布于亚太地区的 MGEX 跟踪站(CUT0、KARR、MRO1、XMIS、GMSD 和 JFNG)上的数据进行实验。所有这些测站均配置为 Trimble NetR9 接收机,可接收北斗三频信号。实验数据采集于 2014 年 2 月以及 2015 年 5 月两个时段。以 2014 年 2 月 16 日当天的数据为例,图 6.13 所示为 CUT0、GMSD 和 JFNG 这 3 个测站对应的静态 PPP 误差,包括东方向、北方向、高程方向。

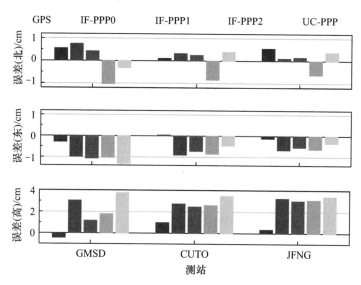

图 6.13　静态 PPP 结果(年积日 2014 年第 47 天)(见彩图)

比较 GPS 和北斗双频 PPP 发现,两者的平面定位精度基本相当,均能达到几毫米。北斗双频 PPP 的高程定位精度明显不及 GPS,且有 2 ～ 3cm 的系统性偏差。这主要是因为缺乏足够准确的接收机天线相位中心参数。对比北斗双频与三频 PPP 结果不难发现,各模型之间差异很小,其定位精度在平面方向为 1cm、高程方向为 2 ～ 3cm。

6.4.4　多系统 PPP 静态定位试验

试验数据选取了 MGEX 跟踪站网部分测站 2019 年 1 月 1 日—2019 年 1 月 30 日总计 30 天的观测数据,数据采样率 30s,分别对单系统(单 GPS、单 GLONASS、单 BDS、单 Galileo 系统,简写为 G、R、C、E)、多系统组合(GPS + BDS、GPS + GLONASS + Galileo 系统 + BDS,简写为 GC 和 GREC)共 6 种模式,评估其静态模式下的 PPP 性能。

图 6.14 为以 JFNG 测站为例的静态 PPP 解算结果,其分图(a)、(b)、(c)、(d)、(e)、(f)分别为 G、R、E、C、GC、GREC 的定位结果。为了便于比较不同系统及组合的定位收敛速度,图中仅显示了 2019 年 1 月 18 日前 2h 的结果,其中绿色、蓝色、红色的线分别代表东方向、北方向、高程方向。由图 6.14 可以看出,在测站 JFNG 的单系

统定位中,由于目前 GPS、Galileo 系统和 GLONASS 卫星系统在轨卫星数均超过 20 颗,亚太区域北斗卫星的可视数目也比较充足,其结果在 20～30min 可收敛在 10cm 以内。多系统融合后,能有效加快 PPP 的收敛速度,其 GREC 收敛时间仅需要 10min 左右,而且其定位结果的稳定性也有一定幅度的提高,但无论是单系统还是多系统, 高程方向相对于平面方向仍然存在较大的偏差。

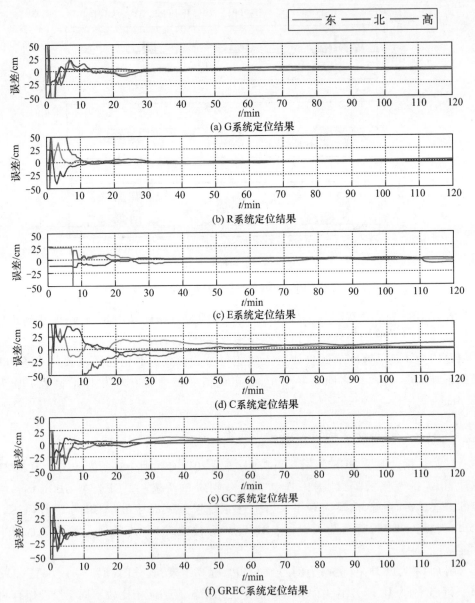

图 6.14　2019 年 1 月 18 日 JFNG 测站不同系统及组合
的 PPP 静态解结果(见彩图)

◢ 6.5　动态定位试验结果

6.5.1　双频 PPP 动态定位试验

本节选取部分算例测试和分析双频 PPP 动态定位性能,一方面可用静态数据模拟动态解,另一方面可采用载体实测的动态数据。为了评价动态 PPP 解的定位精度,可通过事先在地面建立基准站,利用差分的方法可以得到运动载体在各历元的高精度事后双差动态解(cm 级)作为参考真值。双差解采用 GrafNav 软件进行差分解算。

1)模拟动态解

以 URUM 站为例,采取动态 PPP 滤波模型处理该站 2009 年年积日第 009 ~ 015 天为期 1 周的静态观测数据,得到其动态解及点位误差分布如图 6.15 和图 6.16 所示。注意图 6.15 中将 7 天的定位误差通过平移相互错开,以此区分每天的定位结果;图 6.16 是对该站 7 天的动态解绘制而成的点位 3 维误差分布。

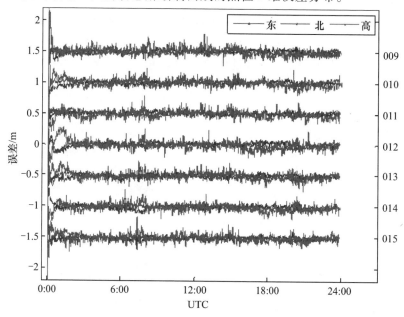

图 6.15　URUM 站 7 天的动态 PPP 误差时序(见彩图)

相比于静态解,动态解的噪声明显偏大,这是动态卡尔曼滤波所设置的过程噪声较大所致,且不同天之间的定位结果存在较强的时空相关性,这也是目前许多去噪方法如恒星日滤波的基础。图 6.16 中部分较为离散的点主要是收敛前定位精度不高引起的。统计其收敛后的定位偏差,得到该站 7 天内的东、北和高程方向的平均定位偏差分别为 0.041m、0.036m 和 0.073m。

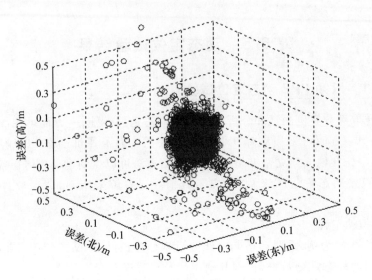

图 6.16　URUM 站 7 天的动态 PPP 偏差 3 维分布

2) 真实动态解

以某次动态船载数据为例,数据采样间隔为 2s,数据跨度近 6h。轮船航行轨迹如图 6.17 所示,其中图(a)为轮船平面轨迹,图(b)为轮船航行过程中高程方向的变化曲线。采用平滑卡尔曼滤波对其进行动态 PPP 解算,动态模型(状态方程)采用常加速度模型。

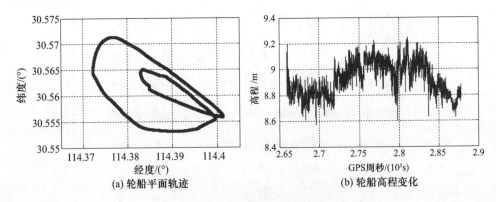

| (a) 轮船平面轨迹 | (b) 轮船高程变化 |

图 6.17　轮船平面轨迹及高程变化

为了评价动态 PPP 的精度,同时采用 GrafNav 软件进行差分定位解算,并将其双差解作为参考真值,得到动态 PPP 解与参考值的互差如图 6.18 所示。

如图 6.18 所示,大部分历元均能满足平面方向 5cm、高程方向 1dm 的定位精度,且高程方向存在明显的系统性漂移,这可能与双差解中基站与流动站接收机时钟不同步有关[9-10]。对所有历元的定位偏差进行统计,得到东、北与高程方向的互差均方根误差值依次为 0.043m、0.022m、0.056m。

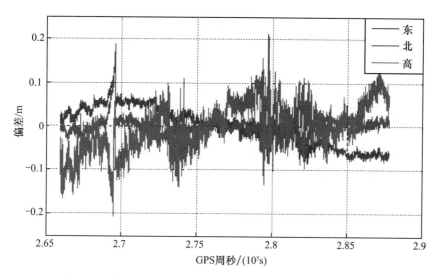

图 6.18 船载动态 PPP 解与 GrafNav 参考解的互差(见彩图)

对比模拟动态解与真实动态解发现两者的定位精度基本相当,均能满足平面方向 5cm、高程方向优于 10cm 的定位精度,模拟动态解精度略高一些。需要说明的是,机动性能不同的载体对应的动态 PPP 的精度会有所差异。

6.5.2 单频 PPP 动态定位试验

1)静态模拟动态试验

由于已知基准站的坐标精确,因此用静态数据模拟动态解算可以作为检验动态单频 PPP 的精度。为此采用 BJFS 站和 ALGO 站的单天静态观测数据模拟动态数据进行单频 PPP 试验(半和模型)。将定位结果与已知的真实坐标进行比较,得到测站各历元定位误差在北、东、高程 3 个方向的偏差值,并绘制误差时序图,如图 6.19 所示。

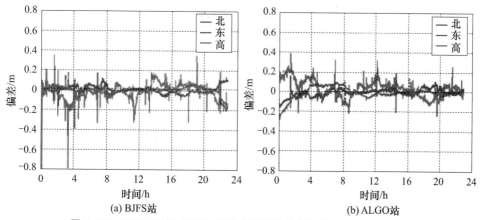

图 6.19 BJFS 站与 ALGO 站静态模拟动态解算结果与已知坐标在北、东、高分量的差值(见彩图)

图 6.19 中显示,采用静态模拟动态解算,BJFS 站与 ALGO 站的单频 PPP 误差在北、东方向为 0.1 ~ 0.2m(95%);高程方向偏差稍大,但基本上也能保证在 0.2 ~ 0.4m,且绝大多数历元优于 0.2m。静态模拟动态可看作是一种特殊的匀速状态模拟(速度和加速度为零),近似等效于低动态条件,此时可以认为其单频 PPP 的平面精度能达到 0.1 ~ 0.2m、高程方向达到 0.2 ~ 0.4m 的精度。但实际采集的动态数据往往不如静态条件下采集的数据质量好,它受周跳及多路径误差的影响可能更为严重,因此,上述精度应该是在比较理想的条件下可以获得的精度,实际的动态定位精度可能要稍低于这个精度指标。

2)车载动态试验

车载动态试验数据的采样率为 1s,汽车行驶轨迹如图 6.20(a)所示,单频 PPP 的结果同 GrafNav 软件的双差解在北、东、高程方向的互差如图 6.20(b)所示。

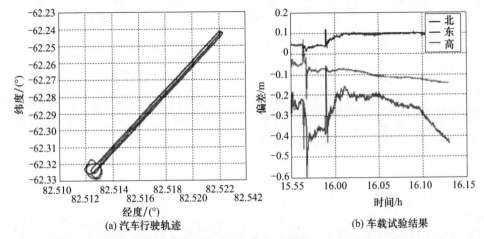

(a)汽车行驶轨迹　　　　　　　　(b)车载试验结果

图 6.20　车载动态试验解算结果与双差解的坐标在 NEU 方向的差值(见彩图)

车载动态试验结果表明,北、东方向的偏差仅为 0.1m 左右,且在 16:00 以后误差曲线非常平滑;高程方向的偏差相对较大,在观测时段前 3 ~ 5min 最大偏差可达 0.6m 左右,并且波动也较为剧烈,5min 之后北方向的误差逐渐减小并趋于平稳,大致为 0.2 ~ 0.3m。其原因主要是:一方面,从图 6.20(a)中汽车的行驶轨迹可以看出,前一段时间汽车处于盘绕状态,频繁的制动与启动(载体的机动性较强)导致其定位误差偏大;而后面一段时间汽车的行驶路线近似为直线路段,汽车的机动性不如之前强,定位的结果相对好些。另一方面,随着观测时间的延长,模糊度逐渐收敛。此外,在解算的过程中还发现观测数据的周跳较少,这样也使得解算结果特别是后面一段时间相对较光滑。

另外,此次车载试验的数据来源于极地(北极),高纬度地区的卫星覆盖能力比较有限,因此,对于覆盖条件良好的中低纬度地区而言,卫星的空间几何图形强度更好,单频 PPP 的精度可能会相对更高。因此,对于中等机动性的载体而言,单频 PPP 的平面精度达到 0.1~0.2m,高程方向优于 0.5m。

　　3）机载动态试验

　　飞机飞行轨迹如图 6.21(a)所示,单频 PPP 的动态定位的结果与差分解的互差如图 6.21(b)所示。

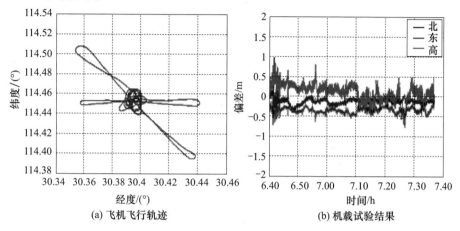

图 6.21　机载动态试验路线及结果对比(见彩图)

　　飞行轨迹显示,整个飞行过程基本上处于两种状态,即盘旋与折返。前 30min 左右飞机盘旋,后 20min 左右飞机直线飞行,图 6.21(b)中高程方向的偏差有两次较大的跳跃:一次是在 7:10 左右,另一次在 7:25 左右。这恰好与飞机机动性变化相吻合,飞机在上空盘旋(强机动性)了将近 30min(6:40 至 7:10),开始直线飞行(机动性较弱),15min 后(7:25)又换了另一条直飞路线,其对应的精度变化再次反映了载体机动性的强弱对定位结果的影响。尤其是高程方向受载体机动性的影响最为显著。总体来说,机载动态定位平面精度方向为 0.2~0.3m,高程方向为 0.5m 左右。

6.5.3　三频 PPP 动态定位试验

　　实测动态数据来自 2015 年 3 月 21 日在武汉东湖采集的船载 GNSS 动态数据。试验数据的观测时长为 2h 左右,数据采样率为 1Hz,卫星截止高度角设置为 10°。与此同时,在岸边同步架设了一个静态基准站,以便采用双差软件进行相对定位,获得流动站的精确坐标。流动站与基准站的平均距离为 4km 左右。双差数据处理软件采用 GrafNav 软件,绝大多数历元的双差模糊度都能成功固定,能够为流动站提供厘米级精度的参考坐标[11]。图 6.22 为载体的运动轨迹以及流动站与基准站的位置关系。

　　类似地,对比分析了 GPS 与 BDS、双频与三频 PPP 模型之间定位性能。图 6.23 所示为流动站的可视卫星数(NS)及几何精度衰减因子(GDOP)。图 6.24 为 PPP 误差时序,图中"GPS"代表 GPS 双频 PPP,"IF-PPP0"代表 BDS 双频 PPP,"IF-PPP1""IF-PPP2"和"UC-PPP"表示 3 种不同的 BDS 三频 PPP,具体含义同 6.4.3 节。收敛

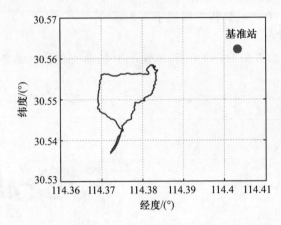

图 6.22　轮船的运行轨迹及基准站位置(2015 年年积日第 146 天)

后(前 0.5h 的定位结果认为未收敛,不参与精度统计)其均方根误差统计如表 6.4
所列。

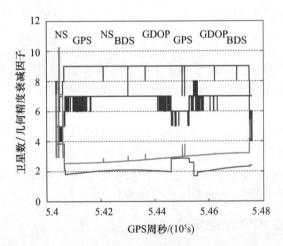

图 6.23　流动站的可视卫星数及几何精度衰减因子
(2015 年年积日第 80 天)(见彩图)

表 6.4　船载动态 PPP 均方根误差统计　　　　　　　　(单位:cm)

	GPS	IF-PPP0	IF-PPP1	IF-PPP2	UC-PPP
东	32.0	13.6	13.5	13.6	13.2
北	8.4	5.5	5.6	5.1	4.4
高	26.7	14.9	15.0	15.3	15.0

　　如图 6.24 所示,GPS 双频 PPP 的结果最为差,尤其是东方向和高程方向。北、
东、高 3 个分量的 RMS 分别为 8.4cm、32.0cm 和 26.7cm。其定位精度较差的原因主
要是可用的 GPS 卫星数较少,如图 6.23 所示。对于北斗而言,流动站的可见卫星数

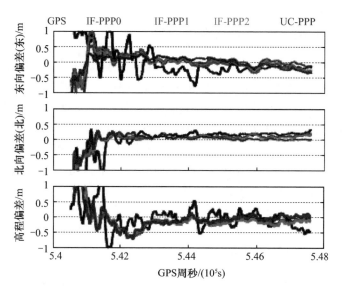

图 6.24　船载动态 PPP 结果(2015 年年积日第 80 天)(见彩图)

在大部分时间内都能达到 9 颗,因此,其定位精度明显好于 GPS。表 6.4 中的统计结果表明,北斗双频 PPP 的定位精度在北方向分别为 5～6cm,在东和高程方向为 13～15cm。对比北斗双频和三频 PPP 的结果发现,收敛之后各模型之间的差异非常小。为了对比分析双频和三频 PPP 模型在初始化过程的性能,图 6.25 给出了前 25min 内的定位误差时序。由图可知,三频 IF‐PPP1 较双频 IF‐PPP0 收敛更快,特别是在东方向。

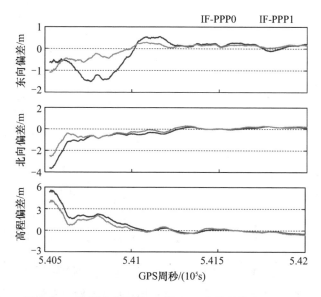

图 6.25　船载动态双频/三频 PPP 收敛性能(见彩图)

6.5.4　多系统 PPP 动态定位试验

图 6.26 和图 6.27 给出了部分测站(CHDU、SIGP、ABMF、BRST、CUT0、LMMF、NNOR、GMSD)动态 PPP 结果的均方根误差值。CHDU、SIGP 为仅有 BDS 和 GPS 数据的双系统测站,所以图 6.26 中给出了单 GPS、单 BDS、GPS 和 BDS 组合(GC)3 种模式北、东、高程方向的均方根误差结果。图 6.27 为其他多系统测站不同系统组合动态 PPP 的均方根误差值。由图 6.27 可以看出,组合后的结果要优于单 GPS 的结果,特别是四系统的组合能显著提高定位精度,由于单 GPS 本身能够达到较高的定位精度(高度角为 7°时),因此其多系统组合对水平方向的改善比较有限,但是对于高程方向有非常显著的改善。

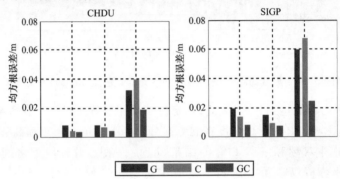

图 6.26　CHDU、SIGP 测站 PPP 动态解定位均方根误差统计结果

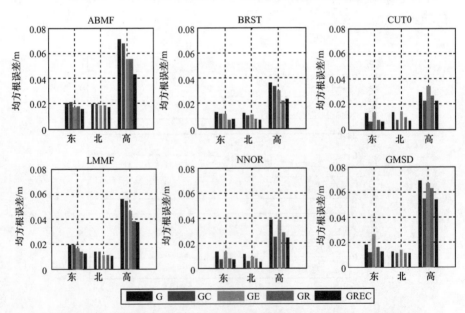

图 6.27　ABMF、BRST、CUT0、LMMF、NNOR、GMSD 测站 PPP 动态解定位均方根误差值统计结果(见彩图)

图 6.28 给出了以 GMSD 测站为例,在不同卫星截止高度角(10°、40°)下单 GPS
(红色)与 GREC 组合(蓝色)的定位结果,以及不同时刻单 GPS 与 GREC 的可见卫星
数。从图中可以看出,高度角对单系统影响较大,而对多系统组合影响较小。当高度
角为 40°时,多系统融合仍然可以得到高精度的定位结果,而且其定位结果的稳定性
优于单系统。随着高度角的增加,单系统的可见卫星数迅速减少,而多系统组合时高
度角 10°~40°时可见卫星数一直保持在 10 颗以上,这也是多系统融合定位结果的稳
定性和精度要优于单系统的原因[12]。值得注意的是,当截止高度角被选取得较高
时,天顶方向的位置分量和天顶对流层延迟的可分离性将越来越差,导致多系统对高
程方向的贡献比较有限,但是当单系统卫星数不足时,多系统仍然能够体现出它的
优势。

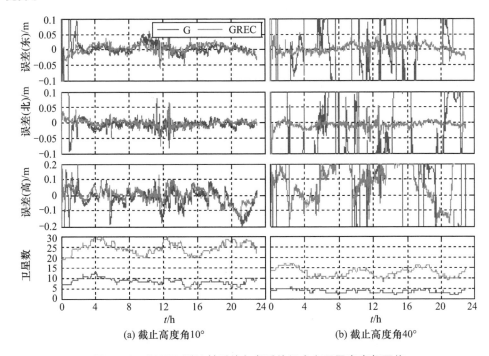

(a) 截止高度角10°　　　　　　　　　　(b) 截止高度角40°

图 6.28　GMSD 测站单系统与多系统组合在不同高度角下的
PPP 精度及其可见卫星数(见彩图)

6.6　组合与非组合 PPP 定位性能比较

为比较无电离层组合和非组合两种 PPP 模型的定位性能,分别进行了静态、模
拟动态试验。分别从定位精度、收敛性以及 ZPD 估计精度 3 个方面来对比分析组合
与非组合 PPP 的定位性能。我们依然采用 6.4.1 节中的全球站单天解的结果进行比
较(图 6.5)。

6.6.1 定位精度分析

对 10 个测站进行了模拟动态 PPP 解算,得到单历元位置解,并统计坐标偏差的平均值和标准差。表 6.5 为 10 个测站单历元坐标的平均偏差和标准偏差。

从平均偏差来看,非组合 PPP 各个测站水平方向偏差都在 1.5cm 以内,大部分优于 1cm;高程偏差除了 SANT 站外其余各测站都在 2cm 以内。组合 PPP 各测站水平方向偏差均优于 1cm,高程偏差与非组合 PPP 相当,绝大部分都在 2cm 以内。两种动态 PPP 的定位结果与 IGS 周解结果相比无明显系统误差。从标准偏差来看,非组合 PPP 各测站水平方向都在 2cm 以内;高程方向均优于 4cm。组合 PPP 各测站水平方向偏差大部分优于 1.5cm,高程方向都在 4cm 以内。以上结果表明,两种 PPP 模型的动态定位精度相当,都可以得到水平方向 1～2cm、高程方向 4cm 左右的动态定位结果。

表 6.5　10 个测站非组合、组合 PPP 动态单天解坐标偏差的
平均值和标准差统计表　　　　　　(单位:m)

测站名	平均偏差						标准偏差					
	非组合 PPP			组合 PPP			非组合 PPP			组合 PPP		
	东	北	高	东	北	高	东	北	高	东	北	高
ALGO	− 0.001	− 0.002	0.019	0.001	0.000	0.022	0.013	0.010	0.028	0.011	0.010	0.025
ALIC	0.003	0.000	− 0.006	0.005	0.000	− 0.005	0.015	0.014	0.038	0.013	0.014	0.035
NURK	− 0.003	− 0.003	0.003	0.002	− 0.002	0.005	0.015	0.012	0.035	0.014	0.010	0.028
MAT1	0.003	0.000	− 0.010	0.005	− 0.001	− 0.004	0.019	0.015	0.033	0.014	0.013	0.030
MAW1	− 0.006	− 0.005	− 0.002	0.000	− 0.003	0.017	0.019	0.016	0.028	0.010	0.010	0.026
NYAL	0.001	0.009	0.012	0.004	0.009	0.021	0.013	0.017	0.027	0.008	0.009	0.024
SANT	0.014	− 0.002	0.026	0.007	0.004	0.019	0.016	0.018	0.023	0.013	0.015	0.023
SELE	0.013	0.011	− 0.011	0.005	0.007	− 0.013	0.014	0.015	0.036	0.013	0.016	0.037
WSRT	0.000	0.005	0.016	0.004	0.005	0.013	0.010	0.009	0.017	0.009	0.008	0.017
XIAN	− 0.008	0.002	0.003	− 0.008	0.002	0.009	0.016	0.017	0.031	0.016	0.016	0.029

6.6.2 收敛性分析

为了分析两种 PPP 的定位收敛时间,使用单向滤波对上述 10 个测站分别进行静态、模拟动态 PPP 解算,并统计各测站定位偏差的 3 个分量均优于 1dm 所需要的观测时长。图 6.29 给出了 10 个测站的静态、动态收敛时间统计图。

从图 6.29 可以看出,对于静态定位,除了 NURK 和 XIAN 站组合 PPP 的收敛时间稍长于非组合 PPP 以外,其余各站非组合 PPP 的收敛时间均要长于组合 PPP 的收敛时间。整体上看:组合 PPP 大部分测站经过 20min 左右就可以收敛到优于 10cm

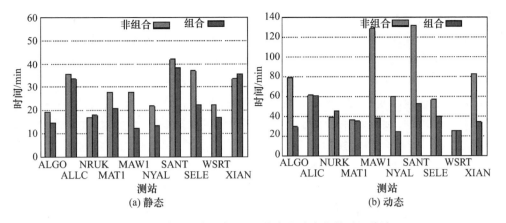

图 6.29　非组合与组合 PPP 静态和动态收敛时间统计

的精度;而非组合 PPP 的静态收敛时间为 20 ~ 40min,最短时间 17min,最长时间则达到了 42min。对所有测站的收敛时间进行统计,组合 PPP 的平均收敛时间为 23min,非组合 PPP 平均收敛时间则为 29min。对于模拟动态定位,除了 ALIC、NURK、MAT1、WSRT 这 4 个站两者收敛时间差异很小以外,其他 6 个测站的非组合收敛时间都明显长于组合 PPP。组合 PPP 的收敛时间大部分约为 40min;非组合 PPP 收敛时间大部分约为 60min,SANT 站最长达到了 136min。同样,对各站的统计结果表明:组合 PPP 平均收敛时间为 38min,而非组合 PPP 平均收敛时间为 71min。无论对于静态或是模拟动态 PPP,非组合 PPP 的收敛时间要比组合 PPP 的收敛时间更长一些。

6.6.3　分析与讨论

从模型本身来看,组合 PPP 模型通过对原始双频 GPS 伪距和载波和观测方程进行无电离层组合,消除了电离层一阶项的影响,同时放大了组合观测值的噪声水平。采用 IGS 发布的精密钟差产品进行观测值改正时,无须顾及卫星端硬件延迟的影响,接收机端硬件可以被接收机钟差吸收。由于初始相位偏差值无法消除,会被组合模糊度吸收,因此组合模糊度只能作为实数未知参数进行估计,而无法利用模糊度的整数特性。非组合 PPP 模型完全使用原始 GPS 观测数据,通过对 L1 频率上的站星视线方向电离层延迟加参数估计,可以避免组合 PPP 中观测值噪声被放大的不利影响,同时保留了电离层延迟信息,为单站提取电离层延迟量提供了一种新的方法。使用 IGS 的钟差产品时会引入无电离层组合的卫星硬件延迟的影响,在伪距观测方程中形成卫星差分码偏差(DCB),需对其进行改正。与组合 PPP 模型相同,各频率上的模糊度参数作为实未知参数进行估计。

从上述的定位试验结果来看,无论是静态定位还是动态定位,两种 PPP 模型的定位精度差异很小,均可实现水平方向毫米至厘米级、高程方向 1 ~ 3cm 的静态定位精度,水平方向 1 ~ 3cm、高程方向 4cm 左右的模拟动态定位精度。这是因为两种

PPP 模型中虽然都存在未被正确模型化的误差,但这些误差通过较长时间的观测信息进行平滑能减弱其影响,或被接收机钟差、电离层延迟以及模糊度等参数吸收,对位置估值影响不大。但是从收敛性分析试验结果来看,不论是静态定位还是动态定位,除个别测站以外,非组合 PPP 的时间都普遍比组合 PPP 长,静态收敛时间长 5 ~ 10min,动态收敛时间平均约长 33min。其原因主要是,非组合 PPP 在滤波初期,观测数据较少,滤波收敛性的好坏主要受码观测值质量的影响[13]。此时,在同等的计算条件下,由于非组合 PPP 模型包含了更多的待估参数,因此解的收敛时间更长。并且非组合 PPP 中新增的电离层参数与模糊度强相关,所以需要更多的观测信息来准确确定模糊度参数。这些因素导致了收敛时间的增加。此外,由于观测值的采样率较低,历元间电离层延迟变化受多路径效应等影响较大,使得难以对其进行强有力的约束,也影响到了其收敛性。

总体而言,两种 PPP 模型各有优、缺点:组合 PPP 模型消除了电离层一阶项的影响,大大减少了待估参数,模型较为简单,在定位、授时等应用中解算位置、接收机钟差参数时可以无需考虑电离层延迟量的影响;但是形成组合观测值也放大了观测值噪声,而且无法利用电离层延迟信息,不能用于电离层相关的研究。非组合 PPP 基于原始观测方程,避免了组合观测值带来的噪声被放大的不利影响。利用原始的相位观测值平差得到的电离层延迟量具有很高的精度,为单站提取电离层延迟量提供了一种新的方法。但是其包含了较多的待估参数,解算速度以及解的稳定性都受到影响。另外,其参数估值也更易受观测方程病态性的影响,从而导致其收敛时间较组合 PPP 明显更长。

参考文献

[1] BOEHM J, HEINKELMANN R, SCHUH H. Short Note: a global model of pressure and temperature for geodetic applications [J]. Journal of Geodesy, 2007, 81(10): 679-683.

[2] PETIT G, LUZUM B. The 2010 reference edition of the IERS conventions [C]//EGU General Assembly Conference, Vienna, Austria, 2010.

[3] RIZOS C, MONTENBRUCK O, WEBER R, et al. The IGS MGEX experiment as a milestone for a comprehensive multi-GNSS service [C]//Proceedings of the ION 2013 Pacific PNT Meeting, April 23-25, Honolulu, Hawaii, 2013: 289-295.

[4] WU J T, WU S C, HAJJ G A, et al. Effects of antenna orientation on GPS carrier phase [C]//Proceedings of the AAS/AIAA Astrodynamics Conference, August 19-22, Durango, Colorado, 1991: 1647-1660.

[5] GUO F, ZHANG X, WANG J. Timing group delay and differential code bias corrections for BeiDou positioning [J]. Journal of Geodesy, 2015, 89(5): 427-445.

[6] 张小红, 郭斐, 李盼, 等. GNSS 精密单点定位中的实时质量控制[J]. 武汉大学学报:信息科

学版，2012，37（8）：940-944.

[7] 杨元喜. 卫星导航的不确定性、不确定度与精度若干注记[J]. 测绘学报，2012，41（5）：646-650.

[8] 任晓东. CORS 增强实时单频 PPP 的方法研究与实现[D]. 武汉：武汉大学，2013.

[9] BUIST P J, TEUNISSEN P J G, GIORGI G, et al. Functional model for spacecraft formation flying using non-dedicated GPS/Galileo receivers [C]. Satellite Navigation Technologies and European Workshop on GNSS Signals and Signal Processing, IEEE, Noordwijk, Netherland, 2010:1-6.

[10] 郭斐. GPS 精密单点定位质量控制与分析的相关理论和方法研究[D]. 武汉：武汉大学，2013.

[11] GUO F, ZHANG X, WANG J, et al. Modeling and assessment of triple-frequency BDS precise point positioning [J]. Journal of Geodesy, 2016, 90(11): 1-13.

[12] 任晓东，张柯柯，李星星，等. BeiDou、Galileo、GLONASS、GPS 多系统融合精密单点[J]. 测绘学报，2015，44（12）：1307-1313.

[13] 张小红，左翔，李盼. 非组合与组合 PPP 模型比较及定位性能分析[J]. 武汉大学学报：信息科学版，2013，38（5）：561-565.

第7章　PPP模糊度固定方法及其实现

本章将详细讨论PPP模糊度固定方法,包括未校准的相位硬件延迟(UPD)的估计方法,GPS双频PPP固定解、北斗双频PPP固定解、北斗三频PPP固定解方法,以及多频多系统PPP固定解方法等。

◤ 7.1 概　　述

PPP技术采用单站观测数据进行解算,无需基准站支持,但与双差定位相比,采用单站非差方式无法消除卫星端和接收机端的硬件延迟与初始相位偏差,这些偏差统称为未校准相位延迟。UPD与载波模糊度参数强相关,使得UPD和模糊度无法分离,导致模糊度失去整数特性无法固定。对于多数应用以及大多数数据处理软件,PPP采用模糊度实数解,未能充分利用模糊度整数特性,导致PPP解尤其是对于短时段观测数据在东、西方向上的定位精度偏低,且收敛时间较长。

7.1.1　PPP模糊度非整数特性机理

非差模糊度失去整数特性的主要因素有:

(1)接收机i在参考时刻t_0的初始相位$\phi_i(t_0)$和从接收机天线到接收机中信号相关处理器之间的载波相位观测值信号延迟$\delta_i(t)$;

(2)卫星端在参考时刻t_0的初始相位$\phi^k(t_0)$和卫星中信号产生到信号从卫星天线发射之间的载波相位观测值信号延迟$\delta^k(t-\tau_i^k)$。

另外,对于目前被广泛采用的PPP无电离层组合定位模型,除了上述两个基本原因之外,影响PPP非差模糊度整数解的因素还有:

(1)在非差模式的PPP中,模糊度参数与接收机钟差参数线性相关,如果仅用相位观测值法方程是秩亏的,那么标准模型中使用伪距观测值提供基准。此时使用标准模型估计的模糊度中也会包含伪距观测值中群延迟部分的影响。

(2)在PPP标准模型中引入的伪距基准是一个实数基准而非整数基准,并且伪距观测值噪声相对较大,即使忽略初始相位、相位观测值信号延迟、无电离层组合观测值波长太短、伪距观测值群延迟d等因素的影响,假定相位观测方程中非差模糊度是整数,但是为了防止法方程秩亏而引入该噪声相对较大的伪距实数基准也会破坏非差模糊度的整数特性。

（3）在 PPP 标准模型中为了消除电离层误差的影响,采用了无电离层组合观测值。然而相对于观测噪声和误差而言,无电离层组合相位观测值的波长太短,大约只有 6mm。故难以直接使用无电离层组合相位观测值进行 PPP 整数解。

（4）目前的 PPP 用户主要使用 IGS 提供的精密钟差产品或者采用与 IGS 类似的解算策略自己估计精密卫星钟差[1]。而目前 IGS 的钟差产品采用了与 PPP 传统模型类似的钟差估计模型,使用了无电离层组合观测值和引入伪距基准,故同样会受到卫星端初始相位、相位观测值信号延迟、无电离层组合观测值波长太短、伪距观测值群延迟 d、实数伪距基准等因素的影响,导致钟差估计模型中的非差模糊度失去整数特性。而在 PPP 中,为了防止法方程秩亏,通常需要强约束或固定精密卫星钟差,此时使用标准模型生成的导航卫星钟差产品会破坏非差模糊度的整数特性。

7.1.2　非差模糊度整数可恢复性

针对上述因素如何影响 PPP 非差模糊度整数特性逐项进行分析:

（1）在非差观测模型中,非差模糊度会受到卫星端与接收机端的初始相位、载波相位信号延迟等的影响。由于初始相位和载波相位的硬件延迟不易分离,将其合为一项 b。通常情况下,认为 b 在一个连续弧段内为常数,则模糊度参数 B 仍然是常数。事实上,即使认为 b 随历元变化,由于在参数估计的过程中,一般将模糊度参数 B 约束为常数,而将钟差参数按白噪声进行处理。这样使得 b 中随历元变化的部分会被钟差参数吸收,而常量部分被模糊度参数 B 吸收。也就是说,无论 b 的特征是常数还是随历元变化,对模糊度参数 B 的影响都只是引入一个常量偏差。那么,非差模糊度整数解的关键是将该常量偏差与整数模糊度分离。

（2）由于 PPP 标准模型中伪距观测值的引入,使得伪距观测值中群延迟 d 部分也成为影响非差模糊度整数特性的原因之一。通常假定群延迟 d 的变化足够缓慢,在一个连续弧段之内认为是常数,则对模糊度参数的影响也是一个常量偏差。与 b 类似,如果 d 是随历元变化的,d 中随历元变化的部分会被钟差参数吸收,那么对模糊度参数 B 的影响也只是引入一个常量偏差。但是如果 b 与 d 随历元变化的部分并不一致时,则会导致伪距与相位的钟差不一样,在参数估计中引入相位钟差和伪距钟差两套钟差参数即可。事实上,即使按照通常的处理方法在伪距和相位观测方程中使用同一套钟差参数,由于相位的权远远高于伪距观测值的权,估计的钟差参数随历元变化的部分取决于相位观测值。伪距仅仅起一个提供基准的作用,d 对模糊度参数 B 的影响仍然只是引入一个常量偏差。

（3）在 PPP 标准模型中为了防止法方程秩亏而引入噪声较大的伪距基准,该伪距基准为一个实数基准,使得在没有其他因素影响的情况下也会破坏非差模糊度的整数特性。但该实数基准对模糊度参数 B 的影响也是引入一个常量偏差。

（4）对于无电离层组合的相位观测值 L_3,因其波长太短,难以直接固定其模糊度的问题。可以采用宽巷（WL）/L_3 扩展模型进行模糊度固定。L_3 组合观测值中与

模糊度有关的项为

$$\lambda_{L3} \cdot N_{L3} = \frac{cf_{L1}}{f_{L1}^2 - f_{L2}^2} \cdot N_{L1} - \frac{cf_{L2}}{f_{L1}^2 - f_{L2}^2} \cdot N_{L2} =$$

$$\frac{cf_{L2}}{f_{L1}^2 - f_{L2}^2} \cdot (N_{L1} - N_{L2}) + \frac{c}{f_{L1} + f_{L2}} \cdot N_{L1} =$$

$$\frac{cf_{L2}}{f_{L1}^2 - f_{L2}^2} \cdot N_{WL} + \lambda_{NL} \cdot N_{L1} \tag{7.1}$$

式中:WL 模糊度 $N_{WL} = N_{L1} - N_{L2}$;窄巷(NL)的波长 $\lambda_{NL} = \dfrac{c}{f_{L1} + f_{L2}}$。

由于 WL 观测值 L_{WL} 的波长较长,约为 86cm,因此其模糊度较易确定。这样,为了确定 N_{L3},可以首先利用 L_{WL} 进行定位解算确定出 N_{WL} 或者使用 MW 组合直接确定 WL 模糊度 N_{WL},然后将其代入式(7.1)。由于 N_{WL} 已事先确定,因而需要确定的参数只有 N_{L1},可以使用序贯模糊度固定[2] 或 LAMBDA[3] 等成熟的模糊度固定方法进行确定。由于在式(7.1)中,模糊度 N_{L1} 的系数为 NL 组合观测值的波长,大约为 11cm,因而也将其称为 NL 模糊度。

由于 WL 组合观测值受到电离层延迟的影响,需要精密电离层信息才可以利用 L_{WL} 进行定位解算确定 WL 模糊度。在没有精密电离层信息的情况下,一般使用 MW 组合直接确定出 N_{WL}。MW 组合观测值为

$$B_{MW} = L_{WL} - P_{NL} \tag{7.2}$$

其中

$$\begin{cases} L_{MW} = \dfrac{f_1 L_1 - f_2 L_2}{f_1 - f_2} \\ P_{NL} = \dfrac{f_1 P_1 + f_2 P_2}{f_1 + f_2} \end{cases} \tag{7.3}$$

式中:L_{WL} 为 WL 相位组合;P_{NL} 为 NL 伪距组合。

采用 WL/L3 扩展模型很好地解决了直接使用 L_3 观测值波长太短的问题,使得非差模糊度的固定成为可能。

目前,IGS 的钟差产品采用了与 PPP 传统模型类似的钟差估计模型,导致钟差估计模型中的模糊度失去整数特性。因此,精密钟差估计模型中也需考虑上述影响非差模糊度整数解的因素,并结合上述分析对已有的 IGS 钟差产品进行修正或生成新的钟差产品。而在 PPP 用户端,使用修正过的或者新的精密卫星钟差产品则使得恢复非差模糊度的整数特性成为可能。

综合上述分析,由于模糊度参数与钟差参数的线性相关特性,使得卫星端初始相位、相位观测值信号延迟、伪距观测值群延迟 d 等因素对模糊度参数引入常量偏差,而实数伪距基准的影响也会给模糊度参数引入常量偏差。这些常量偏差包含整数部分和小数部分:整数部分与模糊度参数、钟差参数难以分离,但它不会破坏模糊度的

整数特性;小数部分将导致非差观测方程中模糊度不再具有整数特性,无法将其固定。因此,在采用 WL/L3 扩展模型的基础上,非差模糊度整数解的关键问题转化为如何将所估计的模糊度中所包含的常量偏差小数部分与整数模糊度分离,且在导航卫星精密钟差产品生成和 PPP 解算的过程中均需分离并使用一致的模型。

7.1.3　PPP 模糊度固定方法概述

正如前文所述,非差相位模糊度受卫星端和接收机端初始相位延迟及硬件延迟的影响,已不具有整数特性。如何恢复出非差模糊度的整数特性,提出了以下 3 种方法。

1) UPD 方法

Ge 等提出取平均方法估计星间单差 UPD,固定 PPP 星间单差模糊度的"UPD 法"[4]。该方法首先求解得到服务站网的非差浮点模糊度参数,然后选取某一参考星进行星间单差以消除接收机端 UPD 的影响,接着对各测站共视卫星的单差模糊度的小数部分取平均(实际过程中,需考虑如 0.98、0.95、0.02 这类小数序列的特殊性,对部分小数值进行加/减 1 周操作,以保证一致性),即求得该卫星对的单差 UPD 估值[5-6]。由于地面测站不可能同时观测所有 GPS 卫星,因此对于不同区域的测站需估计相对不同参考星的单差 UPD 估值。利用估计的星间单差 UPD 参数即可恢复 PPP 单差模糊度整数特性,实现模糊度固定。

2) 整数钟法

与 Ge 等直接分离 UPD 的思路不同,Laurichesse 等从钟差估计的角度提出了估计能够恢复 PPP 模糊度整数特性的卫星钟差的方法,即整数钟(IRC)法[7]。该方法首先估计非差宽巷 UPD 改正数,然后在钟差估计过程中利用卫星钟差参数吸收非差窄巷 UPD。宽巷和窄巷 UPD 都是联合所有参考站的非差浮点模糊度整体求解,且选择某一接收机端的 UPD 为基准,以消除方程组的秩亏。使用整数钟差产品改正数,PPP 求解的模糊度参数具有整数特性,可直接尝试固定。

3) 钟差去耦法

Collins 提出了钟差去耦模型(Decoupled Clock Model)方法固定 PPP 模糊度[8]。从上一小节的推导可知,在基于 IGS 精密卫星钟差改正数的无电离层组合 PPP 模型中,接收机端伪距硬件延迟也会被强制引入到模糊度参数中,成为影响模糊度整数特性的 UPD 中的一部分。为此,Collins 提出在钟差去耦模型中,对伪距和相位观测值分别估计伪距卫星钟差与相位卫星钟差。该去耦钟差改正参数估计的相位模糊度参数不受伪距硬件延迟的影响,因此能够恢复模糊度的整数特性。

▲ 7.2　UPD 估计

7.2.1　星间单差 UPD

为实现 PPP 模糊度固定解,通常将无电离层组合浮点模糊度分解为如下式表示的 WL 整周与 NL 浮点模糊度的线性组合尝试固定：

$$\overline{N}_{r,IF}^s = \left(\frac{cf_2}{f_1^2 - f_2^2} N_{r,WL}^s + \frac{c}{f_1 + f_2} \overline{N}_{r,NL}^s \right) / \lambda_{IF} \tag{7.4}$$

WL 浮点模糊度由伪距相位 MW 组合计算得到[9]：

$$\overline{N}_{r,WL}^s = \left[(f_1 L_{r,1}^s - f_2 L_{r,2}^s)/(f_1 - f_2) - (f_1 P_{r,1}^s + f_2 P_{r,2}^s)/(f_1 + f_2) \right] / \lambda_{WL} =$$

$$N_{r,WL}^s + d_{r,WL} - d_{WL}^s \tag{7.5}$$

$$d_{r,WL} = B_{r,1} - B_{r,2} - (f_1 b_{r,1} + f_2 b_{r,2})/(f_1 + f_2)/\lambda_{WL} \tag{7.6}$$

$$d_{WL}^s = B_1^s - B_2^s - (f_1 b_1^s + f_2 b_2^s)/(f_1 + f_2)/\lambda_{WL} \tag{7.7}$$

依据式(7.5)，如能正确固定 WL 整周模糊度，则由式(7.4)可以推导出 NL 浮点模糊度表达式：

$$\overline{N}_{r,NL}^s = \lambda_{IF}(f_1 + f_2)\overline{N}_{r,IF}^s/c - f_2/(f_1 - f_2)N_{r,WL}^s =$$

$$N_{r,1}^s + d_{r,NL} - d_{NL}^s \tag{7.8}$$

$$d_{r,NL} = (f_1 + f_2)/c(B_{r,IF}\lambda_{IF} - b_{r,IF}) =$$

$$f_1/(f_1 - f_2)(B_{r,1} - b_{r,1}/\lambda_1) - f_2/(f_1 - f_2)(B_{r,2} - b_{r,2}/\lambda_2) \tag{7.9}$$

$$d_{NL}^s = (f_1 + f_2)/c(B_{IF}^s\lambda_{IF} - b_{IF}^s) =$$

$$f_1/(f_1 - f_2)(B_1^s - b_1^s/\lambda_1) - f_2/(f_1 - f_2)(B_2^s - b_2^s/\lambda_2) \tag{7.10}$$

显然，WL 和 NL 模糊度可以简化为相同的表达形式。

式(7.4)中 $\overline{N}_{r,NL}^s$ 实际上为 $N_{r,1}^s$、相应的伪距硬件延迟和相位延迟的线性组合，由于其系数为 NL 波长，因此 $\overline{N}_{r,NL}^s$ 通常称为 NL 模糊度。通常接收机端的相位小数周偏差并非 PPP 用户感兴趣参数，也不能事先确定或改正。为避免考虑接收机端相位小数周偏差，可对非差观测值进行星间单差操作。以 s_0 表示参考卫星，则星间单差 WL 和 NL 模糊度，以及其相位小数周偏差的表达式如下：

$$\Delta N_{r,WL}^{s,s_0} = \overline{N}_{r,WL}^s - \overline{N}_{r,WL}^{s_0} = N_{r,WL}^{s,s_0} - d_{WL}^{s,s_0} \tag{7.11}$$

$$d_{WL}^{s,s_0} = B_1^{s,s_0} - B_2^{s,s_0} + (f_1 b_1^{s,s_0} + f_2 b_2^{s,s_0})/(f_1 + f_2)/\lambda_{WL} \tag{7.12}$$

$$\Delta N_{r,NL}^{s,s_0} = \overline{N}_{r,NL}^s - \overline{N}_{r,NL}^{s_0} = N_{r,NL}^{s,s_0} - d_{NL}^{s,s_0} \tag{7.13}$$

$$d_{NL}^{s,s_0} = f_1/(f_1 - f_2)(B_1^{s,s_0} - b_1^{s,s_0}/\lambda_1) - f_2/(f_1 - f_2)(B_2^{s,s_0} - b_2^{s,s_0}/\lambda_2) \tag{7.14}$$

式中：双上标表示星间单差操作；d_{WL}^{s,s_0}、d_{NL}^{s,s_0} 为 PPP 模糊度固定必需的 WL 和 NL UPD 改正数。式(7.12)和式(7.14)表明了 WL 和 NL UPD 都是双频伪距和相位硬件延迟的线性组合，其不仅包括相位硬件延迟的影响，也包括伪距硬件延迟的影响。根据式(7.11)~式(7.14)可以看出，如果能事先确定 WL 和 NL 相位小数周偏差改正数 d_{WL}^{s,s_0}、d_{NL}^{s,s_0}，并发布给 PPP 用户，用户端即可依次固定星间单差 WL 和 NL 模糊度，从而恢复无电离层组合 PPP 模糊度整数特性。

7.2.2　非差 UPD 估计方法

在 Ge 等星间单差 UPD 估计方法的基础上,我们发展成估计非差 UPD:首先基于单站 PPP 浮点解获取非差 WL 和 NL 模糊度估值;然后在 UPD 估计过程中利用迭代最小二乘对所有测站输入的模糊度参数统一处理。基于上一小节的推导可知,对于任一连续观测弧段,WL 和 NL 浮点模糊度都可以表达为[10-11]:

$$R_r^s = \overline{N_r^s} - N_r^s = d_r - d^s \tag{7.15}$$

式中:R_r^s 为浮点模糊度小数部分;$\overline{N_r^s}$ 为非差浮点模糊度;N_r^s 为浮点模糊度 $\overline{N_r^s}$ 的整数部分;d_r 为接收机端 UPD;d^s 为卫星端 UPD。

假定 n 个测站形成的观测网络共观测到 m 颗卫星,则可将每个测站—卫星的连续弧段的浮点模糊度联立形成如下的观测方程[12]:

$$
\begin{bmatrix}
R_1^1 \\
\vdots \\
R_1^m \\
R_2^1 \\
\vdots \\
R_2^m \\
\vdots \\
R_n^1 \\
\vdots \\
R_n^m
\end{bmatrix}
=
\begin{bmatrix}
1 & 0 & \cdots & 0 & -1 & \cdots & 0 \\
\vdots & \vdots & & \vdots & \vdots & & \vdots \\
1 & 0 & \cdots & 0 & 0 & \cdots & -1 \\
0 & 1 & \cdots & 0 & -1 & \cdots & 0 \\
\vdots & \vdots & & \vdots & \vdots & & \vdots \\
0 & 1 & \cdots & 0 & 0 & \cdots & -1 \\
\vdots & \vdots & & \vdots & \vdots & & \vdots \\
0 & 0 & \cdots & 1 & -1 & \cdots & 0 \\
\vdots & \vdots & & \vdots & \vdots & & \vdots \\
0 & 0 & \cdots & 1 & & & -1
\end{bmatrix}
\begin{bmatrix}
d_1 \\
d_2 \\
\vdots \\
d_n \\
d^1 \\
\vdots \\
d^m
\end{bmatrix}
\tag{7.16}
$$

由于方程中接收机端和卫星端 UPD 一一线性相关,方程组秩亏数为 1,需要增加约束条件以使 UPD 参数可解。常用的约束条件有固定某一测站 UPD 为 0、固定某一卫星 UPD 为 0 以及固定所有卫星 UPD 之和为 0。选定被观测次数最多的卫星(假设为 s)UPD 为基准固定为 0,也即在观测方程式(7.16)基础上额外添加如下限制条件,估计其他卫星相对该参考星的星间单差 UPD:

$$0 = d^s \tag{7.17}$$

依据浮点模糊度的方差对式(7.16)的观测值进行定权,其中,WL 模糊度的方差为连续弧段 MW 组合观测值序列的方差,NL 模糊度方差则由无电离层组合模糊度的方差通常方差协方差传播率计算得到。使用最小二乘估计所有其他卫星相对该参考星的星间单差 UPD[13]。为提高平差解的稳健性,将前一次平差验后残差绝对值大于 0.4 周,或超过 4 倍残差 RMS 的观测值降权处理,再迭代解算,直到没有观测值需要降权为止。

将上述利用服务端跟踪网观测数据解算得到的卫星端小数部分与 IGS 轨道和钟

差产品一起提供给 PPP 用户,PPP 用户利用这些小数偏差改正数改正载波相位观测值,即可恢复非差模糊度的整数特性,进而实现 PPP 整数解。用户端采用的模型与方法与服务端类似,具体流程如图 7.1 所示。

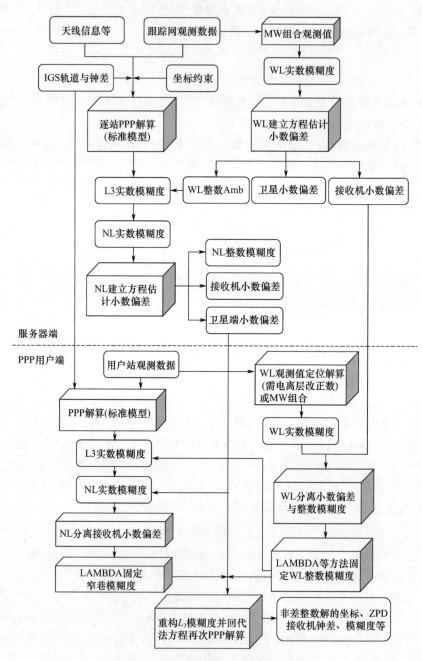

图 7.1　非差模糊度整数解算法流程图

目前的 PPP 用户仍然主要使用 IGS 或其分析中心提供的精密轨道和钟差产品，大多数用户往往不具备自己解算精密轨道和钟差的能力。本节中提出的模型与方法充分考虑到 IGS 用户的需要，只需在使用 IGS 现有产品的基础上，再提供卫星端相位小数偏差产品即可实现 PPP 的固定解。该方法具有算法设计与实现简便、数据处理效率高等优势。普通的 IGS 用户按照该方法的思路只需在已有的 PPP 软件包基础上增加一个估计小数偏差的模块可很方便地实现非差整数解。

虽然破坏非差模糊度整数特性的诸多因素对模糊度的影响是引入一个常量偏差，但是由于大气层残余误差、多路径效应、PPP 中误差改正模型不足够精确等原因，实际求解得到的小数偏差将不完全是一个常数，而是随着时间而缓慢变化，特别是 NL 波长较短，受到的影响更加明显。由于 WL 的波长相对要长得多，在经过较长时间的平滑后即可保持稳定。一般来说：WL 小数偏差可以每天估计一组，并且在实时应用中能进行较长时间的预报；NL 则需要分段估计，如每 0.5h 估计一组小数偏差，在实时应用中 NL 小数偏差可以进行短期预报。

尽管各种不同的 PPP 固定解方法本质上是等价的，但由于具体的估计策略差异导致实际效果有所差别。Ge 的方法对同一卫星对的星间单差模糊度小数部分取平均得到单差 UPD，当参考网范围较大时，需要对不同地区测站选择不同参考星，而改进方法使用最小二乘将所有观测值纳入平差系统中整体估计，模型强度和自洽性更强[14]。CNES 的整数卫星钟差法以某一接收机 UPD 为基准消除方程组的秩亏；而改进的方法选取时间稳定性更强的卫星端 UPD 为参考。此外，CNES 的 UPD 产品集成在 GRG 精密产品中，基于整数卫星钟差方法的 PPP 用户仅能使用 GRG 产品执行 PPP 固定解[11]；而改进的方法可以生成对应任一分析中心精密轨道和钟差的 UPD 产品。与钟差去耦模型相比，改进的 UPD 估计方法与现有 IGS 精密产品处理规范以及基于单接收机、单卫星钟差改正数的 PPP 数学模型是一致的，数学模型简单，操作方便，无需额外估计两套精密卫星钟差改正数。

7.2.3　UPD 时变特性

UPD 的时间稳定性是确定其分段常数模型估计时长的决定因素。在确定 WL 和 NL UPD 分段估计的时间长度时，需要分别对其时间稳定性进行分析。

1）宽巷 UPD 稳定性分析

UPD 估计用的测站如图 7.2 所示。图 7.3 给出了 2015 年年积日第 123～151 天（5 月 3 日—31 日）BDS 各卫星相对 C14，以及 G11 卫星相对 G20 的单天 WL UPD 的时间序列。图 7.3 中 UPD 值由各卫星对所有单差模糊度小数部分取平均得到。GPS WL UPD 的平均标准差约为 0.072 周，而 BDS WL UPD 平均标准差约为 0.102 周。可以看出，除了 C06 之外，所有卫星各天的 WL UPD 都具有很高的稳定性，在接近 30 天的时间内变化不超过 0.1 周。C06 卫星的 WL UPD 序列第 20 天前后发生了明显的跳变。在 GBM 和 WUM（武汉大学 GNSS 研究中心发布的四系统精密产品）产品中,C06 的精密钟差时间序列中也出现了明显跳变。其产生的原因有待进一步分析。尽管如此,在跳变前后的子区间内,C06 卫星的 WL UPD 同样具有极高的稳定性。以上结果表明,BDS WL UPD 也可以单天估计一组改正数,并在实时应用中可以在数天内准确预报。

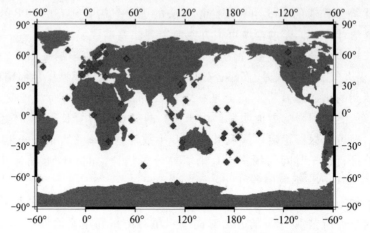

图 7.2 GPS 和 BDS UPD 估计所用参考站网分布图

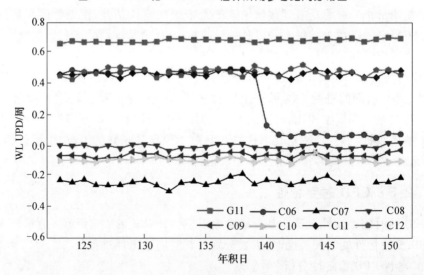

图 7.3 GPS 和 BDS WL UPD 单天解时间序列(2015 年年积日第 123 ~ 151 天)(见彩图)

2)窄巷 UPD 稳定性分析

图 7.4 给出了第 125 天(5 月 5 日),相应于 GBM 精密产品,C06-C08(IGSO 卫星对)、C08-C14(IGSO-MEO 卫星对)、C11-C14(MEO 卫星对)和 G11-G20 卫星对每 15min 一组的单差 NL UPD 时间序列。该 NL UPD 也是通过对时段内单差模糊度小数部取平均得到的,GPS NL UPD 的平均标准差约为 0.077 周,BDS 平均标准差约为 0.084 周。可以看出,G11 NL UPD 单天内变化小于 0.2 周,而在相邻时段内的变

化小于 0.05 周。对于 BDS 系统,在 2h 或更长的时间范围内,NL UPD 的变化值达到 0.3 周,而在相邻时段内的变化值绝大部分不超过 0.1 周,其中,90.5% 的变化量在 0.075 周之内。这表明 BDS NL UPD 的时间稳定性要差于 GPS,但在较短时间范围内依然具有较好的稳定性,每 15min 估计一组 BDS NL UPD 是合理的。

根据以上分析可知,GPS 和 BDS WL UPD 可每天估计一组,GPS 和 BDS NL UPD 可每 15min 估计一组。在平差过程中,采用两种质量控制策略:①剔除观测值较少或精度较差的浮点模糊度值;②通过迭代处理对残差较大的模糊度观测值进行降权。

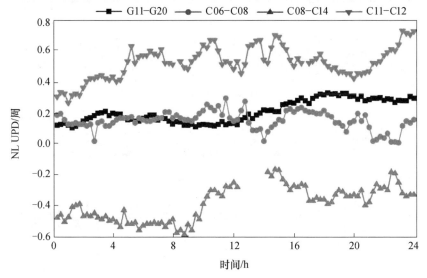

图 7.4 GPS 和 BDS 15min 时段解时间序列(2015 年年积日第 125 天)(见彩图)

7.2.4 UPD 质量检核

本小节从数据利用率与残差分布两个方面对 GPS 和 BDS 的 UPD 产品的内符合精度和质量进行评估。

数据利用率 P_{ur},即有效参与平差解算的浮点模糊度观测值占全部观测值的百分比,作为表征 UPD 估值内符合精度的一个参考指标。图 7.5 给出了每颗卫星 WL 和 NL 模糊度的平均利用率。从图中可以看出 GPS WL 模糊度几乎全部用于 UPD 估计,其最小和最大的利用率分别为 95.4% 和 99.9%,所有 GPS 卫星平均利用率为 98.8%。GPS NL 模糊度的数据利用率要略低于 WL 模糊度,其最小、最大及平均利用率分别为 96.3%、98.7% 和 97.8%。而对于 BDS,各卫星 WL 模糊度数据利用率为 81.1% ~ 98.7%,所有卫星平均利用率为 91.8%。与其他卫星相比,C07 和 C12 WL 模糊度的利用率明显低于其他 BDS IGSO 和 MEO 卫星。这可能是 Wanninger 和 Beer 提供的伪距偏差改正数对这两颗卫星改正效果较差导致[15]。

BDS NL 模糊度最小、最大和平均利用率分别为 90.1%、92.2% 和 91.1%。不同于 WL 模糊度,BDS 各卫星 NL 模糊度的利用率较为接近。这是由于 NL 模糊度主要通过长时间的载波相位测量信息解算得到,其受伪距偏差的影响较小。此外,对比 GPS 和 BDS 的数据利用率可知,无论是 WL 还是 NL 模糊度,GPS 卫星的内符合精度及一致性都要高于 BDS。

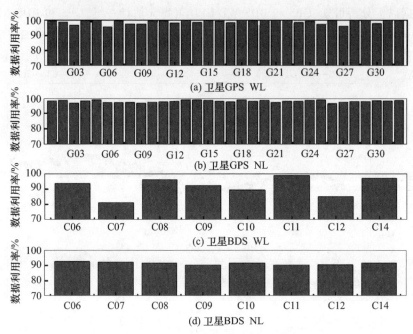

图 7.5 GPS 和 BDS 浮点模糊度数据利用率

浮点模糊度的验后残差也提供了 UPD 估值的内符合精度信息。图 7.6 所示为 GPS 和 BDS UPD 估计的验后残差分布直方图。GPS WL 和 NL 验后残差的 RMS 值分别为 0.074 周、0.079 周。NL UPD 的残差 RMS 较大是由于 NL 模糊度波长较短,更容易受到未模型化误差的影响。与之相反,BDS NL 残差的 RMS 值要小于 WL 残差 RMS。这同样是由于残余的 BDS 伪距偏差变化影响了 WL UPD 估计的精度与可靠性。此外,通过对比 GPS 和 BDS 的残差可知,BDS UPD 的精度较 GPS 要差一些。

综合上述模糊度利用率及残差分析可知,GPS 和 BDS UPD 估值质量关系可用下式进行表述:

$$WL(G) > NL(G) > NL(C) > WL(C) \tag{7.18}$$

进一步对比了考虑 BDS 伪距多路径与否得到的 BDS WL UPD 估值结果。不考虑该项误差改正,BDS 所有卫星的平均利用率降为 80.4%,且 WL 模糊度残差 RMS 增加到 0.113 周。对比结果进一步证明了 BDS 伪距多路径对 BDS WL UPD 估计具有重要的影响,需要仔细考虑以估计高精度的 BDS WL UPD 产品。

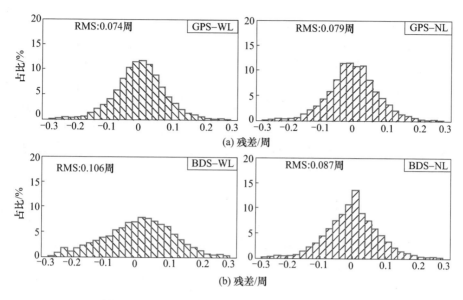

图 7.6　GPS 和 BDS WL 和 NL 模糊度残差分布图

7.3　GPS PPP 固定解

7.3.1　GPS PPP 模糊度固定方法

　　实现 PPP 模糊度固定的关键因素是改正或消除卫星和接收机端的小数周偏差,进而恢复模糊度参数的整数特性,得到 PPP 固定解[16]。由于 PPP 无电离层组合模糊度本身不具有整数特性,PPP 模糊度固定通常按照 WL 和 NL 两步法依次固定来实现。

　　第一步,对由 MW 组合平滑得到的 WL 模糊度形成星间单差,并利用 WL UPD 进行改正。WL 模糊度由于波长较长、受测量噪声和观测误差影响较小,经过几个历元的平滑即可以达到较高的精度,因此 WL 模糊度固定直接使用取整法[4]。

　　第二步,单差 NL 浮点模糊度由浮点无电离层组合模糊度和整周 WL 模糊度根据式(7.4)派生得到。由于服务端 t_i 时刻的 NL UPD 估值是利用[t_i, t_{i+1}](15min 时段)时间区间输入的模糊度求得的,因此,用户端[t_i, t_{i+1}]时间段内的 NL 浮点模糊度利用改正文件中 t_i 时刻的 UPD 作为改正值[16]。由于 PPP 中 NL 模糊度相关性较强,NL 整周模糊度通过最小二乘模糊度降相关平差(LAMBDA)方法搜索得到[3],本质上是一种基于整数最小二乘的整数解搜索算法[3]:

$$\min \| \hat{a} - a \|^2_{Q_{\hat{a}}} \tag{7.19}$$

式中:$\hat{a}$ 为模糊度浮点解;$\boldsymbol{Q}_{\hat{a}}$ 为其方差协方差矩阵。

　　在求解得到的浮点解的基础上,通过搜索可以求得使式(7.19)目标函数为最小

的模糊度固定解 $\hat{a}$。混合整数最小二乘估计的关键就在于第二步通过不断地搜索整数候选解,以求得满足目标函数(式(7.19))为最小的模糊固定解 $\hat{a}$。在所有的模糊度解算方法中,Teunissen 提出的 LAMBDA 方法是目前国内外公认的理论上最为严密、解算效率最高的方法。它首先基于整数高斯降相关原理,通过整数变换降低了模糊度之间的相关性,减少了候选整数模糊度的个数,提高了模糊度的解算效率[17]。

当且仅当 WL 和 NL 模糊度都成功固定时,才可获得具有整数特性的无电离层组合 PPP 模糊度,其表达式为

$$N_{r,IF}^{s,s_0} = \left(\frac{c \cdot f_2}{f_1^2 - f_2^2} N_{r,WL}^{s,s_0} + \frac{c}{f_1 + f_2}(N_{r,NL}^{s,s_0} - UPD_{NL}^{s,s_0}) \right) / \lambda_{IF} \qquad (7.20)$$

式中:具有整数特性的无电离层组合单差 PPP 模糊度由整周 WL 单差模糊度、整周 NL 单差模糊度及 NL 单差 UPD 组成。对于无电离层组合 PPP 模糊度固定,WL UPD 仅用于固定 WL 整周模糊度,而 NL UPD 则会被引入到观测方程中,最终贡献于 PPP 模糊度固定解。因此,NL UPD 产品的精度对于 PPP 固定解的精度具有重要的影响,PPP 模糊度固定解必须考虑 NL UPD 产品的精度[18-19]。因此,与直接将无电离层组合整周模糊度 $N_{r,IF}^{s,s_0}$ 代回原观测方程的策略相比,将 $N_{r,IF}^{s,s_0}$ 作为虚拟观测值对滤波状态进行约束的策略更为合理,通过调节伪观测方程的测量噪声,可改变整数约束的强弱程度。在实际数据处理过程中,PPP 用户可根据 NL UPD 产品的名义精度调节虚拟观测方程的权值。该策略已被 Geng 等[19],Li 和 Zhang[16] 应用于 PPP 模糊度固定,也被 Takasu 和 Yasuda 应用于双差模糊度固定解,Takasu 和 Yasuda 将该策略命名为"fix and hold"模式[20]。

7.3.2　整数模糊度检核

GNSS 定位精度的提高建立在模糊度参数被正确固定的基础之上。错误的整周模糊度将会导致定位解产生分米级甚至更大的偏差,因此搜索得到模糊度整数解后,必须对所得整数解的质量进行检核和验证[21-22]。判断整周模糊度是否固定正确依赖于有效的模糊度确认方法,下面将分别介绍模糊度检核过程中常用的 3 项指标:模糊度精度因子(ADOP)、成功率和 Ratio-test。

1) ADOP

类似于描述接收机-卫星几何条件对定位精度影响的精度衰减因子(DOP)指标,Teunissen 和 Odijk 引入了 ADOP 以描述模糊度参数的精度[23],其定义为

$$ADOP = \sqrt{\det(\boldsymbol{Q}_{\hat{N}})}^{1/n} \quad (周) \qquad (7.21)$$

式中:$\boldsymbol{Q}_{\hat{N}}$ 为模糊度估值的协方差阵;$\det(\boldsymbol{Q}_{\hat{N}})$ 为其行列式的值;n 为模糊度维数。

ADOP 值考虑了模糊度方差协方差矩阵的全部信息,不仅与模糊度方差相关,还与模糊度协方差相关,是对模糊度平均精度信息的极高程度的近似描述。Odijk 和

Teunissen 的研究结果表明:当 ADOP 值小于 0.12 周时,模糊度固定成功率高于 0.999;当 ADOP 值小于 0.14 周时,固定成功率高于 0.99[24]。

2)成功率

模糊度固定成功率是一种"模型驱动"类指标,其表征了 GNSS 数据处理数学模型的强度,给出了正确固定概率的量化信息[25-26]。LAMBDA 方法基于整数最小二乘,该方法在最大化正确整数估计概率的意义下具有最优性[25,27]。但整数最小二乘的成功率 P_{ILS} 为浮点模糊度的概率密度函数在其规整域内的积分,无法直接进行数值积分计算。而 Bootstraping 成功率作为整数最小二乘估计成功率的下界,已被证明是整数最小二乘成功率逼近程度极高的近似解[25-26]。因此在实际应用中常利用 Boostrapping 成功率对模糊度固定解进行检核,其表达式为

$$P = \prod_{i=1}^{n} \left(2\Phi\left(\frac{1}{2\delta_{\hat{N}_{i/I}}} \right) - 1 \right) \tag{7.22}$$

式中:$\hat{N}_{i/I}$ 是 $\hat{N}_{i/i-1,\cdots,1}$ 的简写,是第 i 个模糊度以前面 $i-1$ 个模糊度固定到整数值为条件的条件估值,δ 为其标准偏差;$\Phi(x)$ 为

$$\Phi(x) = \frac{1}{\sqrt{2\pi}} \int_{-\infty}^{x} e^{-t^2/2} \, dt \tag{7.23}$$

Bootstrapping 成功率指标具有计算简单、检核效果好的优点,且可以给出固定解全局质量的描述[28]。然而,成功率指标并不直接依赖于实际测量信息,在观测值存在未被探测到的偏差情况下,所计算得到的成功率指标虚高。因此,仅基于成功率指标并不足以保证接受的固定解具有足够高的可信度。

3)Ratio-test

Ratio-test 是模糊度固定可靠性的"数据驱动"类指标,其定义为次优整数解残差二次型与最优整数解残差二次型的比值,表征了浮点解与最优整数矢量的接近程度,计算公式为[29]

$$R = \frac{\| \hat{N} - \breve{N}_2 \|^2_{\varrho_{\hat{N}}}}{\| \hat{N} - \breve{N} \|^2_{\varrho_{\hat{N}}}} \tag{7.24}$$

式中:$\breve{N}_2$ 为次优整数解。该方法由 Euler 和 Schaffrin 提出,实际应用中,通常对该检验设定某一固定阈值,如 2 或 3,当 Ratio 值超过阈值时,即认为模糊度固定正确。当经验值选取过大时,正确的模糊度矢量可能被排除掉;当经验值选取过小时,错误的模糊度矢量可能被接受,将导致定位解出现较大的固定误差。虽然固定阈值的 Ratio-test 在实践中通常可以取得较好的检验效果,然而:对于模型强度较强的 GNSS 模型,通常 Ratio-test 的阈值设置过于保守,其错误固定率接近于 0,但错误拒绝正确固定解的概率较高;对于强度较弱的 GNSS 模型,其阈值设置通常过低,导致接受错误整数解概率较高。此外,Ratio-test 不能给出固定解全局质量信息[30-31]。

4）固定失败率的 Ratio-test

针对取固定阈值的 Ratio-test 的不足之处,Teunissen 提出了固定失败率的整数最小二乘方法用于模糊度解算。基于固定失败率的整数最小二乘原理统一了整数最小二乘和 Ratio-test 检验,可根据预先设定的模糊度固定失败率来确定 Ratio-test 检验阈值,以用于模糊度检验,理论上更为严密[18,32]。该方法在实用性方面存在一定缺陷,主要表现为[33]:

（1）如果通过仿真算法计算阈值,则不同大小的样本仿真得到的阈值结果不同。样本大小会在一定程度上影响确认结果的可靠性,但大样本会使计算负担变大,无法用于实时定位。另外,即使样本容量相同,仿真结果也会有变化。

（2）如果采用查表法计算阈值,由于查询表是事先通过建模仿真建立得到的,仿真所用的模型可能并不符合真实测量环境,无法反映卫星的几何图形变化,导致确认结果不可靠。

（3）在实际应用中,模糊度估计的成功率不能正确反映实际的固定正确率,两者之间存在差异。

从以上分析可知,单纯依靠前 1~3 种方法中的任何一种都无法准确可靠地对模糊度整数解进行检核。第 4 种方法是基于整数孔径（IA）估计理论[34]的成功率指标和 Ratio-test 的"紧组合",虽然理论上最为严密,但还难以应用于实际数据处理[33]。因此,联合使用成功率和 Ratio-test 的"松组合"对整数最小二乘解进行检核,只有当固定解同时满足 bootstrapping 成功率和 Ratio-test 检验指标时才被接受,成功率阈值设为 0.99,Ratio-test 阈值设为 2.0。

7.3.3 部分模糊度固定技术

整周模糊度固定是快速高精度 GNSS 数据处理的核心和关键。在相对定位中,为保证解的精度与可靠性,通常要求将双差模糊度固定为整数。理论上正确固定模糊度的数量越多,参数解的精度和可靠性越高。但由于待固定模糊度数量越多,计算量越大,且成功固定概率越低,因此全模糊度固定（FAR）并非总为最优选择。为此有不少学者提出了多种部分模糊度固定（PAR）算法以改善模糊度固定性能,保证固定的成功率[26,35-39]。

目前,模糊度固定解通常固定所有卫星的模糊度参数。然而对于 PPP 固定解,由于待估参数更多,且无法通过形成双差观测值消除大部分公共误差,故 PPP 的参数之间相关性较强,且相比双差模型,PPP 模糊度参数容易受到大气残余误差等未模型化误差及其他粗差的影响[40]。因此,在使用 LAMBDA 方法求解全部 NL 整周模糊度时容易产生固定解检核易失败和错误的固定解等两类问题,既增加了模糊度首次固定时间,也降低了观测历元成功得到固定解的概率,严重影响了 PPP 固定解的精度和可靠性。为避免上述问题带来的不利影响,提升 PPP 的解算性能,本章结合 PPP 的特点提出一种同时顾及模糊度固定成功率和 Ratio-test 检验的 PAR 方法,并将所提算法与传统 FAR 的性能进行对比分析。

如何选取最优模糊度子集是 PAR 算法的关键,不同的选取方式会得到不同的模糊度子集矢量,其具有不同的精度信息及与位置等参数的相关性,固定解的效果也不同[40]。本节将对 5 种常用的部分模糊度子集选取方案进行介绍。

1）高度角优先固定法

一般而言,卫星高度角越小,其观测值更容易受到多路径效应影响,且码伪距比载波相位受到的多路径影响大。码伪距多路径可达 10 ～ 20m,载波相位的多路径影响最大可达波长的 1/4,通常情况下不超过 1cm。此外,对流层投影函数的误差随高度角的减小也会逐渐增大[41]。反之,卫星高度角越大,观测值所受多路径效应和大气残余误差的影响越小,观测量精度越高,模糊度参数解算精度也就越高。

高度角优先固定的部分子集选取方法:首先按照高度角的大小对模糊度进行排序;然后依次去除高度角最小的卫星模糊度尝试固定,直至候选子集的模糊度整数解能通过检核为止。该方法在选取模糊度待固定的卫星时常会舍弃小高度角卫星,构成的卫星几何图形较差,不利于模糊度固定。

2）信噪比优先固定法

信噪比(SNR)是指接收的载波信号强度与噪声强度的比值,能较好地反映卫星信号的质量,观测值的 SNR 值越大,代表相应的信号质量越好,也即观测精度越高。一般情况下:当信噪比(SNR)值小于 4 时,卫星仰角通常也较小,如上节所述,卫星信号受多路径效应及其他误差(如残余大气延迟等)的影响较为严重;当 SNR 为 4 ～ 6 时,信号强度适中,观测值误差较小;当 SNR 大于 6 时,卫星仰角通常比较高,信号质量也比较好[42]。于是,可以按照 SNR 值的大小对观测值进行排序,优先固定 SNR 较大的卫星的模糊度。但考虑到 SNR 与卫星高度角正相关性较强,该方法在选取卫星时将也常会舍弃低高度角卫星,保留的卫星几何结构较差,不利于模糊度固定。

3）ADOP 优先固定法

模糊度精度衰减因子描述了模糊度参数的平均精度,不仅考虑了模糊度本身的方差,还考虑模糊度参数之间的相关性,根据该指标可以判断哪一组模糊度具有较高精度[24]。模糊度子集的 ADOP 值越小,表示其整体精度越高,成功固定的可能性越大,因此,可以根据 ADOP 阈值条件筛选模糊度子集实现部分固定。但是,假设全部的模糊度参数为 n 个,从中每次选择 4 个模糊度进行不同的组合,分别计算 ADOP 值,并最终选出 ADOP 值最小的子集,也就是最佳子集,需要总共进行 C_n^4 次 ADOP 值计算。当选择 5 个模糊度时,需要进行 C_n^5 次计算。因此该子集选取方案计算量较大,解算时间较长[40]。

4）原始模糊度精度优先固定法

最小方差法基于模糊度浮点解的方差大小进行子集选择。方差是衡量参数估计精度高低的重要指标之一,当模糊度浮点解估值具有较小方差时,意味着该模糊度估值的精度更高,正确固定的可能性也就越大。该方法只需将浮点模糊度估值按照方差大小进行排序,按相应的要求依次尝试固定,直到不能满足要求为止。该子集选取方法操作方便,计算简单。但与 ADOP 法不同的是,该方法仅考虑了模糊度的方差信息,并没有考虑模糊度之间的协方差信息。此外,该方法同样容易选择高度角较高、连续观测时间较长的几颗卫星作为候选子集,构成的卫星几何结构较差,不利于模糊度固定。

5）模糊度线性组合精度优先固定法

在模糊度参数精度较低且相关性较强的情况下,通常难以直接固定原始模糊度参数,而通过形成模糊度参数的线性组合,有望显著降低参数之间的相关性,形成精度更高且容易固定的模糊度线性组合,提高模糊度固定概率。线性组合既可在观测值层面执行,也可在参数层面执行。不同于事先限定了组合系数的观测值层面组合法（如双频相对定位中的 WL-NL 法,三频相对定位中的 EWL-WL-L1）,参数层面法直接依据原始模糊度的浮点解及方差协方差信息,通过 LAMBDA 方法的降相关处理,可以自动寻找最优模糊度线性组合进行固定。已有研究表明:无几何距离模型下,理论上 LAMBDA 方法派生出的模糊度线性组合要优于各类观测值层面线性组合[43]。LAMBDA 算法的整数 Z 变换过程既形成了最优线性组合,也对组合模糊度按精度进行了排序。

Wang 和 Feng 提出了一种从降相关模糊度矢量中寻找最优子集的算法[26]。该算法首先依据 LAMBDA 算法得到降相关后的模糊度矢量,并计算 Bootstrapping 成功率 P_s。如果 $P_s \geq P_s$（预设）,则尝试 FAR;否则,对降相关模糊度按其精度进行升序排列。接着依次剔除精度最差的模糊度线性组合并重新计算 P_s,直到其不低于 P_s 为止。如果剩余模糊度数量少于 3,或 P_s 始终不能满足要求,则保留模糊度浮点解;否则,搜索满足成功率指标的部分模糊度子集整数解,并进行 Ratio-test 检验以决定是否保留固定解。其研究结果表明,使用提出的 PAR 算法（简称 WF 法）有助于选取部分卫星或信号以取得足够高的固定成功率,特别是在多系统观测环境下,相对 FAR 的固定可靠性更高。

WF 法依据成功率指标选定符合要求的模糊度线性组合最大子集,在结束子集选择后再对其进行 Ratio-test 检验。该方法在 Ratio-test 检验失败后保留模糊度浮点解,而忽略了其所选集合中仍可能存在更小且能满足 Ratio-test 检验要求的子集的可能性。

为此,对 WF 法进行了改进,在子集选择过程中同时利用成功率和 Ratio-test 检验对模糊度整数解进行检核[13]。新 PAR 算法流程如图 7.7 所示。第一步,考虑到初升卫星和周跳后重新初始化的模糊度精度较低难以准确固定,在预处理阶段依据截止高度角（10°）和模糊度估值标准差（1.5 周）限值过滤掉部分低精度的模糊度,以加速后续模糊度子集确定;第二步,将可用原始模糊度参数进行整数降相关处理,并对形成的模糊度线性组合按方差大小升序排列;第三步,使用 LAMBDA 方法搜索选定模糊度子集的固定解;第四步,计算固定解的 Bootstrapping 成功率和 Ratio-test 阈值,如果两者中有一项不满足要求,则剔除最后一个模糊度线性组合继续重复第三步,直到所剩下的模糊度线性组合多于 3 个,且 bootstrapping 成功率及 Ratio-test 值满足要求为止。否则,程序退出,保留浮点解。

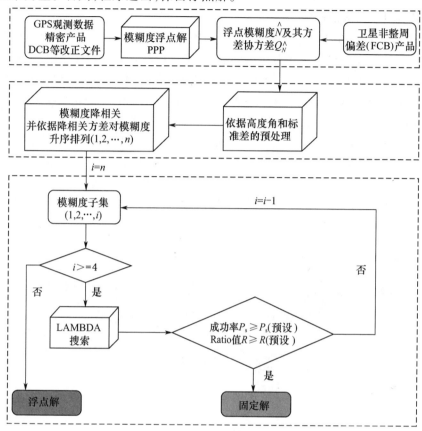

图 7.7　基于 Bootstrapping 成功率和 Ratio-test 检验的 PAR 算法流程

利用 2012 年年积日第 021 天 35 个 IGS 测站 3h 时长观测值,分别使用 WF 法和新方法计算静态 PPP 固定解,比较两种方法历元成功固定概率。需要指出的是,使用 WF 法时也对输入模糊度参数依据截止高度角和估值标准差阈值进行初步过滤,以使两组结果具有可比性。表 7.1 给出了两种方法成功和失败固定历元数。使用 WF 法,有 84.1% 的历元可以得到固定解,但仍有大约 14000 个历元未能成功固定。而使用新提出的 PAR 法,成功固定历元的概率显著提升到 99.1%。该结果从试验验证上证明了与 WF 法相比,PAR 法能增加找到合适的部分模糊度子集的概率。

表 7.1　WF 法与 PAR 法成功固定与未能固定历元数

PAR 方法	成功历元数	失败历元数
WF	74018	13955
PAR	87195	778

7.3.4   PPP 固定解结果分析

7.3.4.1   单天静态解

为评估所提出的 PPP PAR 算法性能,从各大洲各选取 5 个测站作为用户测试站 (图 7.8),这 35 个测站在全球范围内随经、纬度大致均匀分布。使用用户站 2015 年 5 月 1 日—31 日采样率为 30s 的 GPS 数据,并将单天观测值文件每 3h 一段共分为 8 段用于试验。除去少数数据严重缺失的观测值外,共有 8423 个 3h 时段文件。

使用了 ESA 分析中心的精密轨道和钟差改正数,及对应的由服务系统估计的 UPD 文件。采用依据高度角定权的随机模型,天顶方向 GPS 伪距和载波的观测噪声分别设为 0.3m 和 0.003m,截止高度角设为 7°。卡尔曼滤波中待估参数包括位置、接收机钟差、天顶湿延迟(ZWD)和模糊度。静态位置和模糊度参数当作常量估计,接收机钟差当作白噪声估计,动态模式下位置参数和 ZWD 利用随机游走模型进行估计,谱密度分别设置为 $10^4 \mathrm{m}^2/\mathrm{s}$、$10^{-8} \mathrm{m}^2/\mathrm{s}$。

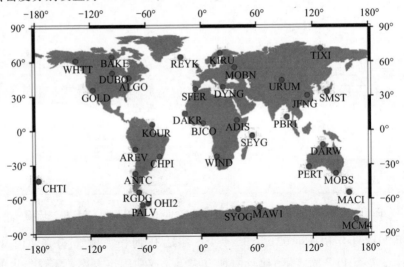

图 7.8   用户测试站的分布图

1)首次固定时间

对所有 3h 算例分别使用 FAR 和 PAR 算法进行前向卡尔曼滤波解算,并记录每一算例的首次定位时间(TTFF)。图 7.9 给出了各天内所有算例的平均 TTFF,图 (a)、(b)分别为静态和动态 PPP 固定解结果。可以看出,无论是 PAR 还是 FAR,不同天内的平均 TTFF 略有差异,且动态模式下天与天之间 TTFF 的差异更为明显。静态和动态模式下,都是第 132 天和 133 天的 TTFF 最长,而在第 145~150 天的 TTFF 较短。PAR 相对 FAR 总能较为显著改善 TTFF。与静态解相比,动态 PPP 由于待估参数更多,模型强度相对较弱,因此动态模式的 TTFF 要长于静态模式。

图 7.10 给出的是各测站所有天内的平均 TTFF 值。由于不同测站的观测环境

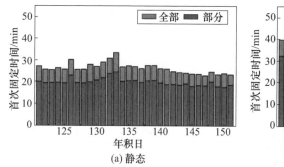 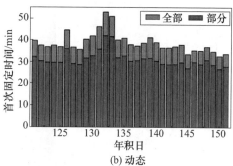

图 7.9 静态和动态 PPP 固定解各天平均首次固定时间值

（包括可见卫星数、卫星空间几何构型、地面多路径效应等因素）以及接收机噪声不同，因此不同测站之间的 TTFF 结果具有较大的差异。其中，MOBN 站 PAR 算法相对 FAR 算法对 TTFF 的改善程度最小，静态和动态解的改善程度分别为 9.9%、9.7%。SEYG 站 PAR 算法相对 FAR 算法对 TTFF 的改善程度更为显著，静态和动态解的改善程度分别达到 40.4%、40.2%。

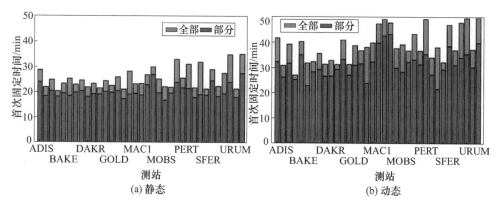

图 7.10 静态和动态 PPP 固定解各测站平均 TTFF 值

本节也统计了使用 PAR 算法带来的 TTFF 改善值，即 FAR 的 TTFF 减去 PAR 的 TTFF 差值的分布，如图 7.11 所示。对于大多数算例，使用 PAR 算法能有效缩短 TTFF，且 TTFF 改善数值越大，对应的算例所占的比例越少。值得注意的是，仍有极少数算例 PAR 的 TTFF 要长于 FAR，这可能是受未被探测到的周跳和粗差等因素的影响，PAR 错误，从而影响了后续历元参数估计，导致其后本该能实现首次固定的历元未能得到固定解。在静态和动态模式下，此类 PAR 错误固定的算例分别占总算例的 3.2% 和 4.4%，其增加的 TTFF 绝大部分也都在 10min 以内。

对所有算例静态和动态 PPP 模式下的 TTFF 进行统计，结果如下：静态模式下，FAR 平均 TTFF 为 26.5min，而 PAR 平均仅需 20.1min 即可取得首次固定，本节 PAR 算法将 TTFF 缩短了 24.2%。动态 PPP 模式下，FAR 平均 TTFF 为 39.1min，而 PAR

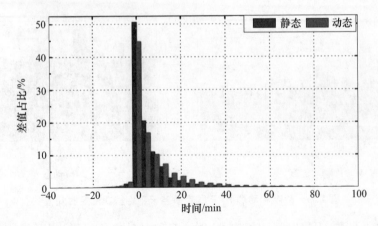

图 7.11   静态和动态 PPP 固定解各算例 PAR 与 FAR 的 TTFF 差值分布直方图

仅需 30.9min。本节 PAR 算法将 TTFF 缩短了 20.9% 。此外,静态 PPP 模式下 63.4% 的算例使用 PAR 算法可以缩短 TTFF,动态模式下此类算例所占比值为 63.9% 。对于此类算例,可能由于部分模糊度含有粗差或精度较低,导致 FAR 失败,而 PAR 算法能自动移除精度较差的模糊度,利用其他精度较高的模糊度实现固定解。

2）历元固定率

该节 PPP 固定解算例均是基于前向卡尔曼滤波解,考虑 PPP 固定解需要一定观测时间实现首次固定,该节仅利用各算例实现首次固定之后的所有历元的结果计算历元固定率。图 7.12 给出了各天内所有算例的平均历元固定率。可以看出,无论是 PAR 还是 FAR,不同天内的平均历元固定率略有差异,且动态解天与天之间的历元固定率差异更为显著。图(a)、(b)中,均是第 132 天和 133 天的历元固定率最低,而在第 146 天左右的历元固定率较高。静态和动态 PPP FAR 的历元固定率分别约为 85% 和 80%,而静态和动态 PPP PAR 的历元固定率分别达到 95% 以上和 95% 左右,PAR 相对 FAR 总能显著增加历元固定率。

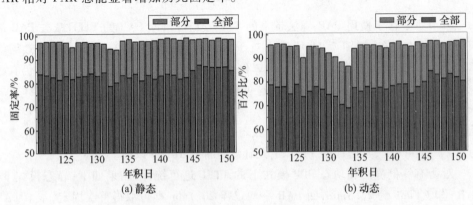

图 7.12   静态和动态 PPP 固定解各天平均历元固定率

图 7.13 给出的是各测站所有天内的平均历元固定率。同样,由于不同测站的观测环境以及接收机噪声不同,因此各测站 FAR 和 PAR 的历元固定率差异较大。各测站静态和动态 FAR 算法的历元固定率分布区间分别为 62.5% ~97.6% 、56.3% ~96.4% ;各测站静态和动态 PAR 算法的历元固定率分布区间分别为 89.6% ~99.9% 、83.3% ~99.5% 。总体上而言,AREV 站 PAR 算法相对 FAR 算法对历元固定率的改善程度最小,静态和动态解的改善数值分别为 2.3% 和 3.1% 。SEYG 站 PAR 算法相对 FAR 算法对历元固定率的改善程度最为显著,静态和动态解的改善数值分别达到 34.9% 和 39.9% 。

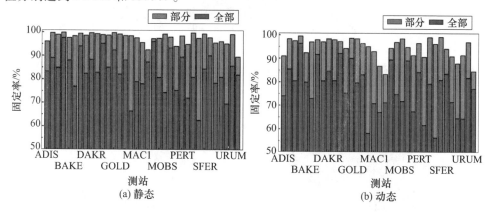

图 7.13   静态和动态 PPP 固定解各测站平均历元固定率

同时,统计了使用 PAR 算法带来的历元固定率变化值的分布,如图 7.14 所示。对于大多数算例,使用 PAR 算法能有效提高历元固定率,且固定率增加数值越大,对应的算例所占的比率越少。同样,可能受未被探测到的周跳或粗差等因素的影响,PAR 出错,从而影响了后续历元固定,有极少数算例 PAR 的历元固定率要小于 FAR。静态和动态模式下,此类 PAR 错误固定的算例分别占总算例的 1.5% 和 2.6% ,其减少的历元固定率数值绝大部分在 10.0% 以内。

对所有算例静态和动态 PPP 模式下的历元固定率进行统计,结果如下:在静态模式下,FAR 平均固定率为 83.4% ,而 PAR 算法可将历元固定率提高到 97.7% ;在动态 PPP 模式下,FAR 平均固定率为 77.6% ,而 PAR 将历元固定率提高到 94.7% 。此外,静态 PPP 模式下 88.9% 的算例使用 PAR 算法可以提高固定率,在动态模式下此类算例所占比值为 90.1% 。

在定位精度分析方面,利用静态、动态和低轨卫星 3 种环境下的 GPS 观测数据对 UPD 产品用于 PPP 固定解的有效性进行检核。

静态算例使用 35 个 IGS 测站 2015 年年积日第 1 ~30 天的 30s 采样间隔的观测数据,每 1h 划分一段分别进行解算,以 IGS 周解结果为参考真值。这些测试站未被用于估计 UPD 产品,且随经度和纬度在全球范围均匀分布,其分布如图 7.15 所示。

动态算例为 2013 年 12 月 14 日于中国武汉某一开阔地区的跑车试验,采用 No-

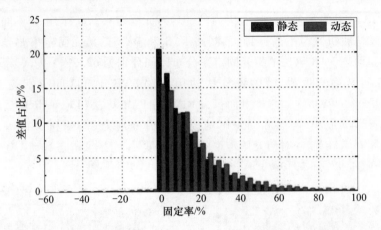

图 7.14   静态和动态 PPP 固定解各算例 PAR 与 FAR 的历元固定率差值分布直方图

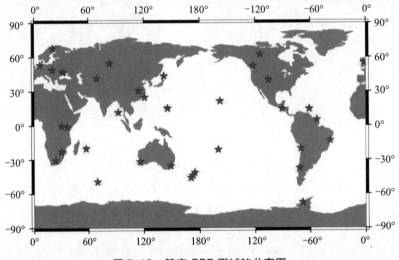

图 7.15   静态 PPP 测试站分布图

vAtelGNSS 双频接收机,观测始于 GPS 时 01:22:51,采样间隔为 1s,时间长度约为 4000s。基站使用同样类型接收机,与跑车相距大约 9.6km,观测始于前一天 GPS 时 22:35:50 并持续观测了超过 4h。使用 TriP 和其他 3 个在线 GPS 精密数据处理软件 (CSRS-PPP、magicGNSS、AUSPOS)解算基站坐标,各组结果 X、Y、Z 分量上的互差小于 3cm,其平均值作为基站参考坐标。将双差 RTK 固定解结果作为流动站坐标参考真值。

低地球轨道(LEO)算例采用 GRACE A/B 双星 2012 年年积日第 1 ~ 30 天期间 10s 采样率的观测数据,以 JPL 提供的坐标产品为参考值[44]。需要注意的是,由于低轨卫星运行速度快,相邻历元间电离层延迟变化较大,星载 GPS 数据较之地面观测数据将存在更多的周跳和粗差。本节在数据预处理阶段:首先进行钟跳探测与修复,避免将接收机钟跳引起的观测值跳变误判为周跳;然后采用联合观测值 LLI 信息以及 MW 组合观测值进行周跳探测[45-46]。

PPP 解算使用 ESA 分析中心提供的最终 GPS 精密轨道和钟差产品,以及服务系统估计的相应于 ESA 的 UPD 产品。截止高度角设为 7°。使用高度角随机模型对观测值进行定权,以减弱多路径效应、残余大气延迟的影响。

模糊度检核方面,同时使用 Bootstrapping 成功率和 Ratio-test 对整数解进行检核,两项检核指标的阈值分别设为 0.99 和 2.0。只有当整数解同时满足两项检核指标时才被接受[47]。

7.3.4.2　1h 静态解

图 7.16 给出了静态数据所有 1h PPP 浮点解和固定解相对于 IGS 周解在东、北、高分量上的坐标偏差统计直方图。对于模糊度浮点解,3D 定位偏差收敛到 1dm 以内平均需要 23.8min 的收敛时间,而对于模糊度固定解,平均需要 22.6min 的观测时间取得首次固定。从左半子图可以看出,模糊度浮点解东、西分量上的定位精度明显比南、北方向差一些[4]。固定模糊度参数后,东分量上的定位精度得到显著改善,已可达到与北分量较为接近的精度水平。

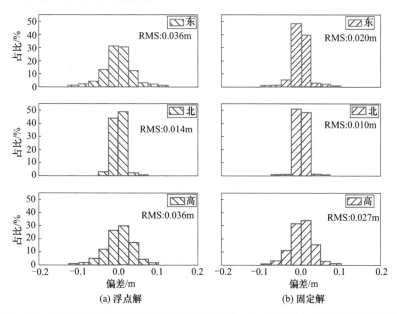

图 7.16　静态 PPP 模糊度浮点解和固定解在东、北、高分量上的偏差分布直方图

通过固定整周模糊度参数,所有 1h PPP 解在东、北、高分量上的平均 RMS 由 3.6cm、1.4cm、3.6cm 改善至 2.0cm、1.0cm、2.7cm,平均改善程度为 44.4%、28.6% 和 25.0%。表明使用服务系统计算的 UPD 改正数进行模糊度固定,可以显著提高 1h 静态 PPP 解的定位精度。

尽管正确固定模糊度参数可以显著改善定位精度,但错误的固定解通常会导致不可接受的定位偏差。保证 PPP 模糊度固定的正确性对于 PPP 用户有着重要的意义[21]。为进一步分析 PPP 固定解的正确性,这里也对比了同一算例模糊度浮点解和固定解的 3D 定位偏差,以鉴别出模糊度固定错误的 PPP 算例。对模糊度错误固定的判别准则为固定解 3D 偏差超过 5cm 且与浮点解 3D 偏差比值超过 1.5。依据该准则,上述静态固定解算例错误固定率为 4.8%。错误固定算例的固定解的平均 3D 偏差达到 7.8cm,而模糊度浮点解平均 3D 偏差仅为 4.1cm。

而当使用更为严格的模糊度检核的阈值,即将成功率和 Ratio-test 阈值分别提高到 0.999 和 3.0 后,静态固定解的错误固定率显著降到了 1.1%。这表明模糊度检核是影响 1h PPP 固定解正确固定率的重要因素。事实上模糊度检核依然是当前模糊度固定领域的重要研究课题[32]。

7.3.4.3 车载动态解

对于动态 PPP,在卡尔曼滤波中利用随机游走过程对动态载体的运动进行建模。坐标参数的过程噪声设为 $10^4 \mathrm{m}^2/\mathrm{s}$,其他参数过程噪声的设置与静态 PPP 一致。以 RTK 固定解结果作为参考真值评估动态 PPP 解的精度。

图 7.17 为车载动态数据 PPP 浮点解和固定解相对参考真值在东、北和高分量上的定位偏差。可以看出,对于 PPP 浮点解,由于观测时间较短,模糊度参数并未完全收敛,导致东和高方向上存在明显的系统偏差。而正确固定模糊度参数能显著降低模糊度和位置、ZWD 等其他参数的相关性,因此固定解各分量上坐标偏差序列均在

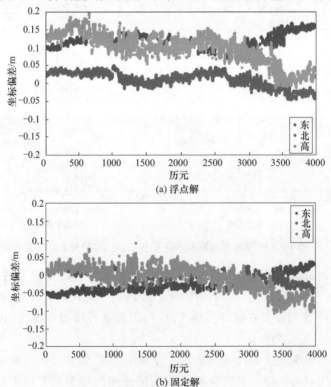

(a) 浮点解

(b) 固定解

图 7.17 动态 PPP 模糊度浮点解和固定解在东、北、高分量上偏差分布直方图(见彩图)

0 附近浮动,并无明显系统偏差。表 7.2 中给出了所有历元定位偏差的统计 RMS
值,结果表明,模糊度固定解东、北、高分量上的偏差 RMS 仅为 2.6cm、1.9cm、3.7cm,
其相对浮点解的改善百分比分别为 78.2%、20.8% 和 65.1%。对于该算例,GPS 模
糊度固定 PPP 解利用约 80min 的观测数据,即可以取得 E、N、U 这 3 个分量上 RMS
优于 5cm 的定位精度。

表 7.2　模糊度浮点解与固定解东、北、高分量 RMS 偏差　　(单位:m)

	分量	东	北	高
RMS 偏差	浮点解 PPP	0.119	0.024	0.106
	固定解 PPP	0.026	0.019	0.037

7.3.4.4　GRACE 卫星定轨

　　首先以 2012 年年积日第 13 天 GRACE 双星的定轨结果为例分析固定解对 LEO
PPP 解的影响。A/B 双星逐历元轨道径向(R)、切向(T)和法向(N)坐标偏差序列如
图 7.18 和图 7.19 所示。图中各分量定位偏差绝大部分在 ±0.1m 范围内,且无明显
系统偏差,这表明 LEO PPP 的误差处理和参数建模较为完善。如图 7.19 上图第

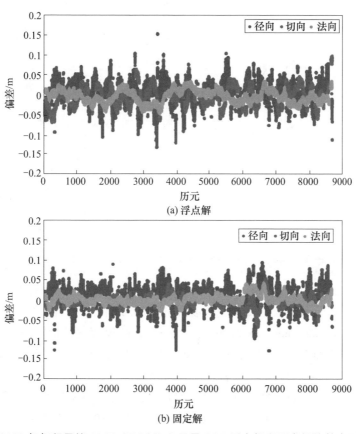

(a) 浮点解

(b) 固定解

图 7.18　2012 年年积日第 13 天 GRACE-A 卫星 PPP 浮点解和固定解偏差序列(见彩图)

2000～4000 历元处所示,模糊度浮点解在该时段的偏差序列并不稳定,这主要是由于可见 GPS 卫星数较少,卫星几何分布 PDOP 值较大的缘故。与之对比,固定解可以显著改善定位精度和偏差稳定性。对 4 幅图分别统计了 3D 偏差在 5cm 以内的历元百分比,其中:GRACE - A 浮点解 PPP 的历元百分比为 84.2%,固定解为 92.4%;GRACE-B 浮点解 PPP 的历元百分比为 76.9%,固定解为 95.5% 。

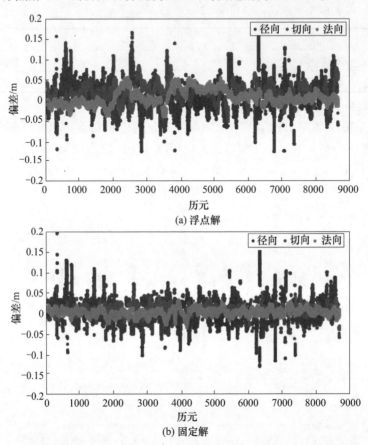

图 7.19　2012 年年积日第 13 天 GRACE-B 卫星 PPP 浮点解和固定解偏差序列(见彩图)

　　图 7.20 为 GRACE-A/B 双星 30 天数据在径向、切向、法向分量上定轨偏差的平均 RMS 值。对于 GRACE - A,模糊度固定解可以将 RMS 由 29.7mm、25.6mm、21.2mm 减少至 22.4mm、15.5mm、12.2mm,改善程度分别为 24.6% , 39.5% 、42.5%;对于 GRACE-B,模糊度固定可以将 RMS 由 37.2mm、31.5mm、23.6mm 减少至 28.7mm、20.3mm、13.2mm,改善程度分别为 22.8% 、35.6% 、44.1% 。无论是模糊度浮点解还是固定解,GRACE-A 卫星的定位精度均优于 GRACE-B 卫星,这是由于 A 卫星平均每历元可观测 GPS 卫星数要多于 B 卫星,观测信息更为丰富的缘故。固定模糊度对 GRACE A/B 双星定轨精度的改善程度十分接近。

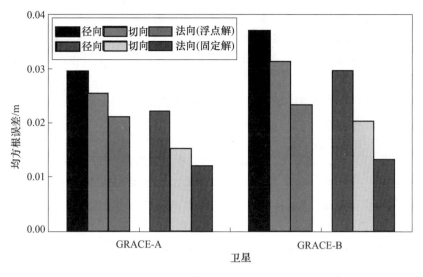

图 7.20　GRACE-A/B 卫星模糊度浮点解和固定解在径向、切向、
法向分量上的平均 RMS 偏差(见彩图)

7.3.5　影响 PPP 模糊度正确固定率的因素分析

只有在模糊度参数被固定为正确的整数值情况下,载波相位观测值才可以转换为高精度的距离观测值,极大地提升定位的精度与可靠性。而一旦固定为错误的整数值,将会导致位置参数产生分米级甚至更大的偏差。在实际应用中,只有当 PPP 固定解具有足够高的正确固定率(CFR)时,用户才有足够的信心采用固定解的结果。因此,在将 PPP 固定解实用化以前,还有两个问题值得认真研究:一是利用较短时间的观测数据,例如 1h,PPP 固定解具有怎样的 CFR;二是 PPP CFR 受到何种因素的影响。

首次对 PPP CFR 进行了研究,提出了一种实际可行的检核 CFR 的方法,分析了 3 种可能的因素,包括参考站密度、观测数据时长以及电离层的活跃程度对 PPP CFR 的影响。

7.3.5.1　PPP CFR 检核方法

考虑 PPP 固定解 3 种情形:①正确固定,模糊度估值通过了模糊度检核并且固定为正确的整数值;②错误固定,模糊度估值通过了检核,但被固定为错误的整数值;③未确定,模糊度估值未通过检核。对于第 3 种情形,根据预定义的模糊度检核阈值,用户可以选择保留浮点解,并不会严重影响解算结果。因此定义 PPP 的 CFR 为第一种情形的模糊度的个数与第一、二种情形的模糊度的个数之和的比值。具体的检核方法如下:

首先,利用用户站单天 24h 的观测数据执行 PPP 固定解,记录下通过模糊度检核的各弧段的整数模糊度。模糊度检核使用的最小成功率阈值为 0.99,Ratio 检验阈值为 2。假定利用单天的观测数据,模糊度估值能被正确固定。

其次,从用户站的单天观测数据中,分隔得到 1h 的观测数据。分别对该 1h 数据执行 PPP 固定解,记录下通过检核的整数模糊度,并与单天解相应的模糊度进行比较。

最后,统计正确固定和错误固定的模糊度的数量,计算得到 CFR。

7.3.5.2　试验分析

使用 2010 年每月前 3 天(共 36 天),全球约 390 个 IGS 测站的观测数据进行试验。从各个大洲中各选取各 10 个测站,共 70 个全球范围内大致随经度和纬度均匀分布的测站作为用户站检核 PPP CFR。其中在部分试验分析中选出了 21 个测站的结果作为代表性算例进行分析。剩余约 320 个测站作为服务站,解算所有 GPS 卫星的 WL 和 NL UPD。PPP 数据处理使用欧洲定轨中心(CODE)的精密轨道和钟差、差分码偏差产品,截止高度角设置为 7°,如图 7.21 所示。

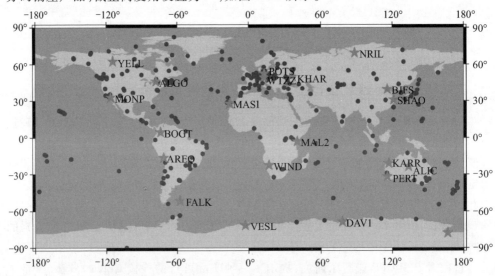

图 7.21　全球参考站网与用户测试站分布

(圆心表示服务于 UPD 估计的测站,五角星表示用户测试站)

1) 参考站密度的影响

以一定范围内(500km 和 1000km)参考测站的数量来表示测站密度。21 个测站的 CFR 与参考站数量的结果如表 7.3 所列。

从表 7.3 可以看出,尽管 BOGT 与 MAL2(参考测站密度较低)站的 CFR 相对较低,但是对于 VESL 站,其在 1000km 范围内没有参考站,其正确率依然达到了 99.8%,而对于 ALGO 站,其在 1000km 范围内参考站有 17 个,其成功率只有 99.2%。因此,BOGT 与 MAL2 站可能由于赤道附近上空电离层活动较强影响了观测值质量,从而导致 CFR 值较低。电离层活动对 CFR 的影响将在后续小节中做细致分析。以上结果表明,参考站密度对 1h 静态 PPP 的 CFR 并无显著影响。分析其

表 7.3　21 个测站参考站密度与 CFR 的结果

站名	参考站数量		CFR/%	站名	参考站数量		CFR/%
	<500km	<1000km			<500km	<1000km	
ALGO	3	17	99.2	MCM4	2	2	99.9
ALIC	0	1	99.0	MONP	10	13	98.5
AREQ	1	1	98.9	NRIL	0	0	99.6
BJFS	0	1	99.3	PERT	2	2	99.4
BOGT	0	1	96.2	POTS	15	39	98.8
DAV1	0	1	99.8	SHAO	0	8	98.2
FALK	0	1	99.2	VESL	0	0	99.8
KARR	0	1	99.0	WIND	0	0	98.5
KHAR	3	9	99.3	WTZZ	17	41	99.5
MAL2	1	2	96.7	YELL	0	2	99.7
MAS1	2	3	98.8				

原因,类似于精密卫星钟差估计,全球 IGS 站网的几何强度满足精确和稳定的 UPD
估计的需求。

2)观测时间长度的影响

众所周知,传统 PPP 浮点解的质量与观测时长密切相关。观测时长越长,可以
解算出更高精度与可靠性的 PPP 结果。该节调查不同时段长度包括 30min、1h、2h
和 4h 的观测数据 PPP 的 CFR。图 7.22 中给出了典型用户站 ALGO、ALIC、AREQ、
BOGT、MAL2 和 KHAR 6 个不同时长观测数据的 CFR 结果。对于 30min 观测数据,
最低的 CFR 仅有 87.8%;1h 观测数据的 CFR 都在 96.2% 以上;对于 1h 以上的观测

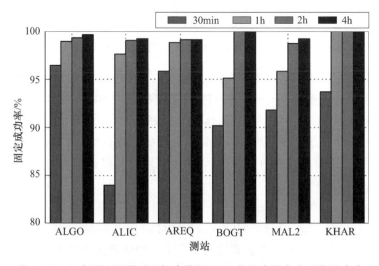

图 7.22　6 个测站不同时间长度数据 PPP 模糊度固定的正确固定率

数据,CFR 都高于 98.7%,对于 4h 观测数据,CFR 都在 99.3% 以上。6 个测站的平均 CFR 分别为 92.3%(30min)、98.2%(1h)、99.5%(2h)和 99.7%(4h)。上述结果表明观测时段越长,模糊度固定成功率越高。根据以上结果,为了得到较高的 CFR 推荐至少使用 1h 时长的观测数据。

3)电离层活动的影响

尽管通过形成无电离层组合可以消除占总电离层误差 99.9% 左右的一阶电离层延迟项,残余的高阶项电离层误差仍会在 GPS 观测值中引入几厘米的误差。此外,电离层中的异常活动,如电离层闪烁,也会显著影响 PPP 解的质量。由于电离层活动与地方时(LT)、地磁纬度等因素具有较强的相关性,因此该节具体分析 CFR 与 LT 及地磁纬度的相关性。

统计了 70 个用户站不同 LT 时段的平均 1h CFR,如图 7.23 所示。可以看出,在 LT(02:00—08:00)(14:00—17:00)时段中,CFR 值通常超过 99.5%,且具有较高的稳定度。而 CFR 在 LT(09:00—13:00)时段常常低于 99.0%,在 18:00 至午夜时段的 CFR 值也较低,最低达到 97.5%。上述结果表明,GPS 观测数据的 LT 对 PPP 固定解的 CFR 具有显著的影响。为改善固定解 CFR,PPP 用户应避开上述 CFR 值较低的时段,或者适当延长观测时长。

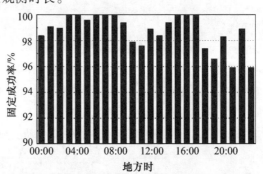

图 7.23　不同 LT 时段 70 个测站的平均 CFR

图 7.24 为各测站平均 CFR 随该测站地磁纬度的分布示意图。从中可以看出,对于纬度在 60°以上的高纬度测站,平均 CFR 值都超过 99.5%,多数可达到 100%。对于纬度在 30°~60°的中纬度区域测站,平均 CFR 一般在 98.0%~99.8%。而对于低纬度测站,CFR 值大多低于 99.0%,其中最低的结果仅为 93.2%。这表明高纬度地区的用户站可以取得较高的 CFR,而低纬度区域尤其是地磁赤道附近的测站难以获得超过 99.0% 的 CFR。

表 7.4 给出了 2010 年第一天 21 个典型用户站不同高度角区间的残差剔除(residual rejection)数。低高度角区间的残差剔除可能是由较大的测量误差或者多路径效应导致的。因此这里主要考虑高度角 15°以上的残差剔除数据。总体来说,对于高纬度地区的测站,高度角在 15°~20°的残差剔除数较少,而超过 20°后没有出现残

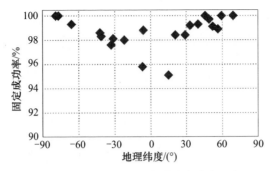

图 7.24　CFR 随测站地磁纬度分布示意

差剔除的情况。这些测站也具有较高的 CFR。而对于低纬度区域 CFR 较低的测站，其在 15°～20°的残差剔除数较多，即使高度角达到 20°以上，依然会出现少量的残差剔除现象。这些结果清楚地表明,电离层活动对 CFR 的影响与地磁纬度具有较大的相关性。

表 7.4　2010 年第一天 21 个典型用户站不同高度角区间的
残差剔除（residual rejection）数

站名	地磁纬度区域	高度角区间/（°）								
		15～20	20～25	25～30	30～35	35～40	40～45	45～50	50～55	55～90
MCM4	High（South）	13	—	—	—	—	—	—	—	—
DAV1	High（South）	5	—	—	—	—	—	—	—	—
VESL	High（South）	12	—	—	—	—	—	—	—	—
PERT	Mid（South）	5	—	—	—	—	—	—	—	—
FALK	Mid（South）	16	3	—	—	—	—	—	—	—
ALIC	Mid（South）	13	2	—	—	—	—	1	—	—
KARR	Mid（South）	15	1	1	—	—	—	—	—	—
WIND	Low（South）	8	—	—	1	—	—	—	—	—
MAL2	Low（South）	15	2	—	—	—	—	—	1	—
AREQ	Low（South）	6	—	—	—	—	—	—	—	—
BOGT	Low（North）	27	4	1	1	—	—	—	—	—
SHAO	Low（North）	4	—	—	—	—	—	—	—	—
BJFS	Low（North）	3	—	—	—	—	—	—	—	—
MAS1	Mid（North）	8	—	—	—	—	—	—	—	—
MONP	Mid（North）	5	—	—	—	—	—	—	—	—
KHAR	Mid（North）	39	—	—	—	—	—	—	—	—
WTZZ	Mid（North）	7	—	—	—	—	—	—	—	—
POTS	Mid（North）	—	—	—	—	—	—	—	—	—
ALGO	Mid（North）	12	—	—	—	—	—	—	—	—
NRIL	High（North）	—	—	—	—	—	—	—	—	—
YELL	High（North）	—	—	—	—	—	—	—	—	—

◢ 7.4 北斗 PPP 固定解

7.4.1 北斗卫星端伪距偏差改正及其对固定解的影响

不同于 GPS 等卫星系统,BDS 伪距观测值中存在与高度角强相关的系统性偏差。该现象最早由 Hauschild 等发现[48],随后 Gisbert 等[49]、Montenbruck 等[50]都对北斗伪距偏差做了进一步研究,表明北斗伪距偏差是与高度角及频率相关,而与接收机类型和方位角无关的系统偏差,并推断这种误差可能来自于 BDS 卫星端伪距多路径效应[51]。对于 BDS IGSO 和 MEO 卫星该偏差变化幅度可达 1 m,严重影响了利用伪距观测信息的标准单点定位、单频 PPP 和双频 PPP 解[52],同样也势必会严重影响基于 MW 组合解算的 WL 模糊度的精度与稳定性,降低 BDS WL UPD 估计的质量。2015 年,Wanninger 和 Beer 利用大量的实测数据,建立了北斗卫星伪距偏差改正的经验公式,并验证了进行伪距偏差改正对单频 PPP 精度的提高有重要的作用[15]。

1) 伪距多路径组合

提取多路径误差的组合公式如下:

$$\text{MP}_i = P_i + (m_{ijk} - 1) \cdot \lambda_j \varphi_j - m_{ijk} \cdot \lambda_k \varphi_k - N \tag{7.25}$$

式中

$$m_{ijk} = \frac{\lambda_i^2 + \lambda_j^2}{\lambda_j^2 - \lambda_k^2}$$

在大多数应用中,通常 $i = j$ 或者 $i = k$,即式中伪距与某一载波观测值同频率。该线性组合消除了电离层和对流层延迟,以及几何距离相关误差项,包括接收机和卫星钟差、卫星轨道误差等,保留了载波相位模糊度项 N,并主要受到伪距多路径以及伪距测量噪声的影响。

进行周跳探测后,对于某一卫星的连续观测弧段,模糊度参数可视为常量,通过对一个连续弧段内的多个历元的 MP_i 求平均即可求取 N 的平均值,然后将弧段内每一 MP_i 减去这一平均值的方法可以有效提取伪距多路径误差。

2) 伪距多路径与 BDS 卫星类型关系

下面将具体分析北斗三种轨道类型卫星的多路径效应。图 7.25 ~ 图 7.27 分别给出了 2015 年第 1 天 cut0 站 C01、C06 和 C14 卫星某连续弧段 B1、B2 和 B3 频率 MP 组合观测值及高度角时间序列。

图 7.25 是北斗 GEO 卫星 C01 一个完整弧段的 MP 组合观测值和高度角时间序列图。由于 GEO 卫星轨道是地球同步卫星轨道,GEO 卫星的高度角几乎不随历元改变而改变,对应的 MP 组合观测值也没有明显的变化趋势。图 7.26 是北斗 IGSO 卫星 C06 一个完整弧段的 MP 组合观测值和高度角时间序列图。从图中可以看出,

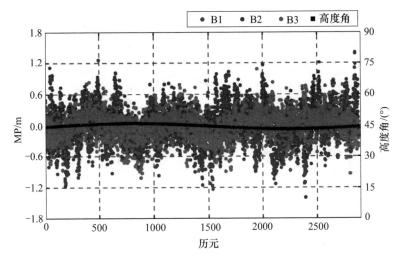

图 7.25　北斗 GEO 卫星(C01)多路径结果(见彩图)

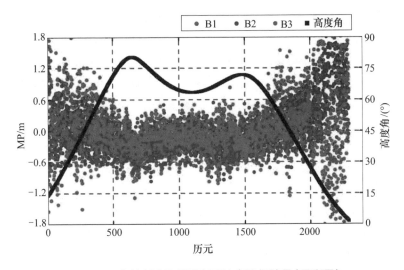

图 7.26　北斗 IGSO 卫星(C06)多路径结果(见彩图)

该卫星 MP 组合观测值的时间序列近似"W"形,而高度角时间序列近似呈"M"形,
MP 组合观测值的变化与高度角变化密切相关。图 7.27 是北斗 MEO 卫星 C14 一
个完整弧段的 MP 组合观测值和高度角时间序列图。由于北斗 MEO 卫星卫星轨
道相对 IGSO 卫星和 GEO 卫星的轨道高度较低,卫星运行速度更快,所以其完整观
测弧段的历元数也相对较少。该卫星的多路径误差的时间序列呈现"V"形变化趋
势,与高度角的变化趋势相反,两者呈现出较为明显的负相关特性。该卫星 B1、
B2、B3 这 3 个频率的 MP 观测值具有相似的变化趋势,但值的大小及变化范围相
差较为明显。如在高度角超过 70°时,B1 与 B2 和 B3 频率 MP 组合的差异超
过 0.5m。

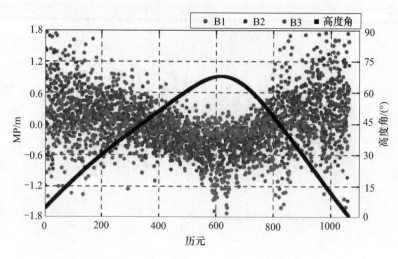

图 7.27   北斗 MEO 卫星(C14)多路径结果(见彩图)

通过对 BDS 系统 3 种类型卫星多路径效应的研究,可以得到以下结论:①北斗 GEO 轨道卫星是地球同步卫星,高度角基本不会随着时间变化,难以依据与高度角相关的模型识别和分析 GEO 卫星的伪距偏差;②MEO 卫星和 IGSO 卫星的高度角随着时间的变化呈周期性变化,多路径误差表现出与高度角较强的相关性;③不同频率的伪距多路径随高度角的变化趋势相同,但幅度及大小并不一致。

3)伪距多路径建模与估计

Wanninger 和 Beer 在上述规律基础上,进一步分析了 BDS 卫星端伪距多路径与接收机类型、时间、方位角等因素的关系,结果表明 BDS 伪距多路径与上述 3 个因素几乎无关,且同轨道类型卫星的伪距多路径随高度角变化的规律基本一致[15]。根据以上结论,可以依据如下 3 条准则对 BDS 卫星端伪距多路径进行建模:

(1)对两种不同轨道类型(IGSO 和 MEO)的卫星分别建模;

(2)对 B1、B2 和 B3 这 3 个频率观测值分别建模;

(3)对 0°~90°高度角范围内,每 10°间隔为一节点建立高度角相关分段线性模型。

据此,Wanninger 和 Beer 利用 MGEX 网络 20 天的 BDS 观测值数据,估计得到了 BDS 伪距多路径改正值,如表 7.5 所列。

表 7.5   高度角相关的分段线性模型节点处北斗伪距多路径改正值

卫星	高度角/(°)	0	10	20	30	40	50	60	70	80	90
IGSO	B1	-0.55	-0.40	-0.34	-0.23	-0.15	-0.04	0.09	0.19	0.27	0.35
	B2	-0.71	-0.36	-0.33	-0.19	-0.14	-0.03	0.08	0.17	0.24	0.33
	B3	-0.27	-0.23	-0.21	-0.15	-0.11	-0.04	0.05	0.14	0.19	0.32

（续）

高度角/(°) 卫星		0	10	20	30	40	50	60	70	80	90
MEO	B1	-0.47	-0.38	-0.32	-0.23	-0.11	0.06	0.34	0.69	0.97	1.05
	B2	-0.40	-0.31	-0.26	-0.18	-0.06	0.09	0.28	0.48	0.64	0.69
	B3	-0.22	-0.15	-0.13	-0.10	-0.04	0.05	0.14	0.27	0.36	0.47

注:由 Wanninger 和 Beer 依据 MGEX 网络 20 天的数据估计得到

图 7.28 给出了 2015 年年积日第 135 天 JFNG 站 C08 卫星改正伪距多路径前后得到的 MW 组合时间序列。对比图中蓝色和红色的点线序列,清楚表明该改正模型能显著消除北斗 MW 组合中的系统性偏差,尤其是在高度角超过 75°和低于 30°时改正效果更为明显。统计结果表明,改正伪距多路径可以将 MW 组合序列的标准差由 0.34 周减少为 0.23 周。

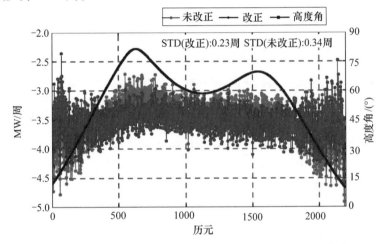

图 7.28　JFNG 站 C08 卫星改正与未改正伪距多路径 MW 组合与高度角序列图(见彩图)

表 7.6　JFNG 站伪距偏差改正前后 BDS 动态 PPP 在东、北、高分量上的 RMS 偏差　　　　　　(单位:cm)

时段	未改正			改正			改善程度/%		
	东	北	高	东	北	高	东	北	高
1	11.1	5.1	6.5	11.1	2.7	3.8	0.0	47.2	40.8
2	19.4	2.5	10.9	11.3	1.4	10.1	42.0	42.3	7.5
3	4.2	4.8	16.8	3.3	4.7	16.5	21.2	2.7	1.8
4	2.7	2.8	9.4	1.8	1.8	7.3	34.4	34.4	22.3
5	2.1	2.3	9.3	2.0	1.8	9.3	2.9	21.7	0.2
6	29.9	6.9	6.0	16.0	5.1	6.0	46.3	26.2	-0.8
平均	11.6	4.1	9.8	7.6	2.9	8.8	24.5	29.1	12.0

表 7.6 进一步给出了 JFNG 站同一天从 3 点到 21 点共 6 个 3h 时间段(考虑到 BDS 精密卫星轨道在一天内开始和结束阶段的误差较大,会降低 BDS PPP 精度,因此未给出 0 ~ 3 点和 21 ~ 24 点两个时段的结果[53],改正与未改正伪距多路径 BDS 动态 PPP 在 E、N、U 分量上的 RMS 偏差,同时也计算了改正伪距多路径对动态 PPP RMS 偏差的改善程度。可以看出,对于不同时段的观测数据,改正伪距多路径都能在不同程度上提高 BDS 动态 PPP 的定位精度。总体而言,改正伪距多路径可将 BDS 3h 动态 PPP 在 E、N、U 分量上的平均 RMS 偏差改善 24.5%、29.1% 和 12.0%。

因此,本节在处理 BDS 数据时均使用了该改正模型。与此同时也进一步对比了考虑 BDS 伪距多路径与否得到的 BDS WL UPD 估值结果。考虑该项误差改正,BDS 所有卫星 WL 平均利用率为 91.8%,模糊度残差 RMS 为 0.106 周。不考虑该项误差改正,BDS 所有卫星的平均利用率降为 80.4%,且 WL 模糊度残差 RMS 增加到 0.113 周。对比结果进一步证明了 BDS 伪距多路径对 BDS WL UPD 估计具有重要的影响,需要仔细考虑以估计高精度的 BDS WL UPD。

7.4.2 北斗双频 PPP 固定解

NL UPD 是利用参考站网的 PPP 浮点解无电离层组合模糊度估值派生得到的,无电离层组合模糊度估值精度对 NL UPD 的估计精度具有重要的影响。众所周知,PPP 结果受卫星几何条件、可观测卫星数等因素影响较大。图 7.29 给出了 2017 年年积日第 203 天(7 月 22 日) GPS 时 00:00:00.0 BDS 全球范围内可观测卫星数分布情况,可以看出,由于 BDS 自身的特点,仅在亚太区域的测站可观测到足够数量(大于或等于 7 颗)BDS 卫星。在该区域之外测站可观测 BDS 卫星常常不足 5 颗,当采用单 BDS PPP 解算时,其模糊度估值精度较低。图中全天可观测 BDS 卫星数都在 6 颗以上的区域约为经度 60° ~ 180°,纬度为 -50° ~ 50° 范围。该区域也是基于 BDS 单系统 PPP 的 UPD 估计可选参考网的范围。结合图 7.30 给出的 IGS MGEX 网 BDS 测站分布图可以看出,使用 MGEX 网测站数据,基于单 BDS 系统数据处理,能有效贡献于 BDS UPD 估计的测站仅有不到 20 个测站,这大大限制了 BDS 数据的可用性。

为提高 BDS 浮点模糊度估计的精度,同时使更多 BDS 测站能有效服务于 BDS UPD 估计,提出利用组合 PPP 模型估计 BDS UPD 的方法。利用 GPS 进行辅助,可以估计得到高精度的位置、ZWD、接收机钟差参数,这样即使某测站只观测值 2 颗或 3 颗 BDS 卫星,依然可以获得高精度的 BDS 模糊度估值,服务于 BDS UPD 估计。于是可以将测站选择范围从亚太区域扩展到全球。

表 7.7 给出了 BDS 单系统和多系统数据处理模式下的系统冗余度及必要观测卫星数情况。由于全球任一区域可见 GPS 卫星数通常都不少于 7 颗,因此无论是否固定测站坐标,组合 PPP 都可以满足必要观测卫星数的要求,大大提高系统冗余度。

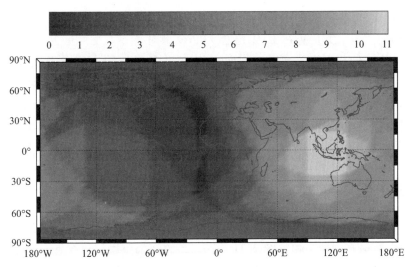

图 7.29　BDS 可见卫星数分布图(历元时刻为 2017 年 7 月 22 日 00 :00 :00. 0,
截止高度角为 10°)(见彩图)

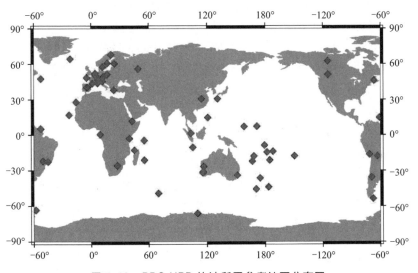

图 7.30　BDS UPD 估计所用参考站网分布图

表 7.7　BDS 单系统和多系统数据处理模式下的系统
冗余度及必要观测卫星数情况

模式	系统冗余度		必要观测卫星数	
	BDS	BDS + GPS	BDS	BDS + GPS
固定坐标	$n-2$	$n+m-3$	2	3
估计坐标	$n-5$	$n+m-6$	5	6
注:n 为 BDS 观测卫星数;m 为 GPS 观测卫星数				

综上可知,与基于单 BDS PPP 的 UPD 估计相比,基于组合 PPP 有利于改善 BDS NL UPD 估值质量。其优势在于:①组合 PPP 模型对某一系统可见卫星数的要求降低,因此服务网的设计更加容易,同时可以将更多测站纳入到参考网中估计 NL UPD。具体地,亚太区域以外的测站通常仅能观测到 2 颗或 3 颗 BDS IGSO + MEO 卫星,其不能用在基于单 BDS PPP 的 UPD 估计中,而可以在基于组合 PPP 的 UPD 估计算法中使用;②组合 PPP 模型中其他系统观测值的辅助能提高 BDS 浮点模糊度的估计精度,因此有望改善 NL UPD 精度。

本节将通过 BDS 模拟动态 PPP 试验算例检验估计的 BDS UPD 估值的质量。试验数据采用 2015 年 5 月 13 日(DOY 133)XMIS 站的 BDS 双频观测数据,数据采样间隔为 30s,坐标参考真值由 GPS + BDS 静态 PPP 解算得到。

图 7.31 和图 7.32 分别给出了该站 BDS 动态 PPP 浮点解和固定解在东、北和高分量上的坐标偏差序列。相比图 7.31,图 7.32 的高偏差序列更接近 0,且浮动范围较小,证明 BDS PPP 固定解可以较为显著改善高程方向定位精度。由于该算例 BDS PPP 浮点解水平方向定位偏差已经较小,大部分偏差绝对值都在 5cm 之内,因此从直观上对比两幅图的结果,固定解相对浮点解在东和北分量上的改善不甚明显。进一步对图 7.31 和图 7.32 的结果统计了 RMS 偏差值,BDS 浮点解东、北、高分量上的 RMS 偏差分别为 0.029m、0.022m、0.082m,而固定解 RMS 偏差分别为 0.025m、0.022m、0.059m,相对浮点解的改善程度分别为 13.2%、2.7%、28.4%。该算例表明所估计的 BDS UPD 具有较高的质量,应用于 BDS PPP 固定解中能较为显著提高定位精度。

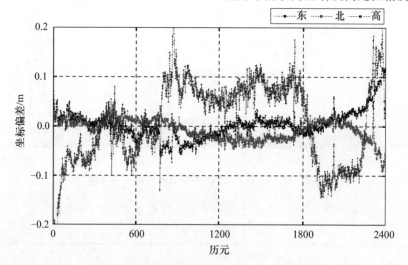

图 7.31 XMIS 站 2015 年第 133 天 BDS 动态 PPP 浮点解偏差序列(见彩图)

7.4.3 北斗三频 PPP 固定解

新一代 GNSS 都将播发至少 3 个频率的观测信号。第三频率的观测信息能够进

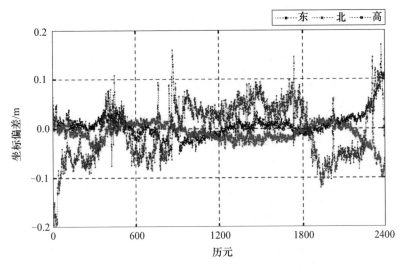

图 7.32　XMIS 站 2015 年第 133 天 BDS 动态 PPP 固定解偏差序列（见彩图）

一步提高 PPP 模糊度固定的精度与可靠性。当前 PPP 固定解大多基于双频观测值，使用先宽巷再窄巷逐次固定的策略，难以扩展到三频模型。我们建立了一种统一的适用于双频、三频甚至更多频率的非组合 PPP 固定解模型：

（1）在服务端三频 UPD 估计方面，由于非差非组合模型中电离层和模糊度参数相关性较强，使得原始频率的浮点模糊度精度较低。通过 LAMBDA 方法的 Z 变换矩阵，可以找出受电离层误差影响较小的模糊度线性组合。试验结果表明，对于 BDS 三频 PPP 模型，前两组精度最高的线性组合通常为 [0, 1, -1]、[1, -1, 0]，即超宽巷和宽巷组合，第三组最优组合包括 [4, -3, 0]、[3, -4, 2] 等。服务端依次将各测站 - 卫星对的模糊度弧段形成三组线性组合，联立形成方程组。选取被观测次数最多的卫星作为参考星，将其各频率的 UPD 参数固定为零以消除方程组的秩亏，使用最小二乘估计出其他卫星相对该卫星的原始频率星间单差 UPD。

（2）在用户端三频模糊度固定方面，利用非差非组合 PPP 模型直接处理原始观测值，保留了电离层延迟等信息。不同于双频模型，三频非差非组合模型除了需估计 L3 模糊度之外，还需对每颗卫星 L3 伪距观测值额外估计一个码偏差参数。此外，不同于传统的先宽巷再窄巷的两步模糊度固定策略，直接对原始频率模糊度改正 UPD，进行星间差分，并利用 LAMBDA 算法搜索单差模糊度的最优整数解的一步固定策略。在全模糊度固定失败的情况下，使用部分模糊度固定策略自动寻找能被固定的模糊度最优子集。

（3）在随机模型方面，通过分析 BDS 三频 PPP 伪距和相位观测值残差，表明 BDS B3 观测值与 B1/B2 观测值之间不存在明显的不一致现象，可对三频观测值使用相同的卫星钟差改正数。考虑到当前尚无精确的 B3 频率的 PCO/PCV 信息，B3 频率直接使用 B2 频率改正数，将三频观测值的权比设置为 4:4:1。

图 7.33 给出了 BDS 三频 PPP 固定解服务站和用户站的测站分布图。共计 95 个测站(蓝色菱形),其中 35 个三频测站(绿色正方形)参与北斗卫星多频 UPD 产品的估计,10 个用户站(红色五角星)的观测数据用于检核北斗三频固定解性能。其基本信息包括测站名、接收机类型、天线类型和平均每历元可观测卫星数,见表 7.8。设计了 3 组解算方案分别进行解算和对比分析,这 3 组方案分别为北斗三频 PPP 浮点解、北斗双频 PPP 固定解和北斗三频 PPP 固定解。在模糊度检核方面,同时使用 Bootstrapping 成功率和 Ratio-test 对整数解进行检核,两项检核指标的阈值分别设为 0.99 和 3.0。只有当整数解同时满足两项检核指标时才被接受[47]。

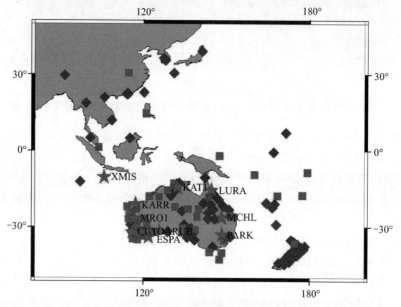

图 7.33　BDS 三频 PPP 固定解服务站和用户站分布图(见彩图)

表 7.8　测试站基本信息表

测站名	接收机类型	天线类型	可视卫星数 (BDS IGSO + MEO)
ARUB	SEPT POLARX5	LEIAR25. R3　　NONE	5.7
CUT0	TRIMBLE NETR9	TRM59800. 00　　SCIS	5.7
ESPA	TRIMBLE NETR9	JAVRINGANT_DM SCIS	5.6
KARR	TRIMBLE NETR9	TRM59800. 00　　NONE	6.4
KAT1	SEPT POLARX5	LEIAR25. R3　　LEIT	6.7
LURA	TRIMBLE NETR9	TRM59800. 00　　NONE	6.2
MCHL	TRIMBLE NETR9	TRM59800. 00　　NONE	5.6
MRO1	TRIMBLE NETR9	TRM59800. 00　　NONE	6.0
PARK	TRIMBLE NETR9	ASH701945C_M NONE	5.1
XMIS	TRIMBLE NETR9	JAVRINGANT_DM NONE	6.8

图 7.34 和图 7.35 给出了北斗卫星 2017 年 4 月 30 日原始频率和不同线性组合的 UPD 序列,每 30min 给出一组 UPD 估值。对于北斗原始频率的 UPD 产品,C06-C10 卫星单天内变化约为 0.25 周,而 C11-C14 卫星的在单天内的波动范围明显大于 IGSO 卫星,这可能是由于可视 MEO 卫星数目较少的原因。该 UPD 结果在相邻时段内的变化值为 0.05 ~ 0.08 周。对于所有的 IGSO 和 MEO 卫星,EWL、WL 和[4, −3, 0]组合 UPD 结果的单天变化小于 0.03 周、0.06 周和 0.07 周,其中,在相邻时段内的变化

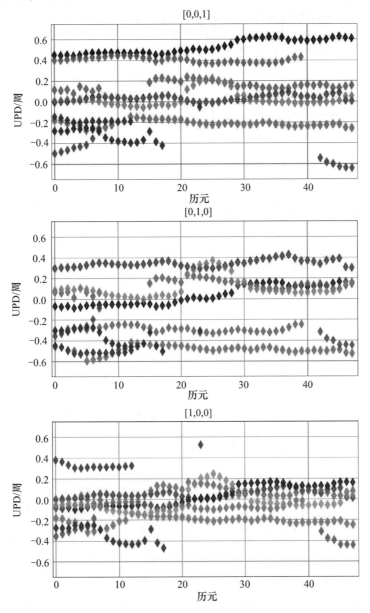

图 7.34　北斗卫星原始频率的 UPD 产品(2017 年 4 月 30 日)(见彩图)

值均小于 0.03 周。以上结果表明,这 3 种线性组合的北斗 UPD 可以单天估计一组改正数,并在实时应用中可以在数天内准确预报。

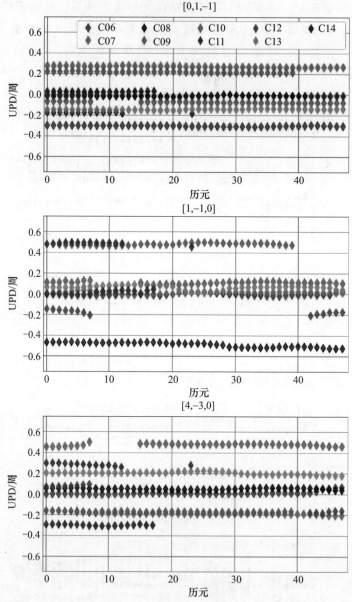

图 7.35　北斗卫星不同线性组合的 UPD 产品(2017 年 4 月 30 日)(见彩图)

表 7.9 给出了 10 个用户站 1.5h 静态 PPP 的定位精度的统计。可以看出,当前 BDS 静态 PPP 在 1.5h 内可以实现东方向 4~10cm、北方向 3~5cm 以及高程方向 7~11cm 的定位精度。而模糊度固定后,北斗 1.5h 静态 PPP 的定位精度得到显著提升。北斗三频模糊度固定可以实现在东方向、北方向和高方向 4.7cm、3.3cm 和

7.2cm 的定位精度。相较于三频 PPP 浮点解，三频 PPP 固定解在东、北、高方向的定位精度分别提升了 37.3%、19.5% 和 22.4%。相对于双频 PPP 固定解的结果,在东、北、高方向的定位精度分别提升了 16.6%、10.0% 和 11.1%。

表 7.9　10 个用户站 1.5h 静态 PPP 偏差统计

SITE	三频浮点解			双频固定解			三频固定解		
	东	北	高	东	北	高	东	北	高
ARUB	7.2	4.7	9.1	5.3	4.2	8.1	4.3	3.7	6.9
CUT0	6.6	3.7	8.4	4.4	3.0	7.1	3.4	2.7	5.7
ESPA	6.3	3.5	8.1	4.1	3.2	6.9	3.1	2.9	5.9
KARR	7.9	4.0	8.8	4.6	3.8	8.1	4.0	3.5	7.6
KAT1	7.1	3.5	8.2	4.2	3.3	6.8	3.3	2.9	6.0
LURA	7.7	4.5	10.8	6.9	3.9	8.9	5.8	3.4	7.8
MCHL	6.5	3.9	9.4	4.8	3.3	8.6	4.0	3.1	8.1
MRO1	9.4	4.0	9.7	7.8	3.8	8.9	7.0	3.6	7.9
PARK	8.2	3.9	10.1	7.3	3.5	8.9	6.1	3.3	8.2
XMIS	9.4	5.0	10.5	8.4	4.4	9.1	7.2	3.7	8.3
平均	7.6	4.1	9.3	5.7	3.6	8.1	4.7	3.3	7.2

图 7.36 给出了 3 种处理策略下 CUT0 测站和 MCHL 测站的 3D 定位偏差序列。对于 CUT0 测站，北斗三频固定解在第 13 个历元实现首次固定，历元固定率为 93.3%，而北斗双频固定解在第 49 个历元实现首次固定，历元固定率为 73.4%。在 1.5h 后，北斗三频固定解和双频固定解的定位精度相当，分别为 2.9cm 和 3.2cm，结果表明,当双频模糊度被成功固定后，三频固定解对于双频固定解的提升有限。MCHL 测站的结果与 CUT0 测站略有不同。北斗双频固定解在 140 个历元才实现首次固定，固定率仅为 22.7%，而北斗三频固定解在第 21 个历元已实现固定，固定率为 89%，最终北斗三频浮点解，双频固定解，三频固定解的定位精度分别为 12.3cm、6.9cm 和 3.2cm。结果表明，加入第三个频率，有利于实现模糊度的快速固定，一旦模糊度成功固定，就可以显著提高定位精度。

除了定位精度，收敛时间是评估 PPP 性能的又一重要指标。此处定义北斗 PPP 的收敛时间为 3D 定位精度连续 10 个历元小于 20cm 所需的时间。图 7.37 给出了 10 个用户站三频 PPP 浮点解和固定解平均收敛时间的统计。可以发现，无论是 PPP 浮点解还是固定解，CUT0、ESPA 和 KAT1 测站的收敛时间均略短于其他测站，这可能是由于这 3 个测站装备了削弱多路径影响的天线的原因，从而保证了北斗观测数据的质量略优于其他测站。在 3 种处理策略中，北斗三频 PPP 固定解（Solution C）的收敛时间最短，仅需 27.9min，相对于北斗三频浮点解（Solution A）提升了 18.1%，相对于北斗双频固定解（Solution B）提升了 10%。

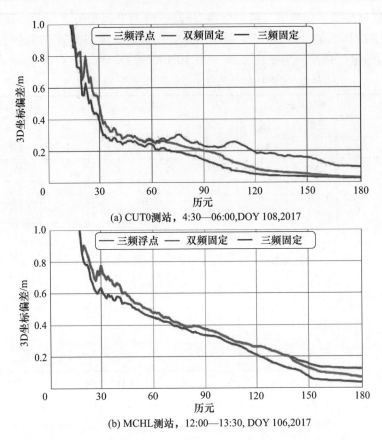

(a) CUT0测站，4:30—06:00,DOY 108,2017

(b) MCHL测站，12:00—13:30, DOY 106,2017

图 7.36　3 种处理策略下 1.5h 的 3D 定位偏差序列(见彩图)

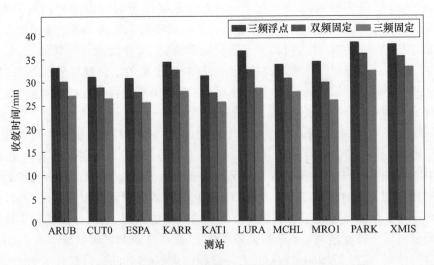

图 7.37　北斗三频 PPP 浮点解和固定解的收敛时间比较

7.5　Multi-GNSS PPP 固定解

7.5.1　Multi-GNSS PPP 固定解方法

多系统 GNSS 非差模糊度固定的关键是正确分离各个系统的相位小数偏差,因此首先将单系统 UPD 估计模型扩展到多系统融合的 UPD 估计模型。

目前,北斗卫星导航系统在亚太地区具有较高的覆盖率,可以同时观测到 7 颗以上的北斗卫星,然而在其他区域可观测的北斗卫星仍然十分有限,一些欧洲测站甚至只能同时观测到 2 颗或 3 颗北斗卫星,难以实现北斗卫星的单独定位。Galileo 系统由于卫星数目较少,目前也难以实现单 Galileo 系统的定位。对于可见卫星数较少的北斗和 Galileo 系统,可以通过与其他卫星系统联合解算的方法,利用其他系统得到的接收机坐标、接收机钟差、对流层延迟等参数来辅助提高北斗和 Galileo 系统窄巷 UPD 的估计精度。

轨道误差也是影响窄巷 UPD 估计的一个重要因素,尤其是对于轨道精度较低的北斗 GEO 卫星。对于任意一颗卫星 C_0,n 个测站对应的窄巷模糊度可以表达为

$$
\begin{cases}
\overline{N}_{1,\mathrm{nl}}^{C_0} = N_{1,\mathrm{nl}}^{C_0} + d_{1,\mathrm{nl}}^{C_0} - d_{\mathrm{nl}}^{s,C_0} + O_{1,\mathrm{nl}}^{C_0} \\
\overline{N}_{2,\mathrm{nl}}^{C_0} = N_{2,\mathrm{nl}}^{C_0} + d_{2,\mathrm{nl}}^{C_0} - d_{\mathrm{nl}}^{s,C_0} + O_{2,\mathrm{nl}}^{C_0} \\
\overline{N}_{3,\mathrm{nl}}^{C_0} = N_{3,\mathrm{nl}}^{C_0} + d_{3,\mathrm{nl}}^{C_0} - d_{\mathrm{nl}}^{s,C_0} + O_{3,\mathrm{nl}}^{C_0} \\
\quad\vdots \\
\overline{N}_{n,\mathrm{nl}}^{C_0} = N_{n,\mathrm{nl}}^{C_0} + d_{n,\mathrm{nl}}^{C_0} - d_{\mathrm{nl}}^{s,C_0} + O_{n,\mathrm{nl}}^{C_0}
\end{cases}
\tag{7.26}
$$

式中:$\overline{N}_{1,\mathrm{nl}}^{C_0}$、$N_{1,\mathrm{nl}}^{C_0}$ 分别为卫星 C_0 的浮点和整周窄巷模糊度;$d_{i,\mathrm{nl}}^{C_0}$、d_{nl}^{s,C_0} 分别为接收机和卫星端 UPD;$O_{i,\mathrm{nl}}^{C_0}$ 为 i 测站上卫星 C_0 的轨道误差。为了克服轨道误差的影响,通常使用一个小区域参考网的测站进行 UPD 估计,由于参考网的范围较小,测站分布比较密集,每个测站受到轨道误差的影响相近,因此轨道误差可以被吸收到卫星 UPD 中(d_{nl}^{s,C_0})。

GLONASS 采用频分多址的信号调制技术,不同卫星的伪距和相位观测值均存在频间偏差(IFB)。相位 IFB 与观测信号的通道频率线性相关,可以精确模型化,因而能够在数据处理中进行模型改正。伪距 IFB 主要来源于接收机信号的畸变和前端设计,因而其与接收机类型、天线类型、固件版本等相关,难以通过模型改正。GLONASS 频间偏差的存在导致成熟的 GPS 相位小数偏差估计和非差模糊度固定方法难以直接应用于 GLONASS。由于同种接收机对于同一颗 GLOANSS 卫星的 IFB 具有一致性,因此当使用同种接收机估计 GLONASS 的 UPD 时,IFB 可以被吸收到卫星 UPD 中。为了消除 IFB 对 GLONASS 卫星 UPD 估计和模糊度固定的影响,本书使用

相同的接收机类型估计 GLONASS 卫星的宽巷和窄巷 UPD 产品。以宽巷模糊度为例：

$$\overline{N}_{r,wl}^{R_k} = N_{r,wl}^{R_k} + d_{r,wl}^{R_0} - \overline{d}_{wl}^{s,R_k} \tag{7.27}$$

式中

$$\overline{d}_{wl}^{s,R_k} = d_{wl}^{s,R_k} - \frac{H_{r,wl}^{R_k}}{\lambda_{wl}^{R_k}} - F_{r,wl}^{R_k} \tag{7.28}$$

由于 GLONASS 卫星 UPD 中吸收了相同的 IFB 的影响,因此 GLONASS 的 UPD 具有可估性。

考虑到不同系统卫星的不同特性,我们最终建立了统一的四系统 UPD 估计模型。假设有 n 个测站参与 UPD 估计,每个测站上可观测 m 颗卫星,则四系统 UPD 估计的最小二乘方法可表达为

$$\begin{bmatrix} D_1^1 \\ \vdots \\ D_1^m \\ D_2^1 \\ \vdots \\ D_2^m \\ \vdots \\ D_n^1 \\ \vdots \\ D_n^m \end{bmatrix} = \begin{bmatrix} \boldsymbol{R}_{1G} & \boldsymbol{R}_{1C} & \boldsymbol{R}_{1R} & \boldsymbol{R}_{1E} & \boldsymbol{s}_1 \\ \boldsymbol{R}_{2G} & \boldsymbol{R}_{2C} & \boldsymbol{R}_{2R} & \boldsymbol{R}_{2E} & \boldsymbol{s}_2 \\ \vdots & \vdots & \vdots & \vdots & \vdots \\ \boldsymbol{R}_{nG} & \boldsymbol{R}_{nC} & \boldsymbol{R}_{nR} & \boldsymbol{R}_{nE} & \boldsymbol{s}_n \end{bmatrix} \cdot \begin{bmatrix} d_G \\ d_C \\ d_R \\ d_E \\ d^s \end{bmatrix} \tag{7.29}$$

式中:d_G、d_C、d_R 和 d_E 分别对应于 GPS、BDS、GLONASS 和 Galileo 系统的接收机 UPD;d^s 为不同系统卫星的 UPD;D 为模糊度的小数部分,即卫星 UPD 和接收机 UPD 之和;$\boldsymbol{R}_{iG}$、$\boldsymbol{R}_{iC}$、$\boldsymbol{R}_{iR}$ 和 $\boldsymbol{R}_{iE}(i=1,2,\cdots,n)$ 分别为不同卫星系统接收机 UPD 的系数矩阵;$\boldsymbol{s}_i$ 为卫星 UPD 的系数矩阵。为了消除多系统 UPD 估计方程中的秩亏,每个 GNSS 都会选择一个测站或者一颗卫星的 UPD 作为基准,其对应的 UPD 值为 0。

GNSS 多系统组合有助于提高模糊度固定的成功率和可靠性,有望获得更高的解算精度,是 GNSS 数据处理的发展趋势[54-55]。对于多系统组合模糊度固定而言,其模糊度组合方式存在系统内单差、系统间单差两种情形。如何自适应融合多系统模糊度信息统一求解是多系统组合 PPP 固定解的关键问题。

1) 系统内单差(松组合)

系统内单差是在单个系统内的星间求差,该处理方式要求每个系统至少观测 2 颗卫星,并各自选择 1 颗参考星,各系统的单差观测之间函数独立。其实质上是一种"松组合",结果是次优的。对于采用 CDMA 方式的 GNSS(GPS/BDS/Galileo)系统内的单差,可以消除接收机钟差、接收机端伪距和相位硬件延迟偏差等误差,处理模型

简单。

在双差定位中,系统内双差的处理策略已经在 GPS/BDS 相对定位中广泛应用。对于采用 FDMA 方式的 GLONASS 而言,在系统内进行双差,会出现由于各卫星的信号频率不一致导致双差模糊度不能保持整数特性的现象,且不同类型接收机进行双差还会存在不同频间偏差无法彻底消除的问题。目前对于 GNSS 多系统组合定位中的模糊度处理,大多数研究也都是基于系统内做差(也称为松组合),即在各个卫星系统内部各自选择一个参考星组建双差观测方程[56-60]。

2)系统间单差(紧组合)

系统间单差是所有系统共用同一个参考星在星间求差,各系统的单差观测值间函数相关。系统间单差相比于系统内单差,其增加了单差观测方程的个数,能够更加充分地利用观测值信息,基于此类策略的结果实质上是一种"紧组合"处理结果,理论上来说是最优的。

以双差解为例,对于 GNSS 重叠频率间(如 GPS L1 和 Galileo E1,GPS L5 和 Galileo E5a,Galileo E5b 和 BDS B2)的双差而言,会存在系统间偏差(ISB)无法彻底消除的问题;对于 GNSS 非重叠频率间的双差,则还会出现由于各卫星信号频率不一致导致的双差模糊度不能保持整数特性的现象。

有学者对不同 GNSS 的重叠频率间双差进行了研究。Hegarty 等首先指出,如果基线两端的接收机类型不相同,在不同卫星系统间做差时必须考虑系统间伪距偏差和相位偏差的影响[61]。Montenbruck 等进一步指出,GPS-Galileo 系统间偏差是接收机内部 GPS 与 Galileo 的信号时延差异造成的,与接收机内部的相关算法有关。当基线两端的接收机类型不同时,GPS-Galileo 系统间伪距偏差可达数百米[62]。Odijk 等、Odijk 和 Teunissen 对 GPS+Galileo 系统间双差相对定位的函数模型进行了详细推导,实测数据处理结果表明:当基线两端的接收机类型相同时,ISB 可以忽略;当基线两端的接收机厂家和类型不同时,ISB 较大。由于 ISB 在时间域上非常稳定,因此 ISB 可以事先标定。在对 ISB 进行标定并改正到当前观测值上后,单频单历元模糊度固定成功率会得到显著提高。在此基础上,Odijk 和 Teunissen 进一步对不同接收机间的 Galileo-BDS(E5b-B2)、GPS/Galileo-QZSS(L1-E1,L5-E5a)伪距 ISB 和相位 ISB 进行了标定[63]。

3)GNSS 多系统自适应融合策略

以 GPS 和 BDS 双系统观测值为例,由于 GPS 和 BDS 模糊度的频率和波长不同,系统间做差的单差模糊度无法固定为整数,因此不采用系统间单差的"紧组合"方式。用户端 PPP 固定解待固定参量为星间单差模糊度。为形成单差模糊度参数,将高度角最高的健康卫星作为参考星。在"松组合"模式下,分别选定 1 颗 GPS 卫星和 1 颗 BDS IGSO 或 MEO 卫星为参考星,分别形成系统内待固定单差模糊度。

如 7.3 节所述,单差 WL 模糊度通过取整法固定,NL 模糊度则需通过最小二乘降相关平差搜索得到,其目标函数为

$$\min_{a}(\hat{a}-a)^{\mathrm{T}}Q_{\hat{a}}^{-1}(\hat{a}-a) \tag{7.30}$$

$$\begin{cases} \hat{a}=[\hat{a}(G),\hat{a}(C)] \\ Q_{\hat{a}}=\begin{bmatrix} Q_{\hat{a}(G)} & Q_{\hat{a}(G)\hat{a}(C)} \\ Q_{\hat{a}(C)\hat{a}(G)} & Q_{\hat{a}(C)} \end{bmatrix} \end{cases} \tag{7.31}$$

式中:$\hat{a}$ 为模糊度浮点解矢量,包括 GPS 单差模糊度分量 $\hat{a}(G)$ 和 BDS 单差模糊度分量 $\hat{a}(C)$;a 为模糊度整数解;$Q_{\hat{a}}$ 为 $\hat{a}$ 的方差协方差矩阵;$Q_{\hat{a}(G)}$、$Q_{\hat{a}(C)}$ 分别为 $\hat{a}(G)$ 和 $\hat{a}(C)$ 分量的方差协方差矩阵;$Q_{\hat{a}(G)\hat{a}(C)}$ 为 $\hat{a}(G)$ 和 $\hat{a}(C)$ 的协方差矩阵;$Q_{\hat{a}(C)\hat{a}(G)}$ 与 $Q_{\hat{a}(G)\hat{a}(C)}$ 互为对角阵。

理论上固定模糊度数量越多越有利于 GNSS 解算。但模糊度维数越高,往往需要更多的降相关和搜索时间,效率偏低,且模糊度固定成功率也越低。特别是在当前 BDS PPP 模糊度估值和 UPD 估值精度均相对较低的情况下,增加 BDS 模糊度参数可能影响 PPP 模糊度固定检核,降低成功固定概率,反而影响 PPP 固定解可用性[64]。

在 GNSS 模型强度不足以准确求解全部模糊度参数的情况下,本节基于 7.3 节中提出的 PPP PAR 方法实现多系统模糊度自适应融合与固定[64]。依据所提出的改进的部分模糊度子集选取方案,将降相关后的模糊度参数分为待固定和不固定两组:

$$\underbrace{\begin{bmatrix} \hat{z}_p \\ \hat{z}_{n-p} \end{bmatrix}}_{\hat{z}}=\underbrace{\begin{bmatrix} Z_p \\ Z_{n-p} \end{bmatrix}}_{Z}\hat{a} \tag{7.32}$$

式中:$\hat{z}_p$ 为待固定降相关模糊度子集;$\hat{z}_{n-p}$ 为不固定降相关模糊度子集。$\hat{z}_p$ 和 $\hat{z}_{n-p}$ 分别由 $\hat{a}$ 通过整数线性变换矩阵 Z_p 和 Z_{n-p} 变换得到。通过 LAMBDA 方法的整数搜索过程即可得到待固定子集的最优整数解。在 $p=n$ 的情形下,所有模糊度参数均被固定,此时 PAR 等价于 FAR。

该方案相比于单 GPS 模糊度固定,既能增加待固定的模糊度参数个数,也通过模糊度检核指标过滤掉了精度较低的模糊度线性组合,避免了加入部分精度较低的单差模糊度对模糊度固定的不利影响。

7.5.2 GPS + BDS 双系统 PPP 固定解性能评估

使用 2015 年 5 月 3 日—31 日 IGS MGEX 网络提供的 30s 采样的 GPS + BDS 观测数据检核 GPS + BDS 组合 PPP 固定解性能。服务站和用户测站的分布如图 7.38 所示。其中有大约 70 个测站作为 UPD 估计服务站,剩余 6 个橙色五角星标识的测站为用户站,其基本信息,包括测站名、接收机类型、天线类型和平均每历元可观测卫星数,在表 7.10 中给出。

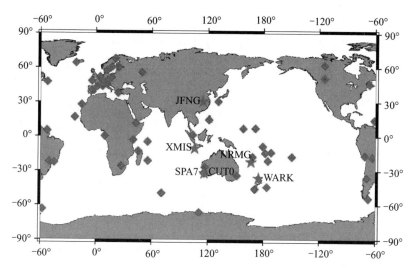

图 7.38 GPS + BDS PPP 固定解服务站和用户站分布图

表 7.10 测试站基本信息

测站	接收机类型	天线类型		AVS(G)	AVS(C)
CUT0	TRIMBLE NETR9	TRM59800.00	SCIS	8.7	4.6
JFNG	TRIMBLE NETR9	TRM59800.00	NONE	8.7	4.6
NRMG	TRIMBLE NETR9	TRM57971.00	TZGD	8.9	3.5
SPA7	JAVAD TRE_G3T DELTA	TRM59800.00	SCIS	8.6	4.4
WARK	TRIMBLE NETR9	TRM55971.00	NONE	8.4	3.3
XMIS	TRIMBLE NETR9	TRM59800.00	NONE	9.3	5.8

PPP 解算使用的精密卫星轨道和钟差由 GFZ 分析中心提供,前缀为"GBM"(网址 ftp://ftp.gfz-potsdam.de/GNSS/products/mgex/)。利用服务站数据估计了相应于"GBM"产品的 GPS 和 BDS UPD 改正数。由于单天起止时间段卫星轨道内插误差较大,仅解算 GPS 时 2 点至 22 点之间的观测数据[64]。此外,由于前向卡尔曼滤波 PPP 中,取得首次固定需要一定的收敛时间,因此仅利用各算例实现首次固定之后所有历元的结果计算历元固定率。

应用绝对天线相位中心模型和相位缠绕改正。为与 GBM 精密产品保持一致,GPS 使用"igs08.atx"给出的卫星端和接收机端 PCO + PCV 改正值,BDS 使用 ESA 分析中心估计的卫星端 PCO + PCV 改正值。

设计了 4 组解算方案分别进行解算和对比分析,这 4 组方案分别为单 BDS 固定解(用"C_C"指代)、单 GPS 固定解("G_G")、GPS + BDS 组合固定解("GC_GC")及 GLONASS 辅助 GPS + BDS 组合固定("GRC_GC")。

1)首次固定时间

对各算例前向卡尔曼滤波静态 PPP 固定解的 TTFF 进行统计,其结果如表 7.11

所列。可以看出,在 C_C 和 GC_C 模式下,NRMG 和 WARK 站的 TTFF 明显长于其他测站。参考表 7.8 可知,这是由于这两测站单历元平均可见 BDS 卫星数量较其他 4 个测站要少。与之对应的是,在 6 个测试站中,XMIS 站单历元平均可见 BDS IGSO + MEO 卫星数最多,其 BDS 模糊度固定的 TTFF 也最短。总体而言,BDS PPP 固定解 TTFF 通常需要数小时。GPS 首次模糊度固定所需观测时间明显短于 BDS,其 TTFF 约为 20min。双系统 PPP 固定解可以取得最快的收敛速度,其 TTFF 为 14 ~ 20min。利用 GLONASS 信息辅助可以进一步将 TTFF 缩短 10% ~ 20%。

表 7.11　静态模式单/双系统 PPP 固定解各测站平均 TTFF　（单位:min）

测站＼模式	C_C	G_G	GC_GC	GRC_GC
CUT0	523.3	22.4	17.2	14.7
JFNG	189.8	17.5	13.5	11.1
NRMG	703.6	26.5	19.8	15.6
SPA7	563.9	18.7	15.2	14.2
WARK	1013.6	27.4	20.2	16.5
XMIS	162.1	17.6	14.6	12.2
均值	526.1	21.7	16.7	14.0

表 7.12 中给出了动态模式下 PPP 固定解 TTFF 的统计信息。与静态解规律相似,单 BDS PPP 固定解所需 TTFF 最长,而 GLONASS 信息辅助的双系统 PPP 固定解 TTFF 最短。通常,单 BDS 系统 TTFF 超过 9h。如此长的 TTFF 极大地限制了 BDS 动态 PPP 固定解的应用。单 GPS PPP 固定解仅需 25 ~ 45min 达到首次固定,其 TTFF 远少于 BDS 固定解值。双系统 PPP 固定解的 TTFF 为 20 ~ 40min。此外,还可以看出不同测站之间,GPS PPP 平均 TTFF 相较 BDS 结果具有更好的一致性,这是由于 GPS 大致全球均匀覆盖,各测站可以观测到数量较多且数量接近的 GPS 卫星。此外,比较表 7.9 与表 7.10 可知,由于动态解相对静态解的模型强度较差,因此动态 PPP 的 TTFF 要显著长于静态 PPP 的结果。

表 7.12　动态模式单/双系统 PPP 固定解各测站平均 TTFF（单位:min）

测站＼模式	C_C	G_G	GC_GC	GRC_GC
CUT0	564.6	34.8	24.2	20.7
JFNG	346.9	26.0	17.8	13.8
NRMG	848.6	43.9	28.1	23.6
SPA7	627.6	32.9	23.4	20.2
WARK	1107.8	44.6	35.5	28.5
XMIS	211.2	25.2	17.7	13.2
均值	617.8	34.6	24.5	20.1

2）历元固定率

历元固定率表征模糊度固定解的可用性。固定率越高,则表明更多的历元均可实现模糊度固定解。表 7.13 给出了 4 组模式下静态 PPP 解的历元固定率的统计值。可以看出,单 BDS PPP 的历元固定率通常低于 30%。这是由于多数情况下可观测到的 BDS IGSO + MEO 卫星的数量有限。当前条件下,即使在亚太区域,BDS IGSO + MEO 卫星数也通常不超过 6 颗。在全部 6 个测试站中,NRMG 和 WARK 站的平均可观测 BDS IGSO + MEO 卫星数少于 4 颗,导致这两个测试站 BDS PPP 固定率较低。而 XMIS 站可观测值 BDS 卫星数最多,因此其单 BDS 历元固定率最高为 30.6%。双系统模糊度固定解可以取得最高 99.3% 的平均历元固定率。加入 GLONASS 辅助后,GPS + BDS 固定解历元固定率由 99.3% 提高至 99.6%。

表 7.13　静态模式单/双系统 PPP 固定解各测站平均历元固定率　（单位:%）

测站 ＼ 模式	C_C	G_G	GC_GC	GRC_GC
CUT0	22.7	99.4	99.7	99.9
JFNG	22.9	98.9	99.2	99.5
NRMG	4.8	98.5	98.9	99.3
SPA7	17.7	99.7	99.7	99.9
WARK	1.8	96.8	99.3	99.7
XMIS	30.6	98.9	99.0	99.3
均值	16.8	98.7	99.3	99.6

4 组模式动态 PPP 解的历元固定率统计结果如表 7.14 所列。各测试站单 BDS PPP 的历元固定率通常低于 20.0%。这表明,在当前 BDS 星座条件下,仅有少部分历元可以成功固定 BDS PPP 模糊度。单 GPS PPP 的历元固定率通常超过 92%。双系统 PPP 固定解的历元固定率高于单系统固定解,约为 98.9%,能保证在动态 PPP 模式下固定解的精度和可靠性。加入 GLONASS 辅助可将 GPS + BDS 固定解历元固定率由 98.9% 提高至 99.1%。比较表 7.11 和表 7.12 结果可知,由于动态 PPP 模型强度较弱,4 组模式下,动态 PPP 的历元固定率明显低于静态 PPP 结果。

表 7.14　动态模式单/双系统 PPP 固定解各测站平均历元固定率　（单位:%）

测站 ＼ 模式	C_C	G_G	GC_GC	GRC_GC
CUT0	15.8	97.1	99.5	99.6
JFNG	19.2	95.0	99.2	99.3
NRMG	1.8	93.4	97.0	97.7
SPA7	11.6	96.1	99.6	99.6
WARK	1.8	93.7	99.2	99.3
XMIS	22.6	96.4	98.9	99.1
均值	12.1	95.3	98.9	99.1

7.5.3 Multi-GNSS PPP 固定解性能评估

使用 2017 年 1 月 1 日 IGS MGEX 网络提供的 30s 采样的 GPS + BDS + GLONASS + Galileo 系统的观测数据检核 Multi-GNSS 四系统 PPP 固定解性能。图 7.39 给出了 CKIS 测站单系统(GPS)、双系统(GR/GE/GC)和四系统(GREC)PPP 浮点解和固定解的坐标偏差序列。浮点解和固定解的结果分别用蓝色和红色的点表示。由图可以看出,PPP 固定解技术显著缩短了 PPP 的收敛时间,并提高了定位精度,而多系统 PPP 的定位性能明显优于单 GPS PPP 的定位结果。四系统 PPP 固定解展现了最快的收敛过程和最优的定位精度。

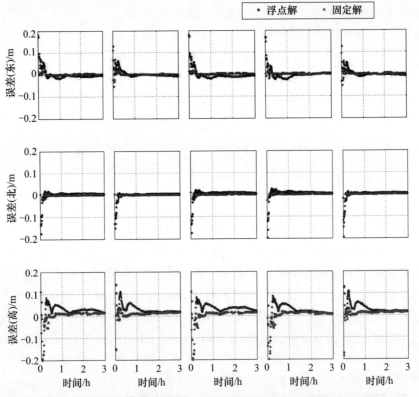

图 7.39 CKIS 测站单系统(GPS)、双系统(GR、GE、GC)和四系统(GREC)
PPP 浮点解和固定解的坐标误差序列(见彩图)

进一步分析了单系统、双系统和四系统静态 PPP 固定解在不同截止高度角时的定位性能。图 7.40 给出了 PARK 测站单 GPS,双系统和四系统 PPP 固定解在截止高度角 7°、10°、15°、20°和 30°下的定位偏差序列。可以看到,当截止高度角大于 15°时,单 GPS PPP 固定解的定位效果开始下降,当截止高度角达到 30°时,单 GPS PPP 固定解的定位结果出现了大的抖动,而四系统固定解仍可以实现厘米级精度的定位。这主要是由于截止高度角变大后,GPS 的可视卫星数目显著减小,卫星几何条件变差。

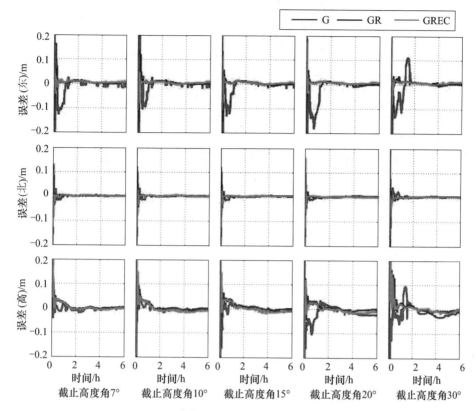

图 7.40　PARK 测站单 GPS、双系统和四系统 PPP 固定解在截止
高度角 7°、10°、15°、20° 和 30° 下的定位误差序列（见彩图）

　　统计了不同截止高度角下 PPP 浮点解的收敛时间和 PPP 固定解的 TTFF,如图7.41所示。当截止高度角为 10°时、GPS、GPS + Galileo 以及 GPS + BDS 的 PPP 浮点解的收敛最快,而 GPS + GLONASS 与四系统 PPP 浮点解在截止高度角为 20°时收敛最快。当截止高度角增加到 30°,GPS 和 GPS + Galileo 的收敛时间增加到 50.68min 和 47.18min,此时,GPS + GLONASS、GPS + BDS 以及四系统浮点解的收敛时间仍小于 30min。PPP 固定解的 TTFF 通常小于 PPP 浮点解的收敛时间。与单系统和双系统的 PPP 固定解结果相比,四系统 PPP 固定解可以在最短的时间内实现首次固定。当截止高度角为 7°时,四系统 PPP 的 TTFF 为 9.21min,而 GPS、GPS + GLONASS、GPS + Galileo、GPS + BDS 的 TTFF 分别为 18.07min、12.10min、15.35min 以及 13.21min。当截止高度角从 7°增加到 30°时,GPS 的首次固定时间由 18.07min 增加到 39.05min,而双系统（GPS + GLONASS 以及 GPS + BDS）和四系统固定解的结果仍然稳定可靠。

　　为了评估单系统,双系统和四系统 PPP 固定解的定位精度,统计了 22 个测站不同时间长度（10min、20min、30min、60min 和 120min）下静态 PPP 浮点解和固定解的定位精度,如图 7.42 所示,其中左图是 PPP 浮点解的结果,右图是 PPP 固定解的结

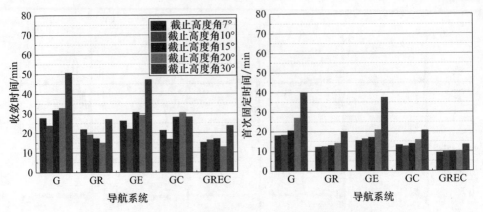

图 7.41 不同截止高度角下 PPP 浮点解的收敛时间和
PPP 固定解的首次固定时间统计（见彩图）

果。由图可以看出，随着时间长度的增加，PPP 的定位精度得到明显的提升。在相同的时间长度范围内，固定解的定位精度总是高于浮点解的定位精度。对于 2h（120min）的观测数据，四系统 PPP 固定解的定位精度在东、北、高方向由 1.45cm、0.72cm、1.88cm 提升到 0.44cm、0.61cm、1.68cm。相对于单系统和双系统的定位结果，四系统 PPP 固定解具有最优的定位精度。四系统固定解的定位精度在 10min 内可以达到 1.84cm、1.11cm、5.53cm，而 GPS 的固定解在 10min 内的定位精度仅为 2.25cm、1.29cm、9.73cm。

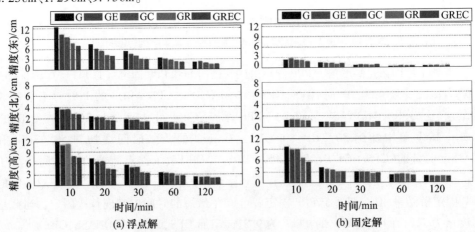

（a）浮点解   （b）固定解

图 7.42 不同时间长度（10min、20min、30min、60min 和 120min）
下静态 PPP 浮点解和固定解的定位精度（见彩图）

参考文献

[1] 张小红，李星星，郭斐，等. 基于服务系统的实时精密单点定位技术及应用研究[J]. 地球物

理学报, 2010, 53(6)：1308-1314.

［2］ DONG D, BOCK Y. Global positioning system network analysis with phase ambiguity resolution applied to crustal deformation studies in California ［J］. Journal of Geophysical Research Solid Earth, 1989, 94(B4)：3949-3966.

［3］ TEUNISSEN P J G. The least-squares ambiguity decorrelation adjustment：a method for fast GPS integer ambiguity estimation ［J］. Journal of Geodesy, 1995, 70(1-2)：65-82.

［4］ GE M, GENDT G, ROTHACHER M, et al. Resolution of GPS carrier-phase ambiguities in Precise Point Positioning (PPP) with daily observations ［J］. Journal of Geodesy, 2008, 82(7)：389-399.

［5］ GENG J, GE M, DODSON A H, et al. Improving the estimation of fractional-cycle biases for ambiguity resolution in precise point positioning ［J］. Journal of Geodesy, 2012, 86(8)：579-589.

［6］ 李星星，张小红，李盼. 固定非差整数模糊度的 PPP 快速精密定位定轨［J］. 地球物理学报, 2012, 55(3)：833-840.

［7］ LAURICHESSE D, MERCIER F, BERTHIAS J P, et al. Integer ambiguity resolution on undifferenced GPS phase Measurements and its application to PPP and satellite precise orbit determination ［J］. Navigation, 2009, 56(2)：135-149.

［8］ COLLINS P, LAHAYE F, HÉROUX P, et al. Precise point positioning with ambiguity resolution using the decoupled clock model ［J］. Proceedings of International Technical Meeting of the Satellite Division of the Institute of Navigation, 2008：1315-1322.

［9］ MELBOURNE WG (1985). The case for ranging in GPS based geodetic systems ［C］//Proceedings of the 1st International Symposium on Precise Positioning with the Global Positioning Systems, Rockville, Maryland：373-386.

［10］ ZHANG X, LI X. Improving the estimation of uncalibrated fractional phase offsets for PPP ambiguity resolution ［J］. Journal of Navigation, 2012, 65(3)：513-529.

［11］ LOYER S, PEROSANZ F, et al. Zero-difference GPS ambiguity resolution at CNES-CLS IGS analysis center ［J］. Journal of Geodesy, 2012, 86(11)：991-1003.

［12］ LI X, GE M, ZHANG H, et al. A method for improving uncalibrated phase delay estimation and ambiguity fixing in real-time precise point positioning ［J］. Journal of Geodesy, 2013, 87(5)：405-416.

［13］ LI P, ZHANG X. Precise point positioning with partial ambiguity fixing ［J］. Sensors, 2015, 15(6)：13627-13643.

［14］ ZHANG X, LI P. Assessment of correct fixing rate for precise point positioning ambiguity resolution on a global scale ［J］. Journal of Geodesy, 2013, 87(6)：579-589.

［15］ WANNINGER L, BEER S. BeiDou satellite-induced code pseudorange variations：diagnosis and therapy ［J］. GPS Solutions, 2015, 19(4)：639-648.

［16］ LI P, ZHANG X, REN X, et al. Generating GPS satellite fractional cycle bias for ambiguity-fixed precise point positioning ［J］. GPS Solutions, 2015, 20(4)：1-12.

［17］ 于兴旺. 多频 GNSS 精密定位理论与方法研究［D］. 武汉：武汉大学, 2011.

［18］ GENG J, TEFERLE F N, SHI C, et al. Ambiguity resolution in precise point positioning with hourly data ［J］. GPS Solutions, 2009, 13(4)：263-270.

[19] GENG J, TEFERLE F N, MENG X, et al. Towards PPP-RTK：ambiguity resolution in real-time precise point positioning [J]. Advances in Space Research, 2011, 47(10)：1664-1673.

[20] TAKASU T, YASUDA A. Kalman-filter-based integer ambiguity resolution strategy for long-baseline RTK with ionosphere and troposphere estimation [J]. Proceedings of International Technical Meeting of the Satellite Division of the Institute of Navigation, 2010, 7672(6)：161-171.

[21] TEUNISSEN P J G. GNSS integer ambiguity validation：overview of theory and methods [C]//Proceedings of the Ion Pacific PNT Meeting, Honolulu,Hawai,2013.

[22] VERHAGEN S. Integer ambiguity validation：an open problem? [J]. GPS Solutions, 2004, 8 (1)：36-43.

[23] TEUNISSEN P J G, ODIJK D. Ambiguity dilution of precision：definition, properties and application [C]//Proceedings of International Technical Meeting of the Satellite Division of the Institute of Navigation,Kansas,1997：891-899.

[24] ODIJK D, TEUNISSEN P J G. ADOP in closed form for a hierarchy of multi-frequency single-baseline GNSS models [J]. Journal of Geodesy, 2008, 82(8)：473-492.

[25] TEUNISSEN P J G. Success probability of integer GPS ambiguity rounding and bootstrapping [J]. Journal of Geodesy, 1998, 72(10)：606-612.

[26] WANG J, FENG Y. Reliability of partial ambiguity fixing with multiple GNSS constellations [J]. Journal of Geodesy, 2013, 87(1)：1-14.

[27] VERHAGEN S. On the reliability of integer ambiguity resolution [J]. Navigation, 2005, 52(52)：99-110.

[28] TEUNISSEN P J G, VERHAGEN S. GNSS Ambiguity resolution：when and how to fix or not to fix [M]// VI Hotine-Marussi Symposium on Theoretical and Computational Geodesy. Berlin Heidelberg：Springer, 2008：143-148.

[29] FREI E, BEUTLER G. Rapid static positioning based on the fast ambiguity resolution approach FARA：theory and first results [J]. Manuscripta geodaetica, 1990, 15(6)：325-356.

[30] JIN S, CHEN W, DING X,et al. Ambiguity validation with combined ratio test and ellipsoidal integer aperture estimator [J]. Journal of Geodesy, 2010, 84(10)：597-604.

[31] TEUNISSEN P J G, VERHAGEN S. The GNSS ambiguity ratio-test revisited：a better way of using it [J]. Survey Review, 2009, 41(312)：138-151.

[32] VERHAGEN S, TEUNISSEN P J G. The ratio test for future GNSS ambiguity resolution [J]. GPS Solutions, 2013, 17(4)：535-548.

[33] 刘经南, 邓辰龙, 唐卫明. GNSS 整周模糊度确认理论方法研究进展[J]. 武汉大学学报：信息科学版, 2014(9)：1009-1016.

[34] TEUNISSEN P. Integer aperture GNSS ambiguity resolution [J]. Artificial Satellites, 2003, 38 (3)：79-88.

[35] BRACK A, GÜNTHER C. Generalized integer aperture estimation for partial GNSS ambiguity fixing [J]. Journal of Geodesy, 2014, 88(5)：479-490.

[36] CAO W, O'KEEFE K, CANNON M E. Partial ambiguity fixing within multiple frequencies and systems [C]//Proceedings of the 20th International Technical Meeting of the Satellite Division of

the Institute of Navigation（ION GNSS 2007），Fort Worth，2007：321-323.

[37] HENKEL P, GÜNTHER C. Partial integer decorrelation：optimum trade-off between variance reduction and bias amplification［J］. Journal of Geodesy, 2010, 84(1)：51-63.

[38] PARKINS A. Increasing GNSS RTK availability with a new single-epoch batch partial ambiguity resolution algorithm［J］. GPS Solutions, 2011, 15(4)：391-402.

[39] TEUNISSEN P J G, JOOSTEN P, TIBERIUS C C J M. Geometry-free ambiguity success rates in case of partial fixing［C］//Proceedings of the National Technical Meeting of the Institute of Navigation, San Diego, 1999：201-207.

[40] 赵兴旺. 基于相位偏差改正的 PPP 单差模糊度快速解算问题研究［D］. 南京：东南大学, 2011.

[41] 彭家顿. 低高度角信号对卫星分布和流层延迟估计影响的研究［D］. 桂林：桂林理工大学, 2012.

[42] 刘若普, 翟传润, 战兴群. 基于分段信噪比加权的 GPS 定位方法［J］. 信息技术, 2008, 32(9)：17-20.

[43] O'KEEFE K, PETOVELLO M, CAO W, et al. Comparing multicarrier ambiguity resolution methods for Geometry-based GPS and Galileo relative positioning and their application to low earth orbiting satellite attitude determination［J］. International Journal of Navigation & Observation, 2009：1687-5990.

[44] CASE K, KRUIZINGA G, WU S. GRACE level 1B data product user handbook［J］. JPL Publication D, 2010.

[45] WEINBACH, SCHOEN. Improved GRACE kinematic orbit determination using GPS receiver clock：modeling［J］. GPS Solutions, 2013, 17(4)：511-520.

[46] 李建成, 张守建, 邹贤才, 等. GRACE 卫星非差运动学厘米级定轨［J］. 科学通报, 2009(16)：2355-2362.

[47] JI S, CHEN W, DING X, et al. Ambiguity validation with combined ratio test and ellipsoidal integer aperture estimator［J］. Journal of Geodesy, 2010, 84(10)：597-604.

[48] HAUSCHILD A E, MONTENBRUCK O, SLEEWAEGEN J, et al. Characterization of compass M-1 signals［J］. GPS Solutions, 2012, 16(1)：117-126.

[49] GISBERT J V P, BATZILIS N, RISUEÑO G L, et al. GNSS payload and signal characterization using a 3m Dish Antenna［C］//Proceedings of the 25th International Technical Meeting of the Satellite Division of the Institute of Navigation（ION GNSS 2012），September 17-21, Nashville, 2012.

[50] MONTENBRUCK O, STEIGENBERGER P. The BeiDou navigation message［J］. IGNSS Symposium, 2013, 12(1)：1-12.

[51] ZHANG X, HE X, LIU W. Characteristics of systematic errors in the BDS Hatch-Melbourne-Wubbena combination and its influence on wide-lane ambiguity resolution［J］. GPS Solutions, 21(1)：265-277.

[52] 李昕, 张小红, 曾琪, 等. 北斗卫星伪距偏差模型估计及其对精密定位的影响［J］. 武汉大学学报:信息科学版, 2017, 42(10)：1461-1467.

[53] 张小红, 丁乐乐. 北斗二代观测值质量分析及随机模型精化［J］. 武汉大学学报:信息科学

版, 2013, 38(7): 832-836.

[54] LI X, GE M, DAI X, et al. Accuracy and reliability of multi-GNSS real-time precise positioning: GPS, GLONASS, BeiDou, and Galileo [J]. Journal of Geodesy, 2015, 89(6): 607-635.

[55] LI X, ZHANG X, REN X, et al. Precise positioning with current multi-constellation global navigation satellite systems: GPS, GLONASS, Galileo and BeiDou [J]. Scientific Reports, 2015, 5:8328.

[56] GAO W, GAO C, PAN S, et al. Improving ambiguity resolution for medium baselines using combined GPS and BDS dual/triple-frequency observations [J]. Sensors, 2015, 15(11): 27525-27542.

[57] ODOLINSKI R, TEUNISSEN P J, ODIJK D. Combined BDS, Galileo, QZSS and GPS single-frequency RTK [J]. GPS Solutions, 2015, 19(1): 151-163.

[58] TEUNISSEN P J G, ODOLINSKI R, ODIJK D. Instantaneous BeiDou + GPS RTK positioning with high cut-off elevation angles [J]. Journal of Geodesy, 2014, 88(4): 335-350.

[59] WANG M, CAI H, PAN Z. BDS/GPS relative positioning for long baseline with undifferenced observations [J]. Advances in Space Research, 2015, 55(1): 113-124.

[60] ZHAO S, CUI X, GUAN F, et al. A Kalman filter-based short baseline RTK algorithm for single-frequency combination of GPS and BDS [J]. Sensors, 2014, 14(8): 15415-15433.

[61] HEGARTY C, POWERS E, FONVILLE B. Accounting for timing biases between GPS, modernized GPS, and Galileo signals [C]//Proceedings of ION GNSS 2005, Long Beach, 2005:2401-2407.

[62] MONTENBRUCK O, HAUSCHILD A E, HESSELS U. Characterization of GPS/GIOVE sensor stations in the CONGO network [J]. GPS Solutions, 2011, 15(3): 193-205.

[63] ODIJK D, TEUNISSEN P J. Characterization of between-receiver GPS-Galileo inter-system biases and their effect on mixed ambiguity resolution [J]. GPS Solutions, 2013, 17(4): 521-533.

[64] LI P, ZHANG X, GUO F. Ambiguity resolved precise point positioning with GPS and BeiDou [J]. Journal of Geodesy, 2017, 91(1): 25-40.

第8章 实时 PPP 关键技术及原型系统

◢ 8.1 概 述

当前,实时高精度定位服务系统主要有两类:一类是基于网络 RTK 技术的连续运行参考站(CORS)系统。CORS 虽然可以在参考站网内提供实时高精度定位服务,但作业范围有限。我国国土面积大,建立覆盖全国的 CORS 固然可以满足国民经济建设的定位需求,但总投资和运营成本相当高,至少从目前的条件来看,仍然不太现实。

另一类是为解决 CORS 作业范围有限而建立的星基差分定位系统,如 Omni-STAR、StarFire 等,这类系统通常采用 PPP 技术。由于 PPP 离不开高精度的卫星轨道和钟差产品,前面所述实数解 PPP 基本采用后处理模式。为此,JPL 的 Muellerschoen 等提出了全球实时 PPP 的概念,他们利用实时计算的高精度轨道和钟差改正信息,进行实时 PPP 服务。试验结果表明,在全球范围内可望实现水平方向定位精度为 10 ~20cm 的实时动态定位[1]。Veripos 公司推出的下一代精确定位系统 Veripos Ultra,能在全球范围内实时提供分米级精度的定位服务,该服务也是建立在实时 PPP 技术基础之上的。NavCom 的 Hatch 也提出了利用 JPL 实时定轨软件 RTG 实现全球 RTK 的计划,通过互联网和地球静止通信卫星向全球用户发送精密星历和精密卫星钟差修正数据,利用这些修正数据,实现 2 ~4dm 的实时动态定位,事后静态定位精度可达 2 ~4cm,收敛速度需要 30min[2]。我国高技术研究发展计划("863"计划)地球观测与导航技术领域 2008 年开始实施的"广域实时精密定位技术与示范系统"重点项目计划,也开展了具有自主知识产权的 GPS 实时 PPP 服务系统的研究。

鉴于实时 PPP 在科学研究领域(如地震、海啸的监测与预警)的广泛应用前景和工程领域的重要实用价值,2007 年,国际 GNSS 服务(IGS)组织启动了实时计划项目(RTPP)[3]。在此项目的协调下,目前已有全球范围分布的超过 100 个跟踪站正在提供实时数据流。因此,利用这些 IGS 连续运行跟踪站的实时观测数据流,基于互联网,可以实时估计并播发精密卫星钟差改正数及超快精密轨道产品。研发实时 PPP 系统,可以在全球范围内实现高精度定位,低密度基站分布可大大降低运营和维护成本,这将具有十分重要的现实意义和广泛的应用前景。目前国际上已有相关机构正在开展这方面的研究,并在系统开发方面取得了一些初步成果。

目前,实时 PPP 系统有基于互联网的服务系统和基于通信卫星的服务系统。实时 PPP 平面方向的定位精度为 5cm 左右,高程方向为 10cm 左右。实时 PPP 系统能够在有网络通信覆盖的全球区域内实现实时、全天候的高精度动态定位,运营成本相对低廉,可在海上作业,能在地震监测、军事指挥、交通运输、灾害预警、精细农业等众多潜在领域推广应用。

8.2 实时精密星历与钟差产品

实时 PPP 需要实时精密轨道和卫星钟差产品。理论研究表明,单点定位误差与卫星轨道误差在同一量级,因此为实现厘米级精度的 PPP 必须采用高精度的精密轨道坐标。目前,IGS 发布的 4 种星历文件均能提供卫星轨道坐标,其精度由高到低分别为最终精密星历、快速精密星历、超快速精密星历、广播星历,且它们的精度在不断地改进提高。其中,超快速星历产品(IGU)的后 24h 预报部分和广播星历可以实时得到,并且 IGU 的预报轨道精度远高于广播星历。表 8.1 中给出了 IGS 各类 GPS 精密星历的情况,为了进行比较,表中也列出了广播星历的相关数据。

表 8.1 IGS 所提供的 4 种 GPS 卫星星历及其精度

卫星星历		精度/cm	滞后时间	更新率	数据间隔/min
广播星历		约 100	实时		
超快速精密星历	预报部分	约 5	实时	1 次/(6h),UTC 3:00、9:00、15:00、21:00	15
	实测部分	约 3	3～9h	1 次/(6h),UTC 3:00、9:00、15:00、21:00	15
快速精密星历		约 2.5	17～41h	1 次/天,UTC 17:00	15
最终精密星历		约 2.5	12～18 天	1 次/周,周四	15

需要说明的是,超快星历每天发布 4 次,分别在 UTC 3:00、9:00、15:00、21:00 发布。该星历包括 48h 的卫星轨道,其中前 24h 是根据观测值计算出来的,后 24h 为预报轨道。表中给出的精度是 3 个坐标分量 X、Y、Z 上的平均 RMS 值,是通过与独立的 SLR 结果比较后求得的。

8.3 高频实时钟差估计

8.3.1 高频实时钟差估计方法

由于 IGS 最终和快速产品存在时间延迟,因此只有超快速产品的预报部分适用于实时 PPP。超快速轨道产品的精度已优于 5cm,可以外推,也能保证足够的精度,能满足实时 PPP 的要求。而卫星钟差的预报精度仅为 3ns,不能满足实时 PPP 应用的需求。因此,如何实时获取精密卫星钟差改正是实现实时 PPP 的关键。

基于全球 IGS 观测网的实时观测数据流实时估计精密卫星钟差,并通过互联网络向实时用户进行播发,即可实现实时 PPP 服务。目前网络通信技术已经相当发达,实时向用户播放改正数较易实现。

精密钟差实时估计有两种不同方式：

（1）利用全球地面网，同时估计站坐标、卫星轨道、卫星钟差、接收机钟差、对流层和模糊度参数；

（2）固定卫星轨道和站坐标参数，仅估计卫星钟差、接收机钟差、对流层和模糊度参数。

两种模式估计的卫星钟差精度基本相当。为了提高计算效率，尤其是在实时应用中，第二种方式更具优势。因此本节中使用第二种方式进行实时精密钟差估计。

精密卫星钟差估计一般采用消电离层的非差组合相位和伪距观测值，其误差方程为

$$v_{r,L}^{s}(i) = \mathrm{d}t_{r}(i) - \mathrm{d}t^{s}(i) + \rho_{r}^{s}(i)/c + T_{r}^{s}(i)/c + B_{r}^{s}(i)/c + \varepsilon_{r,L}^{s}(i) - L_{r}^{s}(i)/c$$

$$(8.1)$$

$$v_{r,p}^{s}(i) = \mathrm{d}t_{r}(i) - \mathrm{d}t^{s}(i) + \rho_{r}^{s}(i)/c + T_{r}^{s}/c + \varepsilon_{r,p}^{s}(i) - P_{r}^{s}(i)/c \qquad (8.2)$$

式中：r 为测站号；s 为卫星号；i 为相应的观测历元；c 为真空中的光速；$\mathrm{d}t_{r}(i)$ 为接收机钟差；$\mathrm{d}t^{s}(i)$ 为卫星钟差；$T_{r}^{s}(i)$ 为对流层延迟误差；$B_{r}^{s}(i)$ 为站星间无电离层组合实数模糊度；$\varepsilon_{r,L}^{s}(i)$、$\varepsilon_{r,p}^{s}(i)$ 为多路径、观测噪声等未模型化的误差；$L_{r}^{s}(i)$、$P_{r}^{s}(i)$ 为相应卫星、测站和历元的无电离层影响的组合观测值；$v_{r,L}^{s}(i)$、$v_{r,p}^{s}(i)$ 为残差；$\rho_{r}^{s}(i)$ 为信号发射时刻的卫星位置到信号接收时刻的接收机位置之间的几何距离。

误差方程式（8.1）和式（8.2）中，既含有接机钟差又含有卫星钟差，直接利用相位和伪距观测值不能同时解求这两个钟差，因此须先固定某一卫星钟或接收机钟作为基准钟，再确定其他接收机和卫星与所选定基准钟间的相对钟差。利用全球分布的 IGS 跟踪站的实时观测数据，即可采用卡尔曼滤波实时估计基准钟以外的精密卫星钟差和其他站点的接收机钟差。在确保基准接收机钟稳定可靠的前提下，采用这种方法是简单有效的。

动态 PPP 中，观测数据的采样率往往比较高（例如 1Hz 或者更高），因此需要高采样率的卫星钟差改正数。采用 5min 采样率的卫星钟差改正数进行线性内插会降低定位精度[4]。为了减少内插误差，IGS 从 2007 年起联合 CODE、MIT 和 EMR 的 30s 采样率钟差产品生成最终 30s 钟差产品。此外，从 GPS 周 1478 开始，CODE 开始提供 5s 间隔的 GPS 钟差改正数。这使得获得亚厘米级精度的内插钟差成为可能，从而实现不受采样率限制的高精度后处理定位。

在实时动态应用领域，由于钟差改正数需要预报，对高采样率的要求则更高，因此快速估计高采样率的实时精密钟差产品非常重要。张小红等提出了一种高效稳健的快速估钟算法，可以实现 GPS 精密卫星钟差的 1s 采样率快速更新[5]。

通常，无电离层线性组合的非差观测方程如式（8.1）和式（8.2）被用于精密钟差估计。但是，在该非差模型中，大量的待估参数限制了实时精密钟差的快速更新。例如，使用全球分布的 40 个测站的跟踪网，假定每个站都观测到 10 颗卫星，每个历元

将会有 512 个待估参数(表 8.2),这将大大增加计算负担,尤其是对于 1s 高采样率的钟差估计。由于钟差逐历元变化,在加入法方程之前可将其预先消除,以减少法方程中参数的维数。在求解得到全球网的模糊度、天顶对流层时延等参数后,再通过参数回代步骤恢复出预先消除的钟差参数。该方法在一定程度上提高了处理效率,但是大量的模糊度参数依然限制了非差模型的处理速度。

表 8.2　法方程中的待估参数个数

模型	接收机钟差	卫星钟差	对流层延迟	模糊度
非差	nsta × 1 = 40	nsat × 1 = 32	nsta × 1 = 40	nsta × nobs = 400
非差(消参数)	0	0	nsta × 1 = 40	nsta × nobs = 400
历元差分	0	0	nsta × 1 = 40	0

注:nsta 为测站数;nsat 为卫星数;nobs 为每个测站上的平均可视卫星数

为了消除相位观测值中的模糊度,对相邻历元的相位观测值进行历元间差分。历元间差分载波相位误差方程如下:

$$v_{r,L}^s(i, i+1) = dt_r(i, i+1) - dt^s(i, i+1) + \rho_r^s(i, i+1)/c + T_r^s(i, i+1)/c -$$
$$L_r^s(i, i+1)/c + \varepsilon_{r,L}^s(i, i+1) \tag{8.3}$$

对于历元差分模型,在历元间载波观测值未发生周跳的情况下,由于其不含模糊度参数,待估参数的数量会大大减少。历元差分模型的法方程中仅含有天顶对流层时延参数,因此估计实时钟差的效率更高。表 8.2 列出了 40 个测站网观测 32 颗 GPS 卫星最终形成的法方程中的待估参数数量。

值得注意的是,历元差分模型估计得到的是历元相对钟差。为了从历元相对钟差中恢复出"绝对"钟差,需要参考时刻的"绝对"钟差信息。该信息可以从非差模型估计的稀疏钟差时间序列中得到。联合高效的历元差分模型估计的高采样率相对钟差与低采样率非差钟差即可生成高采样率的"绝对"钟差。联合使用两个独立并行的线程估计非差和历元相对钟差,非差线程估计 5s 采样率钟差,而在历元差分线程中每秒估计一组相对卫星钟差。利用历元差分(ED)相对钟差和非差(UD)"绝对"钟差作为观测方程形成的新观测方程如下:

$$\begin{cases} \delta_{UD}(t_1) = \delta(t_1) + \varepsilon_{UD} \\ \delta_{ED}(t_{2,1}) = -\delta(t_1) + \delta(t_2) + \varepsilon_{ED} \\ \delta_{ED}(t_{3,2}) = -\delta(t_2) + \delta(t_3) + \varepsilon_{ED} \\ \delta_{ED}(t_{4,3}) = -\delta(t_3) + \delta(t_4) + \varepsilon_{ED} \\ \delta_{ED}(t_{5,4}) = -\delta(t_4) + \delta(t_5) + \varepsilon_{ED} \\ \delta_{UD}(t_5) = \delta(t_5) + \varepsilon_{UD} \\ \vdots \\ \delta_{UD}(t_n) = \delta(t_n) + \varepsilon_{UD} \\ \delta_{ED}(t_{n+1,n}) = -\delta(t_n) + \delta(t_{n+1}) + \varepsilon_{ED} \end{cases} \tag{8.4}$$

式中:$\delta_{UD}(t_n)$ 为 5s 采样的非差绝对钟差;$\delta_{ED}(t_{n+1,n})$ 为 1s 采样的历元差分相对钟差;$\delta(t_n)$ 为最终估计得到的 1s 采样的绝对钟差;ε_{UD}、ε_{ED} 分别为非差和历元差分钟差的残差。

图 8.1 为该算法流程图。非差线程按 5s 采样率处理观测数据并生成绝对钟差;而历元差分线程按 1s 采样率处理观测数据,生成历元间相对钟差。各历元的绝对钟差按照式(8.4)计算得到。

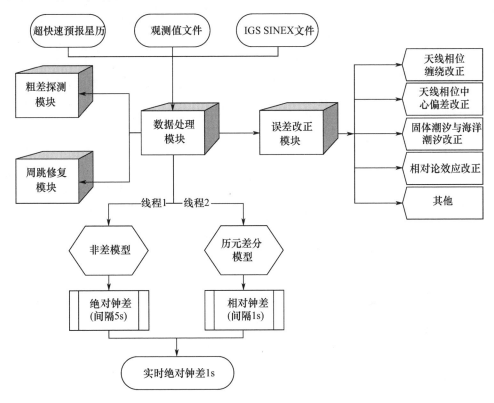

图 8.1 高采样率精密卫星钟差实时估计的流程图

实时精密卫星钟差估计策略如表 8.3 所列。

表 8.3 实时精密卫星钟差估计策略

参数		处理方法
观测值	观测量	LC/PC(无电离层组合)
	卫星截止高度角	5°
误差	天线相位缠绕	采用现有模型改正
	天线相位中心偏差	绝对天线相位中心(最新为 IGS14)模型
	固体潮汐与海洋潮汐	采用现有模型改正
	相对论效应	采用现有模型改正

(续)

参数		处理方法
参数	测站坐标	固定(IGS 每周提供的 SINEX 文件)
	卫星轨道	固定(超快速精密轨道)
	对流层	Saastamoinen 模型 + 参数估计
	残余卫星钟差	白噪声
	残余接收机钟差	白噪声
	模糊度	估计

法方程维数是影响钟差估计效率的主要因素。图 8.2 说明了非差、非差消参数和历元差分模型中,测站数与待估参数数量的关系。非差模型中参数数量随测站数线性增加。当测站数达到 100 时,总的待估参数将超过 1000 个。以 40 个测站的观测网 1h 观测数据为例,使用 1GHz CPU(中央处理器)笔记本电脑,分别使用 3 种模型估计不同采样率的卫星钟差。处理时间与采样率关系如图 8.3 所示。在非差模型中,处理 1h 观测数据,估计 1s 采样率卫星钟差几乎需要花费 2h 的 CPU 时间,远不能满足实时高采样率钟差估计的要求。而在历元差分模型中,估计 1s 采样率卫星钟差仅需要大约 20min。非差模型每个历元平均需要 1.88s,而使用提出的快速算法只需要 0.25s。

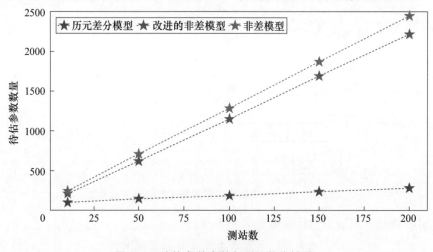

图 8.2　待估参数个数与测站数的关系

8.3.2　高频实时钟差估计精度评估

为了评价实时精密卫星钟差的精度,将实时估计得到的精密卫星钟差与 CODE 发布的事后精密钟差进行比较。由于二者基准钟选择不同,导致两套钟差值之间存系统性偏差,但是这种系统性偏差在定位中会被模糊度和接收机钟差吸收,不影响最终定位结果。在分析实时估计的卫星钟差与 CODE 事后精密卫星钟差的符合程度时,可扣除该系统偏差。以 GPS 2 号卫星钟作为参考(在此时间段内 GPS 1 号卫星由

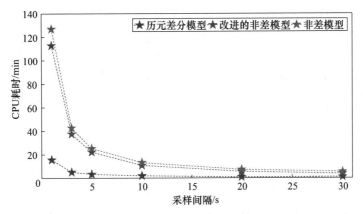

图 8.3　估计不同采样率卫星钟差所需要的 CPU 时间

于故障停止服务),将实时估计的卫星钟差与 CODE 事后卫星钟差做差以评定其精度。实时精密卫星钟差的 RMS 值为

$$RMS = \sqrt{\frac{\sum_{i=1}^{n}(\Delta_i - \overline{\Delta})(\Delta_i - \overline{\Delta})}{n}} \qquad (8.5)$$

式中:Δ_i 为第 i 个历元两套卫星钟差之差;$\overline{\Delta}$ 为其均值;n 为历元数。

使用 2008 年第 184 天的观测数据按照实时模式估计 1s 采样率卫星钟差。图 8.4 代表性显示了 4 颗 GPS 卫星(G7、G14、G21、G28)的实时钟差估计值与 CODE 最终钟差的差异。由图可以看出,估计的实时钟差相对 CODE 最终钟差的差异在 0.3ns 以内,大多数偏差小于 0.1ns。

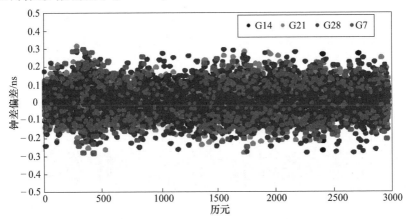

图 8.4　估计的高采样率钟差与 CODE 最终产品的差值(见彩图)

各卫星钟差估计值相对 CODE 最终钟差的 RMS 值如图 8.5 所示。结果表明:利用全球 40 个 IGS 跟踪站实时估计得到的卫星钟差与 CODE 事后精密卫星钟差具有较好的一致性,大部分优于 0.1ns,最大偏差不超过 0.2ns。少数卫星钟差偏差较大,

这可能与卫星自身特性,如卫星龄期、卫星型号及卫星钟类型等有关。但总体而言,在系统服务器端利用全球一定数量大致均匀分布的跟踪站的观测数据估计出的实时卫星钟差与 CODE 事后精密钟差具有较高的外符合性,二者互差约为 0.1ns。相关研究表明,当选择用于钟差估计的跟踪站达到 40 个左右时,再增加跟踪站的数目将不会显著改善精密卫星钟差估计的精度。此外,参考站选择的优化可能是提高精密卫星钟差估计精度的因素,这需要进一步研究[6]。

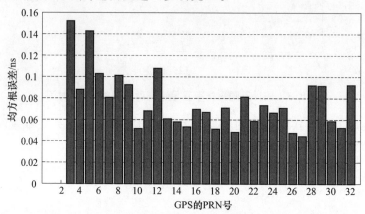

图 8.5　高采样率钟差与 CODE 最终钟差差值的 RMS

空间信号测距误差(SISRE)是指示导航信息精度的另一个指标,包括星历与卫星钟误差。SISRE 可近似表示为[7-8]

$$\mathrm{SISRE} = \sqrt{(R-\mathrm{CLK})^2 + \frac{1}{49}(A^2 + C^2)} \tag{8.6}$$

式中:R、A 和 C 分别为径向、切向和法向的轨道误差;CLK 为卫星钟差的误差。使用 IGU 轨道以及估计得到的高采样率钟差计算得到 SISRE。图 8.6 给出了 GPS 卫星 G7、G14、G21、G28 的 SISRE 结果。可以看出,各卫星的 SISRE 值都在 10cm 以内。

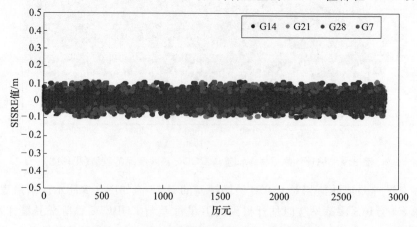

图 8.6　GPS 4 颗卫星的 SISRE 值(见彩图)

◢ 8.4　PPP 快速重新初始化方法

在 GNSS 的观测过程中,特别是动态定位时,会不可避免地出现部分或全部卫星发生信号失锁或中断,从而导致 PPP 的重新初始化。在重新初始化的过程中,由于模糊度不能在短时间内收敛到正确的整数值,使得初始化过程中的观测历元得不到高精度的 PPP 固定解,只能获得分米级甚至米级的定位精度。因此,为了避免信号中断所引起的频繁重新初始化,传统的 PPP 技术往往要求观测环境比较开阔(保证接收机对卫星信号的连续跟踪)。但 GNSS 实际作业时,这一要求并非总能得到保证。这一技术瓶颈极大地限制了 PPP 技术在工程测量(如城市测量)特别是实时动态领域的应用。

准确地确定整周模糊度是 GNSS 能够进行高精度应用(毫米至厘米级)的前提,因此,实现快速 GNSS 精密定位的关键是如何在尽量短的观测时间内快速固定整周模糊度,这对实时动态定位尤为重要。但是,由于大气层延迟等误差的影响,PPP 模糊度的快速确定十分困难。

8.4.1　实时周跳修复与数据连接

相位观测值中的周跳如果不能被准确地探测并修复,将严重降低精密定位的质量。特别是在实时应用中,其影响更加显著。为此,20 年来,学者们提出了大量探测与修复周跳的方法。但大部分的方法都是针对双差相位观测值,因为通过双差可以消除或者显著减弱大部分误差。双差载波相位的周跳探测与修复方法在后处理[9-10]和实时定位[11-12]中均已相对成熟。Blewitt 提出了 TurboEdit 方法,用来处理非差载波相位的周跳问题[13],但这种方法需要周跳发生前后连续几分钟的相位数据,因此不适用于实时 PPP。Zhen 提出了一种基于三频 GNSS 数据的实时周跳探测方法[14],可以应用于 PPP 数据处理中,但是目前双频接收机用户仍然是主流的用户群体。Banville 和 Langley 利用波长仅为 5.4cm 的无几何距离组合观测值来实时修复非差周跳[15],但该无几何距离组合对未模型化的电离层延迟、接收机天线的相位缠绕、多路径误差非常敏感。张小红等提出了一种稳健的非差相位观测值瞬时周跳修复算法,并应用于实时动态 PPP[16]。

GPS 观测值包括载波相位、伪距以及多普勒频率测量值。利用模型改正天线相位中心偏差及变化、潮汐负荷、相对论效应和卫星天线相位缠绕等误差后,简化的观测方程为

$$L_i^k = \rho_i^k - I_i^k + T_i^k + c(\mathrm{d}t_i - \mathrm{d}t^k) + w_i + \lambda(f_i - f^k) + \lambda N_i^k + \varepsilon_i^k \tag{8.7}$$

$$P_i^k = \rho_i^k + I_i^k + T_i^k + c(\mathrm{d}t_i - \mathrm{d}t^k) + c(d_i + d^k) + e_i^k \tag{8.8}$$

$$D_i^k = \dot{\rho}_i^k - \dot{I}_i^k + \dot{T}_i^k + c(\mathrm{d}\dot{t}_i - \mathrm{d}\dot{t}^k) + \delta_i^k \tag{8.9}$$

式中:下标 i 和上标 k 分别为接收机和卫星;L_i^k、P_i^k 和 D_i^k 分别为相位、伪距和多普勒观测值;ε_i^k、e_i^k 和 δ_i^k 为相应的观测噪声;ρ_i^k 为几何距离;I_i^k、T_i^k 分别为电离层和对流层延迟;$\mathrm{d}t_i$、$\mathrm{d}t^k$ 分别为接收机和卫星的钟差;w_i 为接收机端的相位缠绕;f_i、f^k 分别为接收机和卫星端的相位小数偏差;N_i^k 为非差整周模糊度;d_i、d^k 为码延迟;λ、c 分别为波长和光速;$\dot{\rho}_i^k$、$\dot{I}_i^k$、$\dot{T}_i^k$、$\dot{i}_i$、$\dot{i}^k$ 为各自的变化率。

周跳是由于接收机锁相环暂时失锁而导致相位观测值的整周计数发生跳变[17]。伪距观测值和多普勒频率观测值则不受周跳的影响。其中伪距观测值的精度为分米到米级,多普勒测量的精度为厘米每秒到分米每秒。

周跳修复过程包括周跳探测、整数值精确估计以及相位观测值的改正[10]3个部分。由于周跳是模糊度在时域上的整数跳变,可以认为周跳是时域上的相对整周模糊度。在本节所提出的方法中,首先建立周跳探测的函数模型,然后利用 LAMBDA 方法搜索最优备选值[18]。

由于大气延迟和钟差变化的不规则性,直接探测修复非差载波相位周跳是比较困难的。现有的周跳探测方法主要应用差分技术或者不同观测值线性组合来消除或者减弱相位观测值中的共同误差。在 PPP 应用中,非差载波相位的所有误差项必须利用精密的模型加以改正。观测方程式(8.7)和式(8.9)中,需要应用模型来改正天线相位偏差和变化、潮汐偏移和相对论效应等误差项。接收机钟跳对观测值影响的特征较为明显,可以事先进行校正[19]。多路径效应对伪距观测值的影响较大,对相位和多普勒观测值的影响为厘米级。

在 IGS 等机构 10 多年来的不懈努力之下,导航卫星精密轨道与钟差产品的精度与可靠性均获得了大幅度提高,为全球范围的 PPP 奠定了基础。主要影响定位的径向轨道精度优于 2.5cm[20-21],并且轨道径向分量与卫星钟差的强相关将使得由轨道误差而引起的定位误差会被钟差补偿一部分,进一步削弱其对定位的影响。在实时 PPP 中,虽然超快产品中的钟差预报部分精度仅为 3ns,但使用 IGU 轨道和实时观测数据流进行实时钟差估计并短期预报仍可以达到 0.1ns 左右的精度,也可满足实时 PPP 的要求[22]。在实时 PPP 周跳修复时,残余的卫星轨道和钟差可以忽略。

式(8.7)、式(8.8)中的相位小数偏差是导致标准 PPP 模型中非差模糊度不是整数的主要原因,需要额外的处理来将 PPP 中的相位模糊度固定为整数[23-26]。不过,由于相位小数偏差和码延迟在短时间内是稳定的,在处理周跳和数据中断问题时可以忽略其变化。周跳具有整周特性,可以利用整数模糊度搜索算法来确定其大小。这也是本节所提出算法的基础。

由于接收机钟稳定性较差,在 PPP 函数模型中,通常将其作为参数逐历元估计。在动态情况下,需要在函数模型中引入位置参数每个历元进行估计。在本节的方法中,相邻两个历元的接收机钟差与位置变化和周跳值一起作为参数估计。

由于 GNSS 信号的右旋圆极化特性,卫星和接收机天线的旋转将会导致相位测量值的变化,即相位缠绕[27]。在 PPP 模型中必须考虑卫星相位缠绕的影响,但由于缺乏天线姿态信息,接收机端相位缠绕通常忽略。如果接收机天线围绕其中心轴旋转,每个历元上的所有载波相位观测值的接收机端相位缠绕是相同的[15]。如果不是所有载波相位同时发生周跳,考虑到相位的权远高于伪距,钟差变化参数主要由相位测量值确定,相位缠绕则可以被接收机钟变化参数吸收。如果所有相位观测值同时发生周跳,接收机钟差变化将会由不受相位缠绕效应影响的伪距确定,相位缠绕的影响则会被周跳参数吸收并破坏其整数特性。为了保持周跳的整数特性,类似于 PPP 模糊度解算中的整数模糊度基准[25-26],可以引入一个整数周跳基准。这样便可以分离周跳中的相位缠绕效应,使其被接收机钟差变化参数吸收。理论上,周跳基准可以为任意的整数,它对所有相位测量值的影响相同,并会被接收机钟差参数吸收而不影响定位结果。但是,为了保持接收机钟差的连续性和数据处理方便,在选择周跳基准时,应确保修复的载波相位具有良好的连续性且尽量与伪距保持一致。值得注意的是,宽巷相位组合值为旋转不变量,不会受到相位缠绕效应的影响[13]。

对流层延迟可以由干、湿延迟和各自的投影函数表示:

$$T_i^k = \mathrm{Zhd}_i \cdot m_h^k + \mathrm{Zwd}_i \cdot m_w^k \tag{8.10}$$

式中:干分量 Zhd_i 十分稳定,可以采用 Saastamoinen 模型精确计算[28];投影函数 m 可以采用 GMF[29] 或者其他模型;湿分量 Zwd_i 难以精确模型化。在 PPP 时,应用模型改正湿分量后,通常将其残差按照一定时间间隔进行分段常数或者分段线性估计。对于实时 PPP 的周跳修复,由于短期内对流层延迟具有较强的时间相关性,周跳发生前的 Zwd_i 值仍然可以应用于后续历元中。因此,在周跳探测的过程中,经过模型改正和参数估计后,对流层延迟项可以忽略。

在模糊度解算中,减少或者消除电离层延迟的影响十分重要[30]。为了可靠地解算整数周跳,需要精细考虑电离层延迟。电离层观测值通常用于建立电离层模型,定义如下[31]:

$$L_4 = L_1 - L_2 = \lambda_1 N_1 - \lambda_2 N_2 - (I_1 - I_2) = \lambda_4 N_4 - I_4 \tag{8.11}$$

式中:λ_i、N_i、I_i 分别为波长、整周模糊度和 L_i 上的电离层延迟。

模糊度 N_4 是利用双频相位观测值提取精密电离层延迟的主要障碍。但在本节的研究中,相对电离层延迟(模糊度通过历元间差分消除)便足以用于估计周跳或连接中断的数据。因此,将重点研究电离层的变化特征,并基于已有的观测值建立时变相对电离层模型。

假定从历元 n_0 到 n_k 卫星被连续跟踪,也就是说在这段时间内 $\lambda_4 N_4$ 将为一常数。可以通过 $L_4(n_k)$ 和 $L_4(n_0)$ 求差来计算这些历元之间电离层延迟的变化值:

$$\delta I_4(n_0, n_k) = I_4(n_k) - I_4(n_0) = L_4(n_k) - L_4(n_0) \tag{8.12}$$

式中:模糊度参数已消除,所有历元的相对电离层延迟包含一个常量偏差 $L_4(n_0)$,但这不影响时变电离层建模。

Dai 等针对大气误差的时间相关性进行了大量的研究,并提出采用随机游走或者线性拟合函数来建模并预报大气偏差[32]。后面结果也将进一步说明历元间电离层延迟的时间相关性,因此在几分钟时间内,可以将其描述为时间的函数。这里采用 Dai 等提出的一种基于滑动窗口的线性偏差模型,在利用卡尔曼滤波建模和预测时采用随机游走过程[32]。这个过程需要选择一定数量的历元来作为滑动时间窗口(通常需要几分钟),然后利用滑动窗口电离层信息外推到要预报的历元。

滤波预测的 $\delta \tilde{I}_4(n_0, n_{k+1})$ 和观测值计算的 $\delta I_4(n_0, n_k)$ 之间的变化用于连接历元 n_k 和 n_{k+1},常量偏差 $I_4(n_0)$ 被消除且不影响周跳修复。周跳修复成功后,历元 n_{k+1} 即可以加入到滑动窗口中。下面将更详细地验证时变电离层及其建模。

假定从历元 n_0 到 n_k 所有卫星信号被连续跟踪或者所有周跳已经被修复,便可以尝试连接历元 n_k 到 n_{k+1} 间发生的周跳。在精细考虑上面提到的所有误差后,载波相位观测值可以简化如下:

$$L_i^k(n_k) = \rho_i^k(n_k) + cdt_i(n_k) + \lambda N_i^k \tag{8.13}$$

式中:n_k 为观测历元;N_i^k 为从历元 n_0 到 n_k 的模糊度。

对于时变历元相对解,对时间求差,即有

$$\delta L_i^k(n_{k+1}, n_k) = \delta \rho_i^k(n_{k+1}, n_k) + c\delta dt_i(n_{k+1}, n_k) + \lambda \delta N_i^k \tag{8.14}$$

式中:$\delta N_i^k \in Z$ 为历元 n_k 和 n_{k+1} 之间的周跳。

仅仅采用相位观测值,如果少于 4 颗卫星被连续跟踪,法方程将会秩亏。在这种情况下,需要加入不受周跳影响的伪距和(或)多普勒频移观测值。由于多普勒频移可以被大多数接收机得到,且具有较低的噪声和多路径误差,因此是一个更好的选择。注意到,历元 n_{k+1} 与任何前 k 个历元之间的周跳值是相同的,这意味着可以利用 n_{k+1} 和前 k 个历元中的任何一个历元来解算 δN_i^k。并且,$k+1$ 个历元可以同时使用。这种多历元的处理可以平滑测量噪声和多路径效应。然而,考虑到随着时间间隔的增加,误差的相关性将减弱,应该采用时间间隔加权函数[21]进行处理。在实际操作时,比较合适的平滑窗口长度为 1 ~ 3min。采用这个时间窗口将比直接利用相邻两个历元来解算周跳更加稳健。

精细考虑所有误差项之后,通过构建历元差分模型的周跳计算,可以转化成周跳的搜索,适用于整数最小二乘方法。本节讨论利用 LAMBDA 方法[18]固定整数周跳的处理策略。在最坏的境况下,即一个历元所有载波相位观测值同时发生周跳时,即使所有误差被精确分离,固定周跳值仍然是一个挑战。由于伪距观测值噪声以及周跳和坐标参数之间的强相关性,搜索椭球体通常不以正确整周候选值为中心。为了正确可靠地固定整周周跳候选值,我们提出了一种稳健的 WL-L3-LX 序贯周跳解算策略,其中,WL 指的是宽巷,L3 为无电离层相位观测值,LX 表示 L1、L2 或者 L4。首先,在时变相对电离层信息的辅助下,利用 LAMBDA 方法固定宽巷周跳。由于宽巷组合波长达 86.3cm,宽巷周跳相对容易固定。宽巷相位观测值 L_{WL} 和窄巷伪距观测

值 P_{NL} 用于宽巷整数周跳解算,其中电离层误差可以利用相对电离层模型改正。然后,使用解算得到的 WL 模糊度和无电离层组合观测值 L3,采用 LAMBDA 方法来固定窄巷(NL)周跳。L3 模糊度 N_{L3} 可以分解为

$$\lambda_{L3} N_{L3} = \frac{cf_{L2}}{f_{L1}^2 - f_{L2}^2} N_{WL} + \lambda_{NL} N_{L1} \tag{8.15}$$

式中:N_{WL} 为宽巷周跳,$N_{WL} = N_{L1} - N_{L2}$;λ_{NL} 为窄巷组合波长,$\lambda_{NL} = c/(f_{L1} + f_{L2})$,$c$ 为光速;f 为频率。

窄巷周跳 N_{L1} 可以在先前得到的固定的宽巷周跳辅助下得到。利用 L3 是因为其不包含电离层延迟,在存在较长时间的数据中断或者电离层活跃时仍然有较好的效果。如果窄巷不能固定,这个时候使用相对电离层模型,尝试采用 L1、L2 和 L4 观测值解算整数周跳。L1 和 L2 周跳大小可以利用宽巷和 L1、L2 或者 L4 中的任何一个来重构。在周跳被正确的探测和固定后,可以进行相位观测值的修复。利用估计的整数周跳来改正相位观测值,形成"连续"的相位观测值。

需要指出的是,当使用 L4 时需要引入 WL 整数周跳,这样 L4 可以转化为波长大约 5.4cm 的 L1 周跳。L4 的优点是不受几何距离误差的影响,但其波长较短。尽管 WL-L3 策略可以应用于大多数情况,WL-L3-LX 序贯周跳解算策略在 NL 失败时的稳定性要优于 WL-L3 策略。

8.4.2　信号短时中断后的 PPP 单历元模糊度固定

利用已经固定模糊度的观测历元的数据推求非差大气延迟改正信息,采用预报的非差精密大气层延迟信息实现非差 PPP 的单历元瞬时模糊度固定。

每个相位观测方程中均含有一个模糊度参数,当使用一个历元的观测数据进行 PPP 解算时,还需要同时求解位置参数和接收机钟差参数,法方程是秩亏的,因此要求同时使用相位和伪距观测值。使用单历元观测数据进行 PPP 浮点解的结果如图 8.7 所示。

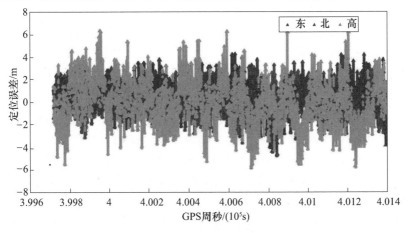

图 8.7　单历元 PPP 浮点解定位结果误差(见彩图)

图 8.8 表明,实时单历元 PPP 浮点解只能得到大约米级的精度。这主要是由于在仅使用一个观测历元的数据时,浮点解的定位精度实质上是由伪距决定的,因此要实现单历元的精密定位,需要进行单历元模糊度固定解。

事实上,在初始化过程中模糊度已经正确的固定,但是在工程应用特别是实时动态定位时,由于周跳、信号失锁或中断、被跟踪的卫星星座变化等原因,整数模糊度值通常会丢失,需要频繁地将其重新固定到新的整数值。尤其是城区作业时,GPS 卫星信号经常会被遮挡或者干扰。因此,关键的问题是在整周数丢失后瞬时(单历元)地重新正确固定模糊度(或者只需少量的历元)。相比多历元解算方法,由于单历元解算的特性,瞬时模糊度固定不受整周数重置的影响。每个历元解算时是独立处理的,周跳、信号失锁或中断、被跟踪的卫星星座变化在数据处理中不会引入额外的复杂度,而且可以瞬时提供毫米到厘米级定位精度。但是,只有当大气层、卫星轨道等误差项均被精细考虑后才能获得瞬时模糊度固定解。

PPP 需要长时间的重新初始化,主要是由信号失锁、数据丢失等引起的整数模糊度重置,导致了前面历元已获得的固定解信息的丢失。在使用无电离层组合观测值的法方程参数估计器中,模糊度参数、位置参数(动态情况下)、接收机钟差参数均已被重置而无法传递到下一个历元,只有 ZPD 参数信息可以为后续历元使用。利用已获得固定解的历元求得的 ZPD 可以从一定程度上缩短重新初始化时间,但由于对流层延迟并不是影响快速收敛的最主要因素,起到的作用十分有限。

电离层延迟和对流层残余误差在时域上存在强相关性。基于此,提出使用时域相关性较强的大气层信息来传递固定解信息的方法,将模糊度已成功固定的观测历元解信息,通过外推大气层延迟误差传递到待固定的历元以辅助模糊度解算,进而实现 PPP 瞬时(单历元)模糊度固定。

首先在已固定历元生成电离层延迟误差值和对流层残余误差,然后通过时域模型进行预报并提供给待求解历元以辅助其进行单历元模糊度固定。所提出的方法对模糊度快速解算非常有效,高精度的电离层延迟和对流层延迟预报方法是提高模糊度解算成功率与可靠性的关键。其中,电离层延迟误差的影响相对要大得多,因此下面将主要讨论电离层部分。

在定位解算的过程中,经过一定历元数的观测信息累积后模糊度被成功固定为整数(完成初始化)后,便切换到单历元瞬时模糊度固定模式,前面已固定历元生成的高精度大气层信息将通过建模预报提供给后续历元使用。一般来说,即使信号遮挡或失锁达到 $100 \sim 200s$,预报的非差电离层延迟对于单历元模糊度解算来说仍然是可以接受的。当然,这与预报模型及当时的电离层条件均有关系。

在 GNSS 定位中,除了原始的载波相位观测值外,还有多个线性组合观测值。针对不同的需求可选择合适的线性组合,一般来说,会选择对各种误差项的影响不敏感的组合观测值进行模糊度求解。这里进行单历元模糊度固定时,采用 WL-LX-L3(LX 代表 L3、L1、L2 或 L4 等)策略,首先在预报大气层信息的辅助下固定 WL 模糊度,然后将宽巷模糊度代入 L3 观测方程并在宽巷固定解的约束下固定窄巷模糊度,再使用窄巷与宽巷重构 L3 并进行最终定位解算。如果窄巷无法固定,则在宽巷固定解的约束下尝试使用 L1、L2 或 L4 等在预报大气层信息的辅助下进行模糊度固定,只要使用 L1、L2 或 L4 中的任何一个能够实现成功固定,即可与宽巷重构 L3 进行最终定位解算。其中,在模糊度固定的过程中均使用 LAMBDA 方法进行模糊度搜索。

8.4.3　试验结果及分析

为了评价提出的 PPP 快速重新初始化方法以及周跳固定算法的可行性和稳健性,试验时考虑了不同观测条件,如模拟动态、实测的低或高动态运动、低或高的采样率以及较短或较长的数据中断。此外,对极端条件,即所有载波观测值同时发生连续的周跳和较长的数据中断也进行了充分的测试。在 8.4.1 节中的时域相对观测模型中,可以利用多历元的时间窗口来平滑伪距噪声和多路径影响以增强周跳解算强度。利用比伪距更高精度和更低噪声的多普勒观测值也可显著增加可靠性。但是,为了评价极端条件下的性能,在算例中仅采用两个相邻历元的观测数据并且不使用多普勒观测值。Ratio 检验[33] 的阈值设为 3,用来评价 LAMBDA 提供的整数周跳备选值的正确性和置信水平。在所有试验中,使用 IGU 轨道和全球参考网的观测值来估计卫星钟差。在前两个试验中钟差是实时估计的,而第三个试验中为模拟实时。

1）模拟动态试验

在模拟动态试验中,利用 IGS 测站 SHAO(接收机为 Ashtech UZ12) 采集的 2009 年的年积日第 122 天数据,采样率为 1s。由于测站 SHAO 坐标精确已知,便于精度评定。首先采用后处理模式经典的 TurboEdit 方法来迭代编辑数据,直到所有周跳被探测并修复;然后采用动态 PPP 逐历元进行解算,相邻历元间坐标参数不加约束。由图 8.8 和图 8.9 可看出,定位误差和残差优于 1.5cm。为了测试所有相位观测值同

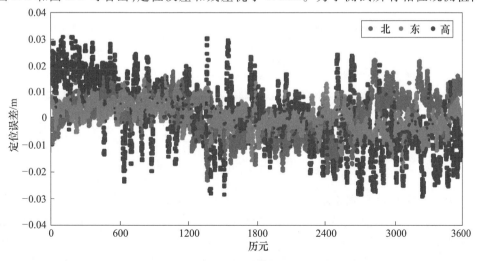

图 8.8　动态 PPP 误差(见彩图)

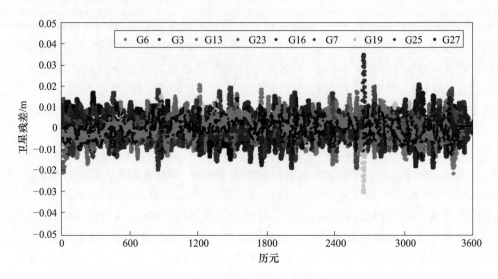

图 8.9　卫星残差(见彩图)

时发生周跳的极端情况,每个历元所有观测值引入模拟的周跳。L1 和 L2 所有历元的模拟周跳值如图 8.10 和图 8.11 所示(不同的颜色代表不同的卫星)。以 G07 为例,L1 第 i 个历元的模拟周跳值为 4。

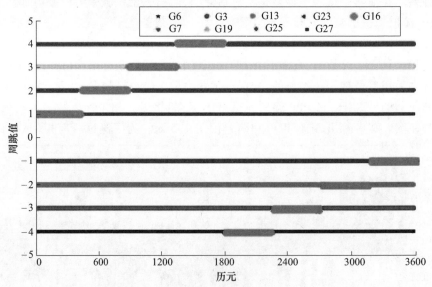

图 8.10　L1 引入的周跳值(见彩图)

　　为了验证不同采样间隔的性能,将原有 1s 的数据文件稀疏为 5s 和 10s 采样率的文件,然后应用周跳固定算法按模拟实时模式来处理数据文件。L1 和 L2 上的周跳由固定的宽巷和窄巷周跳值确定。通过比较模拟值和估计值可以发现,1s、5s 和 10s 采样间隔的数据所有整数周跳值都可以正确确定。1s 采样间隔的宽巷 Ratio 值以及

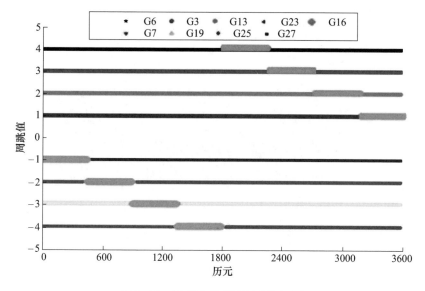

图 8.11　L2 引入的周跳值(见彩图)

1s、5s 和 10s 采样间隔的窄巷 Ratio 值分别如图 8.12 ~ 图 8.15 所示,可以看出所有 Ratio 值均大于 3。由于 1s 采样间隔误差具有强相关性,其宽巷和窄巷 Ratio 值一般较大。

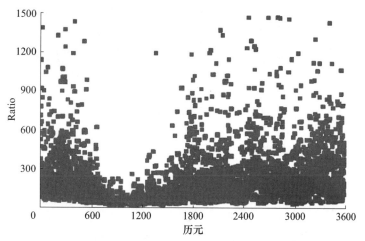

图 8.12　1s 采样率的 WL Ratio

在成功固定周跳后,便可以利用载波相位观测值得到相邻两个历元高精度的相对位置。由于天线静止,其真实值为零,可以用来评价估计的历元相对定位精度。1s 和 10s 采样率的 L3 解算误差分别如图 8.16 和图 8.17 所示。1s 采样率的精度一般优于 5mm,而 10s 采样率绝大部分历元精度优于 1.5cm,这更加充分地验证了周跳修复的正确性和可靠性。

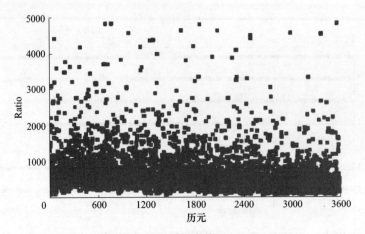

图 8.13 1s 采样率的 NL Ratio

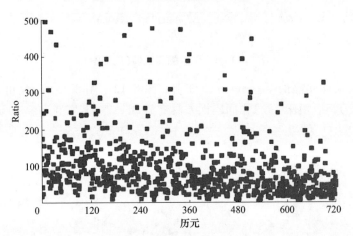

图 8.14 5s 采样率的 NL Ratio

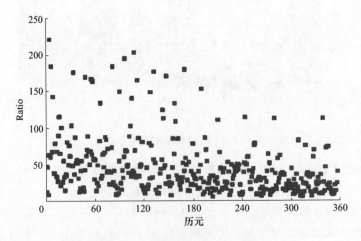

图 8.15 10s 采样率的 NL Ratio

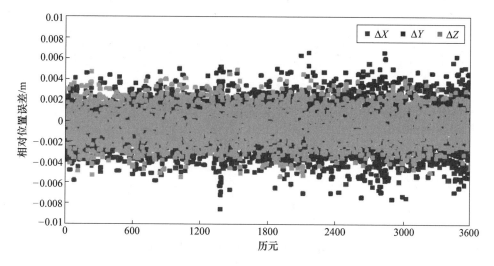

图 8.16　相对位置的误差(L3,1s)(见彩图)

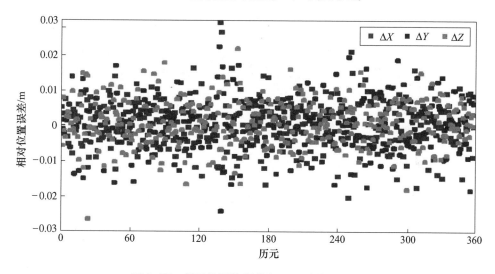

图 8.17　相对位置的误差(L3,10s)(见彩图)

对上面的数据,人为地以 15min 的间隔对所有卫星引入周跳,然后依照传统的处理策略,即当周跳发生时模糊度参数进行重置,来进行模拟实时动态 PPP 解算。图 8.18 和图 8.19 分别给出了 1s 和 10s 采样率未进行周跳固定的动态 PPP 解。可以发现,周跳的发生引起 PPP 的重新初始化,从而导致 PPP 的重收敛过程。在收敛过程中存在较大的位置误差。图 8.20 和图 8.21 给出了应用周跳固定方法后的改进的动态 PPP 解。从图中可以看出,由于周跳引起的动态 PPP 重新初始化问题已经消除。

由上面讨论知,电离层延迟是周跳固定中的一个关键障碍,尤其是长时间数据中断后。然而,在 8.4.1 节提到,时变相对电离层延迟足以消除电离层对周跳修复和数

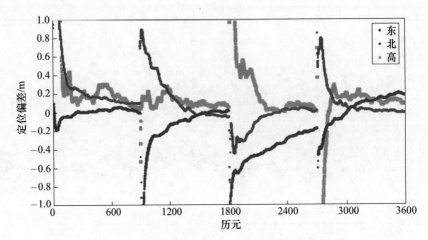

图 8.18 未进行周跳固定的 PPP 解(1s)(见彩图)

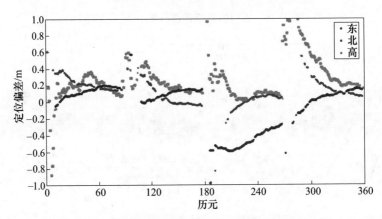

图 8.19 未进行周跳固定的 PPP 解(10s)(见彩图)

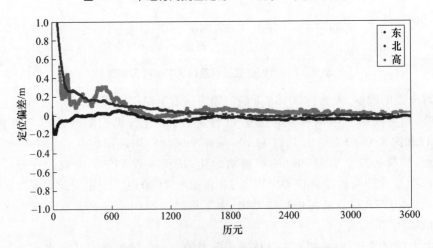

图 8.20 进行周跳固定的 PPP 解(1s)(见彩图)

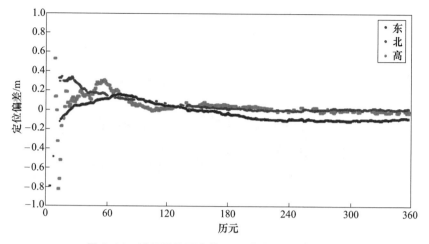

图 8.21 进行周跳固定的 PPP 解(10s)(见彩图)

据中断连接的影响。采用同样的原始数据,得到相对电离层延迟随时间的变化如图 8.22 所示。两个相邻历元存在时间相关性,利用时域相对电离层模型得到中断 5min 后的预测残差如图 8.23 所示。可以看出,在数据中断几分钟后,通过选择适当的时域模型可以达到厘米级预测精度。

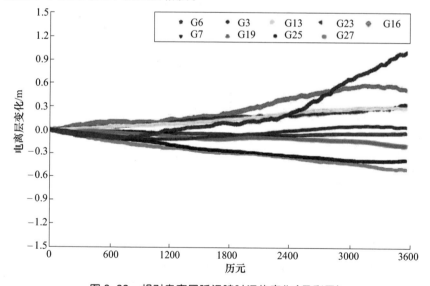

图 8.22 相对电离层延迟随时间的变化(见彩图)

采用同样的原始数据,分别引入 2min 和 5min 的模拟数据中断。采用所提出的整数周跳解算方法来尝试进行数据中断连接。比较模拟值和估计值,可以发现所有 2min 和 5min 的数据中断均可以正确连接,其 Ratio 检验值如图 8.24 和图 8.25 所示。这说明本节所提出的方法在实时动态应用中,对数分钟的数据中断的连接也还是十分有效的。

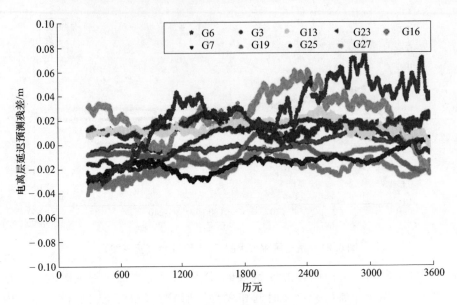

图 8.23　电离层延迟预测残差（中断 5min）（见彩图）

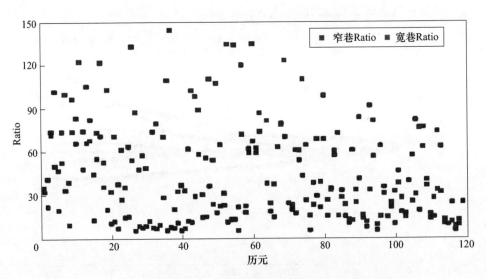

图 8.24　数据中断 2min 条件下周跳固定的 Ratio 值（见彩图）

2）船载动态实验

2009 年年积日第 91 天，某工程测量船上的 Leica GNSS 接收机采集了 1s 采样率的双频观测数据。测量船航行轨迹如图 8.26 所示。采用后处理模式的 TuboEdit 方法迭代编辑数据，直到探测并固定所有周跳。在这个数据中，存在数十个周跳。同时，本节提出的方法也应用于处理该数据。采用动态 PPP 进行解算并进一步分析了其解算残差。图 8.27 表明残差一般优于 1.5cm。然后在一些历元引入模拟周跳，来

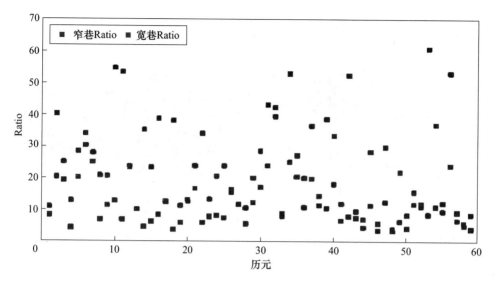

图 8.25　数据中断 5min 条件下周跳固定的 Ratio 值（见彩图）

验证所有载波相位观测值同时发生连续周跳时的解算情况。将所提方法应用于模拟实时数据处理,根据固定的宽巷和窄巷周跳值可以计算得到 L1 和 L2 上的周跳值,其结果如图 8.28 所示。可以看出,所有周跳值均被正确固定且周跳固定的 Ratio 值较高。图 8.29 表明历元相对解的残差一般优于 1cm。这可以进一步验证周跳探测的正确性。

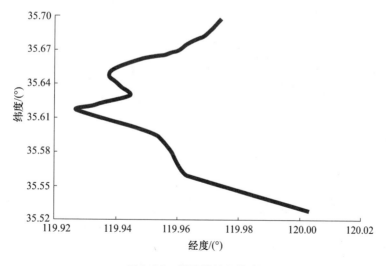

图 8.26　测量船航行轨迹

在上面数据中,3 处有 4~6 颗卫星同时失锁。在这种情况下,如果周跳没有改正,PPP 将会重新初始化(图 8.30)。应用所提出的方法,周跳可以正确固定,可以将

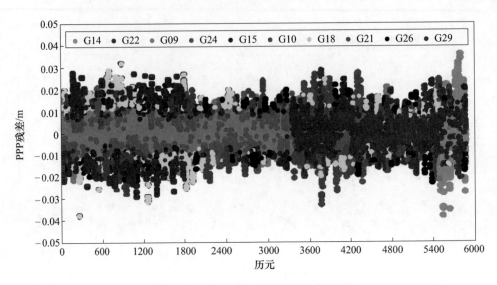

图 8.27　后处理动态 PPP 残差(见彩图)

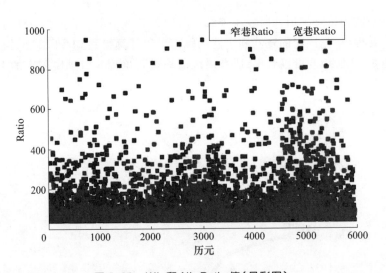

图 8.28　WL 和 NL Ratio 值(见彩图)

不连续的相位观测值连接起来,从而显著改进 PPP 结果(图 8.31)。后处理结果精度和可靠性上面已经验证,可以用来评价实时动态 PPP 解的精度。可以发现,当仅有 1 颗或 2 颗卫星在某些历元偶尔发生周跳时,动态 PPP 的解算结果不会发生显著扰动,这是因为大部分模糊度并没有重置。然而,当 3 颗或者更多的相位观测值同时发生周跳时,其解将显著变差,尤其是少于 4 颗卫星被连续跟踪时。采用周跳固定算法,可以实现连续的高精度 PPP 而避免重新初始化问题。

　　3)机载动态实验

　　为了进一步验证该方法在高动态条件下的效果,利用某次航空测量的动态数据

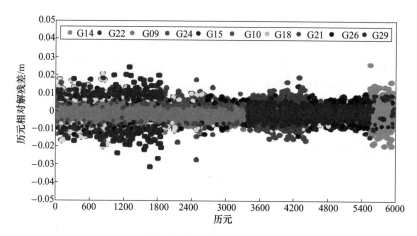

图 8.29　历元相对解的残差（见彩图）

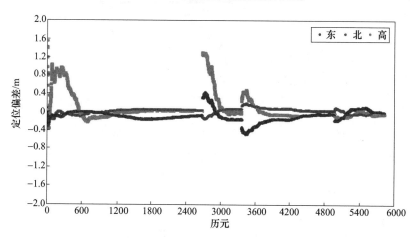

图 8.30　PPP 解（不固定周跳）（见彩图）

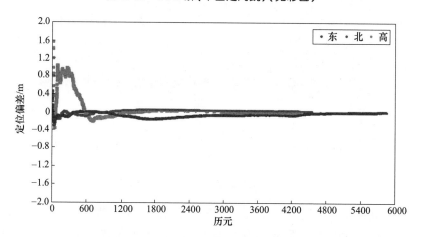

图 8.31　PPP 解（固定周跳）（见彩图）

进行实验,该数据为 Ashtech Z12 接收机以 1s 的间隔采集的双频机载观测数据。飞机的轨迹如图 8.32 所示。与船载实验相同,同样采用 TurboEdit 和我们所提方法分别处理这些数据。动态 PPP 解的残差结果一般优于 2cm(图 8.33),每个历元引入模拟的周跳来验证极端的情形;然后采用所提出的方法以模拟实时动态模型来处理数据,并比较了估计和模拟的周跳值。比较发现,所有整数周跳均能正确确定,所有固定周跳的 Ratio 值均大于阈值(图 8.34)。图 8.35 中历元相对运动解的残差进一步说明了周跳探测的正确性。

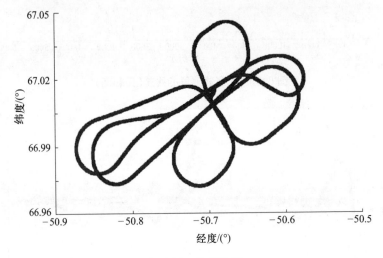

图 8.32　飞行轨迹

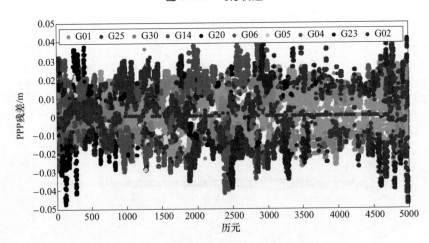

图 8.33　后处理动态 PPP 残差(见彩图)

　　试验中,在两个历元分别有 4 颗和 5 颗卫星同时发生周跳。图 8.36 给出未进行周跳固定的动态 PPP 解,而固定周跳后改进的动态 PPP 解如图 8.37 所示。采用所提出的周跳固定算法,可以实现连续高精度 PPP 动态定位。

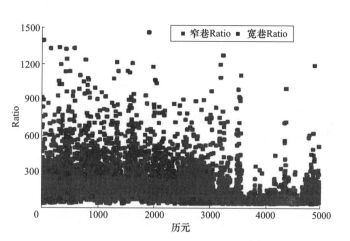

图 8.34　宽巷和窄巷 Ratio 值(见彩图)

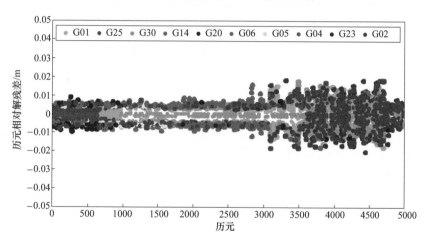

图 8.35　历元相对解残差(见彩图)

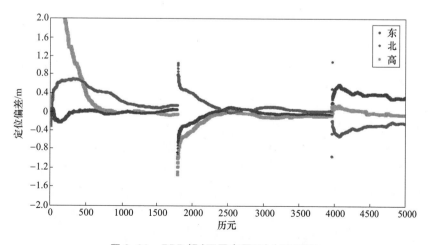

图 8.36　PPP 解(不固定周跳)(见彩图)

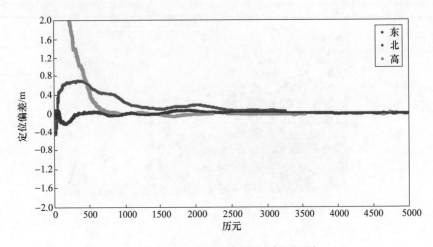

图 8.37　PPP 解(固定周跳)(见彩图)

▲ 8.5　实时 PPP 原型系统

8.5.1　系统组成

实时 PPP 系统主要由服务器端和用户端两个部分构成,二者通过实时网络通信链路保持连接并完成数据交互。服务器端负责播发实时 PPP 需要的高精度实时精密卫星轨道和实时精密卫星钟差产品。这就要求系统的服务器端能利用超快速卫星轨道产品和部分全球分布的实时连续运行参考站网连续、实时的观测数据流实时估计卫星钟差,并通过互联网络播发出去,提供给用户使用。实时 PPP 系统数据流如图 8.38 所示。

8.5.2　服务端改正数生成

实时数据通信是维持系统正常运行的核心模块,贯穿整个实时系统工作的各个环节,它的设计和实现关系到系统的可靠性及稳定性。各模块具体实现过程为:"实时数据流接收及同步模块"接收来自各个连续运行参考站网的实时 GNSS 观测数据,同时接收来自 IGS 的超快速精密轨道产品。系统采用传输控制协议/互联网协议(TCP/IP),从互联网进行观测数据及精密轨道数据的传输。接收到观测数据后立即进行解码和时间同步,并作为服务器端实时卫星钟差估计的观测数据。"实时产品播发模块"向用户端播发实时精密轨道、钟差等改正数据。系统先基于 TCP/IP,通过互联网将数据传到移动通信公司,再由通信公司的基站基于通用分组无线服务(GPRS)网络向用户进行播发,用户也可以直接基于网络终端获取卫星轨道和钟差改正数据。"用户数据接收模块"一方面实时获取接收机数据并解码,另一方面实时通过 GPRS 网络或移动网络终端获取来自服务器端的实时轨道和钟差改正数据。

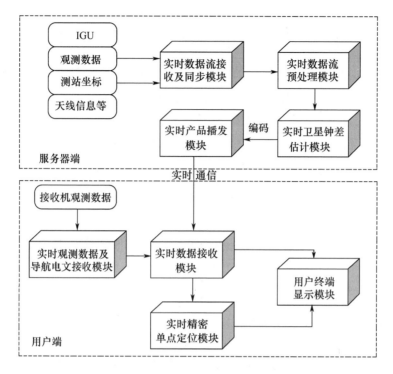

图 8.38　实时 PPP 系统数据流

目前通过互联网进行 RTCM 网络传输协议(NTRIP)已作为工业标准被广泛用于 GNSS 数据流的互联网传输。此协议支持的 GNSS 数据流包括 GPS、GLONASS、Galileo、EGNOS(欧洲静地轨道卫星导航重叠服务)、WAAS 等,数据格式包括 RTCM、RTCA(航空无线电技术委员会)、SP3、RINEX、BINEX(二进制交换格式)等。本系统播发的实时钟差产品等数据编码均采用该协议。

连续运行参考站的实时观测数据流传输和服务器端的实时钟差解算会有一定时延,通常 3~5s 能够完成,3~5s 的时延不会影响系统的实时定位。卫星轨道变化比较有规律,且能保证足够的外推精度。尽管卫星钟差的变化比较复杂,但简单地线性外推数秒也可以确保足够的外推精度。因此,对于实时定位用户而言,上述数据传输和数据处理时延不会影响实时 PPP 的应用。

实时精密轨道和实时精密钟差通过网络通信链路播发给接入的实时 PPP 用户使用。客户端在获取由服务器端发送的实时精密卫星钟差和精密卫星轨道后,就可以快速进行实时 PPP 解算,其算法流程如图 8.39 所示。

8.5.3　实时 PPP 测试与分析

为便于分析,本节通过数据模拟播发和模拟接收的方式,结合实测数据进行实时 PPP 解算,并对其定位精度进行分析。图 8.40 给出了 2008 年 5 月 12 日(年积日为

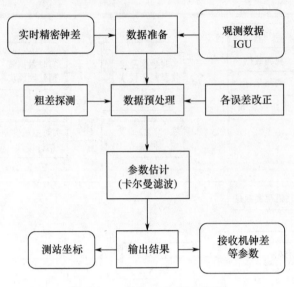

图 8.39　实时 PPP 算法流程

133）国内 BJFS 和 SHAO 两个 IGS 跟踪站实时动态 PPP 的结果与 IGS 发布的参考坐标的互差，图 8.41 为 2009 年 3 月 8 日国外 AUCK 与 BRUS 站实时动态 PPP 解算的站坐标与参考坐标的互差，图中蓝色、绿色、红色依次代表北、东、高（N、E、U）3 个方向的定位偏差。

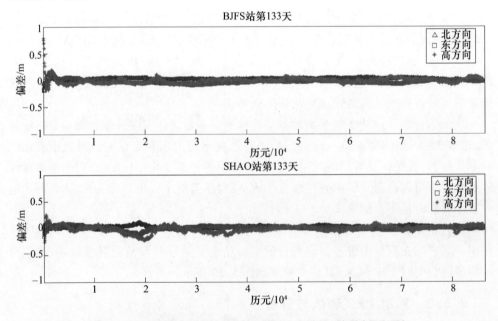

图 8.40　BJFS 和 SHAO 跟踪站实时动态 PPP 结果（见彩图）

图 8.40 和图 8.41 表明，在实时 PPP 收敛之前，定位结果较差，精度仅为分米级。

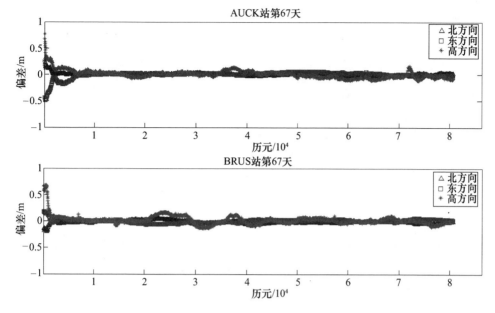

图 8.41　AUCK 与 BRUS 跟踪站实时动态 PPP 结果(见彩图)

经过 15~30min 的初始化后,定位结果逐渐收敛。且平面方向的定位精度明显高于高程方向,高程方向存在一定的抖动,这可能与所选对流层延迟改正模型及参数估计方法有关。但总体上,在 30min 后定位结果达到收敛,且收敛之后水平方向的定位精度优于 5cm,高程方向优于 10cm。在实际应用中,这种优于 1dm 的定位精度可以满足许多实时定位用户的需求。

　　我们也利用同样的实时 PPP 的策略对 BDS 数据进行研究。BDS 信号与 GPS 信号和 Galileo 信号十分相似,唯一的差异是 BDS 采用了 GEO 卫星和 IGSO 卫星。对于 GEO 和 IGSO 卫星目前的跟踪网只能是区域的。

　　武汉大学 GNSS 中心在 2011 年第 240~268 天对北斗卫星进行了跟踪,跟踪网由 9 个测站构成,这 9 个测站能同时接收 GPS 的信号和 BDS 的信号,当高度角大于 10°时接收机对北斗卫星的跟踪能力和对 GPS 跟踪的能力相同,通常情况下,中国地区能同时接收 6 颗或 7 颗 BDS 卫星。

　　9 个测站中有 7 个在中国本土,分别在北京、武汉、成都、拉萨、上海、乌鲁木齐和西安,另外 2 个测站分别在新加坡和澳大利亚,测站分布如图 8.42 所示。大约有 7 颗卫星正常运行,其中:GEO 卫星 3 颗,分别为 C01、C03、C04;IGSO 卫星 4 颗,分别为 C06、C07、C08、C09。在监测期间,手簿显示 C01 卫星"不健康",在本研究中不论卫星是否健康,我们都利用其数据进行研究。

　　为了研究 BDS 实时 PPP 性能,在试验中我们采用 BDS 双频数据(B1,B2)。我们使用 2011 年从第 244~246 天的轨道作为基础来预报第 247 天的轨道。将预测的轨道进行固定,卫星钟差利用固定坐标的测站进行逐历元的估计,估计的钟差与 3 天解

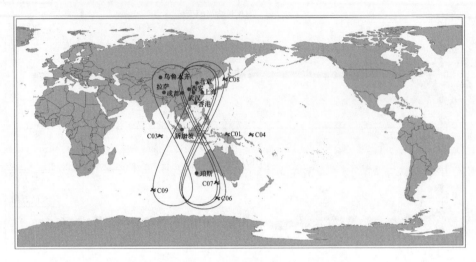

图 8.42　GPS + BDS 跟踪网分布(见彩图)

的符合度在 1ns 以内。估计的钟差会将预报轨道的系统误差吸收,所以分离比较轨道和钟差并不能真正的反映实时定位精度,在模拟实时定位中使用估计的轨道和钟差才能够展示 BDS 实时定位精度。图 8.43 显示了 CHDU 测站模拟实时 PPP 动态定位与静态单天解的比较。可以注意到信号中断后收敛的时间比 GPS 的要长。当卫星只有 5 颗时,明显定位精度较差,但是当卫星数量增多时,单 BDS 就能获取分米级甚至是厘米级的定位精度。

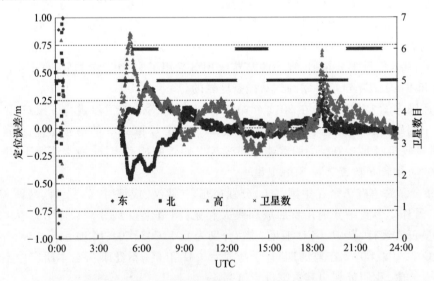

图 8.43　CHDU 测站模拟 BDS 实时 PPP 动态定位与静态单天解的差异
(2011 年年积日第 247 天)(见彩图)

为进一步评价实时 PPP 的应用前景,将实时估计得到的精密卫星钟差应用于地震同震位移分析。以 2008 年 5 月 12 日汶川大地震为例,选择重庆 CORS 和成都 CORS 的观测数据模拟实时 PPP。这里代表性地给出 BISH 站(观测数据采样间隔为 1s)和 CDKC 站(观测数据采样间隔为 15s)的定位结果。图 8.44 中,图(a)、(b)、(c)依次为 BISH 站滤波前、滤波后以及 CDKC 站滤波前东—西方向的同震位移随时间的变化曲线。为方便提取地震形变信号,图 8.44 中仅截取了地震时刻前后各 15min 的滤波定位结果进行分析。由于是在连续运行参考站上模拟实时 PPP,经过较长时间的连续运行,实时滤波定位结果已经收敛。

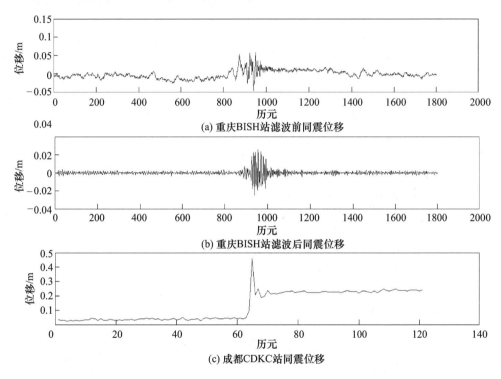

图 8.44　汶川地震期间重庆 BISH 站及成都 CDKC 站 E 方向的同震位移信号

由图 8.44(a)可知,重庆 CORS 的 BISH 站在地震前后 E 方向存在较明显的同震位移信号,其位移量达到 5cm 左右,但受噪声的影响,无法确切地分析地震波的频谱特性。因此,在提取同震位移信号时,为消除噪声影响,可进一步对原始同震位移时间序列进行 0.15 ~ 0.45Hz 的带通滤波,滤波结果如图 8.44(b)所示,此时,地震同震位移信号就能清晰地显现出来。受采样间隔的限制,尽管成都 CORS 的 CDKC 站也能清晰地反映地震前后的位移变化,如图 8.44(c)所示,但 15s 间隔的采样数据只能反映频率低于 0.067Hz 的低频波,而地震时刻的高频地震波未能被采样。比较 BISH 站与 CDKC 站的实时 PPP 结果不难发现,BISH 站仅在地震发生后若干历元发生较小幅度的抖动,之后便恢复至与原始位置相近。而 CDKC 站在地震发生时刻发生剧烈的地表形变,且产生了 1 ~ 2dm 永久性位移。因此,采用实时 PPP 的方法在一定程度上能够满足地震监测的应用需求。

参考文献

［1］MUELLERSCHOEN R J, BAR-SEVER Y E, BERTIGER W I, et al. NASA's global DGPS for high precision users ［J］. GPS World, 2001, 12(1)：14-20.

［2］HATCH R. Satellite navigation accuracy：past, present and future ［C］//Proceeding of the 8th GNSS Workshop, Korea,2001.

［3］CAISSY M. The IGS Real-time pilot project-perspective on data and product generation ［C］// Streaming GNSS Data via Internet Symposium, Frankfurt,2006.

［4］张小红,李星星,郭斐,等. GPS单频精密单点定位软件实现与精度分析[J]. 武汉大学学报:信息科学版, 2008, 33(8)：783-787.

［5］张小红,郭斐,李盼,等. GNSS精密单点定位中的实时质量控制[J]. 武汉大学学报:信息科学版, 2012, 37(8)：940-944.

［6］楼益栋,施闯,周小青,等. GPS精密卫星钟差估计与分析[J]. 武汉大学学报:信息科学版, 2009, 34(1)：88-91.

［7］MALYS S, LAREZOS M, GOTTSCHALK S, et al. The GPS accuracy improvement initiative ［J］. Proceedings of International Technical Meeting of the Satellite Division of the Institute of Navigation, 1997：375-384.

［8］WARREN D, RAQUET J. Broadcast vs. precise GPS ephemerides：a historical perspective ［J］. GPS Solutions, 2003, 7(3)：151-156.

［9］HOFMANN-WELLENHOF B, LICHTENEGGER H, WASLE E. GNSS：global navigation satellite Systems：GPS,GLONASS,Galileo,and more ［M］. New York：Springer Vienna, 2007.

［10］BISNATH S. Efficient automated cycle slip correction of dual-frequency kinematic GPS data[C]// Proceedings of ION GPS 2000, Salt Lake City,145-154.

［11］GAO Y, LI Z. Cycle slip detection and ambiguity resolution algorithms for dual-frequency GPS data processing ［J］, Marine Geodesy, 1999,22(4):169-181.

［12］RIZOS C,HAN S W. Quality control issues in real-time GPS positioning[C]//IUGG Congress, Birmingham, 18-30 July ,1999.

［13］BLEWITT G. An automatic editing algorithm for GPS data ［J］. Geophysical Research Letters. 1990,17, 199-202.

［14］ZHEN D, STEFAN K, OTMAR L. Realtime cycle slip detection and determination for multiple frequency GNSS ［C］//Proceedings of The 5th workshop on positioning, Navigation and Communication, Hannover,Germany,2008.

［15］BANVILLE S, LANGLEY R. Improving real-time kinematic PPP with instantaneous cycle-slip correction ［C］//Proceedings of ION GNSS 2009, GA, USA,2009.

［16］ZHANG X H, LI X. Instantaneous re-initialization in real-time kinematic PPP with cycle slip fixing[J]. GPS Solutions, 2012, 16(3)：315-327.

[17] LEICK A. GPS satellite surveying[M]. 3rd ed. New York: John Wiley, 2004.

[18] TEUNISSEN P J G. The least squares ambiguity decorrelation adjustment: a method for fast GPS integer estimation [J]. Journal of Geodesy, 1995, 70(1/2): 65-82.

[19] KIM D, LANGLEY R B. Instantaneous realtime cycle slip correction of dual-frequency GPS data [C]//Proceedings of the International Symposium on Kinematic Systems in Geodesy, Geomatics and Navigation, Banff, Canada, 2001, 255-264.

[20] DOW J M, NEILAN R E, RIZOS C. The international GNSS service in a changing landscape of global navigation satellite systems [J]. Journal of Geodesy, 2008, 83: 191-198.

[21] GENG J, TEFERLE F, MENG X, et al. Kinematic precise point positioning at remote marine platforms [J]. GPS Solutions, 2010, 14(4): 343-350.

[22] ZHANG X H, LI X, GUO F. Satellite clock estimation at 1Hz for realtime kinematic PPP applications [J]. GPS Solutions, 2011, 15(4): 315-324.

[23] GE M, GENDT G, ROTHACHER M, et al. Resolution of GPS carrier-phase ambiguities in precise point positioning (PPP) with daily observations [J]. Journal of Geodesy, 2008, 82(7): 389-399.

[24] LAURICHESSE D, MERCIER F. Integer ambiguity resolution on undifferenced GPS phase measurements and its application to PPP [C]//Proceedings of 20th Int Tech Meet Satellite Div Inst Navigation GNSS 2007 Fort Worth, TX, 2007.

[25] COLLINS P, LAHAYE F, HEROUS P, et al. Precise point positioning with ambiguity resolution using the decoupled clock model [C]//Proceedings of ION GNSS 2008, GA, USA, 2008.

[26] LI X, ZHANG X, GE M. PPP-RTK: realtime precise point positioning with zero-difference ambiguity resolution [C]. Shanghai: CPGPS 2010, 2010.

[27] WU J, WU S, HAJJ G, et al. Effects of antenna orientation on GPS carrier phase [J]. Manuscripta Geodaetica, 1993, 18(2): 91-98.

[28] SAASTAMOINEN J. Atmospheric correction for the troposphere and stratosphere in radio ranging satellites [J]. Use of Artificial Satellites for Geodesy, 1972, 15(6): 247-251.

[29] BOEHM J, NIELL A, TREGONING P, et al. Global mapping function (GMF): a new empirical mapping function based on numerical weather model data [J]. Geophysical Research Letters, 2006, 33, L7304.

[30] TEUNISSEN P J G, KLEUSBERG A. GPS for Geodesy [M]. Berlin: Springer-Verlag, 1996: 175-217.

[31] SCHAER S, BEUTLER G, ROTHACHER M, et al. The impact of the atmosphere and other systematic errors on permanent GPS networks [M]. Berlin: Springer Berlin Heidelberg, 2000: 373-380.

[32] DAI L, WANG J, RIZOS C. Predicting atmospheric biases for real-time ambiguity resolution in GPS/GLONASS reference station networks [J]. Journal of Geodesy, 2003, 76(11/12): 617-628.

[33] WANG J, STEWART M P, TSAKIRI M. A discrimination test procedure for ambiguity resolution on-the-fly [J]. Journal of Geodesy, 1998, 72(11): 644-653.

第9章　CORS网区域增强PPP技术与实现

9.1　概　　述

常用的PPP模型使用无电离层组合消除电离层延迟误差对定位的影响。由于无电离层组合观测值放大了观测噪声,以及浮点模糊度参数的存在,使得PPP精度通常需要大约30min的时间才能收敛到10cm以内[1-2]。收敛时间较长已成为实时PPP应用的主要限制因素[3-4]。PPP模糊度固定技术在一定程度上缩短了PPP的初始化时间。Geng等[5]的结果表明:对于大部分接收机,利用10min左右的观测数据即可固定大约90%的宽巷模糊度。窄巷模糊度可根据无电离层组合浮点模糊度和已固定的宽巷模糊度计算得到,由于其波长较短,比较容易受到相位小数偏差的估计误差影响,通常需要大约20min才能可靠固定,这与当前网络RTK的模糊度初始化时间还有一定的差距。

第8章提出了快速重新初始化的方法,解决了信号短时中断所引起的重新初始问题。本章将借鉴网络RTK的思想,重点解决快速首次初始化的问题。

9.2　首次初始化问题

首次初始化是指接收机从开机观测到PPP非差模型收敛到正确解或正确固定的过程。2008年5月在武汉大学测绘学院楼顶采集了一组采样率为1s的双频动态观测数据(手持Trimble GPS接收机在楼顶行走,一般可以观测到6～10颗卫星)。为了模拟实际工程作业中经常发生的信号中断与失锁,在试验过程中每隔1h便人为将所有卫星遮挡(让所有卫星同时失锁),分别采用浮点解、固定解以及应用瞬时重新初始化的单历元固定解方法处理试验数据,其结果如图9.1所示。图(a)为PPP浮点解的坐标误差序列,图(b)为PPP固定解的坐标误差序列,图(c)为应用了瞬时重新初始化方法的固定解的坐标误差序列。在进行PPP固定解时,使用中国区域监测网中的YANC、WHJF等12个测站作为服务端观测网提供固定解服务,这些测站较均匀地分布在中国境内,测站间距大约为1500km。

对比分析图9.1(a)、(b)、(c),得到以下3点:

(1) 传统的浮点解PPP精度相对较低,定位开始需要较长的收敛时间(一般需要0.5h甚至更长时间才能收敛到水平方向厘米级的定位精度),卫星信号出现失锁

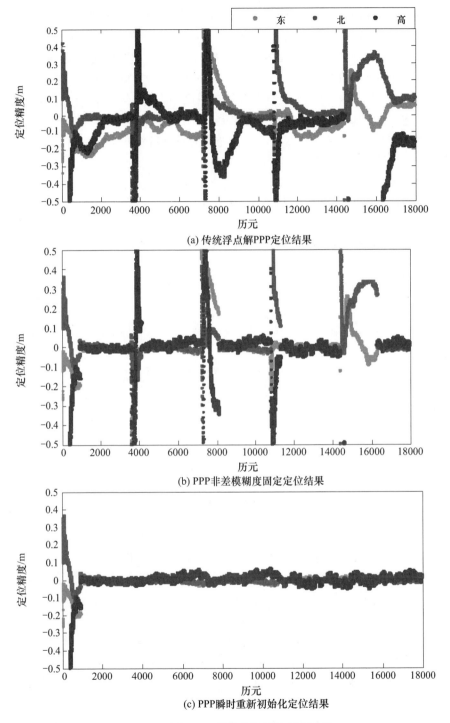

(a) 传统浮点解PPP定位结果

(b) PPP非差模糊度固定定位结果

(c) PPP瞬时重新初始化定位结果

图 9.1　动态 PPP 解的定位误差（见彩图）

或中断会导致重收敛过程,重收敛时间与首次收敛到所需精度的时间相当。在开始收敛和重新收敛的过程中将会有大量的观测历元得不到高精度的 PPP 解。

(2)采用 PPP 非差模糊度固定方法实现固定解之后,初始化与重新初始化时间缩短到大约 15min,大幅度增加了能够获取精密定位结果的观测历元数。模糊度成功固定后,定位精度显著提高,大部分无法获得高精度定位结果的历元都是由于重新初始化引起的。但是,在大多数工程应用中,特别是在城市里进行作业时不可避免地会经常发生卫星失锁或信号中断,由此而导致的频繁重新初始化是用户不可接受的。

(3)采用第 8 章 PPP 瞬时重新初始化方法(一旦初始化完成,算法便切换到单历元模糊度固定模式)后,较好地避免了工程应用中,特别是在城区作业时经常因信号短时失锁所引起的 PPP 重新初始化。重新初始化一旦完成,即可对每个历元独立地实现模糊度固定,不受周跳、信号失锁或中断、被跟踪的卫星星座变化等因素的影响,可以无间断地提供毫米到厘米级精度的定位服务。

如图 9.1(c)所示,虽然重新初始化问题已较好地解决,但是首次初始化问题依然没有解决,要得到高精度的 PPP 固定解还需要一段时间(通常 15min 左右)的初始化过程,而且信号失锁或数据丢失的时间过长也可能导致无法实现快速重新初始化。因此,尽量缩短首次初始化时间成了进一步提高实时 PPP 服务能力的主要问题。

9.3 地基 CORS 增强方法

9.3.1 基于非差整数解的大气参数提取

在 PPP 处理中,一般使用无电离层组合观测值 L3 消除电离层的影响。同时,由于无法从稀疏的全球参考网获取准确的对流层延迟,将对流层延迟误差作为未知参数进行估计。L3 模糊度则转换为宽巷和窄巷模糊度分别进行固定[6-8]。但由于辅助固定宽巷模糊度的伪距观测值噪声比较大以及窄巷模糊度波长较短,因此 PPP 首次初始化需要较长的时间。借鉴网络 RTK 的思想[9-11],一种可能的解决方法是利用较密集的参考站网(如利用在世界范围内广泛建立的 CORS 参考网)估计出大气延迟改正信息,进而缩短 PPP 首次初始化时间。Ge 等[12]提出了一种非差网络 RTK 策略,即利用参考站网的验前非差观测值残差来消除用户端的延迟偏差进而恢复模糊度整数特性,从而实现用户端模糊度快速固定。

本章提出一种区域 CORS 网增强 PPP 的方法。通过在区域参考网的每个测站上进行 PPP 固定解,生成大气延迟改正信息。有了准确的大气延迟改正信息,在 PPP 用户端可实现瞬时模糊度固定,从而使 PPP 能够获得与网络 RTK 相媲美的定位效果。

如第 7 章所述,为了实现 PPP 整周模糊度固定,需要精密的卫星轨道和钟差产品,以及用于恢复模糊度整数特性的相位小数偏差产品。IGS 已能提供成熟的实时轨道和钟差产品[13-16]（http：//www.rtigs.org）。目前实时轨道和钟差的精度可满足 PPP 实时模糊度固定的需要[17]。相位小数偏差估计方法已在第 7 章论述，下面提出一种利用区域 CORS 网生成精确的大气延迟改正信息增强 PPP，以实现瞬时模糊度固定的新方法。重点研究大气延迟误差的精确估计方法，及其对缩短收敛时间的影响，细致分析大气延迟的时空特性以及其预报与内插的精度。

利用精密卫星轨道、钟差以及相位小数偏差产品可在区域 CORS 网中的各参考站上进行 PPP 模糊度固定。对接收机钟差参数进行逐历元估计，对流层干分量使用 Saastamoinen 模型[18]改正，投影因子可使用 GMF 或 VMF[19]等最新的投影函数求得。残余的对流层湿延迟采用分段常数估计。

宽巷和窄巷模糊度一旦固定后，就可以得到 L1 和 L2 上的整数模糊度，利用非差相位观测值便可计算出高精度非差电离层延迟改正数：

$$I_i^k = \rho_i^k - L_i^k + T_i^k + \lambda(f_i - f^k) + \lambda N_i^k + \varepsilon_i^k \tag{9.1}$$

式中：I_i^k 为包含了小数偏差的电离层延迟；ρ_i^k 为相位观测值中非弥散性的项；L_i^k 为相位观测值，可使用 L1、L2、L4、WL 等原始或组合相位观测值；T_i^k 为卫星到接收机间的对流层延迟；λ 为相应载波相位观测值的波长；f_i、f^k 分别为接收机端和卫星端相位小数偏差；N_i^k 为相位观测值的模糊度；ε_i^k 为相位观测误差和多路径效应。从式（9.1）可以看出，计算得到的非差电离层延迟误差的精度还取决于相位小数偏差的精度。窄巷小数偏差是采用相位观测值进行参数估计得到的，而宽巷同时采用伪距和相位观测值计算得到，两者的估值可以达到 0.1～0.2 倍窄、宽巷波长的精度，能够满足模糊度的成功固定。值得注意的是：宽巷小数偏差的误差会直接影响电离层延迟估计；但由其误差引起的电离层偏差为系统偏差且不会影响电离层在空间域的建模。

假定卫星端与接收机端相位小数偏差的误差分别为 Bias^k、Bias_i；f_i^k 为解算得到的卫星端与接收机端的小数偏差之和；$\hat{f}_i^k$ 为实际的卫星端与接收机端小数偏差之和，则有

$$f_i^k = \hat{f}_i^k + \text{Bias}_i + \text{Bias}^k \tag{9.2}$$

令 $\hat{I}_i^k$ 为实际的电离层延迟量，I_i^k 为包含了小数偏差误差的电离层延迟，根据式（9.1）可得

$$I_i^k = \hat{I}_i^k + \text{Bias}_i + \text{Bias}^k \tag{9.3}$$

在进行空间域建模时，卫星端 Bias^k 对服务端所有基准站与用户端测站的影响是一样的，因此利用服务端电离层改正数内插得到的用户端电离层改正数中 Bias^k 部分，与用户端使用的卫星端小数偏差中 Bias^k 的值大小相等。但将内插得到的电离层用于定位解算时，由于电离层与小数偏差项线性相关且符号相反，两者中的 Bias^k 部分会互相补偿抵消。每个测站的接收机端 Bias_i 对其观测到的所有卫星影响相同，则空间域建模后提供给用户端的电离层改正数中由接收机端 Bias_i 引起的偏差

部分对每颗卫星仍然相同,故可以被用户端的接收机钟差所吸收,也不会影响用户端模糊度的固定以及定位结果。

每个参考站上对流层残余延迟为

$$T_i^k = L_{3i}^k - \rho_{i_g}^k - \lambda(f_i - f^k) - \lambda N_i^k - \varepsilon_i^k \qquad (9.4)$$

式中:L_{3i}^k为无电离层组合相位观测值。在当前的大多数网络 RTK 系统中,均生成双差大气延迟并用其来表征距离相关的变化。而在 PPP 中,生成非差的大气延迟并提供给用户站。生成的非差大气延迟与钟差、模糊度参数存在相关性,有可能并不完全是真实的大气延迟量;但其内部一致性足以消除误差的影响并恢复模糊度参数的整数特性[20]。

为了验证所提出方法的有效性,使用成都 CORS 网中 DAYI、JITA JUJY、PUJI 4 个测站作为区域增强站,CDKC 站作为用户流动站。其测站分布如图 9.2 所示,三角形标记的为区域增强站,圆形标记的为流动站,平均站间距约 60km。轨道改正使用超快速预报轨道产品[21],钟差改正采用实时估计方法得到[17]。卫星端相位小数偏差产品通过全球分布的测站网计算得到,其中有 12 个测站位于中国境内[6]。

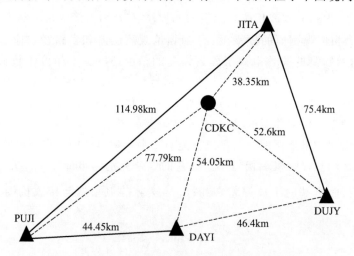

图 9.2　实验中参考站与流动站的分布

利用 PPP 固定解模式进行数据处理。为了评估利用参考站上获得的大气延迟改正信息内插流动站 CDKC 大气延迟改正数的误差大小,对流动站 CDKC 也采用 PPP 固定解计算了大气延迟改正信息。

利用这些测站 2008 年 5 月的双频观测数据,根据式(9.1)利用宽巷相位观测值求解得到其电离层延迟量如图 9.3 和图 9.4 所示(代表性给出了 2 颗卫星 1h 的结果)。可以明显看出,电离层延迟在时域上具有强相关性,相邻历元间的变化非常小,短时间内可以精确建模外推。而且由于这些测站的间距一般在几十千米,其电离层延迟量的空间相关性也非常强,5 个测站之间的差异比较小,这说明可以根据服务端的电离层延迟量进行建模内插生成流动站的电离层延迟改正数。

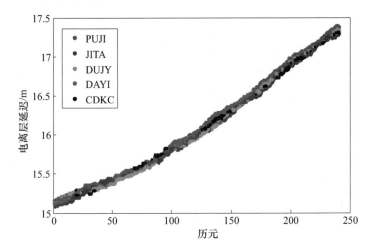

图 9.3　5 个测站上计算得到的 PRN04 号卫星的电离层延迟（见彩图）

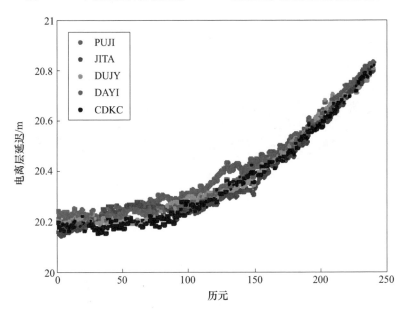

图 9.4　5 个测站上计算得到的 PRN02 号卫星的电离层延迟（见彩图）

利用同样的观测数据，采用 L3 相位观测值估计得到的天顶对流层延迟如图 9.5 所示。可以看出，天顶对流层延迟不仅在时域上有很强的相关性，在站间距为数十千米的 CORS 网范围内也具有较强的空间相关性。5 个测站天顶对流层延迟的大小与变化趋势均非常接近，可以利用服务端的对流层延迟进行建模内插生成流动站的对流层延迟改正数。

此外，根据式（9.4）利用 L3 相位观测值求解得到的对流层残余误差如图 9.6 所

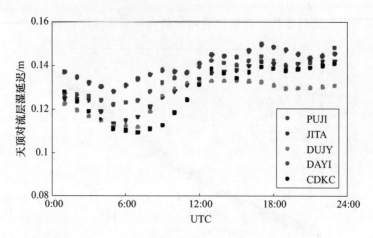

图 9.5　5 个测站上的天顶对流层湿延迟(见彩图)

示。可以看出,在引入天顶对流层参数估计对流层延迟后,其残余误差已经非常小。且在测站之间的相关性也非常小,其影响基本可以忽略。

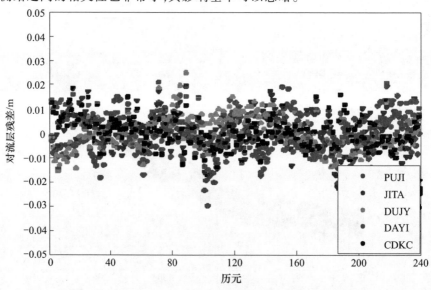

图 9.6　5 个测站上 PRN04 号卫星的对流层残差(见彩图)

9.3.2　对流层与电离层内插模型

距离相关的误差信息内插建模一直是网络 RTK 中的关键问题,为表达与距离相关的误差项,学者们提出了多种方法,典型方法有线性组合法[9]、线性内插法[22-23]、距离线性内插法(DIM)[10]、低阶曲面法[23]和最小二乘配置法[11]等。理论上难以判断这些方法孰优孰劣,Dai[24]综合比较了上述内插方法,表明不同方法的效果十分接近。

上述方法主要应用于双差模式的网络 RTK 中。为实现非差 PPP 模式的大气延迟改正内插需要对其进行改进。本书采用改进后的线性组合方法,首先估计内插系数,即

$$\sum_{i=1}^{n} \alpha_i = 1, \quad \sum_{i=1}^{n} \alpha_i (\hat{X}_u - \hat{X}_i) = 0, \quad \sum_{i=1}^{n} \alpha_i^2 = \text{Min} \qquad (9.5)$$

$$\begin{pmatrix} 1 & 1 & \cdots & 1 & 1 \\ \Delta X_{1u} & \Delta X_{2u} & \cdots & \Delta X_{n-1,u} & \Delta X_{n,u} \\ \Delta Y_{1u} & \Delta Y_{2u} & \cdots & \Delta Y_{n-1,u} & \Delta Y_{n,u} \end{pmatrix} \cdot \begin{pmatrix} \alpha_1 \\ \alpha_2 \\ \vdots \\ \alpha_n \end{pmatrix} = \begin{pmatrix} 1 \\ 0 \\ 0 \end{pmatrix} \qquad (9.6)$$

式中: n 为参考站的个数; α_i 为内插系数;下标 u 和 i 分别表示用户站和参考站; $\hat{X}_u$ 、 $\hat{X}_i$ 为本地平面坐标系下的坐标; ΔX_{iu} 、 ΔY_{iu} 为用户站与参考站之间的平面坐标差。

然后计算内插的大气延迟改正,即

$$\hat{v}_u = \sum_{i=1}^{n} \alpha_i \hat{v}_i \qquad (9.7)$$

式中: $\hat{v}_i$ 为参考站上非差电离层延迟改正或对流层延迟改正; $\hat{v}_u$ 为用户站上内插的电离层或对流层延迟改正。

利用上面介绍的方法,逐历元一旦生成参考站上非差电离层和对流层延迟,即可基于大气空间模型内插用户站上电离层和对流层延迟。值得注意的是,由于存在数据传输延迟,大气延迟还需要短期的预报。利用内插得到的大气延迟改正非差载波相位观测值后,即可进行 PPP 瞬时模糊度固定。

利用 4 个参考站生成的非差大气延迟,采用线性组合方法逐历元内插流动站 CDKC 的大气延迟。将内插值与 CDKC 站上的计算值做差,以检核内插精度。图 9.7 代表性地给出了两颗卫星的差值序列。通常情况下差值小于 4 cm,RMS 值约为 2 cm。该差值并不影响宽巷模糊度固定,其系统性趋势对 L1 和 L2 模糊度固定影响较小,可以忽略。图 9.8 中给出了对流层延迟内插误差,天顶湿延迟(ZWD)内插精度优于 1 cm。因此,内插的非差大气延迟精度能够满足瞬时 PPP 模糊度固定。

9.3.3　顾及大气约束的区域增强 PPP 模型

在网络 RTK[25] 和本书提出的区域 CORS 网增强 PPP 中,利用密集参考站网估计并建模得到的电离层延迟改正数,用户站可以实现瞬时模糊度固定,因此,对于全球 PPP 快速模糊度固定而言,最主要的问题在于电离层延迟的精确表达。目前全球电离层图 GIM 误差为 2 ~ 8 TECU[26-27],显然低于基于区域网生成的电离层模型的精度。但随着全球实时参考站数量的增加,有可能生成几分米精度的实时电离层延迟产品,其精度与原始伪距噪声水平相当,与 MW 组合和无电离层组合伪距观测值噪

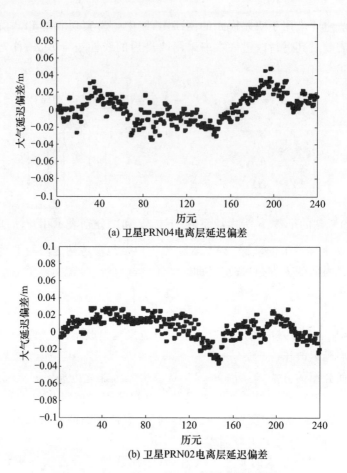

(a) 卫星PRN04电离层延迟偏差

(b) 卫星PRN02电离层延迟偏差

图 9.7　电离层延迟内插值与估计值的偏差序列

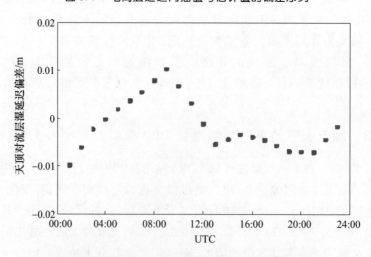

图 9.8　用户站上天顶湿延迟内插值与估计值的差值

声相比更优。利用该电离层延迟改正值有可能增强 PPP 解的强度。为了充分利用电离层延迟信息,可以使用基于原始观测方程的定位模型[28-30],将电离层延迟作为待估参数进行估计,同时顾及电离层的时空变化特性,并利用电离层模型的先验信息来增强 PPP 解。

本节提出一种基于 L1、L2 原始观测方程,将电离层延迟作为待估参数,并顾及电离层时空变化特性以及实时 GIM 模型约束的新 PPP 算法。建立该算法的观测模型,并重点讨论外部电离层延迟增强 PPP 的方法。

通常 PPP 固定解方法生成宽巷和窄巷相位小数偏差产品,辅助用户端宽巷与窄巷模糊度固定,最终实现固定解。基于新 PPP 算法,实时估计 L1、L2 频率的相位小数偏差,用以辅助 L1、L2 非差非组合模糊度固定。

非差非组合载波相位和伪距观测方程可以表示为

$$L_{r,j}^{s} = \rho_{r}^{s} - t^{s} + t_{r} - I_{r,j}^{s} + \lambda_{j}(f_{r,j} - f_{j}^{s}) + \lambda_{j}N_{r,j}^{s} + \varepsilon_{r,j}^{s} \tag{9.8}$$

$$P_{r,j}^{s} = \rho_{r}^{s} - t^{s} + t_{r} + I_{r,j}^{s} + c(d_{r,j} + d_{j}^{s}) + e_{r,j}^{s} \tag{9.9}$$

$$I_{r,j}^{s} = \lambda_{j}^{2}/\lambda_{k}^{2} \cdot I_{r,k}^{s} \tag{9.10}$$

式中:t^{s} 和 t_{r} 分别为卫星钟差和接收机钟差;d_{j}^{s} 和 $d_{r,j}$ 分别为卫星端和接收机端伪距硬件延迟;$e_{r,j}^{s}$ 为伪距观测噪声及其多路径。传统 PPP 使用无电离层组合观测值,需要约 30min 的收敛时间才能获得 10cm 左右的定位精度[17,31]。模糊度固定解方法可以改善传统 PPP 浮点解的定位性能[32-35]。不同于传统无电离层组合 PPP 模型,本节将电离层延迟作为待估参数,基于原始观测方程处理双频 GPS 数据[30,36]。在没有电离层延迟信息的情况下,不实施任何先验约束,新 PPP 模型等价于传统 PPP 模型。相反,如果获得了厘米级精度的电离层信息,如前面所述的网络 RTK 和区域增强 PPP,新 PPP 模型可以实现瞬时模糊度固定,只需数秒的观测值即可取得厘米级定位精度。因此,在减少 PPP 收敛时间方面,电离层先验信息起着重要的作用。

在单频 PPP 方面,有学者提出根据电离层模型的先验信息及其时空变化特性合理估计电离层延迟量的方法[37-39]。很多学者已经证实电离层延迟存在水平方向上的梯度变化,明显的表现是中纬度地区白天总电子含量朝赤道方向增加,四季早晨时刻总电子含量由西向东增加,冬季下午总电子含量由东向西增加[37]。在 Chen 和 Gao[37] 提出的单频 PPP 模型中,电离层梯度参数表达式如下:

$$vI_{r}^{s} = I_{r}^{s}/f_{r,IPP}^{s} = a_{0} + a_{1}dL + a_{2}dL^{2} + a_{3}dB + a_{4}dB^{2}, \quad \sigma_{vI}^{2} \tag{9.11}$$

式中:vI_{r}^{s} 为垂直方向电离层延迟;$f_{r,IPP}^{s}$ 为电离层穿刺点的投影因子[26];$a_{i}(i=0,1,2,3,4)$ 为描述电离层趋势的系数,a_{0} 描述了该站上的电离层延迟平均值,a_{1}、a_{2}、a_{3}、a_{4} 为二阶多项式系数,分别描述东西和南北方向的水平梯度;dL、dB 分别为电离层穿刺点与测站位置之间的经度和纬度差。

考虑到某一站星对斜向电离层延迟的时间相关性,相邻历元间的电离层变化可以表达为一随机过程,如随机游走[38-39]。对电离层斜延迟参数引入时间约束如下:

$$I_{r,t}^s - I_{r,t-1}^s = w_t, \quad w_t \sim N(0, \sigma_{wt}^2) \tag{9.12}$$

式中:t 为当前历元;$t-1$ 为前一历元;w_t 为从前一历元到当前历元的电离层变化;σ_{wt}^2 为 w_t 按高度角加权的方差。

随着 IGS 实时跟踪站数量的增加,可利用这些数据生成 2~8TECU 精度的全球或区域电离层模型来增强实时 PPP 解。模型精度主要受限于部分国家和海洋区域的测站数较少,以及采用的数学模型不能描述小尺度的电离层变化。不过,当前模型的精度已经与伪距观测值的精度相当,这种基本独立的外部电离层信息有望改善 PPP 固定解的性能。

由外部电离层模型得到的电离层延迟 $\tilde{I}_{r,\text{IPP}}^s$ 及其方差 $\sigma_{\tilde{I}}^2$ 表示如下:

$$\tilde{I}_{r,\text{IPP}}^s = I_r^s, \quad \sigma_{\tilde{I}}^2 \tag{9.13}$$

由上面的讨论可知:式(9.11)中的梯度参数可以表达电离层延迟在空间上的变化趋势,式(9.12)中的随机游走过程描述了其时间变化特性,而外部电离层模型得到的斜路径延迟能紧约束电离层参数。这 3 种约束互相补充,可在 PPP 处理中综合考虑。本书基于非差非组合观测方程,结合上述时空约束和模型约束估计电离层延迟参数。

为避免直接估计梯度系数,式(9.11)中的空间约束可以转换为斜电离层延迟约束。假定测站同时观测到 n 颗卫星,根据式(9.11)可得

$$\begin{bmatrix} vI_r^{s1} \\ vI_r^{s2} \\ \vdots \\ \vdots \\ vI_r^{sn} \end{bmatrix} = \begin{bmatrix} 1 & dL_1 & dL_1^2 & dB_1 & dB_1^2 \\ 1 & dL_2 & dL_2^2 & dB_2 & dB_2^2 \\ \vdots & \vdots & \vdots & \vdots & \vdots \\ \vdots & \vdots & \vdots & \vdots & \vdots \\ 1 & dL_n & dL_n^2 & dB_n & dB_n^2 \end{bmatrix} \cdot \begin{bmatrix} a_0 \\ a_1 \\ a_2 \\ a_3 \\ a_4 \end{bmatrix} \tag{9.14}$$

梯度参数可以由同数量电离层延迟参数表达,如选择前五个电离层延迟参数,则有

$$\begin{bmatrix} a_0 \\ a_1 \\ a_2 \\ a_3 \\ a_4 \end{bmatrix} = \begin{bmatrix} 1 & dL_1 & dL_1^2 & dB_1 & dB_1^2 \\ 1 & dL_2 & dL_2^2 & dB_2 & dB_2^2 \\ 1 & dL_3 & dL_3^2 & dB_3 & dB_3^2 \\ 1 & dL_4 & dL_4^2 & dB_4 & dB_4^2 \\ 1 & dL_5 & dL_5^2 & dB_5 & dB_5^2 \end{bmatrix}^{-1} \cdot \begin{bmatrix} vI_r^{s1} \\ vI_r^{s2} \\ vI_r^{s3} \\ vI_r^{s4} \\ vI_r^{s5} \end{bmatrix} \tag{9.15}$$

将式(9.15)代入式(9.14),可以得到引入空间约束后所有电离层参数间的相关关系:

$$
\begin{bmatrix} v I_r^{s6} \\ \vdots \\ \vdots \\ v I_r^{s,n-1} \\ v I_r^{sn} \end{bmatrix} = \begin{bmatrix} 1 & dL_6 & dL_6^2 & dB_6 & dB_6^2 \\ \vdots & \vdots & \vdots & \vdots & \vdots \\ \vdots & \vdots & \vdots & \vdots & \vdots \\ 1 & dL_{n-1} & dL_{n-1}^2 & dB_{n-1} & dB_{n-1}^2 \\ 1 & dL_n & dL_n & dB_n & dB_n^2 \end{bmatrix} \cdot \begin{bmatrix} 1 & dL_1 & dL_1^2 & dB_1 & dB_1^2 \\ 1 & dL_2 & dL_2^2 & dB_2 & dB_2^2 \\ 1 & dL_3 & dL_3^2 & dB_3 & dB_3^2 \\ 1 & dL_4 & dL_4^2 & dB_4 & dB_4^2 \\ 1 & dL_5 & dL_5^2 & dB_5 & dB_5^2 \end{bmatrix}^{-1} \cdot \begin{bmatrix} v I_r^{s1} \\ v I_r^{s2} \\ v I_r^{s3} \\ v I_r^{s4} \\ v I_r^{s5} \end{bmatrix}, \sigma_{vI}^2
$$

$$(9.16)$$

需要注意的是,这里使用的空间约束依赖于所选择的部分电离层延迟参数。事实上,也可以综合使用所有的观测信息,通过最小二乘消除参数实现最优约束解。

新 PPP 处理策略基于 L1、L2 频率的原始相位和伪距观测方程,对电离层延迟量考虑如式(9.12)的时间约束和式(9.16)的空间约束,采用式(9.13)将从已有电离层模型中提取的斜路径延迟作为伪观测值。新 PPP 模型顾及了电离层约束,有望缩短其收敛时间,也可能增强 PPP 模糊度固定效率,其改善程度取决于所使用电离层约束的精度。

采用上述基于原始观测方程且顾及大气约束的 PPP 算法,仅利用精密轨道、钟差和电离层产品,可以实现全球 PPP 浮点解。若增加相位小数偏差产品,基于数十分钟的观测值便可在全球范围内实现 PPP 模糊度固定。此外,若增加区域参考网的精密大气改正数,用户可以应用内插改正数来消除大气延迟,从而实现瞬时模糊度固定。

然而,由于模型误差或其他与测站相关误差的影响,每个测站获得的大气延迟可能是有偏的,因为低阶多项式内插可能不足以精确表达大气延迟误差小尺度不规则的时空扰动变化。通常,可以建立更为密集的参考网来减少这些误差。为了平衡精度和参考站密度,与上述 PPP 算法类似,将用户站的电离层斜延迟和对流层天顶延迟作为未知参数进行估计,并使用内插改正数对其适当约束。假定选择参考站 r_1 到 r_n 来为用户 r_u 提供内插改正,采用内插改正数对单个卫星 s_i 的电离层斜延迟进行约束为

$$
I_{r_u}^{s_i} - \tilde{I}_{r_1,r_2,\cdots,r_n}^{s_i} = w_I, \quad w_I \sim N(0, \sigma_{w_I}^2) \tag{9.17}
$$

天顶湿延迟参数的约束为

$$
\mathrm{Zwd}_{r_u} - \tilde{\mathrm{Z}}\mathrm{wd}_{r_1,r_2,\cdots,r_n} = w_T, \quad w_T \sim N(0, \sigma_{w_T}^2) \tag{9.18}
$$

式中: $I_{r_u}^{s_i}$ 为测站 r_u 到卫星 S_i 之间的电离层延迟; $\tilde{I}_{r_1,r_2,\cdots,r_n}^{s_i}$ 为内插的电离层延迟改正数; Zwd_{r_u} 为测站 r_u 的天顶湿延迟; $\tilde{\mathrm{Z}}\mathrm{wd}_{r_1,r_2,\cdots,r_n}$ 为相应的内插改正数; w_I、w_T 分别为电离层和对流层延迟真实值与内插值的偏差项,均为零均值白噪声过程,方差分别为 $\sigma_{w_I}^2$、$\sigma_{w_T}^2$。通过这种方式,可以实现全球 PPP 和区域增强 PPP 模型与算法的统一。

9.3.4 定位结果与分析

李星星等[40] 处理了 80 个 IGS 站实时数据,用以提供卫星轨道以及 5s 采样率的钟差产品,轨道和钟差产品精度可以达到 3cm 和 0.1ns 左右。UPD 产品也采用相同的数据进行计算,约 150 个测站的数据流用于生成全球电离层产品,这些产品通过互联网进行播发。

为了分析区域增强 PPP 的性能,将 60 个 IGS 实时观测站作为用户站,进行实时 PPP 浮点解和 PPP 固定解定位解算,以静态模拟动态的方式逐历元解算测站坐标,并且不加任何约束,用定位误差的 RMS 来表征定位精度。以 A17D 站的结果为例,图 9.9 和图 9.10 分别为该站浮点解和固定解的定位结果。为测试信号中断后的重收敛性能,对观测数据每隔 2h 人为引入周跳。

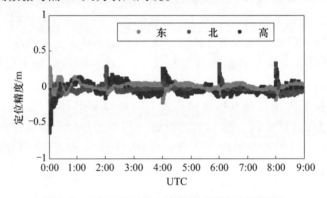

图 9.9 A17D 站动态浮点解定位结果(见彩图)

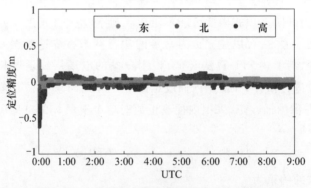

图 9.10 A17D 站动态固定解定位结果(见彩图)

结果表明,PPP 浮点解首次收敛大约需 20min 才能使精度优于 10cm,而发生周跳后重新收敛 10min 后就能达到优于 10cm 的精度,重新收敛性能提高的主要原因是在首次收敛后电离层参数已经被精确确定。比较图 9.9 和图 9.10 可知,固定解在水平方向的定位精度有显著的提高,首次收敛到固定解的时间约为 15min。

此外,还采用了德国差分 GNSS 服务系统(SAPOS)实时观测网来测试区域增强

PPP。图 9.11 为 SAPOS 网中测站的分布情况,其包含大约 300 个测站(小圆点)。选择其中 22 个测站(大圆点)作为区域增强站,17 个测站(大方块)作为用户站。基于 GFZ 的全球精密定位服务产品,区域参考站采用 PPP 模式生成增强改正数,通过网络将非差增强改正数播发给用户。在用户端,GFZ 的实时轨道和钟差被实时接收,利用其附近的 3 个参考站生成区域增强改正数,采用 LAMBDA 算法进行瞬时模糊度固定。

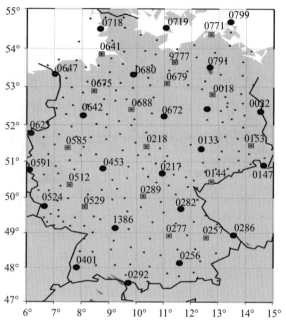

图 9.11　德国 SAPOS 参考网(见彩图)

对于选择的用户站,通过每分钟重启估计器得到模糊度固定时间以及固定解定位精度的统计信息。图 9.12 给出了成功固定模糊度所需观测时间的统计值,约

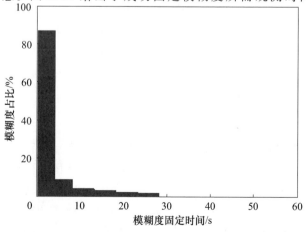

图 9.12　模糊度固定时间

291

87% 的模糊度可以在一个历元固定,平均需要 5s 的时间完成可靠的模糊度固定。部分模糊度不能在预设的 1min 重启时间内成功固定,这需要进一步研究。

将整周模糊度成功固定的历元坐标用于评价增强 PPP 服务的定位精度,将固定解与后处理单天解的精确坐标进行比较。图 9.13 给出了水平方向和垂直方向的定位误差分布情况,东方向和北方向的 RMS 分别为 12mm 和 10mm,高方向的 RMS 为 25mm。

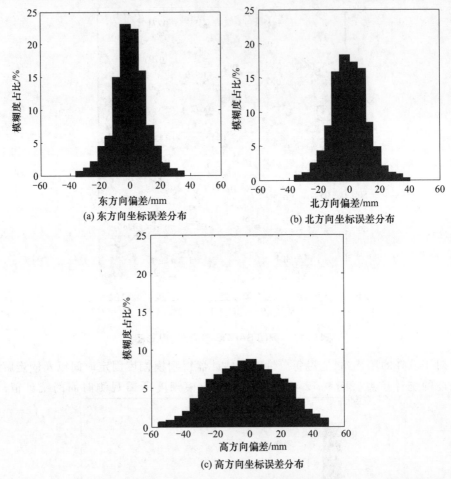

(a) 东方向坐标误差分布　　　(b) 北方向坐标误差分布

(c) 高方向坐标误差分布

图 9.13　东、北、高方向定位误差分布

为了验证使用非差非组合增强 PPP 模型的优势,将本章提出的增强 PPP 策略与之对比。采用宽巷/无电离层组合模型,利用气象数据直接改正用户观测值,相应的定位结果如图 9.14 ~ 图 9.16 所示。图 9.14 显示了成功固定模糊度所需的时间,约 68% 的模糊度可以在一个历元固定,平均需要 10s 的时间完成可靠的模糊度固定。图 9.15 给出了高方向的定位误差分布,垂直方向的 RMS 为 30mm。东方向和北方向的 RMS 分别为 15mm 和 12mm(图 9.16)。这些结果表明新的 PPP 算法显著提高了模糊度固定性能和定位精度。

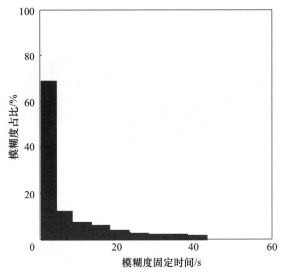

图 9.14　模糊度固定所需时间

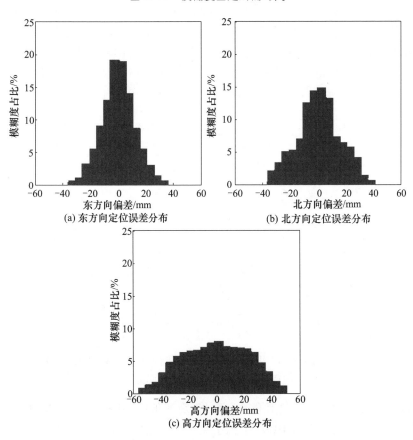

图 9.15　定位误差的水平分量分布

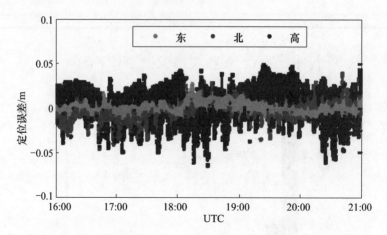

图 9.16　2012 年年积日第 43 天测站 0675 的定位误差(见彩图)

图 9.16 给出了 SAPOS 网中测站 0675 区域增强的动态 PPP 解与后处理天解定位结果的差值。结果表明,利用区域增强改正 PPP,可以实现几厘米的定位精度。

为了更好地分析使用新方法对结果的改进效果,下面对计算的非差改正数和内插值进行详细分析。图 9.17 给出了 2012 年 2 月 12 日(年积日第 43 天)16:00 到 21:00 测站 0642 计算的 PRN15 卫星非差电离层延迟及相应的卫星高度角。可以看出,电离层延迟随时间的变化比较均匀,且与卫星高度角有很强的相关性。相应的天顶湿延迟如图 9.18 所示,可以看出,相邻历元间湿延迟的变化也非常小。

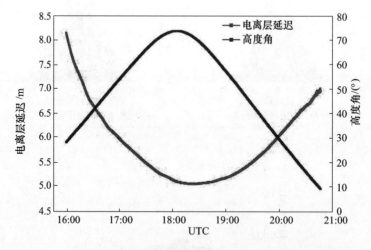

图 9.17　测站 0642 从 16:00 到 21:00 期间卫星 PRN15 观测的
电离层延迟及其高度角(见彩图)

将非差非组合 PPP 模式估计的 L1 和 L2 观测值的 UPD 绘于图 9.19,无电离层组合 PPP 估计的宽巷和窄巷 UPD 绘于图 9.20。从图中可以看出,估计的 UPD 参数相对比较稳定,其中宽巷 UPD 的稳定性最好。

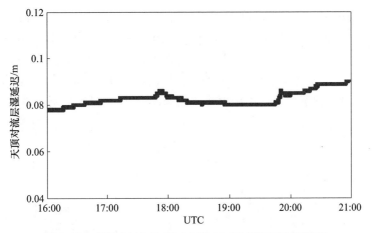

图 9.18　测站 0642 从 16:00 到 21:00 期间天顶湿延迟

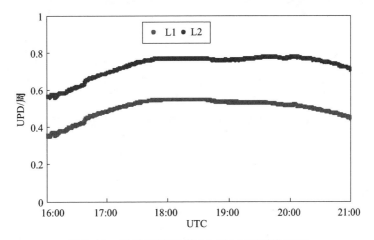

图 9.19　卫星 PRN15 的 L1 和 L2 观测值 UPD

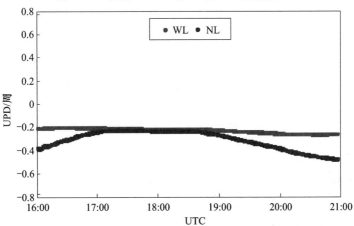

图 9.20　卫星 PRN15 的 WL 和 NL UPD(见彩图)

采用参考站 0642、0647 和 0680 计算出非差大气改正数,利用线性组合方法逐历元内插出用户站 0675 的大气延迟改正数。将内插值与用户站的计算值进行比较,以评价内插的精度。卫星 PRN 15 的电离层延迟内插值与计算值之差如图 9.21 所示,从图中可以看出,该差值基本小于 5cm,其 RMS 接近 2cm。对流层内插误差如图 9.22 所示,该天顶湿延迟内插精度优于 1cm,其精度可以满足快速模糊度固定。

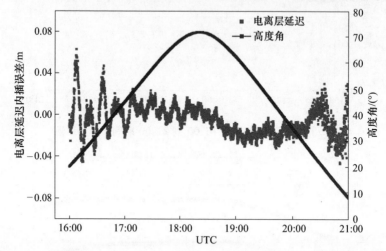

图 9.21　测站 0675 上卫星 PRN15 的电离层延迟内插误差及高度角(见彩图)

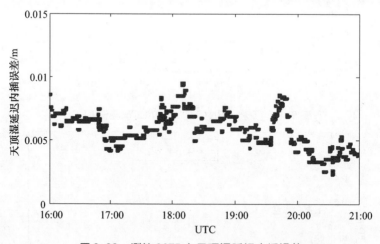

图 9.22　测站 0675 上天顶湿延迟内插误差

📖 **参考文献**

[1] 郭斐. GPS 精密单点定位质量控制与分析的相关理论和方法研究 [D]. 武汉:武汉大学,2013.

［2］李盼. GNSS 精密单点定位模糊度快速固定技术和方法研究［D］. 武汉：武汉大学, 2016.

［3］LI X, GE M, GUO B, et al. Temporal point positioning approach for real‑time GNSS seismology using a single receiver［J］. Geophysical Research Letters, 2013, 40(21)：5677-5682.

［4］LI X, GE M, ZHANG X, et al. Real‑time high‑rate co‑seismic displacement from ambiguity‑fixed precise point positioning：application to earthquake early warning［J］. Geophysical Research Letters, 2013, 40(2)：295-300.

［5］GENG J, TEFERLE F N, MENG X, et al. Towards PPP‑RTK：ambiguity resolution in real‑time precise point positioning［J］. Advances in Space Research, 2011, 47(10)：1664-1673.

［6］LI X, ZHANG X, GE M. Regional reference network augmented precise point positioning for instantaneous ambiguity resolution［J］. Journal of Geodesy, 2011, 85(3)：151-158.

［7］ZHANG X, Li X. Improving the estimation of uncalibrated fractional phase offsets for PPP ambiguity resolution［J］. Journal of Navigation, 2012, 65(3)：513-529.

［8］LI P, ZHANG X, REN X, et al. Generating GPS satellite fractional cycle bias for ambiguity‑fixed precise point positioning［J］. GPS Solutions, 2015, 20(4)：1-12.

［9］HAN S. Carrier phase‑based long‑range GPS kinematic positioning［D］. School of geomatic engineering, the university of New South Wales, 1997.

［10］GAO Y, LI Z, MCLELLAN JF. Carrier phase based regional area differential GPS for decimeter‑level positioning and navigation［C］//Proc. of 10th Int Tech Meeting of the Satellite Division of US Inst Navigation, Kansas City, 1997.

［11］RAQUET J, LACHAPELLE G, FORTES L. Use of a covariance analysis technique for predicting performance of regional area differential code and carrier‑phase networks［C］//Tennessee：11th Int. Tech. Meeting of the Satellite Div. of the U. S. Institute of Navigation, Nashville, 1998.

［12］GE M, ZOU X, DICK G, et al. An alternative network RTK approach based on undifferenced observation corrections［C］. Portland：ION GNSS, 2010.

［13］PÉREZ J, AGROTIS L, FERNÁNDEZ J, et al. ESA/ESOC real time data processing［C］. Darmstadt：IGS Workshop, 2006.

［14］MIREAULT Y, TÉTREAULT P, LAHAYE F, et al. Canadian RT/NRT products and services［C］. Miami Beach, Florida：IGS Workshop, 2008.

［15］GE M, CHEN J, GENDT G. EPOS-RT：software for real‑time GNSS data processing［C］//Vienna：Geophysical Research Abstracts. vol 11, EGU2009-8933, EGU General Assembly, 2009.

［16］MELGARD T, VIGEN E, JONG K, et al. The first real‑time GPS and GLONASS Precise Orbit and Clock Service［C］. Savannah, GA：In Proceedings of ION GNSS, 2009.

［17］ZHANG X, LI X, GUO F. Satellite clock estimation at 1 Hz for realtime kinematic PPP applications［J］. GPS Solutions, 2010, 15(4)：315-324.

［18］SAASTAMOINEN J. Atmospheric correction for the troposphere and stratosphere in radio ranging satellites［J］. Use of Artificial Satellites for Geodesy, 1972, 15(6)：247-251.

［19］BOEHM J, NIELL A, TREGONING P, et al. Global mapping function (GMF)：a new empirical mapping function based on numerical weather model data［J］. Geophysical Research Letters, 2006, 33：L7304.

[20] 李星星. GNSS 精密单点定位及非差模糊度快速确定方法研究[D]. 武汉：武汉大学，2013.

[21] DOW J M, NEILAN R E, RIZOS C. The international GNSS service in a changing landscape of Global Navigation Satellite Systems [J]. Journal of Geodesy, 2009, 83：191-198.

[22] WANNINGER L. Improved AR by regional differential modeling of the ionosphere [C]. Palm Springs, California：8th Int. Tech. Meeting of the Satellite Div. of the U. S. Institute of Navigation, 1995.

[23] WÜBBENA G, BAGGE A, SEEBER G, et al. Reducing distance dependent errors for real-time precise DGPS applications by establishing reference station networks [C]//Kansas City, Missouri：9th Int. Tech. Meeting of the Satellite Div. of the U. S. Institute of Navigation, 1996.

[24] DAI L, WANG J, RIZOS C. Predicting atmospheric biases for real-time ambiguity resolution in GPS/GLONASS reference station networks [J]. Journal of Geodesy. 2003, 76(11/12)：617-628.

[25] FOTOPOULOS G, CANNON M. An overview of multi-reference station methods for cm-level positioning [J]. GPS Solutions, 2001, 4(3)：1-10.

[26] SCHAER S, BEUTLER G, ROTHACHER M, et al. The impact of the atmosphere and other systematic errors on permanent GPS networks [J]. Pres. IAG Symposium on Positioning, Birmingham, UK, 1999.

[27] 任晓东. 多系统 GNSS 电离层 TEC 监测理论及差分码偏差精确估计方法研究[D]. 武汉：武汉大学，2017.

[28] WÜBBENA G, SCHMITZ M, BAGGE A. PPP-RTK：precise point positioning using state-space representation in RTK networks, in：Proceedings of ION GNSS 18th International Technical Meeting of the Satellite Division[C]. Fairfax, USA：The Institute of Navigation, Inc. , 2005.

[29] TEUNISSEN PJG, ODIJK D, ZHANG B. PPP-RTK：results of CORS network-based PPP with Integer ambiguity resolution [J]. Journal of Aeronautics, Astronautics and Aviation, Series A, 2010,42(4)：223-230.

[30] SCHAFFRIN B, BOCK Y. A unified scheme for processing GPS dual-band phase observations [J]. Journal of Geodesy, 1988, 62：142-160.

[31] BISNATH S, GAO Y. Current state of precise point positioning and future prospects and limitations [C]//Proceedings of IUGG 24th General Assembly, Perugia, Italy,2007.

[32] GE M, GENDT G, ROTHACHER M, et al. Resolution of GPS carrier-phase ambiguities in precise point positioning (PPP) with daily observations [J]. Journal of Geodesy, 2008, 82(7)：389-399.

[33] COLLINS P, BISNATH S, LAHAYE F, et al. Undifferenced GPS Ambiguity Resolution Using the Decoupled Clock Model and Ambiguity Datum Fixing [J]. Journal of Navigation, 2010(57)：123-135.

[34] LOYER S, PEROSANZ F, MERCIER F, et al. Zero-difference GPS ambiguity resolution at CNES-CLS IGS analysis center[J], Journal of Geodesy, 2012, 86(11)：991-1003.

[35] LI X, ZHANG X. Improving the estimation of uncalibrated fractional phase offsets for PPP ambiguity resolution [J]. Journal of Navigation, 2012, 65(3)：513-529.

[36] ODIJK D. Fast precise GPS positioning in the presence of ionospheric delays [J]. Publications on

geodesy, 2002,52:242.

[37] CHEN K, GAO Y. Real‐time precise point positioning using single frequency Data [C]//Long Proceedings of ION GNSS, Beach, CA,2005.

[38] BOCK H, JÄGGI A, DACH R, et al. GPS single‐frequency orbit determination for low Earth orbiting satellites [J]. Advance in Space Research, 2009, 43(5):783-791.

[39] SHI C, GU S, LOU Y, et al. An improved approach to model ionospheric delays for single‐frequency precise point positioning [J]. Advance in Space Research, 2012, 49(12):1698-1708.

[40] LI X, GE M, ZHANG H, et al. A method for improving uncalibrated phase delay estimation and ambiguity‐fixing in real‐time precise point positioning [J]. Journal of Geodesy, 2013, 87(5):405-416.

第 10 章　精密单点定位技术典型应用

　　PPP 技术除了可以精确确定 3 维坐标外,还可同时解算接收机钟差、倾斜路径电离层延迟、天顶对流层延迟等信息。因此,本章将结合 PPP 技术的优势和特点重点介绍其在大地测量领域的典型应用,主要包括精密定位、精密授时、精密定轨、地震监测、电离层建模、水汽监测以及海潮负荷位移参数反演等几个方面。

　　本章 PPP 数据处理采用武汉大学测绘学院自主研制的 TriP 软件,采用无电离层组合观测值,参数估计方法使用扩展卡尔曼滤波,待估参数包括接收机位置、模糊度、天顶对流层延迟、接收机钟差、系统偏差等。其中:接收机的位置参数分别采用静态和动态处理模式;模糊度、静态坐标、系统偏差参数作为常量进行估计;接收机钟差、动态坐标当作白噪声处理;对流层延迟湿分量采用随机游走过程模拟。滤波过程中依据动态模型将前一历元状态矢量预测到当前历元。在测量更新过程中,利用观测信息求解状态矢量及其方差协方差阵。所需要的精密轨道、精密钟差等产品由 IGS 分析中心提供。

🔺 10.1　大地静态定位

　　IGS 定期发布全球数百个跟踪站的参考坐标,这些跟踪站上常年的坐标时间序列为大地测量与地球动力学的研究提供了丰富的基础数据。利用这些数据可以建立和维持地球参考框架、确定地壳运动趋势和形变特征、研究地球物理效应及其机制、估计板块运动速度场等。早期坐标时间序列的获取方法主要依赖于静态基线解算。近年来,PPP 技术的快速发展使其逐渐成为高精度坐标时序获取途径的重要补充。相比于静态基线解算,静态 PPP 具有数据处理效率高、站间独立且站间距不受限制等优势。利用静态 PPP 技术获取 IGS 站的坐标时间序列,为地球参考框架的建立与维持以及地球动力学等方面的相关研究提供支持和参考,具有重要的理论价值和实际意义。

10.1.1　数据说明

　　利用中国区域 10 个 IGS 观测站 1999—2008 共 10 年的 GPS 观测数据,解算各站点 10 年的单天解坐标,之后进行坐标时间序列分析。各测站地理位置分布如图 10.1 所示,从图中可以看出,所选取的测站包括了沿海、中部地区以及西北内陆地区,有着较好的分布情况。以这些测站为主要研究对象进行测站坐标时间序列的分析,能够较为可靠地反映中国区域板块运动情况。

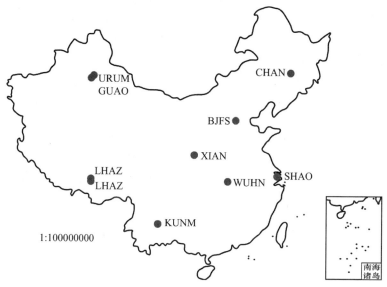

图 10.1　选取的中国区域部分 IGS 站分布图

10.1.2　结果分析

采用静态单天解模式对上述数据进行解算。部分代表性测站的坐标时间序列如图 10.2 ~ 图 10.4 所示,图中空白部分表示该时间段无数据记录或当作粗差被剔除。

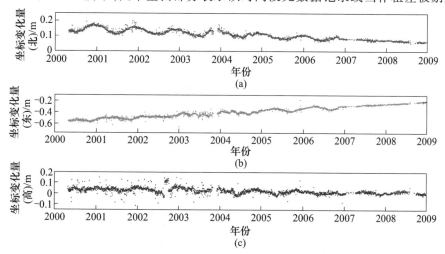

图 10.2　BJFS 站坐标时间序列图

可以看出,所有基准站的水平方向都存在较为一致的运动趋势。而高方向的坐标时间序列图在各个测站呈现的特征差异较大。分析未去除趋势项的坐标时间序列

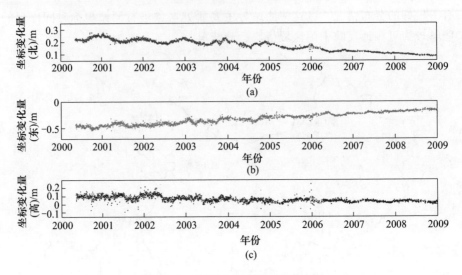

图 10.3　KUNM 站坐标时间序列图

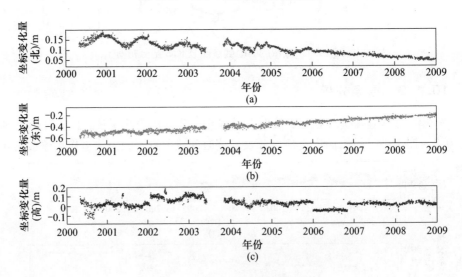

图 10.4　WUHN 站坐标时间序列图

图,可以得到如下结论:

(1) 北、东、高程方向都存在以年为单位的运动趋势,存在较明显的年周期特性。各分量都存在冬季发生正向位移而夏季发生反向位移的特点。在年周期运动趋势的基础上,北、东、高程方向都叠加了线性运动。各个测站都有不同程度的随时间递增或递减的趋势,其中北、东方向线性运动趋势较为明显,高程方向不显著。

(2) 自 2006 年开始,北、东、高程 3 个方向的年周期运动趋势减弱,北、东方向尤为明显。从图中 KUNM 站坐标时间序列中可发现高程方向依旧存在易辨认的年周期运动,而北、东方向的年周期运动趋势已经较之前大为减弱。造成上述现象的原

因:一方面是由于各类模型的精化以及观测手段的改进,测站误差的消除和减弱,测站坐标精度较之前有了质的提升;另一方面是中国大陆所在板块运动趋势减弱,导致年周期项变化不甚明显。

10.2　航空动态测量

动态 PPP 技术可为飞机、车船等移动载体提供精确的位置和速度信息。早期的航空动态测量中的 GPS 定位一般采用双差模型进行动态基线处理[1-2]。为保证动态基线解算的可靠性和精度,进行航空测量时仍然要求地面布设有一定密度(30～50km)的 GPS 基准站。这对于大范围的航空测量任务来讲,将大大增加人力、物力和财力的投入,特别是我国地域辽阔,地形复杂,布设如此密集的地面基准站具有相当大的难度。此外,定位精度会随基线长度的增加而急剧下降,无法满足生产部门的要求。随着 IGS 轨道产品和钟差产品精度的不断提高,PPP 技术越来越得到人们的重视,也为进行长距离、高精度的航空动态定位提供了新的解决途径[3-4]。

10.2.1　数据说明

以某次航空动态测量为例,该航次于 2003 年 7 月 4 日上午从冰岛飞往苏格兰,飞行线路如图 10.5 所示。从 7:41 起飞,11:31 降落,整个飞行时间长达 3h50min,飞行距离大约 800 多千米,GPS 数据的采样率为 1s。地面有 3 个基准站,分别位于航线两端和中间,可用于进行双差动态定位解算。

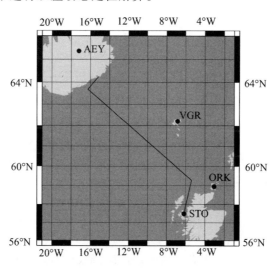

图 10.5　航空测量飞行线路图

图 10.6 给出了整个航线的飞行高程剖面图,图中放大部分是飞机在下降过程的高程变化。图 10.7 给出了整个飞行期间各历元所观测到的卫星数及其对应的 PDOP

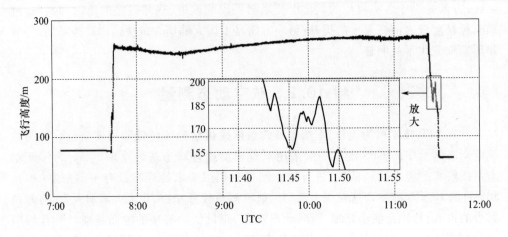

图 10.6   垂向飞行轨迹

值。图中的纵轴同时表示卫星数(蓝色线)和 PDOP 值(红色线)。由图可见,整个飞行期间的 PDOP 值都小于 4,最大为 3.6。

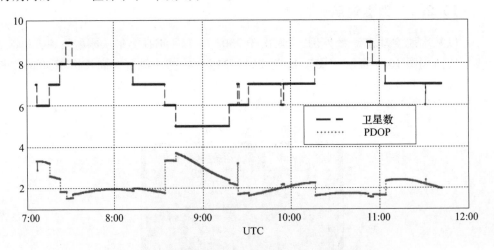

图 10.7   飞行期间的观测卫星数和 PDOP 值(见彩图)

10.2.2   结果分析

将 TriP 动态 PPP 结果与参考值进行比较分析其定位精度,其中包括动态 PPP 解同多基准站双差解之间的比较,以及采用静态模拟动态的方式评估定位精度。图 10.8 给出了同双差解的比较结果,横轴为时间轴(UTC),纵轴为 TriP 软件计算得到的坐标同多基准站双差解得到的坐标在北、东和高程分量上的差异。图 10.9 给出了静态模拟动态情况下与坐标参考真值的互差结果。对这些较差进行统计分析,可得表 10.1 中的统计结果。

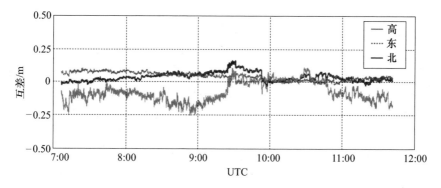

图 10.8　TriP 每历元的解算出的坐标与双差解的坐标在北、东、高方向上的差值(见彩图)

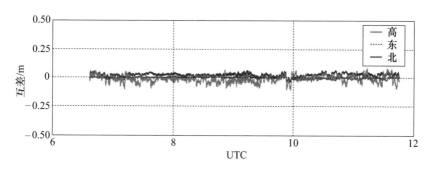

图 10.9　TriP 静态基准站模拟动态解算各历元坐标与已知坐标在北、东、高分量的差值(见彩图)

表 10.1　TriP 精密动态单点定位结果同双差解与已知坐标间比较的统计结果

(单位:m)

两种比较	飞机动态数据 TriP 解与双差解的比较			TriP 静态模拟动态解与已知坐标的比较		
分量方向	北	东	高	北	东	高
平均偏差	0.033	0.038	-0.079	-0.022	-0.004	-0.013
标准差	0.033	0.028	0.072	0.014	0.010	0.029
均方误差	0.038	0.047	0.090	0.026	0.011	0.032
最大偏差	0.156	0.096	0.105	0.064	0.042	0.081
最小偏差	-0.038	-0.024	-0.254	-0.042	-0.033	-0.109

　　从图 10.8 中可以看出,两种解算结果在整个飞行期间存在一些系统差异。这个差异部分来自于卫星钟误差和轨道误差,还包括对流层湿延迟的估计误差;此外,双差解本身也存在误差。由机载动态 GPS 定位结果和静态模拟动态定位结果可见,PPP 可以实现亚分米级的飞机动态定位,能在不需要地面基准站的条件下达到双差固定解相当的精度水平。

△ 10.3 PPP 精密授时

授时指的是根据基准时间,利用一定测时手段在本地对时间进行校准或通过一定方法将基准时间的特定信号送达用户,使用户获得高精度时间的过程。它在数学上测出本地时钟与原始时钟之间的钟差,将该钟差改正到本地钟达到授时之目的。GPS 卫星系统能够实现卫星间精确时间同步[5-7],从而构成一个空基的高精度基准时间 GPS 时(GPST)。用户根据已知的 GPS 接收机位置以及接收的卫星信号,并改正相应的 GPS 信号误差影响后进行参数估计,最终获得本地接收机相对于 GPST 的时间。本节主要介绍 PPP 在授时方面的应用,事后精密星历与钟差文件分别采用 RMS 和阿仑方差从时域和频域评价授时精度。

10.3.1 时域评价

实验选取了 ALGO、CRO1 两个配有外接频率基准(由氢原子钟提供)的 IGS 跟踪站 7 天的观测数据,同时估计测站坐标和接收机钟差。首先利用 5min 采样间隔的 IGS 钟差文件,分别处理了 ALGO 和 CRO1 站 2008 年年积日第 286 ~ 292 天这 7 天的观测数据,将求解的钟差序列与 IGS 钟差文件中相应的接收机钟差求差,得到的序列偏差如图 10.10 所示;然后利用 30s 采样间隔的 IGS 钟差文件进行相同的处理,得到的序列偏差如图 10.11 所示。表 10.2 为分别利用 5min 采样间隔和 30s 采样间隔的卫星钟差信息处理得到的 ALGO 和 CRO1 两站连续 7 天的静态 PPP 钟差解的误差统计。

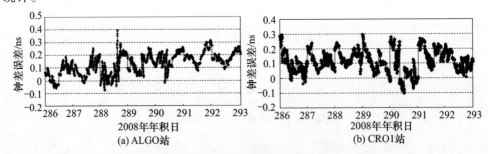

图 10.10 利用 5min 采样间隔卫星钟差求得的 ALGO 与 CRO1 站的 PPP 钟差误差时间序列

表 10.2 ALGO 和 CRO1 两站接收机钟差解的精度统计信息

卫星钟差产品	ALGO 站钟差/ns			CRO1 站钟差/ns		
	均值	均方误差	标准差	均值	均方误差	标准差
IGS 最终(5min)	0.132	0.176	0.080	0.117	0.160	0.073
IGS 最终(30s)	0.119	0.161	0.071	0.107	0.146	0.068

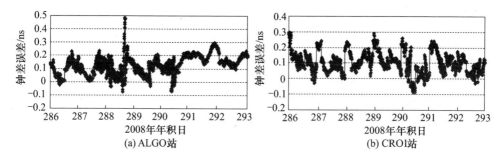

图 10.11　利用 30s 采样间隔卫星钟差求得的 ALGO 与
CRO1 站的 PPP 钟差误差时间序列

从图 10.10 和图 10.11 可见,无论是利用 5min 采样间隔的卫星钟差产品,还是利用 30s 采样间隔的卫星钟差产品,ALGO 和 CRO1 两站的静态 PPP 钟差解结果都与 IGS 发布的钟差基本吻合。除 ALGO 站在第 288 天有一短时段内的钟差解出现异常之外,其余偏差都在 0.3ns 以内。结合表 10.2 可以看出,PPP 的时间传递精度可以达到亚纳秒级。

对比图 10.10 和图 10.11 可以看出,相比于 5min 采样间隔的卫星钟差产品,利用 30s 间隔的卫星钟差产品可以提高静态 PPP 时间传递精度,但效果不明显。另外,体现在图 10.10 中钟差解的日界(相邻两天的交界点)不连续性并没有因为使用了 30s 采样间隔的卫星钟差产品而有所改善。如何削弱或者消除这种日界不连续性,国外已有学者对此进行了研究并取得了初步成果,本节不再展开介绍[8-9]。

10.3.2　频域评价

为了进一步分析 PPP 授时所能达到的精度,从频率稳定度的角度分析了 ALGO 和 CRO1 站 2008 年年积日第 292 天的静态 PPP 钟差解时间序列,分析其阿仑方差,其结果如图 10.12 所示。

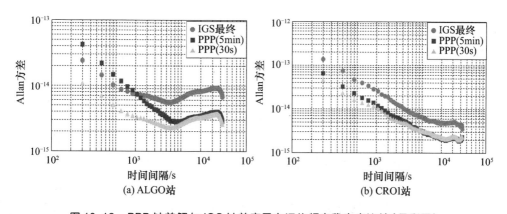

图 10.12　PPP 钟差解与 IGS 钟差产品之间的频率稳定度比较(见彩图)

结合图 10.12,从频率稳定度的角度可以看出,无论是利用 5min 间隔的卫星钟差产品,还是利用 30s 间隔的卫星钟差产品,所得的静态 PPP 钟差解在趋势上都和 IGS 最终的钟差产品符合得很好,半天内的稳定度可达到 $1 \times 10^{-15} \sim 2 \times 10^{-15}$,这进一步说明了 PPP 授时的可靠性。另外,从图 10.12 中还可看出:利用 30s 卫星钟差产品解算的接收机钟差较 5min 卫星钟差产品解算的结果稳定度要高;但随着时间间隔的增长,这种效果越来越不明显,当时间间隔增长到一定时,使用这两种钟差产品所能达到的授时稳定度趋于一致。因此,用 PPP 进行授时:若只考虑接收端钟的短期稳定性,则应使用 30s 间隔的卫星钟差产品;若顾及其长期稳定性,使用 5min 间隔的卫星钟差产品。

▲ 10.4 低轨卫星精密定轨

20 多年来,国内外先后发射了一系列的低轨道卫星用于对地观测,并在地球物理学、大地测量学、海洋学、气象学等科学领域发挥了重要作用。对于低轨卫星而言,精密定轨技术是其顺利完成各项科研和应用任务的重要前提。近年来,PPP 技术已逐渐成为低轨卫星定轨的主要手段[10-11]。本节主要介绍利用 PPP 技术进行低轨卫星几何定轨。

10.4.1 数据处理策略

选用 2012 年 1 月 1 日—7 日 GRACE-A 的星载 GPS 观测数据进行精密定轨解算,并将解算结果与 GFZ 提供的事后精密轨道进行比较。浮点解采用 CODE 提供的精密星历和钟差产品,固定解所需的卫星端宽巷小数产品以及整数钟产品来自 CNES,同时为了保证卫星轨道和钟差产品的一致性,固定解中的精密星历也采用 CNES 发布的产品。试验中用到的数据如星载 GPS 数据(GPS1B)、事后精密轨道数据(NAV1B)均可以从 GFZ 信息系统与数据中心免费获取。图 10.13 为 TriP 软件低轨卫星精密定轨模块算法流程图。

10.4.2 结果分析

GFZ 发布的 GRACE 卫星事后精密轨道精度为 $2 \sim 3\text{cm}$。将几何法定轨结果与事后精密轨道求差,并将差值转换到轨道坐标系下进行分析。以 GRACE-A 卫星为例,计算了其年积日第 1~7 天共 7 天的浮点解定轨结果。图 10.14 为年积日第 1、2 天共 2 天的浮点解定轨结果偏差序列。

可以看出,除个别天中少数历元的偏差较大以外(大于 2dm),几何法定轨浮点解结果在各方向上都比较稳定,绝大部分偏差都在 1dm 以内。少数历元偏差相对较大主要是由于可观测卫星数太少,同时其观测数据本身的质量较差。

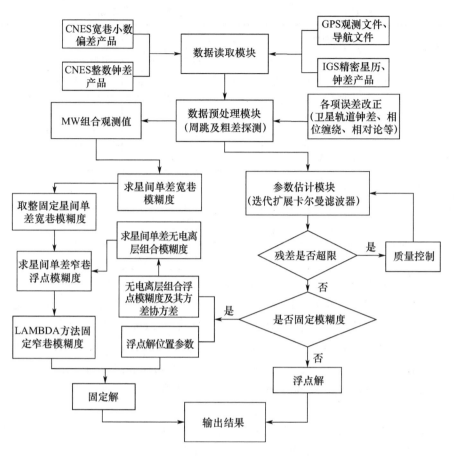

图 10.13　Trip 软件低轨卫星精密定轨模块算法流程图

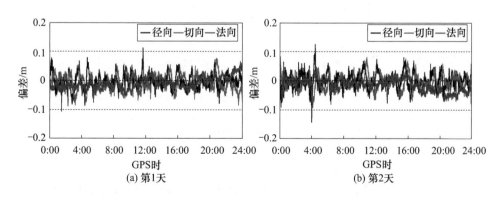

图 10.14　GRACE-A 卫星年积日第 1、2 天的定轨结果偏差(见彩图)

对以上 7 天的浮点解定轨偏差进行平均值、标准差以及均方根误差统计以反映其精度水平,结果如表 10.3 所列。

表 10.3　GRACE-A 卫星各天浮点解定轨偏差统计

年积日	均值/cm			标准差/cm			均方误差/cm		
	径向	切向	法向	径向	切向	法向	径向	切向	法向
第 1 天	−0.2	−0.7	−0.8	2.6	2.5	2.0	2.6	2.6	2.1
第 2 天	−0.1	−0.6	−1.7	2.8	2.5	2.0	2.8	2.5	2.6
第 3 天	−0.1	−0.6	−0.9	2.3	2.3	1.6	2.3	2.3	1.8
第 4 天	−0.2	−0.3	−1.6	2.7	2.4	1.7	2.7	2.4	2.4
第 5 天	−0.3	−0.6	−1.3	2.8	2.6	1.8	2.8	2.6	2.2
第 6 天	−0.1	−0.4	−2.1	3.0	2.9	2.2	3.0	2.9	2.1
第 7 天	−0.1	−0.4	−1.0	2.9	2.4	2.0	2.9	2.4	2.3
平均值	**−0.2**	**−0.5**	**−1.4**	**2.7**	**2.5**	**1.9**	**2.7**	**2.5**	**2.0**

　　从平均值来看,GRACE-A 卫星各天在径向和切向的定轨结果与 GFZ 事后精密轨道相比,均无明显的系统性差异,北方向约有 1cm 的系统偏差。从标准偏差可以看出,GRACE-A 卫星径向和切向的稳定性优于 3cm,法向约为 2cm。从均方误差可以看出,GRACE-A 卫星的几何定轨精度在 3 个方向均优于 3cm,且各天之间具有较高的一致性。从整体上来讲,径向的精度均比切向和法向稍差,这是由于几何定轨的径向与地面定位的高程方向类似,受 GPS 观测卫星几何图形结构的影响导致的。

　　为进一步评估几何法定轨固定解对于轨道精度的改善效果,图 10.15 代表性地给出了 GRACE-A 卫星年积日第 5 天的固定解定轨结果。

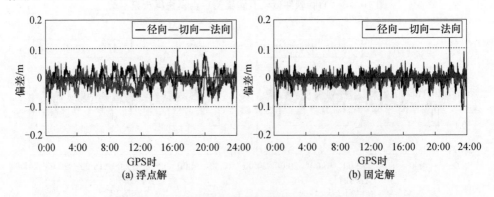

图 10.15　GRACE-A 卫星浮点解和固定解定轨偏差(年积日第 5 天)(见彩图)

　　对比可以看出,模糊度固定后各方向的偏差序列较之浮点解均更加平稳,尤其是法向最为明显。图 10.16 给出了 GRACE-A 卫星各天的浮点解与固定解定轨偏差均方误差统计对比,表 10.4 给出了固定解对浮点解定轨精度的改善情况。

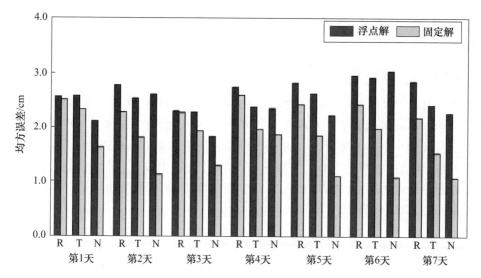

图 10.16　GRACE-A 卫星浮点解与固定解定轨偏差均方误差统计图

表 10.4　固定解对浮点解定轨偏差 RMS 的改善程度统计　（单位:%）

年积日	GRACE-A		
	径向	切向	法向
第 1 天	1.9	9.3	22.6
第 2 天	17.6	28.3	55.9
第 3 天	1.3	15.3	28.8
第 4 天	5.1	17.6	20.3
第 5 天	13.8	29.8	49.8
第 6 天	17.9	31.8	63.8
第 7 天	23.2	36.4	52.0
平均值	**11.6**	**24.0**	**41.9**

从图 10.16 看,GRACE-A 卫星的固定解定轨精度在径向为 $2\sim3\mathrm{cm}$,切向大部分优于 $2\mathrm{cm}$,法向优于 $2\mathrm{cm}$,较之浮点解而言,在 3 个方向上的平均改善程度分别约为 12%、24%、42%。这充分说明,模糊度固定解能显著改善低轨卫星的定轨精度和可靠性,尤其是能够明显提高切向和法向定轨精度,可达 $30\%\sim40\%$。

▲ 10.5　高频 GNSS 地震监测

自 20 世纪 90 年代初 Hirahara 等提出了 GPS 地震仪(GPS Seismometer)的概念以来[12],国内外先后有多所研究机构的众多学者对高频 GNSS 技术用于地震监测开展了广泛、深入和细致的研究,使其逐渐发展成为 GNSS 应用领域的一个新的热点研究方向——GNSS 地震学。本节将重点阐述 PPP 技术及其联合强震仪在同震位移监测上的应用研究。

10.5.1　数据说明

2011 年 3 月 11 日 05：46：24UTC(GPST – UTC = 15s)时,在距宫城县牡鹿半岛东南偏东约 130km 的西太平洋海域发生了 Mw 9.0 级大地震(东日本大地震)。选取近震及远震区的 6 个 IGS 观测网中的 GPS 跟踪站及距东京 15km 左右的 JA01 站作为研究对象,测站采样率为 1Hz。各站分布(圆点)及震中位置(星形)如图 10.17 所示。距震中最近的测站(MIZU 站),其震中距约为 140km;最远的测站(GUAM 站),其震中距达 2700 余千米。

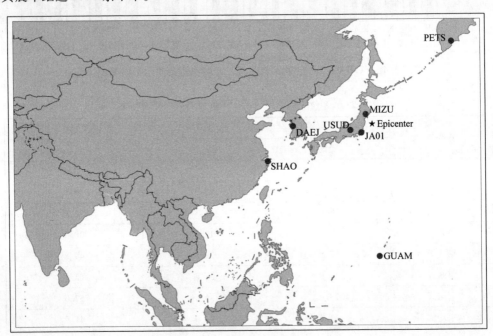

图 10.17　Tohoku-Oki 地震震中及高频 GPS 测站分布示意图

10.5.2　PPP 技术提取同震位移

图 10.18(a)、(b)、(c)显示了各 GPS 测站在北方向、东方向和高方向上 PPP 解算的同震位移时间序列,纵轴代表位移量,虚线所对应的时刻为发震时刻。为便于描述地震波的传播过程,将所有测站依震中距大小排列显示其震前、震时及震后的位移变化。从图中可以看出地震发生后,距离震中最近的 MIZU 站最先感知,随后地震波传至其他各站。各站各分量在地震到时均有不同程度的震动,尤其以震中距较近的 MIZU 站(约 140km)、JA01 站(约 390km)及 USUD 站(约 450km)最为明显,对于数千

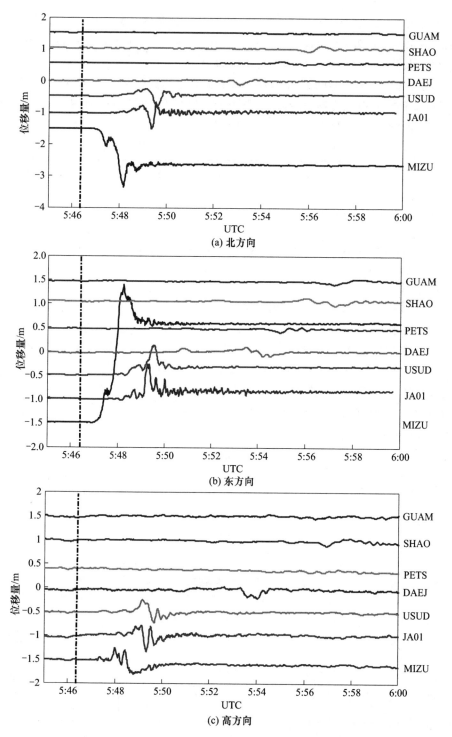

图 10.18　各 GPS 测站在北/东/高方向上的同震位移时间序列图

千米之外的 DAEJ 站、SHAO 站、PETS 站和 GUAM 站利用高频 GPS 同样能够监测到其地震波信号。此外,由于破坏力极强的剪切波(S 波)主要造成水平向的挤压和扭动,因此,水平向位移较竖向位移变化更加显著。

尽管远震区(大于 600km)的高频 GPS 能够监测到地震波信号,但其破坏力较小,同震位移容易被观测噪声所淹没,图 10.19 仅给出近震区测站的震时水平向运动轨迹,其震后永久性位移变化如表 10.5 所列。

表 10.5　近震区高频 GPS 测站静态同震位移

站名	震中距/km	永久性位移各分量/m		
		北	东	高
MIZU	140	− 1.133	2.130	− 0.109
JA01	390	0.025	0.179	− 0.009
USUD	450	0.024	0.189	− 0.027

图 10.19 中坐标原点为各站震前初始位置,地震波(尤其是横向剪切波)到达时测站开始朝东南方向发生剧烈的抖动,其中 MIZU 站的最大位移达到东向 3m、南向 2m 左右;随着地震波的衰减,测站位置发生回弹至最终点位。相对于 MIZU 站,JA01、USUD 站的位移量级较小。表 10.5 说明,强震已经造成这些测站产生了永久性位移。其中,MIZU 站向南偏移 1.133m,向东偏移 2.130m,高程方向也向下沉降 0.1m 左右。其他测站也呈向东漂移和向下沉降的趋势。这在一定程度上也反映出强震造成日本所在的板块整体朝东运动,并略有沉降。

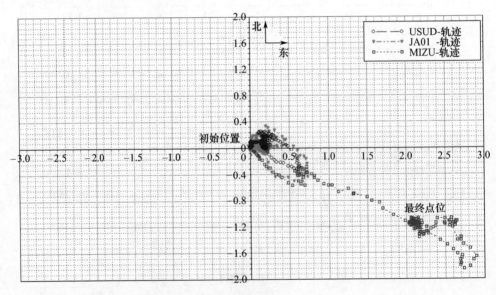

图 10.19　近震测站震时水平向运动轨迹(UTC 5:46—5:56)(见彩图)

10.5.3　PPP 技术与强震仪相结合的同震位移提取

上述章节主要为 GNSS 计算的结果,而在常规的地震观测仪器中,强震仪和宽频地震仪是最为主要的两种获取震时地表位移的观测手段。强震仪具有很高的采样率和观测精度,但在实时数据处理过程中无法准确地校正基线偏差[13-14],从而使得加速度测量值很难转化为吻合地震过程的地面位移量。而 GNSS 则具有直接获取地面测站高精度位移的能力,联合两者,可充分发挥其各自优势,进而促进地震预警系统更准确可靠地运行[15]。顾及基线偏差的 PPP 和强震仪组合数学模型可参照文献[16]。本节将使用该模型,以东日本大地震为例,提取并置站 0550/MYG011 的组合同震位移。

图 10.20 展示了并置站 0550/MYG011 在北、东、高程方向上的组合位移结果(图 10.20(a)、(b)、(c)红色线),图中同时绘制了 GPS 和强震仪单独的位移结果,每幅子图的下图是 GPS 结果与组合结果的差异。在图中,强震仪的位移结果在地震刚开始时(该站地震波到达时间约在 14s 处)并未发生漂移,随着地震波的持续到来,各向位移均先后发生了不同程度的漂移。相比而言,GPS 位移和组合位移在整个地震过程期间,均没有发散,并且两者在最大位移、永久性位移以及整个位移波形形状上均十分吻合,由此说明组合位移吸纳了 GPS 的优点,能够很好地记录地震波长周期信号。而从两者的差异结果可知,尽管在位移发生剧烈变化的时候,两者的差异稍显较大,这可能是在此期间基线偏差的过程噪声设置偏小或两个测站并未严格并置造成的;但两者的差异基本在 GPS 获取同震位移的精度范围内,特别是在地震后期,两者差异没有发生系统性偏差,这也说明通过 GPS 的约束基本消除了强震仪中的基线偏差影响。

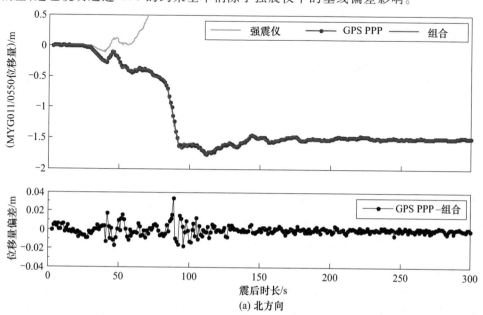

(a) 北方向

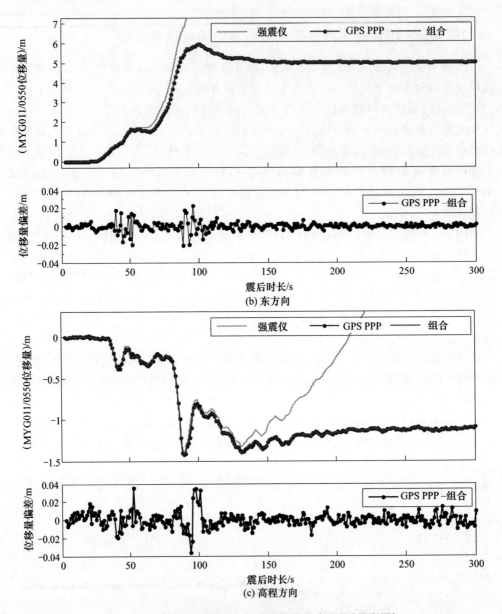

图 10.20　0550/MYG011 组合同震位移序列图（见彩图）

图 10.21 给出了并置站的速度序列结果。从图中可以看出,在地震初期,组合速度的结果与强震仪的结果相吻合,而随着地面震动的加剧,组合速度的整体趋势开始与 GPS 速度相靠近,并在地面剧烈晃动过后逐渐恢复到零附近;但是强震仪积分得到的速度因基线偏差的影响而出现发散现象,在地震过后,所得速度结果也不为零,与实际情况不符。图 10.22 是截取自图 10.21 中前 40s 的结果。从图中可清晰地看到,在地震波未到达前以及地震波到达后不久,GPS 速度结果展示出比组合速度更高

的噪声水平,在此期间 GPS 速度未发生明显的变化,无法探知地震波是否到达;但是组合结果保留了更多强震仪的特性,测量精度高,并具有极高的采样频率,因而对微弱的地面震动很敏感,能够记录到更丰富的地震波高频信号,这也为后续准确识别 P 波到达时刻提供了基础。

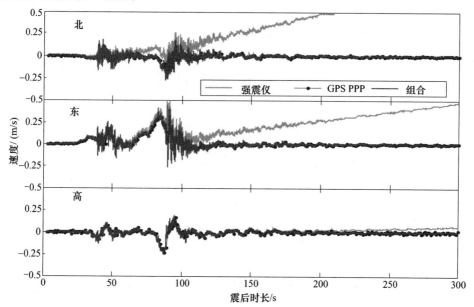

图 10.21　MYG011/0550 组合速度序列图(地震发生后 300s 内)(见彩图)

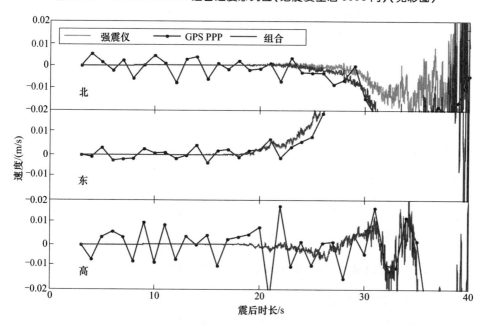

图 10.22　MYG011/0550 组合速度序列图(地震发生后 40s)(见彩图)

由上述试验结果表明:组合模型能够将 GNSS 位移和强震仪加速度观测值有机融合起来,所得结果能够同时记录到准确的地震波低频信号和高频信号。

▲ 10.6　电离层建模

高精度电离层 TEC 的精确提取是建立高精度电离层模型的前提,目前电离层 TEC 的提取方法主要有 3 种:伪距观测值法、相位平滑伪距法及非组合 PPP 浮点解法。伪距观测值法提取简单、易于计算,但是因为伪距观测噪声较大,所以精度有限。相位平滑伪距法作为目前最常用的电离层 TEC 提取方法,被 IGS 各大电离层分析中心广泛采用,但是仍存在一定误差,Ciraolo 等利用零基线和短基线试验表明相位平滑伪距法的提取误差最大可达数 ±8.8TECU[17]。非组合 PPP 法是张宝成等提出利用非组合 PPP 技术同时估计电离层延迟项、模糊度项以及其他未知参数的方法,该方法可以大大削弱多路径效应和观测噪声的影响,具有更高的精度和可靠性[18-19],但是该方法仍无法完全消除多路径和观测噪声的影响。由于相位观测值不但观测噪声小,而且多路径影响较小,倘若直接利用相位观测值提取电离层 TEC,将大大提高电离层观测值的精度,进而大幅提高电离层建模精度。随着近几年 PPP 模糊度固定技术的发展和成熟,使得利用相位观测值直接提取高精度电离层 TEC 观测值成为可能。本节主要介绍利用 PPP 模糊度固定技术提取电离层 TEC 的方法,并通过单频 PPP 试验,对比分析不同方法所提取的电离 TEC 精度及差异。

10.6.1　固定模糊度的高精度 TEC 提取流程

图 10.23 给出了利用观测网数据实现非差模糊度固定,并基于高精度的相位观测数据提取电离层 TEC 值的数据处理流程。由图可以看出,主要分为五大步骤:①利用观测网数据以及 IGS 提供精度轨道、钟差、天线等信息逐站进行标准模式的 PPP 解算,获得无电离层组合模糊度(L3 实数模糊度);②基于观测网原始观测数据获取 MW 组合观测值,利用直接平均后取整的方式获取宽巷整数模糊度(WL 整数模糊度);③利用前两步获得的 L3 实数模糊度和 WL 整数模糊度计算得到窄巷实数模糊度(NL 实数模糊度);④建立窄巷小数偏差估计方程,求解相应的窄巷小数偏差值,并利用 LAMBDA 方法固定窄巷模糊度;⑤将固定后的宽巷和窄巷模糊度代入无几何距离 L4 组合观测值中,即可得到相应的电离层 TEC 观测值,然后可以利用该观测值进行电离层 TEC 建模及其他应用。

10.6.2　电离层 TEC 观测值精度评定试验

10.6.2.1　评定方法及策略

Ciraolo 等提出利用短基线/零基线测站做站间单差评定相位平滑伪距电离层 TEC 精度的方法[17]。由于短基线/零基线的两个测站相同卫星信号经过的空间路径

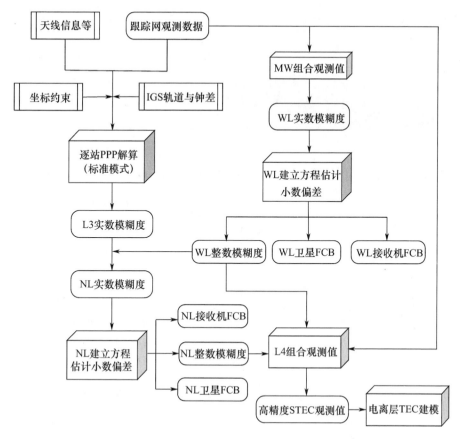

图 10.23　固定模糊度的高精度 TEC 提取流程图

基本一致,因此可以认为两站对应同一颗卫星的电离层延迟、对流层延迟等误差相同。进行站间单差以后,也可消除卫星端相关误差。因此,该方法可以考查相应观测值所受多路径效应及观测值噪声的误差,从而评估观测值的精度。本节选取全球范围内 14 个测站共计 7 条短基线/零基线对的 IGS 观测数据,数据采间隔为 30s,时间段为 2016 年年积日第 1~7 天。分别采用伪距法、相位平滑伪距法、非组合 PPP 法、固定模糊度法提取电离层 TEC 观测值。固定模糊度法利用全球均匀分布的 450 个 IGS 测站整网求解非整周偏差(FCB)参数并固定模糊度,固定窄巷模糊度所需要的无电离层组合模糊度参数采用标准无电离层组合 PPP 模型求解,宽巷 UPD 一天求解一个平均值,窄巷 UPD 每个历元求解一个,模糊度采用经典的 LAMBDA 方法固定。

10.6.2.2　短基线/零基线实验

依据 10.6.2.1 节给出短基线/零基线评估方法,图 10.24 和图 10.25 分别给出了 4 种电离层提取方法得到电离层 TEC 值的站间单差结果。由于站间单差以后电离层误差、卫星硬件延迟等空间误差和卫星端误差均被消除,而残余的误差仅为接收机端硬件延迟的站间差值与观测值噪声,因此在不考虑观测值噪声的影响下,不同卫星的电离层 TEC 站间单差值应该"完美重合"。

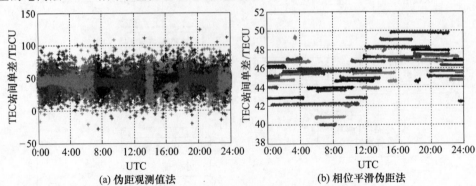

(a) 伪距观测值法　　　　　　　　(b) 相位平滑伪距法

图 10.24　AREG-AREV TEC 站间单差结果(见彩图)

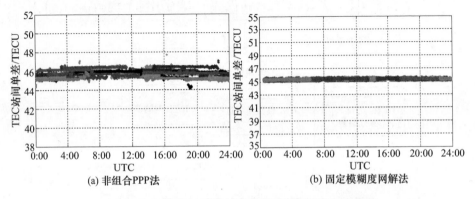

(a) 非组合PPP法　　　　　　　　(b) 固定模糊度网解法

图 10.25　AREG-AREV TEC 站间单差结果(见彩图)

　　由图 10.24 可以看出,虽然伪距法得到不同卫星的电离层 TEC 站间单差值貌似"完美重合",但只是均值意义上的"貌似"重合,其波动范围非常之大。这是因为伪距观测值在经过无几何距离组合,再经过站间单差组合,使得观测噪声不断放大。而相位平滑伪距法得到的电离层 TEC 值,每颗卫星弧段内非常平滑,而且波动幅度很小,说明该方法很好地平滑了伪距噪声影响。但是卫星之间产生了较大偏差,最小值和最大值之差达到 10TECU,由此引起的电离层观测误差约为$(10\sqrt{2})/2 = 3.54$TECU(误差显著性水平取为 95% ,此时极限误差等于 2 倍中误差)。图 10.25 给出了非组合 PPP 法和固定模糊度网解法解得电离层 TEC 观测值的站间单差结果。由图 10.25(a)可以看出,非组合 PPP 法在相位平滑伪距法的基础上观测值精度得到明显提高,但依然无法实现"完美重合"。而从图 10.25(b)可以看出,利用固定模糊度网解法得到电离层 TEC 观测值精度非常高,近乎实现了"完美重合"[20]。将其结果纵轴放大后(图 10.26),非组合 PPP 法的站间差最大差值为 1.5TECU 左右,相应的电离层观测值误差约为 0.53TECU,而固定模糊度网解法的最大偏差不超过 0.5TECU 左右,其相应的观测值误差仅有 0.17TECU 左右。

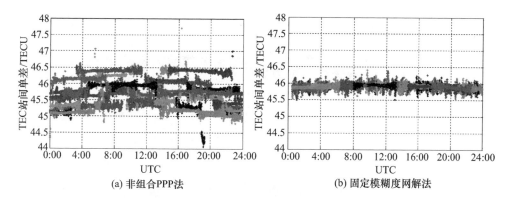

图 10.26　AREG-AREV TEC 站间单差结果(纵轴放大)(见彩图)

10.6.3　电离层建模精度评估及定位验证

基于 PPP 固定解和相位平滑伪距方式提取的电离层 TEC 观测值,可以用于全球电离层建模,图 10.27 统计了 2017 年第 201~260 天,两种方式所生成的电离层产品平均偏差和标准差(STD)。可以看出,PPP 固定解和相位平滑伪距方法生成的全球电离层产品非常接近,其平均偏差和 STD 基本在 1TECU 以内。造成该现象的原因可能是全球电离层建模过程中投影函数和拟合模型的精度较低,使得电离层观测值的精度在建模结果中难以体现。

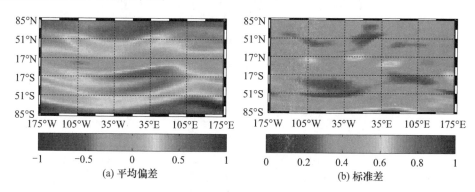

图 10.27　2017 年第 201~260 天 PPP 固定解和相位平滑伪距方法
生成电离层产品平均偏差和标准差(见彩图)

采用 2017 年 7 月 20 日(年积日第 201 天)两种方法生成的电离层产品进行单频 PPP,任意选取的 3 个测站坐标偏差序列如图 10.28~图 10.30 所示。可以看出,采用不同方法生成的电离层产品的定位结果非常接近,定位误差的变化趋势也非常一致。这进一步说明了 PPP 固定解和相位平滑伪距生成的全球电离层产品的差异较小。图 10.28 中坐标偏差序列中出现了几个离散点,可能是由于发生周跳的卫星较多。PPP 固定解和相位平滑伪距方法定位误差跳变的历元和幅度也基本一致。

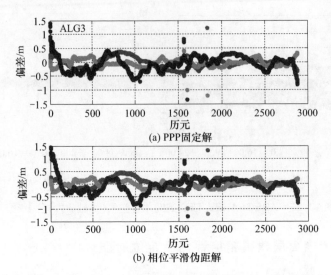

图 10.28　2017 年 7 月 20 日 ALG3 站采用不同电离层产品进行
单频 PPP 偏差序列（见彩图）

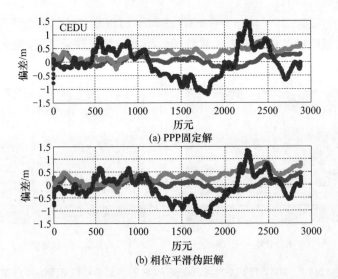

图 10.29　2017 年 7 月 20 日 CEDU 站采用不同电离层产品进行
单频 PPP 偏差序列（见彩图）

受限于当前全球电离层建模的精度，PPP 固定解电离层观测值提取方法对全球电离层建模的精度提升效果并不明显[21]。为评估 PPP 固定解对区域电离层建模的影响，采用欧洲 CORS 网部分观测数据进行区域电离层建模。根据站间距的大小将其分为小、中、大 3 种类型，相应测站的分布如图 10.31 所示。3 种类型网的站间距分别接近 10km、50km 和 80km。

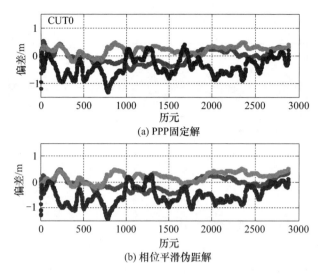

(a) PPP固定解

(b) 相位平滑伪距解

图 10.30　2017 年 7 月 20 日 CUT0 站采用不同电离层产品进行单频 PPP 偏差序列(见彩图)

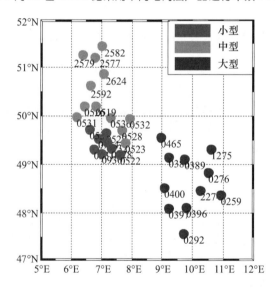

图 10.31　所采用的欧洲 CORS 的分布图(见彩图)

　　为避免电离层建模过程中的精度损失,采用区域网电离层内插的方式对不同方法提取电离层观测值的精度进行检验。在每种网中选择 3 个站作为流动站,并将距离其最近的 3 个站作为参考站。将参考站内插的电离层延迟与流动站本站提取的电离层观测值做差,并在不同参考网分别选定一个流动站,其电离层差值序列如图 10.32 ~ 图 10.34 所示。可以看出,各种类型网中固定解内插的电离层与本站提取的观测值间差值较接近,其偏差基本在 0.5TECU 以内。相位平滑伪距内插的电离层延迟与本站提取观测值间偏差接近 1TECU。随着参考网的增大,电离层延迟内插值与本站提取的观测值间差值也在增大。

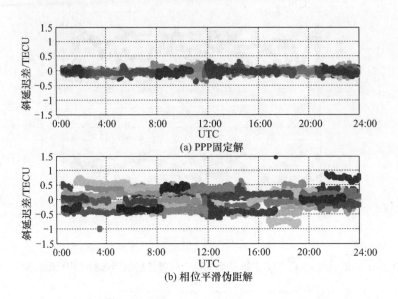

(a) PPP固定解

(b) 相位平滑伪距解

图 10.32 小型网中 0932 站提取的电离层观测值与内插值偏差序列图(见彩图)

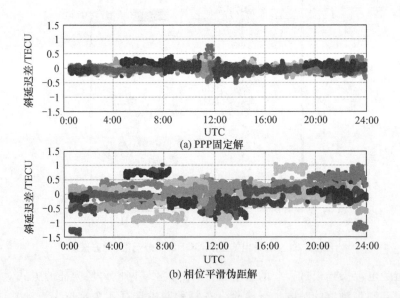

(a) PPP固定解

(b) 相位平滑伪距解

图 10.33 中型网中 0528 站提取的电离层观测值与内插值偏差序列图(见彩图)

对于不同参考网中流动站进行单频 PPP,采用邻近参考站电离层的内插值进行电离层误差改正,相应流动站定位误差序列如图 10.35 ~ 图 10.37 所示。可以看出,采用 PPP 固定解的电离层延迟改正的效果略优于相位平滑伪距。其中 0932 站和 0396 站采用相位平滑伪距的电离层延迟改正时出现了重收敛现象,而采用 PPP 固定解进行电离层改正的定位结果非常平稳。

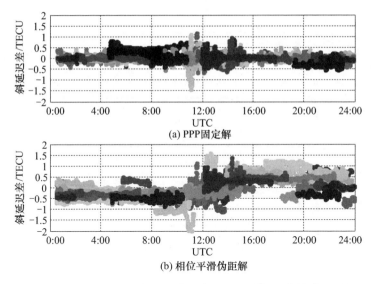

图 10.34　大型网中 0396 站提取的电离层观测值与内插值偏差序列图（见彩图）

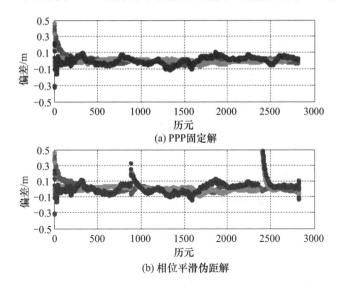

图 10.35　小型网中 0932 站采用不同电离层内插产品进行单频 PPP 偏差序列图（见彩图）

　　进一步统计不同类型参考网中测站 2017 年年积日第 1 ~ 10 天单频 PPP 在东、北、高程方向定位误差的平均 RMS，如图 10.38 所示。对于各种类型的参考网，PPP 固定解改正电离层延迟的精度优于相位平滑伪距方法。采用 PPP 固定解电离层延迟改正的单频 PPP，在东、北、高程方向的定位误差分别接近 0.07m、0.07m 和 0.13m。采用相位平滑伪距电离层延迟改正的单频 PPP 在东、北、高程方向的定位误差分别接近 0.1m、0.11m 和 0.24m。不同类型参考网的定位误差没有表现出明显的差异，其原因可能是由于整个网的范围比较小，且该地区电离层在统计期间比较平

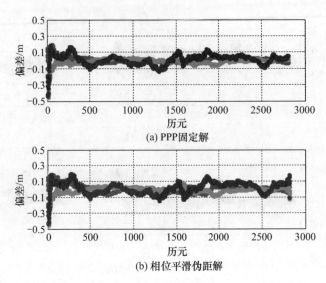

(a) PPP固定解

(b) 相位平滑伪距解

图 10.36　中型网中 0528 站采用不同电离层内插产品进行单频 PPP 偏差序列图(见彩图)

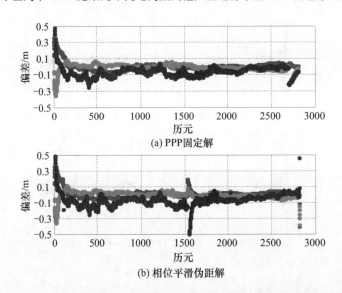

(a) PPP固定解

(b) 相位平滑伪距解

图 10.37　大型网中 0396 站采用不同电离层内插产品进行单频 PPP 偏差序列图(见彩图)

静。综合以上分析可知,PPP 固定解比相位平滑伪距方法提取的电离层观测值精度高。但受限于全球电离层建模的精度,PPP 固定解方法的贡献无法在全球电离层建模结果中体现。采用欧洲区域 CORS 网进行检验的结果表明,PPP 固定解相对相位平滑伪距在区域电离层建模中贡献比较明显。与相位平滑伪距相比,PPP 固定解内插的电离层延迟精度高 0.5TECU 左右。其单频 PPP 在东、北、高程方向定位精度比相位平滑伪距分别高约 0.03m、0.04m 和 0.09m,3 个方向上精度提升分别接近 30%、36.4% 和 37.5%。

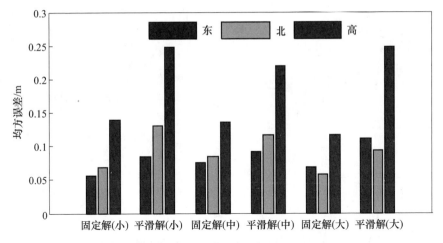

图 10.38　不同类型参考网单频 PPP 解的 RMS 统计图（见彩图）

10.7　气象学应用

自 20 世纪 90 年代开始,运用 GPS 技术估算大气中水汽总量的技术迅速发展,成为一种极有潜力、实用价值很大的新型大气探测技术,可在天气预报、水汽平衡和水汽循环研究、空中水资源开发利用等领域发挥重要的作用。PPP 技术的发展为水汽估计提供了一种新的基于非差模式的方法[22]。相比于双差解算方法,PPP 方法具有一些独特优势,如估计模型简单、站站之间不相关、无需引入远距离测站即可估计绝对时延等。基于 PPP 技术的地基 GPS 气象学研究将有可能挖掘出地基 GPS 气象学更多的优势。

10.7.1　PPP 估计天顶对流层延迟

选取 CODE 提供的对应跟踪站对应时段的 ZPD 数据作为对比数据,选取涵盖从北到南不同纬度区域的 7 个跟踪站 2008 年 10 月 1 日至 10 月 10 日(年积日第 275 ~ 284 天)共 10 天的观测数据,利用 TriP 软件解算其天顶对流层延迟 ZPD 值。

图 10.39 为 2008 年 10 月 1 日至 10 月 10 日其中 4 个测站 ZPD 解算值(ZPD_TriP)与 CODE ZPD 值(ZPD_CODE)的对比结果,其中每 2h 一个节点。将 7 个测站 10 天的 ZPD_TriP 值与 ZPD_CODE 值进行求差,并对其差值进行平均偏差和标准差统计,统计结果如表 10.6 所列。

表 10.6 中显示 7 个跟踪站的平均偏差大多在 1mm 左右,最大值不超过 4mm,标准差大多在 2 ~ 3mm,最大值也优于 4mm,考虑到 CODE 产品的本身存在的误差,TriP 软件事后解算的天顶对流层延迟客观精度能达到优于 4mm。各测站处于南北不同纬度区域,精度基本相当,没有体现出地域不同所导致的差异,这说明对流层延迟结

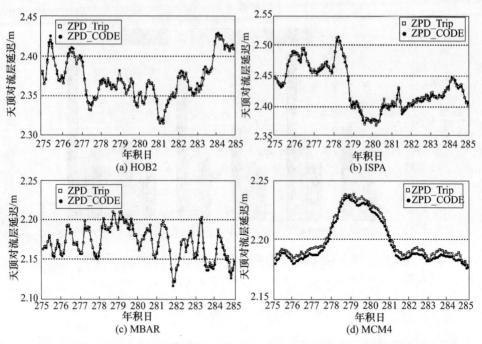

图 10.39　HOB2、ISPA、MBAR、MCM 4 测站 ZPD_Trip 与 ZPD_CODE 结果对比

果在不同纬度区域的解算精度比较均匀,没有明显的地域偏向性。

表 10.6　多个测站 ZPD 偏差统计值

站名	近似纬度/(°)	平均偏差/m	标准差/m	站名	近似纬度/(°)	平均偏差/m	标准差/m
ALRT	82.4943	−0.0011	0.0017	HOB2	−42.8047	0.0000	0.0026
POTS	52.3800	0.0005	0.0034	ISPA	−27.1250	0.0010	0.0040
GOLD	35.4252	−0.0023	0.0024	MCM4	−77.8383	−0.0039	0.0013
MBAR	−0.6015	−0.0013	0.0027				

10.7.2　PPP 反演大气可降水量

10.7.2.1　PPP 反演大气可降水量的原理

降水量是指从天空降落到地面上的液态和固态(经融化后)降水,没有经过蒸发、渗透和流失而在单位面积水平面上积聚的深度。大气可降水量(PWV)表示单位面积上垂直空气柱内水汽总量全部转化成降水量的数值,等效于单位面积水柱高度。其单位为长度单位,一般用 mm 表示。其示意图如图 10.40 所示,PW 是重要的气候变化分析资料。有时用大气综合水汽含量(IWV)来表示大气含量的量的多少,其指单位面积上的水汽的质量,其高度可以理解为往上无限的延伸。IWV 为 PWV 和水密度 ρ_w 的乘积[23](单位为 g),即

$$\mathrm{IWV} = \mathrm{PWV} \cdot \rho_w \qquad (10.1)$$

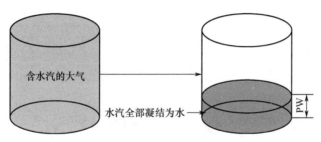

图 10.40　PWV 示意图

天顶湿延迟(ZWD)与大气可降水量成比例关系[24-25],因此如果将比例关系确定,就能得到 PWV,引入转换系数 Π [23],此时有

$$PWV = \Pi \cdot ZWD \tag{10.2}$$

10.7.2.2　结果分析

为验证解算结果的正确性,将近实时解算结果与美国国家海洋与大气管理局(NOAA)产品进行了对比,选取 8 个站的 ZWD 作为对象,并将 NOAA 提供 PWV 产品作为对比参考值。图 10.41 为 SA05 站 5 天的软件解算结果与参考值的对比图。

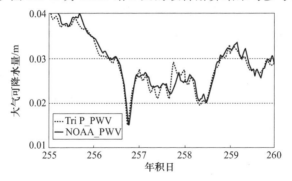

图 10.41　SA05 站 PWV 结果对比图

将 SA01、SA10 和 SA11 测站解算的 PWV 结果与参考值作差,按天统计差值的平均偏差和 RMS,结果如图 10.42 和图 10.43 所示。

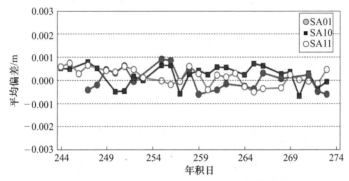

图 10.42　SA01、SA10、SA11 站平均偏差统计图

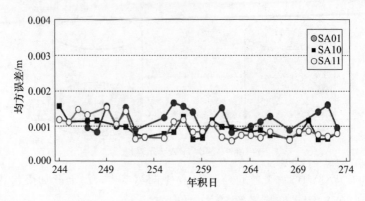

图 10.43　SA01、SA10、SA11 站均方误差统计图

　　从图 10.41 看出,两种 PWV 值形成的折线吻合程度很高。表 10.7 中列出了 8 个测站 PWV 解算结果与 NOAA 结果差值的总平均偏差和总 RMS 值,以及两类值相关系数。由表 10.7 可知,8 个测站的平均偏差均在 1mm 以下,不存在明显的系统偏差,RMS 值多数为 1.3mm 左右,最大值也优于 1.6mm,相关系数基本在 0.95 以上。

表 10.7　多个测站 PWV 差值统计值

站名	平均根偏差/m	均方根误差/m	相关系数	截距
SA01	− 0.0003	0.00127	0.9559	0.0008
SA05	− 0.0001	0.00127	0.9631	0.0006
SA06	− 0.0001	0.00107	0.9657	0.0007
SA10	0.0000	0.00093	0.9455	0.0004
SA11	− 0.0000	0.00097	0.9482	0.0004
SA15	− 0.0009	0.00159	0.9565	0.0015
SA22	− 0.0008	0.00150	0.9480	0.0016
SA43	0.0001	0.00126	0.9567	0.0006

10.8　PPP 技术反演海潮负荷位移

　　GPS 定位技术相比于重力测量和 VLBI 技术具有全球覆盖、测站多、对观测环境要求低且成本低廉等优势,因此近年来利用 GPS 技术来确定海潮负荷效应引起了众多学者的关注[26]。本节主要介绍利用动态 PPP 技术反演海潮负荷位移的原理及对其反演结果的分析。

10.8.1　动态 PPP 反演海潮负荷位移参数原理

　　根据国际地球自转服务(IERS)规范可知,测站在东、北和天($k=1,2,3$)方向上的海潮负荷瞬时位移 Δc_k 可表示为 11 个潮波(4 个半日潮波 M2、S2、N2、K2,4 个周

日潮波 K1、O1、P1、Q1 和 3 个长周期潮波 Mf、Mm、Ssa) 负荷位移矢量的叠加:

$$\Delta c_k = \sum_{j=1}^{11} f_j A_{k,j} \cos(\omega_j t + \chi_j(t_0) + u_j - \Phi_{k,j}) \tag{10.3}$$

式中:$A_{k,j}$、$\Phi_{k,j}$ 分别为潮波 j 在 k 方向的振幅和格林尼治相位;ω_j、χ_j 分别为潮波 j 的角频率和天文幅角;t 为格林尼治时间,t_0 为 $t=0$ 时刻,即参考时刻,采用 J2000 为参考时刻;f_j、u_j 为关于月亮轨道升交点调制作用的参数(周期约为 18.6 周年),分别为交点因子和订正角。由于 8 个主要潮波占了总信号的 98% 左右,并且 3 个长周期潮波比 8 个主潮波要低数个量级,所以只考虑周日和半日频段的 8 个主要潮波。

为了对海潮负荷位移参数建模,将余弦函数展开,把 $f_j A_{k,j}$ 和 $\Phi_{k,j} - \mu_j$ 分别看作整体,并忽略 3 个长周期潮波,式(10.3)可变成如下形式:

$$\Delta c_k = \sum_{j=1}^{8} \left[A_{ck,j} \cos(\omega_j t + \chi_j(t_0)) + A_{sk,j} \sin(\omega_j t + \chi_j(t_0)) \right] \tag{10.4}$$

式中

$$\begin{cases} A_{ck,j} = f_j A_{k,j} \cos(\Phi_{k,j} - \mu_j) \\ A_{sk,j} = f_j A_{k,j} \sin(\Phi_{k,j} - \mu_j) \end{cases} \tag{10.5}$$

其中

$$\begin{cases} \Phi_{k,j} = \arctan(A_{sk,j} / A_{ck,j}) + \mu_j \\ A_{k,j} = \sqrt{A_{sk,j}^2 + A_{ck,j}^2} / f_j \end{cases} \tag{10.6}$$

由式(10.4)可知,反演所采用的观测值为站心地平坐标系下动态 PPP 计算所得的坐标与参考坐标的差值,共 48 个未知数,为 8 个潮波在东、北和高程 3 个方向上的 A_{ck} 和 A_{sk}。利用长时间的动态 PPP 结果建立误差方程,采用最小二乘估计就可以解算出这 48 个参数。最后根据式(10.6)便可计算得到各潮波在 3 个方向上的振幅和相位。

10.8.2 数据说明

我们选取法国区域的 9 个 GPS 测站(图 10.44)2010—2013 年共 3 年的 GPS 连续观测数据来反演海潮负荷位移,该区域的海潮负荷位移在垂直方向上最大可达 16cm。为保证 PPP 结果的精度并使结果均在 ITRF2008 下,采用 JPL 第二次重处理的精密星历和精密钟差。

10.8.3 数据处理策略

具体数据处理可分为以下 3 步。

第一步:采用 TriP 软件的静态处理模式,得到静态坐标 (X_s, Y_s, Z_s) 作为测站坐标真值。

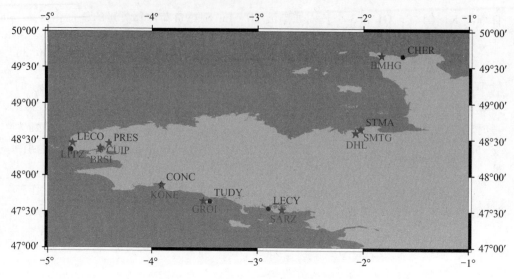

图 10.44   法国 GPS 测站和验潮站的分布

（五角星代表 GPS 测站，原点代表验潮站）

第二步：采用 TriP 软件的动态处理模式，得到每个历元的动态坐标 (X_K, Y_K, Z_K)。需要注意的是，数据处理过程中必须要先确定最优过程噪声：ZWD 过程噪声和接收机坐标过程噪声，具体方法可参照文献[27]。接着，利用第一步中的静态坐标，通过站心地平坐标转换得到测站在 ITRF2008 下 2010—2013 年的站心地平坐标 (N, E, U) 序列（时间间隔为 30s），再将坐标序列降采样为 300s。由于板块运动，使得测站坐标序列存在趋势项，因此还需做去趋势项处理。

第三步：计算各潮波在东、北和高程 3 个方向上的振幅 $A_{k,j}$ 和格林尼治相位 $\Phi_{k,j}$。

10.8.4   PPP 海潮负荷位移反演精度评定

为评定动态 PPP 确定海潮负荷位移的外符合精度，本节将 GPS 反演结果与 7 个全球海潮模型以及验潮站反演结果进行对比。

采用均方根误差来评价各个潮波的动态 PPP 海潮负荷位移和模型值之间的差异，对于潮波 j，坐标分量 k，所有测站 $(n=1, \cdots, N)$ 的 GPS 估值和模型之间的均方根误差可用下式计算：

$$\mathrm{RMS}_{j,k} = \left(\frac{1}{N} \sum_{n=1}^{N} |Z_{j,k,n}|^2 \right)^{1/2} \tag{10.7}$$

其中

$$Z_{j,k,n} = A_{\mathrm{GPS}} (\cos\Phi_{\mathrm{GPS}} + i\sin\Phi_{\mathrm{GPS}})_{j,k,n} - A_{\mathrm{model}} (\cos\Phi_{\mathrm{model}} + i\sin\Phi_{\mathrm{model}})_{j,k,n} \tag{10.8}$$

式中：A 为振幅；Φ 为格林尼治相位。

此外，袁林果等[28]研究发现，在小范围的区域内，GPS 估值和模型值之间的残差出现明显的区域一致性，故可将 GPS 估值与模型值之间的偏差作为常数，从而定义了观测均方根误差：

$$\text{RMS}_{j,k} = \left(\frac{1}{N} \sum_{n=1}^{N} |Z_{j,k,n} - \text{mean}(Z_{j,k,n})|^2 \right)^{1/2} \qquad (10.9)$$

式中：$\text{mean}(Z_{j,k,n})$ 为测站的 GPS 估值和模型值之间的残差均值，该统计量可作为 GPS 测定海潮负荷位移的观测精度。

10.8.5 结果分析

动态 PPP 固定解和浮点解反演的海潮负荷位移与 7 个全球海潮模型结果之间的均方根误差分别如图 10.45 和图 10.46 所示。海潮模型可从网站 http://holt.oso.chalmers.se/loading/ 获得。

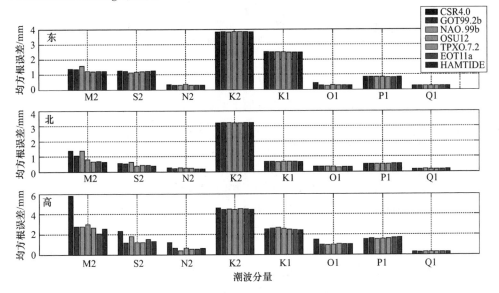

图 10.45 动态 PPP 海潮负荷位移估值（固定解）和模型之间的均方根误差（见彩图）

由图 10.45 可知，当模糊度为固定解时，各模型 RMS 值在整体上的差别并不大，只在某个潮波的特定方向存在微小的差异。其中：CSR4.0 模型在 M2 的高程方向和北方向，S2 和 N2 的高程方向，Q1 的东方向和高程方向比其他模型都大；NAO99b 模型在 M2 的东和北方向比其他模型都要大。水平方向上，除了 K1 和 K2 潮波外，其他潮波的偏差均在 1mm 左右，部分潮波的偏差甚至小于亚毫米。高程方向上，仍然是 K1 和 K2 的偏差较大，尤其是 K2，达到了 4mm 左右。动态 PPP（固定解）计算的 K2 潮波振幅在水平方向上是模型计算结果的 2～6 倍，在高程方向上是模型计算结果的 2～3 倍，其可能原因是 K2 的周期与卫星轨道的周期近似，从而引入了一些轨道误差。另外，K1 在东方向上达到了 2.5mm 左右，在高程方向上达到了 2.2mm 左右，这同样可能与卫星星座周期、多路径效应以及环境中的某些信号的周期有关。从整体上来看，与月球有关的潮波（M2、N2、O1 和 Q1）的均方误差明显比与太阳有关的潮波

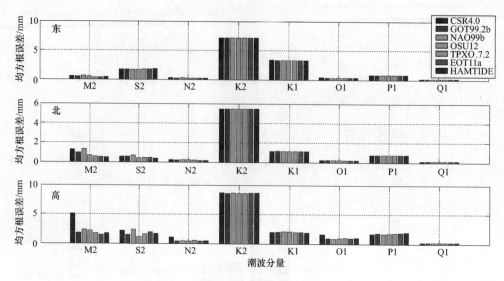

图 10.46　动态 PPP 海潮负荷位移估值(浮点解)和模型之间的均方根误差(见彩图)

(S2、P1、K1 和 K2)的要小(尤其是高程方向上)。

由图 10.46 可知,当 PPP 模糊度为浮点解时,PPP 反演结果与模型之间的均方根误差在 3 个方向均有增加,但整体的趋势与 PPP 固定解并没有太大的差别。为了进一步看清固定解与浮点解的差别,图 10.47 给出了以 EOT11a 模型为参考模型,PPP 固定解和浮点解相对于模型的均方误差。图中结果表明,整周模糊度的固定对动态 PPP 反演结果与模型之间的均方误差影响基本集中在 K1 和 K2 潮波上。对于 K2 潮波,模糊度固定时其 RMS 值在东、北和高程方向上都有明显的减小。而 K1 潮波只是在东和北方向上有略微减少,高程方向上反而增大了。S2 和 P1 潮波在 3 个方向上有略微的减小,而 M2 潮波在 3 个方向上的 RMS 值均有稍微增大,其他潮波则影响不大。

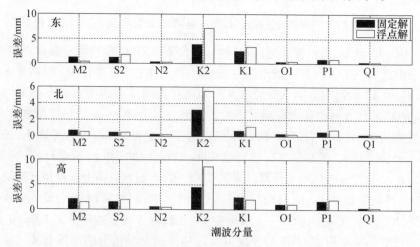

图 10.47　动态 PPP 固定解和浮点解估计的海潮负荷位移相对于 EOT11a 模型值的均方根误差

图 10.48 给出了并置站 SMTG 和 DIPL 基于 EOT11a 模型的均方根误差和观测值均方根误差。可见,除了 K2 潮波外,其他 7 个潮波在去除动态 PPP 估值和模型之间的系统偏差后均方根误差均有明显减小,尤其 K1 的高程方向(从 4mm 减少到 2mm),M2 和 P1 的东、北和高程方向,S2 的东和高程方向。造成这一偏差的主要原因主要有 3 类,即 PPP 数据处理软件存在的误差、由 GPS 引起的误差、模型误差以及环境因素的影响,具体细节可参见文献[29]。

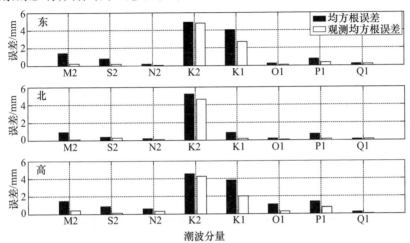

图 10.48　SMTG/DIPL 测站基于 EOT11a 模型的均方根误差和观测值均方根误差(固定解)

　　为了进一步验证动态 PPP 确定海潮负荷位移的准确性,还将 GPS 和验潮站两种不同的观测结果进行了比较。利用调和分析法对法国 7 个验潮站 2013 年的数据进行了分析,验潮站计算结果与全球海潮模型估计之间的均方根误差如图 10.49 所示。由图可知,CSR4.0、GOT99.2b 和 NAO99b 模型的结果明显比其他 4 个模型要差,这

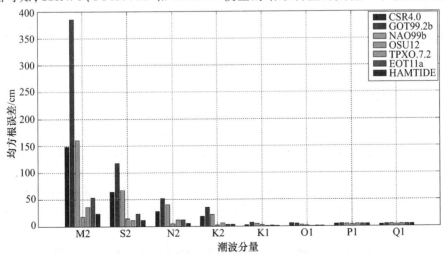

图 10.49　验潮站估值与模型结果之间的均方根误差(见彩图)

是由于这 3 个模型的分辨率(0.5°)要低于其他模型,同时在一些沿海地区数据精度不高或没有数据,从而采用双线性内插或外推调和参数时会出现较大的偏差。此外,对比验潮站和动态 PPP 与模型比较的结果可发现,对所有的测站,验潮站的结果与动态 PPP 反演的结果一致,这也间接验证了动态 PPP 反演海潮负荷位移的准确性。

参考文献

[1] CANNON M E, SCHWARZ K P, WEI M. A consistency test of airborne GPS using multiple monitor stations [J], Bulletin Géodésique, 1992, 66(1): 2-11.

[2] HAN S, RIZOS C. Sea surface determination using long-range kinematic GPS positioning and Laser Airborne Depth Sounder techniques [J]. Marine Geodesy, 1999, 22: 195-203.

[3] 张小红, 刘经南, Forsberg R. 基于精密单点定位技术的航空测量应用实践[J]. 武汉大学学报(信息科学版), 2006, 31(1): 19-22.

[4] ZHANG X, FORSBERG R. Assessment of long-range kinematic GPS positioning errors by comparison with airborne laser altimetry and satellite altimetry [J]. Journal of Geodesy, 2007, 81(3): 201-211.

[5] 张小红, 程世来, 李星星, 等. 单站 GPS 载波平滑伪距精密授时研究[J]. 武汉大学学报:信息科学版, 2009, 34(4): 463-465.

[6] 朱祥维, 李星, 孙广富, 等. 卫星导航系统站时间同步方法研究[C]//全国时间频率学术交流会, 西安, 2005.

[7] HIGHSMITH D E. Precise satellite-to-satellite GPS time transfer in near real-time [D]. Virginia: Virginia Commonwealth University, 1988.

[8] DACH R, SCHILDKNECHT T, HUGENTOBLER U, et al. Continuous geodetic time transfer analysis method [J], IEEE Transactions on Ultrasonics, Ferroelectrics, and Frequency Control, 2006, 53(7): 1250-1259.

[9] DEFRAIGNE P, GUYENNON N, BRUYNINX C. GPS Time and frequency transfer: PPP and phase-only analysis [J]. International Journal of Navigation and Observation, 2008:7.

[10] 张小红, 李盼, 左翔. 固定模糊度的精密单点定位几何定轨方法及结果分析[J]. 武汉大学学报:信息科学版, 2013, 38(9): 1009-1013.

[11] LI J C, ZHANG S J, ZOU X C, et al. Precise orbit determination for GRACE with zero-difference kinematic method [J]. Science Bulletin, 2010, 55(7): 600-606.

[12] HIRAHARA K, NAKANO T, HOSO Y. An experiment for GPS strain seismometer [C]//Proceedings of the Japanese Symposium on GPS, Tokyo, 15-16 December, 1994.

[13] BOORE D M. Effect of baseline corrections on displacements and response spectra for several recordings of the 1999 Chi-Chi, Taiwan, earthquake [J]. Bulletin of the Seismological Society of America, 2001, 91(5): 1199-1211.

[14] WANG R, SCHURR B, MILKEREIT C, et al. An improved automatic scheme for empirical baseline correction of digital strong-motion records [J]. Bulletin of the Seismological Society of Ameri-

ca, 2011, 101(5): 2029-2044.

[15] 张小红, 郭斐, 郭博峰, 等. 利用高频 GPS 进行地表同震位移监测及震相识别[J]. 地球物理学报, 2012, 55(6): 1912-1918.

[16] GUO B, ZHANG X, REN X, et al. High-precision coseismic displacement estimation with a single-frequency GPS receiver [J]. Geophysical Journal International, 2015. 202(1): 612-623.

[17] CIRAOLO L, AZPILICUETA F, BRUNINI C, et al. Calibration errors on experimental slant total electron content (TEC) determined with GPS [J]. Journal of Geodesy, 2007, 81(2):111-120.

[18] 张宝成, 欧吉坤, 袁运斌, 等. 利用非组合精密单点定位技术确定斜向电离层总电子含量和站星差分码偏差[J]. 测绘学报, 2011, 40(4): 447-453.

[19] 张宝成. GNSS 非差非组合精密单点定位的理论方法与应用研究[D]. 北京: 中国科学院大学, 2012.

[20] 任晓东. 多系统 GNSS 电离层 TEC 监测理论及差分码偏差精确估计方法研究[D]. 武汉: 武汉大学, 2017.

[21] 解为良. 多系统 GNSS 高精度电离层建模和差分码偏差估计[D]. 武汉: 武汉大学, 2018.

[22] 何锡扬. 基于 PPP 技术的地基 GPS 大气水汽反演与三维层析研究[D]. 武汉: 武汉大学, 2010.

[23] BEVIS M, BUSINGER S, HERRING T, et al. GPS meteorology:remote sensing of atmospheric water vapor using the global positioning system [J]. Journal of Geophysical Research, 1992, 97 (D14): 15787-15801.

[24] HOGG D C, GUIRAUD F O, DECKER M T. Measurement of excess transmission length on earth-space paths [J]. Astronomy & Astrophysics, 1981, 95: 304-307.

[25] ASKNE J, NORDIUS R. Estimation of tropospheric delay for microwaves from surface weather data [J]. Radio Science, 1987, 99(1): 979-986.

[26] 马兰. 利用动态 PPP 技术确定海潮负荷位移技术确定海潮负荷位移[D]. 武汉: 武汉大学, 2016.

[27] PENNA N T, CLARKE P J, BOS M S, et al. Ocean tide loading displacements in Western Europe: validation of kinematic GPS estimates [J]. Journal of Geophysical Research: Solid Earth, 2015, 120(9): 6523-6539.

[28] 袁林果, 丁晓利, 孙和平, 等. 利用 GPS 技术精密测定香港海潮负荷位移[J]. 中国科学:地球科学, 2010(6): 699-714.

[29] 张小红, 马兰, 李盼. 利用动态 PPP 技术确定海潮负荷位移[J]. 测绘学报, 2016, 45(6): 631-638.

缩　略　语

ADOP	Ambiguity Dilution of Precision	模糊度精度因子
APC	Antenna Phase Center	天线相位中心
BDS	BeiDou Navigation Satellite System	北斗卫星导航系统
BDT	BDS Time	北斗时
BINEX	Binary Exchange	二进制交换格式
BIQUE	Best Invariant Quadratic Unbiased Estimation	最优不变二次无偏估计
BKG	Bundesamtfuer Kartographieund Geodaesie	德国联邦大地测量局
CAFS	Cesium Atomic Frequency Standard	铯原子频标
CBIS	Central Bureau of Information System	中央局信息系统
CDDIS	Crustal Dynamics Data Information System	(美国)地壳动力数据信息中心
CDMA	Code Division Multiple Access	码分多址
CFR	Correct Fixing Rate	正确固定率
CGCS2000	China Geodetic Coordinate System 2000	2000 中国大地坐标系
CNES	Centre National d'Études Spatiales	法国国家太空研究中心
CODE	Center for Orbit Determination in Europe	欧洲定轨中心
CONGO	Cooperative Network for GIOVE Observations	伽利略在轨试验卫星观测网
CORS	Continuously Operating Reference Stations	连续运行参考站
CPU	Central Processing Unit	中央处理器
DCB	Differential Code Bias	差分码偏差
DCM	Decouple Clock Model	钟差去耦模型
DGPS	Differential GPS	差分 GPS
DIA	Detection, Identification, Adaptation	探测定位和适应消除
DIM	Distance Based Linear Interpolation Model	距离线性内插法
DOP	Dilution of Precision	精度衰减因子
ECMWF	European Centre for Medium-Range Weather Forecasts	欧洲中程天气预报中心
ECOM	Extended CODE Orbit Model	CODE 扩展光压模型
ED	Epoch Difference	历元差分

EGNOS	European Geostationary Navigation Overlay Service	欧洲静地轨道卫星导航重叠服务
EMR	Energy, Mines and Resources	(加拿大)能源矿山与资源部
ESA	European Space Agency	欧洲空间局
ESOC	European Space Operations Centre	欧洲航天局地面控制中心
FAR	Full Ambiguity Resolution	全模糊度固定
FCB	Fractional Cycle Bias	非整周偏差
FDMA	Frequency Division Multiple Access	频分多址
FOC	Full Operational Capability	完全运行能力
FPB	Fractional Phase Bias	相位小数偏差
GDOP	Geometric Dilution of Precision	几何精度衰减因子
GEO	Geostationary Earth Orbit	地球静止轨道
GF	Geometry-Free	无几何(距离)
GFZ	GeoForschungsZentrum	德国地学中心
GIM	Global Ionosphere Maps	全球电离层图
GIOVE	Galileo In-Orbit Validation Element	伽利略在轨测试卫星
GLONASS	Global Navigation Satellite System	(俄罗斯)全球卫星导航系统
GMF	Global Mapping Function	全球投影函数
GNSS	Global Navigation Satellite System	全球卫星导航系统
GOP-RIGTC	Geodetic Observatory Pecny, Czech Republic	捷克大地天文台
GPRS	General Packet Radio Service	通用分组无线服务
GPS	Global Positioning System	全球定位系统
GPST	GPS Time	GPS 时
GRACE	Gravity Recovery and Climate Experiment	重力场恢复与气候试验
GRG	Groupe de Recherche en Geodesite Spatiale	(法国)CNES 空间大地测量团队
GSD	Geodetic Survey Division of Canada	加拿大大地测量局
GST	Galileo System Time	Galileo 系统时
GTRF	Galileo Terrestrial Reference Frame	Galileo 地球参考框架
HMW	Hatch-Melbourne-Wübbena	Hatch 滤波
IA	Integer Aperture	整数孔径
IAC	Information Analysis Center	(俄罗斯)导航信息分析中心

IAG	International Association of Geodesy	国际大地测量协会
IERS	International Earth Rotation Service	国际地球自转服务(机构)
IFB	Inter-Frequency Bias	频间偏差
IFCB	Inter-Frequency Clock Bias	频间钟差偏差
IGEX-98	The International GLONASS Experiment	1998 年 GLONASS 国际联测实验
IGN	Institu Géographique National Francais	法国国家地理研究所
IGS	International GNSS Service	国际 GNSS 服务
IGSO	Inclined Geosynchronous Orbit	倾斜地球同步轨道
INSAR	Synthetic Aperture Radar Interferometry	合成孔径雷达干涉
IONEX	Ionosphere Map Exchange Format	电离层图交换格式
IOV	In Orbit Validation	在轨验证
IRC	Integer-Recovery Clock	整数钟
IRI	International Reference Ionosphere	国际参考电离层
IRNSS	Indian Regional Navigation Satellite System	印度区域卫星导航系统
ISB	Intersystem Bias	系统间偏差
ISC	Inter Signal Correction	信号间改正
ITRF	International Terrestrial Reference Frame	国际地球参考框架
IWV	Integrated Water Vapor	综合水汽含量
JAXA	Japan Aerospace Exploration Agency	日本宇宙航空研究开发机构
JPL	Jet Propulsion Laboratory	喷气推进实验室
LAMBDA	Least-Squares Ambiguity Decorrelation Adjustment	最小二乘模糊度降相关平差
LEO	Low Earth Orbit	低地球轨道
LT	Local Time	地方时
MCC	Mission Control Center	(俄罗斯)飞行任务控制中心
MEO	Medium Earth Orbit	中圆地球轨道
MGEX	Multi-GNSS Experiment	多 GNSS 试验
MINQUE	Minimum Norm Quadratic Unbiased Estimation	最小范数二次无偏估计
MIT	Massachusettes Institute of Technology	麻省理工学院
MLE	Maximum Likelihood Estimation	极大似然估计
NGS	National Geodetic Survey	美国国家大地测量局

NL	Narrow Lane	窄巷
NMF	Niell Mapping Function	Niell 投影函数
NOAA	National Oceanic and Atmospheric Administration	美国国家海洋与大气管理局
NRCan	Natural Resources Canada	加拿大自然资源部
NTRIP	Networked Transport of RTCM via Internet Protocol	通过互联网进行 RTCM 网络传输的协议
OMC	Observed Minus Computed	观测值减去计算值
OSU	Ohio State University	俄亥俄州立大学
OTF	On the Fly	在航(解算)
PAR	Partial Ambiguity Resolution	部分模糊度固定
PCO	Phase Center Offset	相位中心偏差
PCV	Phase Center Variation	相位中心变化
PDOP	Position Dilution of Precision	位置精度衰减因子
PHM	Passive Hydrogen Maser	被动型氢原子
PNT	Positioning, Navigation and Timing	定位、导航与授时
PPP	Precise Point Positioning	精密单点定位
PRN	Pseudo Random Noise	伪随机噪声
PWV	Precipitable Water Vapor	可降水量
QZSS	Quasi-Zenith Satellite System	准天顶卫星系统
RAFS	Rubidium Atomic Frequency Standards	铷原子频标
RDSS	Radio Determination Satellite Service	卫星无线电测定业务
RINEX	Receiver Independent Exchange Format	与接收机无关的交换格式
RMS	Root Mean Square	均方根
RNSS	Radio Navigation Satellite System	卫星无线电导航业务
ROCC	Real-Time Orbit and Clock Correction	实时精密轨道和钟差改正数
RTCA	Radio Technical Commission for Aeronautics	航空无线电技术委员会
RTCM	Radio Technical Commission for Maritime Services	海事无线电技术委员会
RTK	Real Time Kinematic	实时动态
RTPP	Real-Time Pilot Project	实时计划项目
RTS	Real-Time Service	实时产品服务
SAPOS	Satellite Positioning Service of German National Survey	(德国)差分 GNSS 服务系统
SEID	Satellite-Specific Epoch-Differenced Ionospheric Delay	卫星历元差分电离层
SIO	Scripps Institution of Oceanography	斯克里普斯海洋研究所

SISRE	Signal-in-Space Raging Error	空间信号测距误差
SLR	Satellite Laser Ranging	卫星激光测距
SNR	Signal-Noise Ratio	信噪比
SP3	Standard Product 3	第三代标准产品
SPP	Standard Point Positioning	标准单点定位
STD	Standard Deviation	标准差
TCAR/MCAR	Three/Multiple Carrier Ambiguity Resolution	三频/多频模糊度固定方法
TCP/IP	Transmission Control Protocol/Internet Protocol	传输控制协议/互联网协议
TEC	Total Electron Content	电子总含量
TECU	Total Electron Content Unit	电子总含量单位
TGD	Time Group Delay	群时间延迟
TTFF	Time to First Fix	首次定位时间
TUM	Technische Universität München	德国慕尼黑工业大学
UC	Un-Combined	非组合
UD	Un-Differenced	非差
UNB	University of New Brunswick	(加拿大)新不伦瑞克大学
UofC	University of Calgary	(加拿大)卡尔加里大学
UPD	Uncalibrated Phase Delays	未校准的相位硬件延迟
USNO	United States Naval Observatory	美国海军天文台
UTC	Coordinated Universal Time	协调世界时
VLBI	Very Long Baseline Interferometry	甚长基线干涉测量
VMF	Vienna Mapping Function	维也纳投影函数
VRS	Virtual Reference Stations	虚拟参考站
WAAS	Wide Area Augmentation System	广域增强系统
WGS-84	World Geodetic System 1984	1984 世界大地坐标系
WL	Wide Lane	宽巷
WU	Wuhan University	武汉大学
ZPD	Zenith Path Delay	天顶对流层延迟
ZWD	Zenith Wet Delay	天顶湿延迟